普通高等教育“十一五”国家级规划教材

过程控制仪表及控制系统

第3版

主　编　廉迎战　林德杰
副主编　李学聪
参　编　朱燕飞　钟映春　杨玲玲

机械工业出版社

本书是普通高等教育“十一五”国家级规划教材。

本书以连续工业过程特性、参数检测变送器、过程控制显示、过程控制系统的设计和分析为主线展开论述，涵盖了过程控制系统所使用的变送器、调节器、执行器、辅助仪表、单回路控制系统、模糊控制系统、集散控制系统和现场总线控制系统等内容及应用案例分析。本书结合过程控制技术的发展和趋势，引入了新的内容，对微型化和智能化变送器、计算机集散控制系统和现场总线控制系统进行了系统和深入的论述和分析。

本书理论联系实际，工学结合，内容丰富，实用性强，为适应不同行业的需要，应用案例分析涉及石油、化工、冶金、电力和医药等行业。

本书可作为高校自动化、电气工程及其自动化、化学工程、环境工程、食品科学与工程、工业工程等专业本科教材，亦可作为相关专业的研究生及工程技术人员的参考书。

本书配有免费电子课件，欢迎选用本书作为教材的老师登录 www.cmpedu.com 注册下载。

图书在版编目（CIP）数据

过程控制仪表及控制系统/廉迎战，林德杰主编．—3 版．—北京：机械工业出版社，2016.3（2025.1 重印）
普通高等教育“十一五”国家级规划教材
ISBN 978-7-111-52978-1

Ⅰ.①过…　Ⅱ.①廉…②林…　Ⅲ.①过程控制—工业仪表—高等学校—教材②过程控制—自动控制系统—高等学校—教材　Ⅳ.①TP273

中国版本图书馆 CIP 数据核字（2016）第 029845 号

机械工业出版社（北京市百万庄大街 22 号　邮政编码 100037）
策划编辑：贡克勤　责任编辑：贡克勤　王　康　王玉鑫
版式设计：霍永明　责任校对：肖　琳
封面设计：张　静　责任印制：郜　敏
中煤（北京）印务有限公司印刷
2025 年 1 月第 3 版第 9 次印刷
184mm×260mm · 18.25 印张 · 451 千字
标准书号：ISBN 978-7-111-52978-1
定价：45.00 元

电话服务　　　　　　　　　　网络服务
客服电话：010-88361066　　机　工　官　网：www.cmpbook.com
　　　　　010-88379833　　机　工　官　博：weibo.com/cmp1952
　　　　　010-68326294　　金　　书　　网：www.golden-book.com
封底无防伪标均为盗版　　机工教育服务网：www.cmpedu.com

前　　言

本书是普通高等教育“十一五”国家级规划教材。

本书自问世以来，深受广大读者和兄弟院校师生的厚爱，在综合考虑读者的意见和建议的基础上做了修订。本书立足高等教育人才培养，遵循主动适应社会发展需要、突出应用性和工程性、加强实践能力培养的原则，借鉴国外教育思路，融入工科院校的教学成果，从实际出发，精选内容，突出重点。

随着计算机技术、物联网技术、智能控制技术的发展，过程控制仪表和过程控制系统已经进入数字化、网络化、智能化的时代。本书在修订时力求重组教学内容，去掉陈旧的，提炼有用的，加强有效的，引入先进的，通过大量过程控制系统实例分析，举一反三，引导学生正确理解和掌握新理论、新知识、新技术和新方法，提高学生分析问题和解决问题的能力，理论联系实际，培养创新型人才。

本书以连续工业过程特性、参数检测变送、控制仪表显示、过程控制系统设计和分析为主线展开论述，涵盖了过程控制系统所使用的变送器、调节器、执行器、辅助仪表、单回路控制系统、模糊控制系统、集散控制系统和现场总线控制系统等内容，系统地阐述了过程控制系统的原理、结构、特点和应用，围绕中心内容，在不影响本书系统性的前提下，对第2版中部分理论性过强、教学推导烦琐、学生不易接受和生产实践中较少应用的内容进行了缩编和删改。

本书适用48学时（其中：理论教学40学时，实验教学8学时）的教学。删节部分内容后，并不影响本书的系统性和结构，可适用36学时（其中：理论教学32学时，实验教学4学时）的教学。书中标“*”的章节内容可根据各校情况选讲。

本书由广东工业大学自动化学院廉迎战和林德杰任主编，编写第1、4、5章；李学聪任副主编，编写第3章；朱燕飞编写第2章；钟映春编写第6、7章；杨玲玲编写第8、9章。北京航空航天大学刘维高级工程师、中南大学信息学院凌玉华副教授、长岭炼油厂赵振声高级工程师对本书的编写提出许多宝贵建议，并给予大力支持。

本书在编写过程中，参考了大量的文献和资料，在此对有关单位和作者表示诚挚的谢意！

由于编者水平有限，书中错漏在所难免，恳请广大读者批评指正。

编　者

目　录

第 1 章　绪　　论

过程控制通常是指化工、石油、电力、轻工、纺织和生物等工业部门生产过程的自动化。过程控制系统是工业生产过程被控制参数为温度、压力、流量、液位、成分、黏度和酸碱度等这样一些实时自动控制系统。本章重点介绍过程控制系统的组成、分类、特点、指标和发展概况等内容。

1.1　过程控制系统的应用与组成

现代工业生产过程通常是指将原材料转变成产品或半成品，并具有一定生产规模的过程。按照产品类型和生产工艺组织方式，企业的行业类型可分为：流程制造行业和离散制造行业。

流程制造行业的工艺过程是连续进行不能中断的，工艺过程的加工顺序是固定不变的，生产设施按照工艺流程布置，物料按照固定的工艺流程连续不断地通过一系列设备和装置被加工处理成为成品。流程制造行业主要包括：石油化工、电力能源、橡胶塑料、玻璃陶瓷和生物制药等行业。流程制造行业过程参数包括：温度、压力、流量、液位、比例、成分、湿度和 pH 值等。

离散制造行业的工艺过程，各零件的加工过程各自独立，所以整个产品的生产工艺是离散的，制成的零件通过部件装配和总装配最终成为成品。离散制造行业主要包括：机械制造、电子电器、航空制造、冶金加工和汽车制造等行业。离散制造行业过程参数包括：速度、位移、角度和加速度等。

过程控制系统主要是针对流程制造行业的过程变量自动控制系统。

1.1.1　典型过程控制的应用

在流程制造行业的生产过程中，为保证生产安全顺利进行，实现优质高产，提高经济效益和劳动生产率，节约能源，改善劳动条件，保护环境，必须对生产过程中的各种参数，例如温度、压力、流量、液位、黏度、湿度、酸碱度（pH 值）以及各种物料的成分等进行自动控制。下面以几个典型的工业实际控制系统为例，说明过程控制系统的组成。

1. 锅炉过热蒸汽温度控制系统

锅炉是电力、化工、冶金、石油和轻工等工业部门常用的动力设备。例如在火力发电厂中，过热蒸汽温度控制是保证汽轮机组正常运行的一个重要条件，过热蒸汽温度控制系统原理图见图 1-1。

发电厂从锅炉汽鼓中出来的饱和蒸汽经过过热器继续加热成为过热蒸汽，过热蒸汽的温度能达到 460℃左右。过热蒸汽温度过高或过低，都会直接影响汽轮机的寿命，影响生产过程的顺利进行，严重时，会造成事故，损坏生产设备。

因此过热蒸汽温度是生产过程中的一个重要工业参数，必须对其进行控制。通常在过热蒸汽之前或中间部分串接一个减温器，通过控制减温水流量的大小来改变过热蒸汽的温度，过热蒸汽温度控制系统见图1-1。系统中采用温度检测元件1测量过热蒸汽的温度，经过温度变送器2将测量信号送至温度调节器3的输入端，并与过热蒸汽温度的给定值进行比较，得到其偏差，调节器按此偏差进行运算后输出控制信号，以控制调节阀4的开度，从而控制减温器的流量，达到控制过热蒸汽温度的目的。图1-1中过热蒸汽温度为被控参数 $y(t)$；冷水的流量为控制参数 $q(t)$；过热蒸汽生产过程为被控过程。

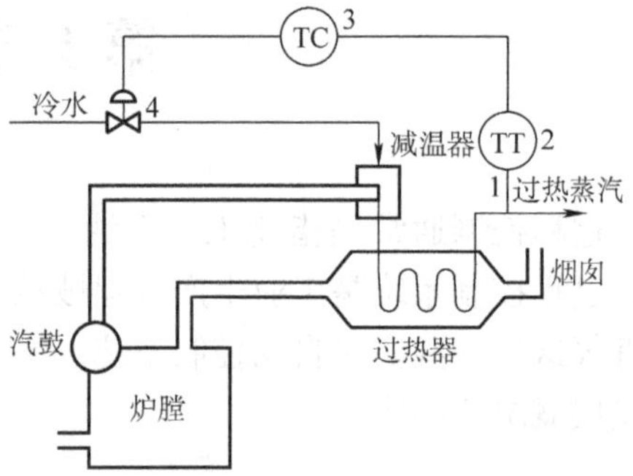

图1-1 过热蒸汽温度控制系统原理图

1—温度检测元件 2—温度变送器
3—温度调节器 4—调节阀

2. pH控制系统

在石油、化工、印染和造纸等生产过程中会产生大量的污水，若不经过处理直接排放到江河湖泊，必将造成严重的环境污染，破坏生态平衡，影响人们的生产和生活，危及人身健康。

例如在造纸和印染生产过程中，排放出大量的碱性污水，根据国家有关规定，必须对污水进行处理，使其酸碱度 pH = 7，才能排入江河湖泊，为此设计了如图1-2所示的pH值过程控制系统。系统采用pH变送器2测量污水的酸碱度，然后与pH调节器3中的给定值进行比较得到偏差，调节器按此偏差进行运算后发出控制命令，以改变调节阀4的开度，从而改变酸碱液量的pH值，达到对碱性污水中和的目的。图1-2中，pH值为被控参数 $y(t)$；进入储液罐的酸液流量为控制参数 $q(t)$；储液罐内液体的pH值为被控过程。

3. 液位控制系统

在工业生产过程中，有许多储液罐储存原料、半成品或成品。前一道工序的成品或半成品不断地流入下一道工序的储液罐进行加工和处理，为保证生产过程能连续地正常进行，必须对储液罐的液位进行控制。

在图1-3中的液位控制系统，其测量值与给定值进行比较得到偏差，调节器按此偏差发出控制命令，控制调节阀开度，达到使储液罐液位控制在给定值的目的。

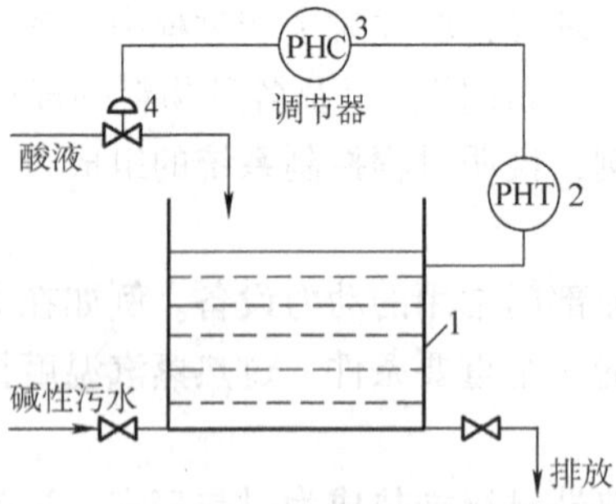

图1-2 pH值过程控制系统

1—储液罐 2—pH变送器
3—pH调节器 4—调节阀

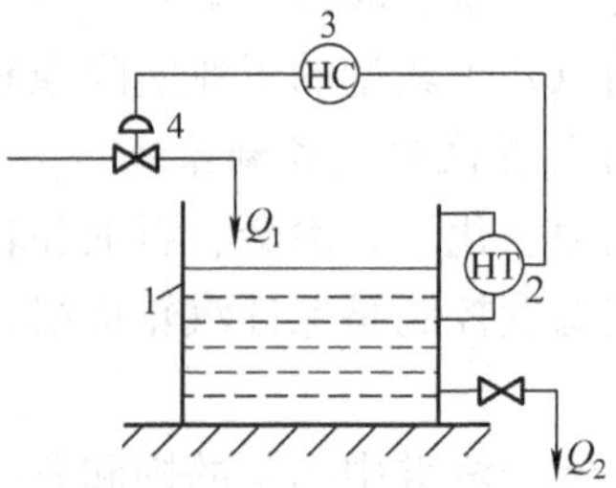

图1-3 液位控制系统

1—储液罐 2—差压变送器
3—液位调节器 4—调节阀

图中，若由于扰动作用使液位变化，经差压变送器2、液位调节器3后，控制调节阀4

的开度做相应的变化，从而流入储液罐的流量 Q_1 做相应的变化，使储液罐的液位控制保持在给定值。图中储液罐的液位为被控参数 $y(t)$；流入储液罐的液体流量为控制参数 $q(t)$；储液罐为被控过程。

1.1.2　过程控制系统组成

从上述过热蒸汽的温度控制、污水废液的酸碱度中和处理和储液罐的液位控制三个工业过程控制系统实例可见，过程控制系统由测量元件、变送器、调节器、调节阀和被控制过程等环节构成，若将测量元件、变送器、调节器、调节阀统称为过程检测控制仪表，则一个简单的过程控制系统由被控制过程和过程检测控制仪表两部分组成。过程控制系统组成的框图见图 1-4。

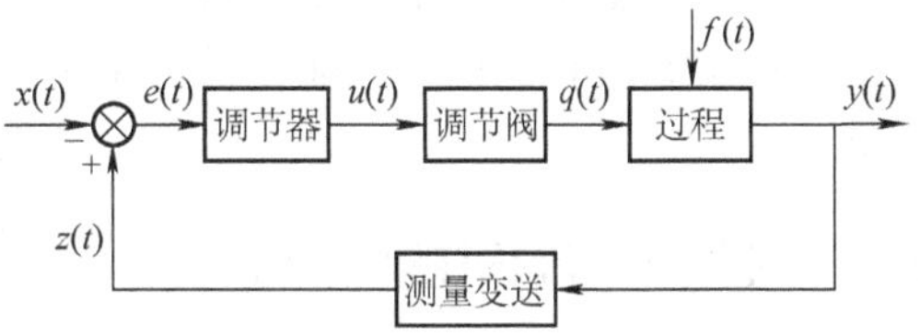

图 1-4　过程控制系统组成框图

图中，$y(t)$ 为被控参数，例如过热蒸汽的温度、pH 值、液位等；测量变送单元将被控参数检测出来并变换成便于远传的统一信号 $z(t)$；$z(t)$ 与给定的信号 $x(t)$ 比较得偏差 $e(t)=z(t)-x(t)$；$e(t)$ 经调节器运算后输出控制作用 $u(t)$；$u(t)$ 控制调节阀的开度，改变流体的流量 $q(t)$，从而使被控参数 $y(t)$ 回到给定值 $x(t)$ 附近，$q(t)$ 称为控制参数；从被控参数检测点至调节阀之间的管道或设备，称为被控过程，可简称过程；作用于过程且使被控参数 $y(t)$ 变化的作用称为扰动。控制参数 $q(t)$ 的作用是使被控参数稳定在给定值附近，称为内部扰动；扰动作用 $f(t)$ 企图使被控参数 $y(t)$ 偏离给定值 $x(t)$，称为外部扰动。控制系统中控制作用就是要克服外部扰动 $f(t)$ 对被控参数 $y(t)$ 的影响，保证其尽快回到给定值。

必须指出：

1）两个框之间的一条带箭头的连线表示其相互关系和信号的传递方向，并不表示两框之间的物料联系。

2）各框之间信号作用是单向的，即各框的输入信号会影响其输出信号，而输出信号不会反过来影响输入信号。

3）调节阀控制的介质流量可以是流入过程，也可以是从过程流出来。若被控物料是流入过程的，则正好与箭头方向一致；若被控物料从过程流出来，则与箭头的方向相反。

1.2　过程控制系统的分类

过程控制系统的分类方法很多，常用下列分类方法：

1.2.1　按系统的结构特点分类

1. 反馈控制系统

反馈控制系统是根据被控参数与给定值的偏差进行控制的，最终达到消除或减小偏差的目的，偏差值是控制的依据。它是最常用、最基本的一种过程控制系统。由于该系统由被控量的反馈量构成一个闭合回路，故又称为闭环控制系统。反馈信号也可能有多个，构成一个以上的闭合回路，称为多回路反馈控制系统。

2. 前馈控制系统

前馈控制系统是根据扰动量的大小进行控制的，扰动是控制的依据。由于没有被控量的反馈，所以是一种开环控制系统。由于它是开环控制系统，无法检查其控制效果，故不能单独应用。

3. 前馈-反馈控制系统

前馈控制的主要优点是能迅速及时地克服主要扰动对被控量的影响，而前馈-反馈控制利用反馈控制克服其他扰动，能使被控量迅速而准确地稳定在给定值上，提高控制系统的控制质量。

1.2.2 按给定值信号的特点分类

1. 定值控制系统

由于工业生产过程中大多数工艺要求系统的被控量能稳定在某一给定值上，因此，定值控制系统是应用最多的一种控制系统。若由于扰动作用出现偏差，系统便产生控制作用克服扰动对被控量的影响，使被控量稳定在给定值。

2. 随动控制系统

随动控制系统是被控量的给定值随时间任意变化的控制系统。例如，锅炉燃烧过程控制系统中，为保证达到完全燃烧，必须保证空气量随燃料的变化而成比例变化。由于燃料量是随负荷变化的，因此控制系统就要根据燃料量的变化，自动控制空气量的大小，以求达到最佳燃烧状态。

3. 程序控制系统

程序控制系统被控量的给定值是按预定的时间程序而变化的。例如，退火炉温度控制系统的给定值是按升温、保温与逐次降温等程序自动变化的，因此，控制系统按此预先设定的程序进行控制。

1.3 过程控制系统的特点

与其他自动控制系统相比，过程控制系统具有如下特点：

1. 系统由过程检测控制仪表组成

如前所述，一个过程控制系统是由被控过程和过程检测控制仪表两部分组成的。设计过程控制系统时，必须根据过程的特性和工艺要求，选用过程检测控制仪表组成控制系统，然后通过整定调节器的 PID 参数，使系统运行于最佳状态，实现对生产过程的最佳控制。

2. 被控过程的多样性

在现代生产过程中，由于生产规模不同，工艺要求各异，产品品种多样，因此被控过程的形式是多种多样的。有些生产过程具有大惯性、大延时(大滞后)的动态特性和严重的非线性的特点；有些生产过程的工作机理复杂(如发酵、生化过程等)，至今尚未被人们所认识，因此很难用目前的解析方法或过程辨识方法求得其精确的动态数学模型，要设计出能适应各种过程的最佳控制系统是比较困难的。

3. 控制方案的多样性

随着现代工业生产的迅速发展，生产工艺条件变得越来越复杂，对过程控制系统的要求也越来越高。由于被控过程的多样性，且多数属于多变量、分布参数、非线性、大惯性和大时延。为了满足生产要求，过程控制中的控制方案十分丰富，常用的有单变量控制系统、多变量控制系统、常规仪表控制系统、计算机集散控制系统和现场总线控制系统等。

4. 被控制过程多属慢过程，且多属于参量控制

如前所述，被控过程多属大惯性、大时延的过程，因此决定了控制过程是一个缓慢的过程。另外，在石油、化工、冶金、电力、轻工、建材和制药等生产过程中，常用温度、压力、流量、液位(物位)、成分和pH值等参量来表征其生产过程是否正常，必须对这些参量进行自动检测和自动控制，因此过程控制多半属参量控制。

5. 定值控制是过程控制的一种主要形式

目前，在生产过程中，多数生产工艺要求被控参数保持恒定或在很小范围内变化。因此，过程控制的主要目的是如何减小或消除外界扰动对被控参数的影响，使其稳定在给定值上，以达到优质高产、低消耗的目的。

1.4 过程控制系统质量指标

在给定值发生变化或受到外界扰动作用时，一个性能良好的过程控制系统被控量应能平稳、迅速和准确地趋近或回复到给定值上。在衡量和比较不同控制方案时，必须定出评价控制性能好坏的质量指标。常用的评价过程控制系统控制性能优劣的质量指标有以下两种：

1.4.1 系统过渡过程指标

通常以阶跃信号作用下控制系统输出的过渡过程曲线来描述系统的各项指标，见图1-5。图1-5a为扰动值阶跃作用下的响应曲线；图1-5b为给定值阶跃作用下的响应曲线。

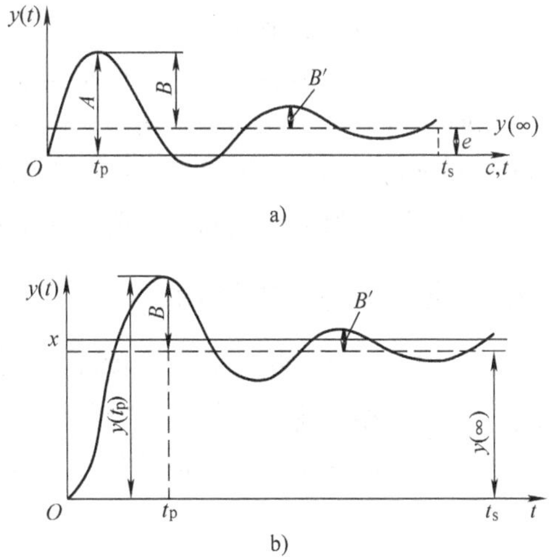

图1-5 阶跃作用下控制系统过渡过程响应曲线
a）定值控制系统 b）随动控制系统

1. 余差(静态偏差)e

余差是指系统过渡过程结束后，被控参数新的稳定值$y(\infty)$与给定值c之差，其值可正可负。它是一个静态质量指标，对定值控制系统，给定值是生产的技术指标，希望余差越小越好。

2. 衰减比和衰减率

衰减比是衡量过渡过程稳定性的一个动态质量指标，它等于振荡过程的第一个波的振幅与第二个波的振幅之比，即

$$n=\frac{B}{B'}$$

$n<1$，系统是不稳定的，是发散振荡；$n=1$，系统也是不稳定的，是等幅振荡；$n>1$，系统是稳定的，若 $n=4$，系统为4∶1的衰减振荡，是比较理想的。

衡量系统的稳定性也可用衰减率来表示，衰减率 φ 为

$$\varphi=\frac{B-B'}{B}$$

为了保证系统有足够的稳定度，通常 φ 取值为0.75～0.9。

3. 最大偏差和超调量

对于定值控制系统，最大偏差是指被控参数第一个波峰值与给定值 c 之差，它用来衡量被控参数偏离给定值的程度。由图1-5a可见，最大偏差 $A=B+e$。

随动控制系统常用超调量来衡量被控参数偏离给定值的程度。超调量 σ 可定义为

$$\sigma=\frac{y(t_p)-y(\infty)}{y(\infty)}\times 100\%$$

最大偏差 A 或超调量 σ 是衡量控制系统的重要动态质量指标。有些生产工艺规定了最大偏差的限制条件，不允许超出某一数值。

4. 过渡过程时间 t_s

从扰动开始到被控参数进入新的稳态值的 $\pm5\%$ 或 $\pm2\%$ 范围内所需的时间，称为过渡过程时间 t_s。它是反映系统过渡过程快慢的质量指标，t_s 越小，过渡过程进行得越快。

5. 峰值时间 t_p

从扰动开始到过渡过程曲线到达第一个峰值所需的时间，称为峰值时间 t_p。t_p 值的大小反映了系统响应的灵敏程度。

必须指出，上述各项质量指标是相互联系又相互制约的，例如，一个系统的稳态精度要求很高时，可能会引起动态不稳定；解决了稳定问题后，又可能因反应迟钝而失去快速性。要高标准地同时满足各项质量指标是很困难的，因此，应根据生产工艺的具体要求，分清主次，统筹兼顾，保证优先满足主要的质量指标。

1.4.2 误差综合性能指标

除了用上述各项指标来衡量控制系统质量外，也常用误差积分指标判断系统控制质量的优劣。因为在相同输入量作用下，如果误差越小，且持续作用时间越短，则系统的控制质量越高；反之，误差越大，且持续作用时间越长，则质量越差。常用的误差性能指标有下列几种：

$$\text{误差平方积分(ISE)}=\int_0^\infty e^2(t)\,\mathrm{d}t\rightarrow \min$$

$$\text{时间乘误差平方积分(ITSE)}=\int_0^\infty te^2(t)\,\mathrm{d}t\rightarrow \min$$

$$\text{误差绝对值积分(IAE)}=\int_0^\infty |e(t)|\,\mathrm{d}t\rightarrow \min$$

$$\text{时间乘误差绝对值积分(ITAE)}=\int_0^\infty t|e(t)|\,\mathrm{d}t\rightarrow \min$$

上述各式中，$e(t)$ 为偏差，$e(t)=z(t)-x(t)$，见图1-4。在实际工作中具体选用何种性能指标，必须根据系统的性能和生产工艺要求进行综合考虑后确定。

例如：ISE 着重于抑制过渡过程的大误差；ITAE 着重于惩罚过渡过程拖得的太长。另外，误差积分指标有一个缺点，不能够保证系统具有合适的衰减率，而衰减率是控制系统非常重要的指标。因此通常的做法是首先确定衰减率，然后再选择利用误差积分为最小判定系统的优劣。

1.5 过程控制系统的发展概况

随着工业生产自动控制技术的发展，过程控制技术在现代工业生产领域的应用范围和应用层次越来越深入，过程控制系统和控制技术经历了一个由简单到复杂、从低级到高级并日趋完善的过程。纵观过程控制的发展历程，大致经历了下述几个阶段。

1.5.1 仪表化与局部自动化阶段

20 世纪五六十年代，一些工厂企业实现了仪表化与局部自动化，这是过程控制发展的第一个阶段。这个阶段的主要特点是：检测和控制仪表主要采用基地式仪表和部分单元组合仪表(多数是气动仪表)，组成单输入—单输出的单回路定值控制系统，对生产过程的热工参数，如温度、压力、流量和液位进行自动控制。控制目的是保持这些参数的稳定。过程控制系统的设计、分析的理论基础是以频率法和根轨迹法为主体的经典控制理论。

1.5.2 综合自动化阶段

20 世纪六七十年代，由于工业生产的不断发展，对过程控制提出了新的要求。电子技术的发展也为生产过程自动化的发展提供了完善的条件，过程控制的发展进入第二个阶段。在这个阶段，出现了一个车间乃至一个工厂的综合自动化。其主要特点是：大量采用单元组合仪表(包括气动和电动)和组装式仪表。同时，电子计算机开始应用于过程控制领域，实现直接数字控制(DDC)和设定值控制(SPC)。在系统结构方面，为提高控制质量与实现一些特殊的控制要求，相继出现了各种复杂控制系统，例如，串级、比值、均匀和前馈—反馈控制等。在过程控制理论方面，除了采用经典控制理论外，开始应用现代控制理论以解决实际生产过程中遇到的更为复杂的问题。

1.5.3 全盘自动化阶段

20 世纪 70 年代以来，过程控制技术进入飞速发展阶段，计算机控制技术在工业生产过程中得到广泛应用，可以对整个工艺流程、全工厂乃至整个企业集团公司进行集中控制和经营管理应用计算机系统进行多参数综合控制，是这一阶段的主要特点，这是过程控制发展的第三个阶段。其主要特点是：在检测与变送方面，大量采用以微处理器为核心的智能化控制检测仪表；在系统结构方面，由集中向分散转变，相继出现了集散控制系统、现场总线控制系统等，它们在很大程度上满足了复杂过程工业的一些特殊控制要求；在过程控制理论方面，以现代控制理论和人工智能为基础，针对工业过程本身的非线性、时变性、耦合性、不确定性等特性，提出许多行之有效的解决方法，如：模糊控制、推理控制、预测控制等，常被称为先进过程控制，以解决实际生产过程中遇到的更为复杂的控制问题。

20 世纪 80 年代，分布式控制系统(DCS)集计算机技术、控制技术、通信技术和故障诊断技术和图形显示技术为一体，使工业自动化进入控制管理一体化的新模式。DCS控制系统以智能控制理论为基础，以计算机及网络为主要手段，对企业的经营、计划、调度、管理和控制全面综合，实现从原料进库到产品出厂的自动化、整个生产系统信息管理的最优化，并依托人工智能、控制理论和运筹学相结合的智能控制技术向工厂全面自动化的方向发展。

20世纪90年代，又出现了现场总线控制系统(Fieldbus Control System,FCS)，它是继计算机技术、网络技术和通信技术得到迅猛发展后，与自动控制技术和系统进一步结合的产物。它的出现使控制系统中的各类仪表单元进入了网络时代，从而改变了传统控制系统的基本结构和连接方式。现场总线控制系统是一种全分散、全数字化、智能化、双向、互联、多变量、多点和多站的通信和控制系统。它的出现给过程控制系统带来了一次全新的革命性的变化，是过程控制系统的发展方向。

思考题与习题

1-1 简述过程控制的发展概况。

1-2 图1-6为温度控制系统，试画出该系统的框图。简述其工作原理；指出被控过程、被控参数和控制参数。

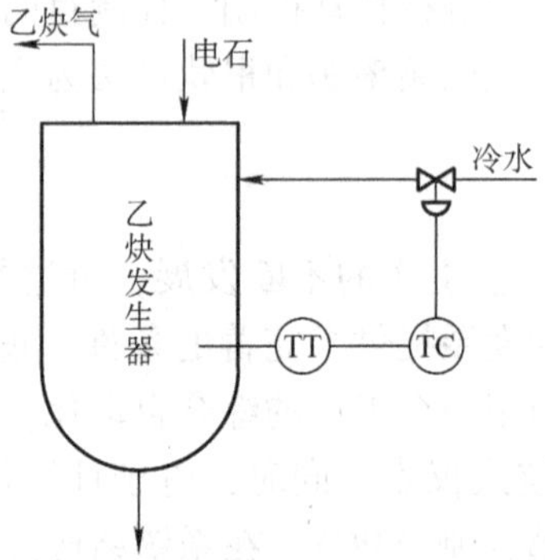

图1-6 温度控制系统

1-3 常用过程控制系统可分为哪几类？

1-4 过程控制系统过渡过程的质量指标包括哪些主要内容？它们的定义是什么？哪些是静态质量指标？哪些是动态质量指标？

第 2 章　被控过程的数学模型

在过程控制系统的分析和设计中，过程的数学模型是极其重要的基础资源，建立被控过程的数学模型对于实现生产过程自动化有着十分重要的意义，因此，系统控制品质的优劣，主要取决于对生产工艺过程的了解和建立被控过程的数学模型。

2.1　概述

2.1.1　建立被控过程数学模型的目的

要对现代日益复杂、庞大的被控过程进行操作、自动控制、最优设计等方面的研究和开发，首先要求建立其数学模型，归纳起来，建立被控过程数学模型的目的主要有下列几点：

1. 设计过程控制系统和整定调节器的参数

在设计过程控制系统时，选择控制通道，确定控制方案，分析质量指标，探讨最佳工况以及调节器参数的最佳整定值等，均以被控过程的数学模型为重要依据。尤其是实现生产过程的最优控制，若没有充分掌握被控过程的数学模型，就无法实现最优设计。

2. 指导生产工艺及其设备的设计

通过对生产工艺及其设备数学模型的分析和仿真，可以确定有关因素对整个被控过程特性的影响，从而指导生产工艺及其设备的设计。

3. 对被控过程进行仿真研究

通过对被控过程数学模型进行仿真研究，在计算机上进行分析、计算，可获取代表或逼近真实过程的大量数据，为过程控制系统的设计和调试提供大量所需信息，从而降低设计成本和加快设计进度。

被控过程数学模型的部分应用与要求见表 2-1。

表 2-1　被控过程数学模型的部分应用与要求

应 用 目 的	过程模型类型	精确度要求
调节器参数整定	线性、非线性、时间连续	较低
前馈、解耦、预估系统设计	线性、参量或非参量、时间连续	中等
系统 CAD	线性、参量或非参量、时间离散	中等
自适应控制	线性、参量、时间离散	中等
最优控制	线性、参量、时间连续或离散	高

对建立被控过程数学模型的具体要求，因其用途不同而异，但总的来说，一是应该尽量简单，二是应该准确可靠。

2.1.2 被控过程数学模型的概念

1. 被控过程模型描述形式

在过程控制系统中，被控过程是指正在运行中的各种工艺生产设备，被控过程的数学模型是指被控过程在各输入量(包括控制量和扰动量)作用下，其相应的输出量(被控量)变化函数关系的数学表达式。

过程的数学模型有两种描述形式：一是用曲线或数据表格表示，称为非参量形式；二是用数学方程表示，称为参量形式。参量形式表示的数学模型常用微分方程、传递函数、差分方程、脉冲响应函数、状态方程和观察方程等形式来描述。

图2-1为过程控制系统框图。被控过程 $W_0(s)$ 是由多个输入量 $q(t)$，$f_1(t)$，$f_2(t)$，…，$f_n(t)$ 和单个输出量 $y(t)$ 组成的物理系统。各个输入量引起被控量变化的动态特性是不同的，通常选择一个可控性良好的输入量作为控制量，即调节阀的输出 $q(t)$ 为控制量，控制量 $q(t)$ 也称为内部扰动或基本扰动，由于其作用于闭合回路内，对系统的质量指标起决定性作用。其余输入量称为外部扰动，对系统性能也有很大影响，因此也必须有所了解。

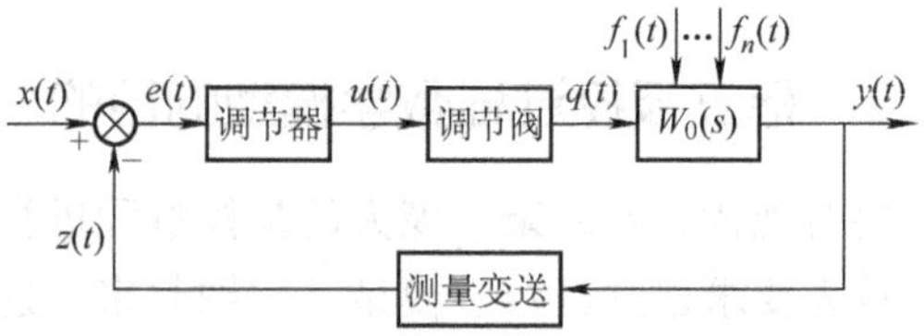

图2-1　过程控制系统框图

被控过程的输入量与输出量之间的信号联系称为通道。控制量与被控量之间的信号联系称为控制通道。外部扰动与被控量之间的信号联系称为扰动通道。

2. 被控过程模型一般表达式

由实验辨识法建立的过程数学模型的结构比较简单。以单输入—单输出过程的模型为例，常用如下两种形式：

1）线性时间连续型(可用微分方程或传递函数表示)

$$a_n y^{(n)}(t) + a_{n-1} y^{(n-1)}(t) + \cdots + a_1 y^1(t) + y(t)$$
$$= b_m u^{(m)}(t-\tau) + b_{m-1} u^{(m-1)}(t-\tau) + \cdots + b_1 u^1(t-\tau) + b_0 u(t-\tau)$$

或

$$W_0(s) = \frac{Y(s)}{U(s)} = \frac{b_0 + b_1 s + \cdots + b_{m-1} s^{m-1} + b_m s^m}{1 + a_1 s + a_2 s^2 + \cdots + a_{n-1} s^{n-1} + a_n s^n} \mathrm{e}^{-\tau s}$$

式中，$Y(s)$ 为输出量；$U(s)$ 为输入变量；τ 为时延时间。

2）线性时间离散型(可用差分方程或脉冲传递函数表示)

$$a_n y(k-n) + a_{n-1} y(k-n-1) + \cdots + a_1 y(k-1) + y(k)$$
$$= b_m u(k-m-d) + \cdots + b_1 u(k-1-d) + b_0 u(k-d)$$

即

$$y(k) = \frac{b_0 + b_1 q^{-1} + \cdots + b_{m-1} q^{-m+1} + b_m q^{-m}}{1 + a_1 q^{-1} + \cdots + a_{n-1} q^{-n+1} + a_n q^{-n}} q^{-d} u(k)$$

式中，d 为时延时间(采样周期的整数倍)；q^{-1} 为后向差分算符，与 Z 变换中 Z^{-1} 相当；k 为采样次数。

上式中等式两边的项数越多，n 和 m 越大。对大多数工业过程，一般 n 和 m 取1～3。

此外，用差分方程描述数学模型时，采样周期一般取过渡过程时间的 1/10 ~ 1/20。

模型的阶次由 n 值大小确定，n 值越大，模型的阶次越高。例如，$n=1$，称该模型为一阶过程模型；$n=2$，称该模型为二阶过程模型。

2.1.3　建立被控过程数学模型的方法

建立过程数学模型的方法，通常采用：

（1）解析法　解析法又称为机理演绎法。它根据过程的内在机理，运用已知的静态和动态物料(或能量)平衡关系，用数学推理的方法建立过程的数学模型。

静态物料(或能量)平衡关系：单位时间内进入被控过程的物料(或能量)等于单位时间内从被控过程流出的物料(或能量)。

动态物料(或能量)平衡关系：单位时间内进入被控过程的物料(或能量)减去单位时间内从被控过程流出的物料(或能量)等于被控过程内物料(或能量)储存量的变化率。

（2）实验辨识法　实验辨识法又称为系统辨识与参数估计法。该法是根据过程输入、输出的实验测试数据，通过过程辨识和参数估计建立过程的数学模型。

（3）混合法　即用上述两种方法的结合建立过程的数学模型。首先通过机理分析确定过程模型的结构形式，然后利用实验测试数据来确定模型中各参数的大小。

2.2　解析法建立过程的数学模型

根据过程的内在机理，通过静态与动态物料(或能量)平衡关系，用数学推导法建立过程的数学模型，称为解析法建模。

解析法建立被控过程数学模型，主要针对一阶无时延过程、二阶无时延过程、一阶有时延过程、二阶有时延过程等简单的模型，计算的参数主要在 5 ~ 6 个以内。

2.2.1　单容过程的建模

单容过程是指只有一个储蓄容量的过程。单容过程又可分为有自衡单容过程和无自衡单容过程。

对大多数被控过程，其阶跃响应的特点是被控量的变化是单调无振荡、有时延和惯性的，见图 2-2。

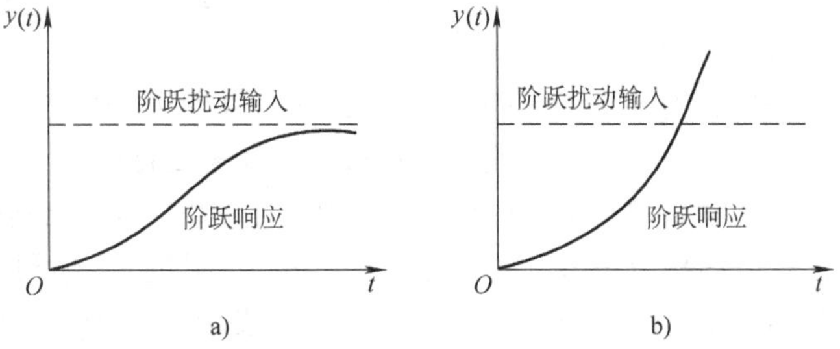

图 2-2　被控过程的阶跃响应曲线

a) 自衡过程的阶跃响应　b) 无自衡过程的阶跃响应

所谓有自衡过程，是指被控过程在扰动作用下，平衡状态被破坏后，无需操作人员或仪表的干预，依靠自身能够恢复平衡的过程。而无自衡过程，是指被控过程在扰动作用下，其平衡状态被破坏后，若无操作人员或仪表的干预，依靠其自身的能力不能重新恢复平衡的过程。

1. 有自衡过程的建模

例 2-1 图 2-3 为单容液位过程，液位高度 h 为被控量，液体体积流量 Q_1 为被控过程的控制量，改变调节阀 1 的开度可改变 Q_1，体积流量 Q_2 为负荷量，它取决于用户需要，其大小可通过阀门 2 的开度来改变。试建立该过程的数学模型。

解 被控过程的数学模型就是 h 与 Q_1 之间的数学表达式。根据动态物料（能量）平衡关系，有

$$Q_1 - Q_2 = A\frac{\mathrm{d}h}{\mathrm{d}t} \tag{2-1}$$

写成增量形式

$$\Delta Q_1 - \Delta Q_2 = A\frac{\mathrm{d}\Delta h}{\mathrm{d}t} \tag{2-2}$$

式中，ΔQ_1、ΔQ_2 和 Δh 分别为偏离某平衡状态 Q_{10}、Q_{20} 和 h_0 的增量；A 为储罐的截面积，设为常量。

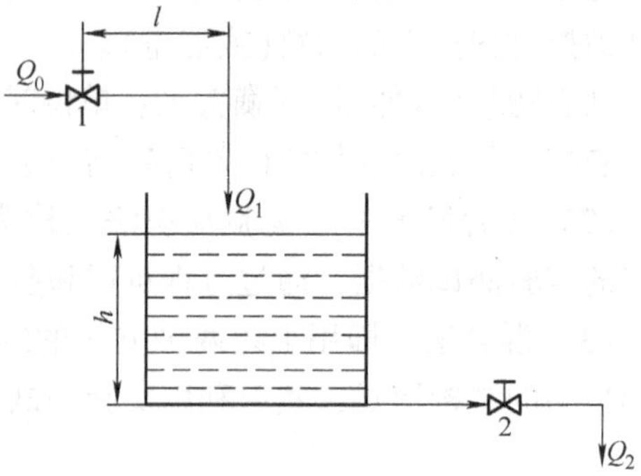

图 2-3 单容液位过程

静态时应有 $Q_1 = Q_2$，$\mathrm{d}h/\mathrm{d}t = 0$。$Q_1$ 发生变化，液位 h 也随之变化，使储罐出口处的静压力发生变化，因此，Q_2 也发生变化。设 Q_2 与 h 近似成线性关系，则

$$\Delta Q_2 = \frac{\Delta h}{R_2} \tag{2-3}$$

式中，R_2 为阀门 2 的阻力系数，称为液阻。

将式（2-3）代入式（2-2），经整理可得微分方程为

$$R_2 A\frac{\mathrm{d}\Delta h}{\mathrm{d}t} + \Delta h = R_2 \Delta Q_1 \tag{2-4}$$

式（2-4）经拉普拉斯变换后，得单容液位过程的传递函数为

$$W_0(s) = \frac{H(s)}{Q_1(s)} = \frac{R_2}{R_2 Cs + 1} = \frac{K_0}{T_0 s + 1} \tag{2-5}$$

式中，K_0 为过程的放大系数，$K_0 = R_2$；T_0 为过程的时间常数，$T_0 = R_2 C$；C 为过程的容量系数，或称为过程容量，此处 $C = A$。

被控过程都具有一定储存物料或能量的能力，其储存能力的大小，称为容量或容量系数。其物理意义是：引起单位被控量变化时被控过程储存量变化的大小。

在过程控制中，常会碰到过程的纯时延问题，例如，物料的传送带输送过程，管道输送过程等。图 2-3 中，若以体积流量 Q_0 为过程的输入量（控制量），则阀门 1 的开度变化后，Q_0 需流经长度为 l 的管道后才能进入储罐，使液位发生变化。设 Q_0 流经长度为 l 的管道所需时间为 τ_0，τ_0 称为纯时延时间。具有纯时延的过程的微分方程表达式为

$$R_2 A\frac{\mathrm{d}\Delta h}{\mathrm{d}t} + \Delta h = R_2 \Delta Q_0(t - \tau_0) \tag{2-6}$$

写成传递函数形式

$$W_0(s)=\frac{H(s)}{Q_0(s)}=\frac{K_0}{T_0s+1}e^{-\tau_0 s} \tag{2-7}$$

图 2-4 示出了该单容液位过程的阶跃响应曲线。由图可见，阶跃响应曲线形状相同，但图 2-4b 曲线滞后了 τ_0 一段时间。

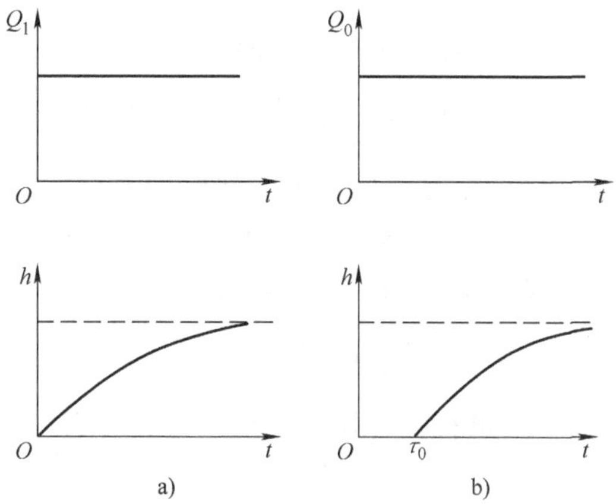

图 2-4　单容液位过程的阶跃响应曲线
a）无时延单容过程　b）有纯时延单容过程

例 2-2　图 2-5 为由电炉和加热器组成的温度过程。要求容器内水温 T_1 在生产过程中保持恒定，故为被控参数，即过程的输出量。电炉连续给水供热 Q_1 为该过程的输入量(控制参数)。盛水容器向室内散发热量 Q_2，室温为 T_2。试建立温度过程的数学模型。

解　根据能量动态平衡关系得

$$Q_1-Q_2=C\frac{dT_1}{dt}=Gc_p\frac{dT_1}{dt} \tag{2-8}$$

式中，G 为加热器内水的重量；c_p 为水的比热容，常压下 $c_p=1$；C 为热容，$C=Gc_p$，它等于 T_1 每升高 1℃所需储蓄的热量。

被加热的水不断通过保温材料向四周空气散发热量 Q_2，Q_2 可表示为

$$Q_2=K_rA(T_1-T_2) \tag{2-9}$$

式中，K_r 为传热系数；A 为容器表面积；T_2 为室内温度。

保温材料对热量的散发是有阻力的，称为热阻 R。保温材料传热系数 K_r 越大，热阻 R 越小，散热面积 A 越大，热阻 R 越小，因此

$$R=\frac{1}{K_rA} \tag{2-10}$$

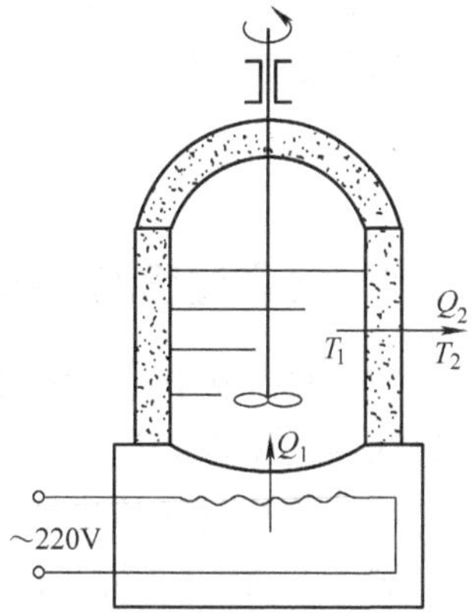

图 2-5　由电炉和加热器组成的温度过程

将式(2-9)和式(2-10)代入式(2-8)，经整理，并用增量来表示，得微分方程为

$$RC\frac{d\Delta T_1}{dt}+\Delta T_1=R\Delta Q_1+\Delta T_2 \tag{2-11}$$

若室温 T_2 保持恒定，则 $\Delta T_2=0$，得

$$RC\frac{d\Delta T_1}{dt}+\Delta T_1=R\Delta Q_1 \tag{2-12}$$

式(2-12)经拉普拉斯变换，得该对象的传递函数为

$$W_0(s)=\frac{T_1(s)}{Q_1(s)}=\frac{R}{RCs+1}=\frac{K_0}{T_0s+1} \tag{2-13}$$

式中，K_0 为过程的放大系数，$K_0=R$；T_0 为过程的时间常数，$T_0=RC$。

2. 无自衡过程的建模

例 2-3 将图 2-3 储罐出口阀门 2 换成定量泵，即 Q_2 不变，因此流出量 Q_2 与 h 无关（见图 2-6a）。试求被控量 h 与控制量 Q_1 的关系。

解 根据动态物料平衡关系，可得

$$Q_1 - Q_2 = C\frac{\mathrm{d}h}{\mathrm{d}t} \tag{2-14}$$

由于输出量 Q_2 在任何情况下都保持不变，故 $\Delta Q_2=0$，若 Q_1 有增量 ΔQ_1，则 h 有增量 Δh，式(2-14)写成增量形式为

$$C\frac{\mathrm{d}\Delta h}{\mathrm{d}t} = \Delta Q_1 \tag{2-15}$$

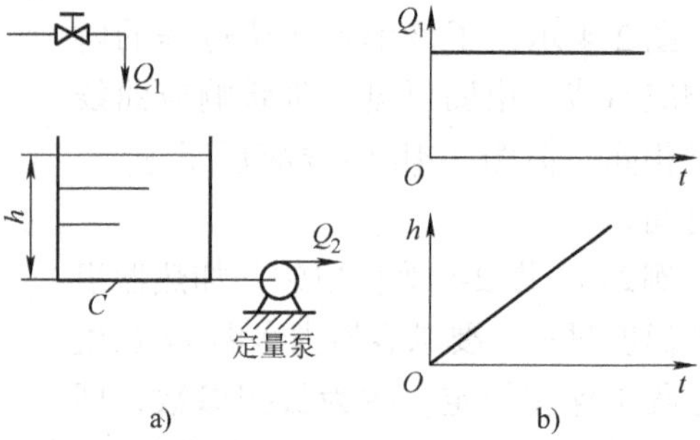

图 2-6 无自衡单容液位过程及其阶跃响应曲线
a）无自衡单容液位过程 b）阶跃响应曲线

对式(2-15)进行拉普拉斯变换，写成传递函数形式为

$$W_0(s) = \frac{H(s)}{Q_1(s)} = \frac{1}{Cs} = \frac{1}{T_a s} \tag{2-16}$$

式中，T_a 为过程的积分时间常数，$T_a = C$；C 为储罐的容量系数。

由图 2-6b 可见，当输入量 Q_1 发生阶跃扰动后，输出量将无限制地变化下去，永不停止。因为 Q_1 变化后，h 随之变化，但 Q_2 不变，这就意味着液位 h 要么一直上升，直至溢出，要么一直下降，直至罐内液体被抽干。

当图 2-6a 过程具有纯时延 τ_0 时，其传递函数为

$$W_0(s) = \frac{1}{T_a s}\mathrm{e}^{-\tau_0 s} \tag{2-17}$$

2.2.2 多容过程的建模

在过程控制中，往往碰到由多个容积和阻力件构成的被控过程，称为多容过程。下面仅讨论双容过程的建模方法。

1. 有自衡过程的建模

例 2-4 图 2-7 为有自衡能力双容过程及其阶跃响应曲线。以 h_2 为被控参数，Q_1 为控制参数。试建立该过程的数学模型。

解 根据动态物料平衡关系，用与例 2-1 相同的分析方法，可列出下列增量方程：

对水箱 1

$$\Delta Q_1 - \Delta Q_2 = C_1\frac{\mathrm{d}\Delta h_1}{\mathrm{d}t} \tag{2-18}$$

$$\Delta Q_2 = \frac{\Delta h_1}{R_2} \tag{2-19}$$

对水箱 2

$$\Delta Q_2 - \Delta Q_3 = C_2\frac{\mathrm{d}\Delta h_2}{\mathrm{d}t} \tag{2-20}$$

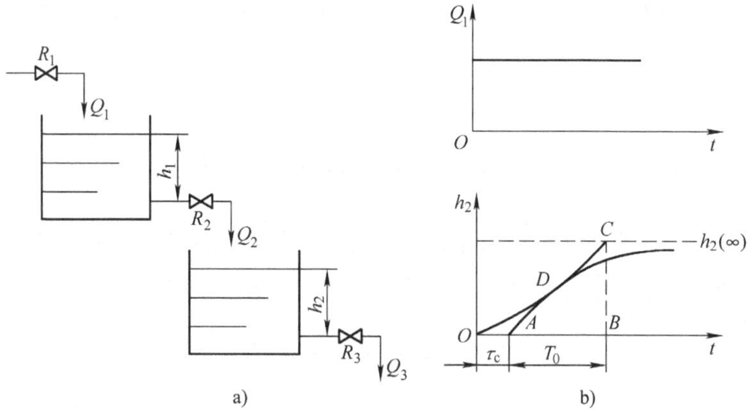

图 2-7　有自衡能力双容过程及其阶跃响应曲线
a）自衡双容过程　b）阶跃响应曲线

$$\Delta Q_3 = \frac{\Delta h_2}{R_3} \tag{2-21}$$

式中，C_1 和 C_2 分别为水箱 1 和水箱 2 的容量系数；R_2 和 R_3 分别为阀 2 和阀 3 的液阻。

从式(2-18) ~式(2-21)中消去 Δh_1、ΔQ_2 和 ΔQ_3，并整理得

$$C_1 C_2 R_2 R_3 \frac{d^2 \Delta h_2}{dt^2} + (C_1 R_2 + C_2 R_3)\frac{d\Delta h_2}{dt} + \Delta h_2 = R_3 \Delta Q_1 \tag{2-22}$$

式(2-22)中，令 $T_1 = C_1 R_2$，$T_2 = C_2 R_3$，则得

$$T_1 T_2 \frac{d^2 \Delta h_2}{dt^2} + (T_1 + T_2)\frac{d\Delta h_2}{dt} + \Delta h_2 = R_3 \Delta Q_1 \tag{2-23}$$

对式(2-23)进行拉普拉斯变换，并分解因式，得传递函数为

$$W_0(s) = \frac{H_2(s)}{Q_1(s)} = \frac{R_3}{(T_1 s + 1)(T_2 s + 1)} = \frac{K_0}{(T_1 s + 1)(T_2 s + 1)} \tag{2-24}$$

式中，K_0 为过程的放大系数，$K_0 = R_3$；T_1 为水箱 1 的时间常数；T_2 为水箱 2 的时间常数。

可见，该液位过程为二阶过程，其阶跃响应曲线见图 2-7b。由图可见，当输入量 Q_1 有阶跃变化时，多容过程的被控参数 h_2 的变化速度并不是一开始就最大，而是要经过一段时延后才达到最大值。这一段时延称为容量时延，这是由于两个容积之间存在阻力，致使 h_2 的响应时间向后推移的缘故。

这种现象从模型结构上主要体现在时间常数 T 过大，致使过程过渡过程时间变长。这一现象给模型的分析和处理都带来了很大不便。因此，人们常常将此过程简化为一个纯时延过程和一个时间常数较小的快速过程的叠加，例如，上述双容过程也可用单容过程来近似。方法如下：

通过图 2-7b 的 h_2 响应曲线的拐点 D 做切线，与时间轴交于 A，与 h_2 的稳态值 $h_2(\infty)$ 交于 C，C 点在时间轴的投影为 B，$\overline{OA}$即为容量时延 τ_c；$\overline{AB}$即为过程的时间常数 T_0。于是式(2-24)传递函数可近似写成

$$W_0(s) = \frac{H_2(s)}{Q_1(s)} \approx \frac{K_0}{T_0 s + 1} e^{-\tau_0 s} \tag{2-25}$$

在图 2-7 中，若水箱 1 与水箱 2 之间由于管道长度形成纯时延 τ_0，不难看出其传递函数为

$$W_0(s)=\frac{K_0}{(T_1s+1)(T_2s+1)}e^{-\tau s} \tag{2-26}$$

式中，$\tau=\tau_0+\tau_c$。如果过程为 n 个容积相接，不难求得多容过程的模型为

$$W_0(s)=\frac{K_0}{(T_1s+1)(T_2s+1)\cdots(T_ns+1)}e^{-\tau s} \tag{2-27}$$

若 $T_1=T_2=\cdots=T_n=T_0$，则式(2-27)可表示为

$$W_0(s)=\frac{K_0}{(T_0s+1)^n}e^{-\tau s} \tag{2-28}$$

2. 无自衡过程的建模

例 2-5 图 2-8 为无自衡能力的双容过程及其阶跃响应曲线。图中，h_2 为被控量，Q_1 为输入量(控制量)，试求该过程的传递函数。

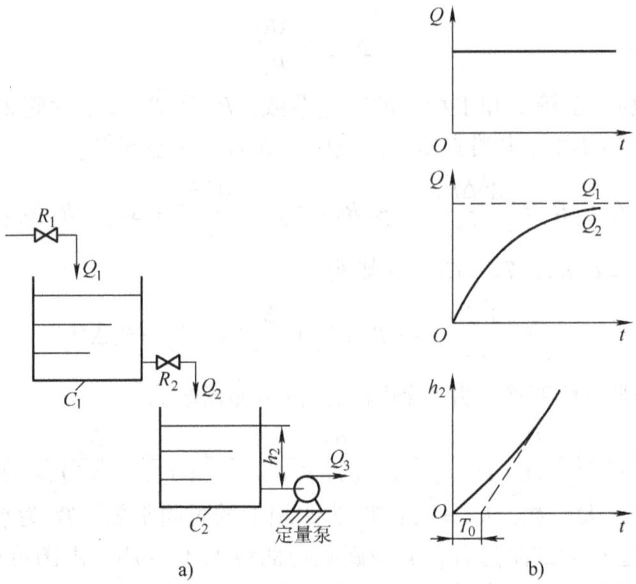

图 2-8 无自衡能力的双容过程及其阶跃响应曲线
a) 无自衡双容过程 b) 阶跃响应曲线

解 该过程由自平衡单容过程与无自平衡单容过程串联组成无自平衡双容过程。由于水箱 1 有容积和阻力，故 h_2 对 Q_1 扰动的响应有一定的时延和惯性。利用例 2-1 和例 2-3 的方法不难求得该过程的数学模型为

$$W_0(s)=\frac{H_2(s)}{Q_1(s)}=\frac{1}{T_as}\frac{1}{(Ts+1)} \tag{2-29}$$

式中，T_a 为过程积分时间常数，$T_a=C_2$；T 为水箱 1 的时间常数。

同理，由 n 个相同容积组成的无自平衡多容过程的数学模型为

$$W_0(s)=\frac{1}{T_as}\frac{1}{(Ts+1)^n} \tag{2-30}$$

当无自平衡过程具有纯时延时，其数学模型为

$$W_0(s)=\frac{1}{T_a s}\frac{1}{(Ts+1)^n}e^{-\tau_0 s} \tag{2-31}$$

利用解析法建立被控过程的数学模型，需要有足够的经验知识和对过程的内在机理有充分的了解。实际上，许多工业过程的内在机理的变化是非常复杂的，往往并不完全清楚，这就难以用解析法建立过程的数学模型。在这种情况下，可采用响应曲线辨识法建立过程的数学模型。

2.3　响应曲线辨识过程的数学模型

响应曲线辨识法建立过程的数学模型，是一种常用的方法。利用这一方法建模，首先要测取过程的阶跃响应曲线或矩形脉冲响应曲线。

2.3.1　阶跃响应曲线的测定

测定阶跃响应曲线的方法很简单，只要使过程的输入量做一阶跃变化，利用快速记录仪或其他方法记录被控过程的输出量随时间变化的响应曲线，就是阶跃响应曲线，见图 2-9a。

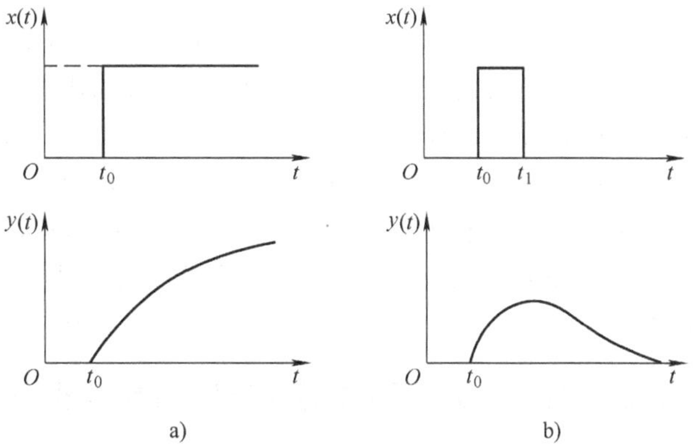

图 2-9　被控过程的响应曲线

a）阶跃响应曲线　b）脉冲响应曲线

由图可见，阶跃响应曲线能形象、直观、完全地描述被控过程的动态特性。为了能得到可靠的测试结果，试验时必须注意：

1）试验测定前，被控过程应处于相对稳定的工作状态。否则，就容易将被控过程的其他动态变化与试验时的阶跃响应混淆在一起，影响辨识结果。

2）输入阶跃信号的幅值不能过大，也不能过小。若过大，可能会对正常生产造成影响；若过小，过程中的其他扰动的影响比重相对较大。一般取阶跃信号的幅值在正常输入信号的最大幅值的 5% ~15%，常用 10%。

3）分别输入正负阶跃信号，并测取其响应曲线做对比，以便反映过程的非线性的影响。

4）在相同条件下重复测试几次，从几次测试结果中选择两次以上比较接近的响应曲线作为分析数据，以减小干扰的影响。

5）完成一次试验测试后，必须使过程稳定在原来的工况一段时间，再做第二次试验测试。

2.3.2　矩形脉冲响应曲线的测定

阶跃响应法是一种最常用的测定过程特性的方法。但是，若过程长时间处于较大幅值的

阶跃信号作用下，被控量变化的幅度可能会超出生产工艺允许的范围，这是不允许的。这时可用矩形脉冲信号作为过程的输入信号，测定过程的矩形脉冲响应曲线，见图 2-9b。由于利用阶跃响应曲线确定过程的数学模型比较简便，所以可将矩形脉冲响应曲线转换成阶跃响应曲线，然后按阶跃响应曲线确定过程的数学模型。

图 2-10 所示的矩形脉冲信号可以看作两个极性相反、幅值相同、时间相差 a 的阶跃信号叠加而成，即

$$u(t)=u_1(t)+u_2(t)=u_1(t)-u_1(t-a) \tag{2-32}$$

假设被控过程是线性的，矩形脉冲响应曲线 $y(t)$ 也是由两个时间差为 a、极性相反、形状完全相同的阶跃响应曲线 $y_1(t)$ 和 $y_2(t)$ 叠加而成，即

$$y(t)=y_1(t)+y_2(t)=y_1(t)-y_1(t-a)$$

$$y_1(t)=y(t)+y_1(t-a) \tag{2-33}$$

式(2-33)是由矩形脉冲响应曲线 $y(t)$ 画出相应的阶跃响应曲线 $y_1(t)$ 的依据。

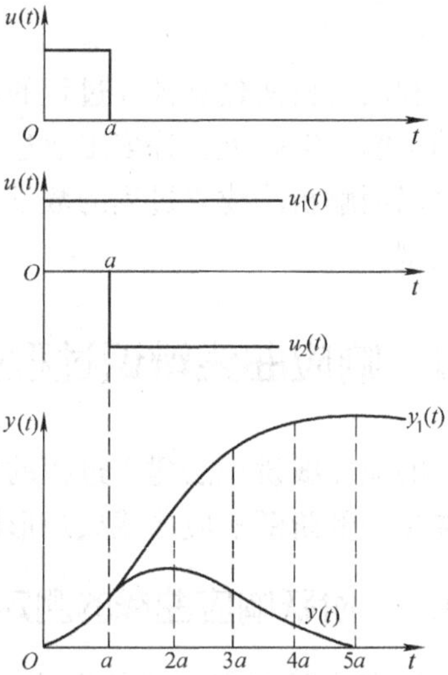

图 2-10 由矩形脉冲响应曲线 $y(t)$ 转换成阶跃响应曲线 $y_1(t)$

由图 2-10 可见，当 $t=0\sim a$ 时，$y(t)=y_1(t)$，阶跃响应曲线就是矩形脉冲响应曲线。当 $t=a\sim 2a$ 时，$y_1(2a)=y(2a)+y_1(a)$；当 $t=2a\sim 3a$ 时，$y_1(3a)=y(3a)+y_1(2a)$。依次类推，便可由矩形脉冲响应曲线求得完整的阶跃响应曲线。

2.3.3 由阶跃响应曲线确定过程的数学模型

通过实验测定过程的阶跃响应曲线后，再根据阶跃响应曲线确定过程的数学模型。为此，应首先选定过程数学模型的结构，然后再确定具体参数。在工业生产中，大多数过程的数学模型常可用下列模型结构来描述：

1. 一阶无时延过程

$$W_0(s)=\frac{K_0}{T_0s+1} \tag{2-34}$$

2. 二阶无时延过程

$$W_0(s)=\frac{K_0}{(T_1s+1)(T_2s+1)} \tag{2-35}$$

3. 一阶有时延过程

$$W_0(s)=\frac{K_0}{T_0s+1}e^{-\tau s} \tag{2-36}$$

4. 二阶有时延过程

$$W_0(s)=\frac{K_0}{(T_1s+1)(T_2s+1)}e^{-\tau s} \tag{2-37}$$

对于少数无自平衡过程，其数学模型也可以用一阶、二阶以及一阶有时延和二阶有时延结构来近似描述

$$W_0(s)=\frac{1}{T_a s} \tag{2-38}$$

$$W_0(s)=\frac{1}{T_a s}e^{-\tau s} \tag{2-39}$$

$$W_0(s)=\frac{1}{T_1 s}\ \frac{1}{(T_2 s+1)} \tag{2-40}$$

$$W_0(s)=\frac{1}{T_1 s}\ \frac{1}{(T_2 s+1)}e^{-\tau s} \tag{2-41}$$

由此可见，只要由阶跃响应曲线求得过程的放大系数 K_0、时间常数 T_0 和时延时间 τ，便能求得过程的数学模型。

1. 有自衡一阶过程参数确定

一阶无时延过程的阶跃响应曲线见图 2-11，当 $t=0$ 时，曲线斜率最大，之后斜率减小，逐渐上升到稳态值 $y(\infty)$，该曲线可用一阶无时延环节来近似。

由式(2-34)表示的一阶无时延过程，只需确定 T_0 和 K_0 两个参数，其确定方法常有直角坐标图解法和半对数坐标图解法。

(1) 直角坐标图解法　设阶跃输入量为 x_0，可求得一阶无时延环节的阶跃响应为

$$y(t)=K_0x_0(1-e^{-\frac{t}{T_0}}) \tag{2-42}$$

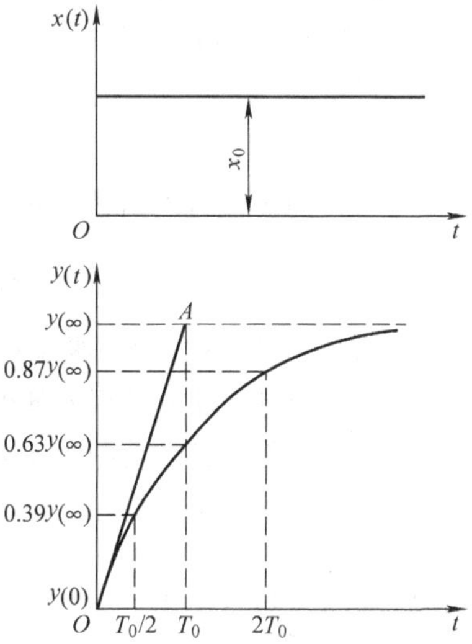

图 2-11　一阶无时延过程的阶跃响应曲线

必须指出，由于实验测定阶跃响应曲线是在过程稳定在某一值时进行的，只是在原来输入量的基础上叠加了 x_0 的阶跃变化量，因此，式(2-42)所示的输出表达式是对应原来输出值基础上的增量表达式。用测量输出数据作阶跃响应曲线时，应减去原来的稳态值。也就是说，图 2-11 所示阶跃响应曲线是以原来的稳态工作点为坐标原点的增量变化曲线。以后不加特别说明，均指这种情况。

对式(2-42)，当 $t\to\infty$ 时，得

$$y(t)\big|_{t\to\infty}=y(\infty)=K_0x_0 \tag{2-43}$$

则

$$K_0=\frac{y(\infty)}{x_0}=\frac{y(\infty)-y(0)}{x_0} \tag{2-44}$$

式中，$y(0)$ 为 $t=0$ 时刻过程输出的稳态值。

当 $t=0$ 时，曲线的斜率为

$$\left.\frac{dy}{dt}\right|_{t=0}=\frac{K_0x_0}{T_0} \tag{2-45}$$

此时切线的斜率最大，切线方程为 $\frac{K_0x_0}{T_0}t$，当 $t=T_0$ 时，有

$$\left.\frac{K_0x_0}{T_0}t\right|_{t=T_0}=K_0x_0=y(\infty) \tag{2-46}$$

由此可得直角坐标图解法确定 K_0 和 T_0 的步骤为

1）由阶跃响应曲线定出 $y(\infty)$，再由式(2-44)确定 K_0 值。

2）过 $t=0$ 点做曲线的切线，该切线与 $y(\infty)$ 线交于 A 点，则 OA 在时间轴上的投影即为时间常数 T_0，见图2-11。

T_0 也可以由测试数据直接求得。根据式(2-42)和式(2-43)，有

$$y(t)=y(\infty)(1-e^{-\frac{t}{T_0}}) \tag{2-47}$$

由式（2-47）可求得，当 $t_1=T_0/2$ 时，$y(T_0/2)=0.39y(\infty)$；当 $t_2=T_0$ 时，$y(T_0)=0.63y(\infty)$；当 $t_3=2T_0$ 时，$y(2T_0)=0.87y(\infty)$；见图2-11。因此，不难计算出时间常数 T_0。

（2）半对数坐标图解法　直角坐标图解法，过 $t=0$ 点做切线时，切线的方向不易确定，因而误差较大，此外，也很难确定是否有时延。在这种情况下，可采用半对数坐标图解法。

半对数坐标图解法求取 K_0 的方法与上述方法相同。只是求 T_0 的方法不同。由式(2-47)可得

$$y(\infty)-y(t)=K_0x_0e^{-\frac{t}{T_0}} \tag{2-48}$$

式(2-48)两边取自然对数，可得

$$\ln[y(\infty)-y(t)]=\ln K_0x_0-\frac{t}{T_0} \tag{2-49}$$

若以 $\ln[y(\infty)-y(t)]$ 为纵坐标变量，以 t 为横坐标变量，式(2-49)表示一条直线，这对于判断一阶无时延环节是很方便的。由于半对数纵坐标纸的坐标轴是以10为底的常用对数值刻度，所以需将式(2-49)的自然对数换算成常用对数。由于

$$\ln y=\frac{\ln e}{\lg e}\lg y=2.303\lg y$$

因此可将式(2-49)改写为

$$2.303\lg[y(\infty)-y(t)]=2.303\lg K_0x_0-\frac{t}{T_0}$$

或

$$\lg[y(\infty)-y(t)]=\lg K_0x_0-\frac{1}{2.303}\frac{t}{T_0} \tag{2-50}$$

式(2-50)表明，以时间 t 作横坐标，以 $\lg[y(\infty)-y(t)]$ 为纵坐标作图，得到一条直线，见图2-12。它交于纵坐标于 A，交于横坐标于 C，截距是 $\lg K_0x_0$，斜率为 $-\frac{1}{2.303T_0}$，从图上可求得过程的时间常数 T_0。

由图可见

$$\tan\alpha=-\frac{1}{2.303T_0}=-\frac{\lg A-\lg B}{BC}$$

所以

$$T_0=\frac{1}{2.303}\frac{BC}{\lg A-\lg B} \tag{2-51}$$

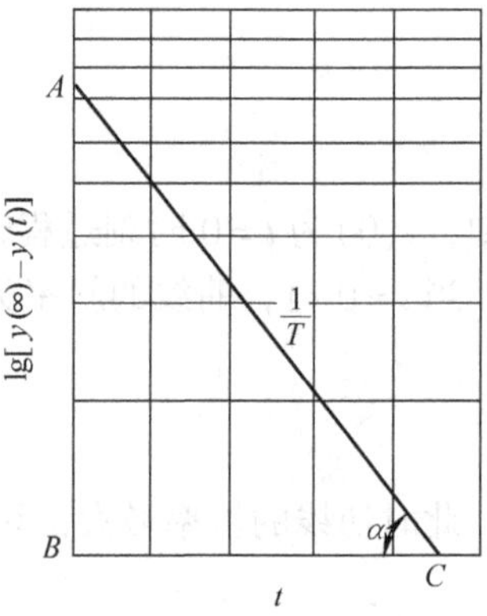

图2-12　一阶无时延过程时间常数 T_0 的算法

半对数坐标图解法的最大优点是，可以方便地判断过程的特性是否是一阶无时延环节。若是一阶无时延环节，

在半对数坐标纸上做图必然是一条直线。若不是一条直线，当在 t 较大时接近一条直线，而在 t 较小时，各点偏离直线，则可能是二阶及二阶以上或有时延的过程特性。若多数点远离直线，分布也无规则，说明测试数据时受到干扰影响，应采取抑制干扰的措施后，再重新测试，提高测试数据的精度。

2. 有自衡一阶时延过程参数确定

（1）直角坐标图解法　若过程的阶跃响应曲线在 $t=0$ 时，斜率几乎为零，之后斜率逐渐增大，到某点(称为拐点)后，斜率又逐渐减小，见图2-13，曲线呈 S 形状，则该过程可用一阶加时延环节来近似。

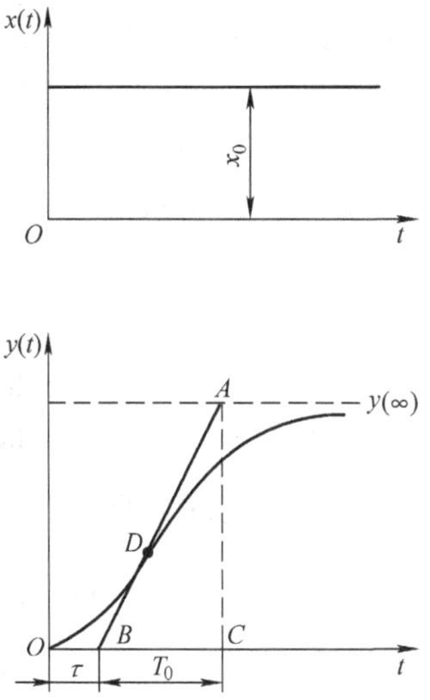

图 2-13　一阶时延过程的阶跃响应曲线

式(2-36)表示一阶加时延过程的传递函数，需确定放大系数 K_0、时间常数 T_0 和时延时间 τ 三个参数，其确定方法如下：

1）过程放大系数 K_0 用式(2-44)计算。

2）在阶跃响应曲线斜率最大处(拐点 D)做一条切线，交于时间轴 B，交于稳态值 $y(\infty)$ 于 A。OB 即为过程的时延时间 τ，BA 在时间轴的投影 BC 即为过程的时间常数 T_0。

（2）解析图解法　由于在响应曲线上寻找拐点 D 及通过 D 做切线，可能会引起较大误差。因此，可采用计算方法求得 T_0 和 τ。

首先，将阶跃响应 $y(t)$ 转换成相对值

$$y_0(t)=\frac{y(t)}{y(\infty)} \tag{2-52}$$

则相应的阶跃响应表达式为

$$y_0(t)=\begin{cases}0 & t<\tau \\ 1-e^{-\frac{t-\tau}{T_0}} & t\geqslant\tau\end{cases} \tag{2-53}$$

根据式(2-52)可将图 2-13 转换成图 2-14。在图 2-14 中，选取两个不同的时间点 $t_1<t_2$，分别对应 $y_0(t_1)$ 和 $y_0(t_2)$，根据式(2-53)可有

$$\left.\begin{aligned}y_0(t_1)&=1-e^{-\frac{t_1-\tau}{T_0}}\\ y_0(t_2)&=1-e^{-\frac{t_2-\tau}{T_0}}\end{aligned}\right\} \tag{2-54}$$

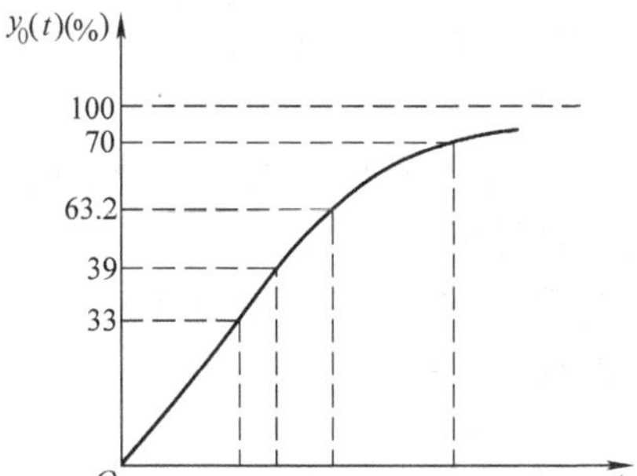

图 2-14　相对阶跃响应曲线 $y_0(t)$

式中，$t_2>t_1>\tau$，对式（2-54）两边取自然对数得

$$\left.\begin{aligned}\ln[1-y_0(t_1)]&=-\frac{t_1-\tau}{T_0}\\ \ln[1-y_0(t_2)]&=-\frac{t_2-\tau}{T_0}\end{aligned}\right\} \tag{2-55}$$

联立求解式(2-55)，可得

$$\left.\begin{aligned} T_0 &= \frac{t_2 - t_1}{\ln[1 - y_0(t_1)] - \ln[1 - y_0(t_2)]} \\ \tau &= \frac{t_2 \ln[1 - y_0(t_1)] - t_1[1 - y_0(t_2)]}{\ln[1 - y_0(t_1)] - \ln[1 - y_0(t_2)]} \end{aligned}\right\} \tag{2-56}$$

因此，可求得 T_0 和 τ。

为了计算方便，可在图 2-14 相对曲线上选取 4 个点，即

$$y_0(t_1) = 0.33, \ y_0(t_2) = 0.39, \ y_0(t_3) = 0.632, \ y_0(t_4) = 0.7$$

根据式(2-56)可求得两组 T_0 和 τ。

对于 t_2 和 t_3 可求得

$$\left.\begin{aligned} T_1 &= \frac{t_3 - t_2}{\ln(1-0.39) - \ln(1-0.632)} \approx 2(t_3 - t_2) \\ \tau_1 &= \frac{t_3 \ln(1-0.39) - t_2 \ln(1-0.632)}{\ln(1-0.39) - \ln(1-0.632)} \approx 2t_2 - t_3 \end{aligned}\right\} \tag{2-57}$$

对于 t_1 和 t_4 可求得

$$\left.\begin{aligned} T_2 &= \frac{t_4 - t_1}{\ln(1-0.33) - \ln(1-0.7)} \approx \frac{t_4 - t_1}{0.8} \\ \tau_2 &= \frac{t_4 \ln(1-0.33) - t_1 \ln(1-0.7)}{\ln(1-0.33) - \ln(1-0.7)} \approx \frac{3t_1 - t_4}{2} \end{aligned}\right\} \tag{2-58}$$

如果 T_1 与 T_2 值、τ_1 和 τ_2 值相差大，则不能用这种方法，应选用二阶加时延环节来近似描述过程的特性；如果两组值均比较接近，则可取其平均值：

$$T_0 = \frac{T_1 + T_2}{2} \tag{2-59}$$

$$\tau = \frac{\tau_1 + \tau_2}{2} \tag{2-60}$$

这样便可确定一阶加时延过程的特性参数 K_0、T_0 和 τ。

3. 有自衡二阶过程参数确定

由式(2-35)描述的二阶无时延过程，需确定的参数为 K_0、T_1 和 T_2。其阶跃响应曲线见图 2-15。

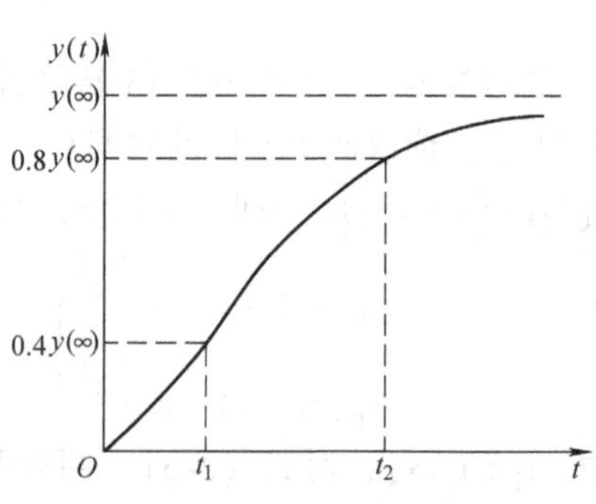

图 2-15 二阶过程的阶跃响应曲线

(1) 直角坐标图解法 K_0 的确定可利用式(2-44)计算。

T_1 和 T_2 的确定采用两点法。二阶无时延过程的阶跃响应方程为

$$y(t) = K_0 x_0 - \frac{T_1}{T_1 - T_2} e^{-\frac{t}{T_1}} + \frac{T_2}{T_1 - T_2} e^{-\frac{t}{T_2}} \tag{2-61}$$

式中，x_0 为输入阶跃信号的幅值；$K_0 x_0 = y(\infty)$。

由式(2-61)可得

$$\frac{T_1}{T_1-T_2}e^{-\frac{t}{T_1}}-\frac{T_2}{T_1-T_2}e^{-\frac{t}{T_2}}=y(\infty)-y(t) \tag{2-62}$$

根据式(2-62)，可在图 2-15 阶跃响应曲线上取两个点的数据，$[t_1, y(t_1)]$和$[t_2, y(t_2)]$确定 T_1 和 T_2。由图可见，$y(t_1)=0.4y(\infty)$ 和 $y(t_2)=0.8y(\infty)$，因此可确定 T_1 和 T_2。由式(2-62)可得联立方程

$$\left.\begin{aligned}\frac{T_1}{T_1-T_2}e^{-\frac{t_1}{T_1}}-\frac{T_2}{T_1-T_2}e^{-\frac{t_1}{T_2}}=0.6\\ \frac{T_1}{T_1-T_2}e^{-\frac{t_2}{T_1}}-\frac{T_2}{T_1-T_2}e^{-\frac{t_2}{T_2}}=0.2\end{aligned}\right\}$$

上式的近似解为

$$\left.\begin{aligned}T_1+T_2\approx\frac{t_1+t_2}{2.16}\\ \frac{T_1T_2}{(T_1+T_2)^2}\approx\left(1.74\frac{t_1}{t_2}-0.55\right)\end{aligned}\right\} \tag{2-63}$$

联立求解式(2-63)可求得 T_1 和 T_2。

采用式(2-63)确定 T_1 和 T_2 时，应根据 t_1/t_2 之值判断过程数学模型的表达式。

1）当$0.32<t_1/t_2<0.46$ 时，过程的数学模型可用式(2-35)来近似描述，为二阶无时延过程。

2）若 $t_1/t_2=0.32$，为一阶无时延过程，可用式(2-34)近似描述，此时，$T_0=(t_1+t_2)/2.12$。

3）若 $t_1/t_2=0.46$，$T_1=T_2=T_0=(t_1+t_2)/2\times2.16$，可用 $K_0/(T_0s+1)^2$ 近似描述。

4）若 $t_1/t_2>0.46$，则用高于二阶环节来近似。

设 n 阶环节的传递函数 $W_0(s)=\dfrac{K_0}{(T_0s+1)^n}$，$T_0$ 可按下式求得

$$T_0=\frac{t_1+t_2}{2.16n} \tag{2-64}$$

式中，n 可根据 t_1/t_2 查表 2-2 获得。

表 2-2　高阶过程的 n 与 t_1/t_2 的关系

n	1	2	3	4	6	8	10	12	14
t_1/t_2	0.32	0.46	0.53	0.58	0.65	0.685	0.71	0.735	0.75

（2）半对数坐标图解法　二阶无时延过程的参数 T_1 和 T_2 的确定也可以用半对数坐标作图法。二阶无时延环节的阶跃响应时间表达式为

$$y(t)=K_0x_0+Ae^{-\frac{t}{T_1}}+Be^{-\frac{t}{T_2}} \tag{2-65}$$

若 $T_1\gg T_2$[一般 $T_1>(2\sim3)T_2$]，则 t 大到一定程度时，$e^{-\frac{t}{T_2}}$相对于 $e^{-\frac{t}{T_1}}$可以忽略不计，则

$$y(t)\approx K_0x_0+Ae^{-\frac{t}{T_1}} \tag{2-66}$$

由此可见，当时间 t 很大以后，二阶环节的特性可近似看作一阶环节的特性，可用确定一阶环节参数的方法来确定时间常数。但是，当 t 较小时，$e^{-\frac{t}{T_2}}$不能忽略，这时，可将

式(2-65)改写成为

$$y(\infty)-y(t)=-Ae^{-\frac{t}{T_1}}-Be^{-\frac{t}{T_2}} \tag{2-67}$$

如同一阶环节的半对数坐标图解法中所述一样，在二阶过程的阶跃响应曲线的各个时间点上，依次量出 $y(\infty)-y(t)$ 的数值，并将其标在半对数坐标纸上，可得图2-16中的曲线1。该曲线在时间较大时是一条直线。将该曲线的直线部分延长到与纵坐标轴相交，见图2-16的直线2，则直线2就是式(2-66)表示的近似一阶环节的图形。因此，时间常数 T_1 可根据直线2的斜率大小求得(同一阶环节的半对数坐标图解法)。

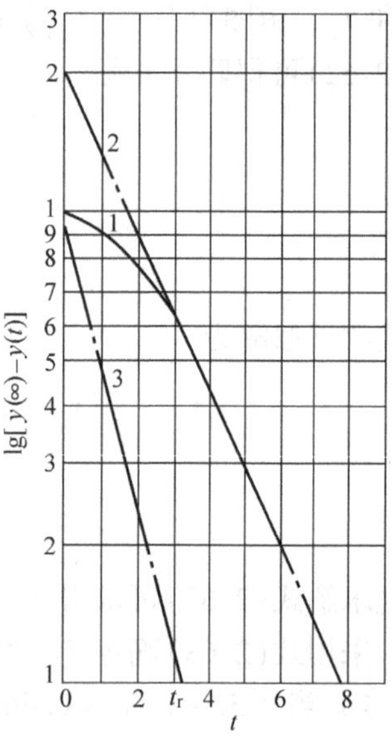

图2-16 二阶过程时间常数半对数坐标计算图

由于 t 较小时，$e^{-\frac{t}{T_2}}$ 项不能忽略(曲线1不是直线)，因此求取时间常数 T_2 时，必须考虑。将式(2-67)改写成

$$-Ae^{-\frac{t}{T_1}}-[y(\infty)-y(t)]=Be^{-\frac{t}{T_2}} \tag{2-68}$$

式(2-68)实际上是由式(2-66)减去式(2-67)所得。对式(2-68)两边取以10为底的常用对数，得

$$\lg\{-Ae^{-\frac{t}{T_1}}-[y(\infty)-y(t)]\}=\lg B-\frac{1}{2.303}\frac{t}{T_2} \tag{2-69}$$

在半对数坐标纸上作图，式(2-69)是一条直线，见图2-16中直线3。

实际上，直线3就是直线2减去曲线1的结果。直线3的数学表达式就是式(2-69)的右边。直线3的斜率为 $\frac{-t}{2.303T_2}$，因此，根据直线3，便可利用式(2-51)计算二阶过程的时间常数 T_2。

综上所述，半对数坐标图解法求取 T_1 和 T_2 的步骤为

1）根据实际数据 $[y(\infty)-y(t)]$ 在半对数坐标纸上画出图2-16的曲线1。

2）延长曲线1的直线部分与纵轴相交，得直线2，利用式(2-51)计算 T_1。

3）用直线2减去曲线1得直线3，利用直线3的数据和式(2-51)计算 T_2。

(3) 图解法求过程模型实例

例2-6 有一过程在阶跃输入 $x_0=2.18\text{mA}$ 作用下，其输出响应实测数据见下表：

t/s	0	1	2	3	4	5	6	7	8	9
$y(t)$/mV	3.90	3.90	3.95	4.10	4.30	4.50	4.80	5.00	5.20	5.35
t/s	10	11	12	13	14	15	18	20	…	∞
$y(t)$/mV	5.50	5.65	5.75	5.85	5.90	6.00	6.05	6.10	…	6.10

求该过程的数学模型。

解　首先计算在不同时间 t 时的 $[y(\infty)-y(t)]$ 值，见下表：

t/s	0	1	2	3	4	5	6	7	8	9
$[y(\infty)-y(t)]$/mV	2.20	2.20	2.15	2.00	1.80	1.60	1.30	1.10	0.90	0.75
t/s	10	11	12	13	14	16	18	20	…	∞
$[y(\infty)-y(t)]$/mV	0.60	0.45	0.35	0.25	0.20	0.10	0.05	0	…	0

将这些数据在半对数坐标纸上作图，见图 2-17 曲线 1。

由图可见，t 较大时，曲线 1 为一条直线，而 t 较小时不是直线，可认为该过程是二阶无时延过程。

将曲线 1 的直线部分延长交于纵轴 A_1 点，并取 $B_1=0.15$，则得

$$A_1=7,\ t_1=15.5\text{s}$$

由式(2-51)计算时间常数 T_1 为

$$T_1=\frac{t_1}{2.303(\lg A_1-\lg B_1)}=\frac{15.5\text{s}}{2.303(\lg 7-\lg 0.15)}=4\text{s}$$

在图 2-17 中，直线 2 减去曲线 1，得直线 3，可得

$$A_2=4.8,\ B_2=B_1=0.15,\ t_2=7.5\text{s}$$

由式(2-51)计算时间常数 T_2 为

$$T_2=\frac{7.5\text{s}}{2.303(\lg 4.8-\lg 0.15)}=2.16\text{s}$$

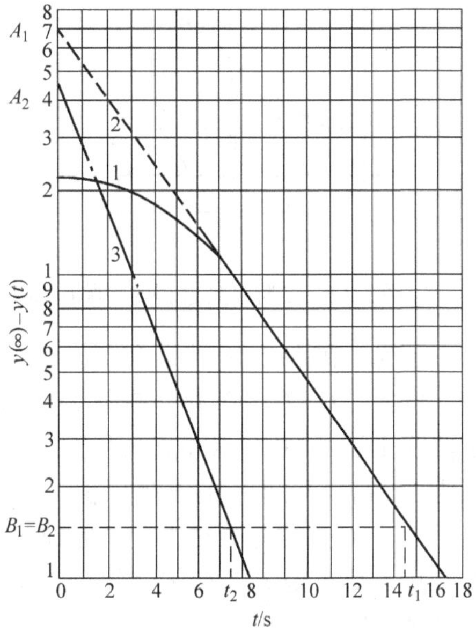

图 2-17　二阶过程时间常数 T_1 和 T_2 的计算

由式(2-44)计算过程的放大系数 K_0

$$K_0=\frac{y(\infty)-y(0)}{x_0}=\frac{(6.10-3.90)\text{mV}}{2.18\text{mA}}=1\text{mV/mA}$$

则该过程的数学模型为

$$W_0(s)=\frac{K_0}{(T_1s+1)(T_2s+1)}=\frac{1}{(4s+1)(2.16s+1)}$$

半对数坐标图解法也可用于高于二阶环节参数的确定，但由于作图较复杂，实际上很少采用。

4. 有自衡二阶时延过程参数确定

二阶加时延过程的数学模型见式(2-37)，可见需确定 K_0、T_1、T_2 和 τ 共 4 个参数。在图 2-18 的阶跃响应曲线的拐点作切线，得容量时延 $\tau_C=\overline{AB}$，$T_A=\overline{BD}$，$T_C=\overline{ED}$，纯时延 $\tau_0=\overline{OA}$，$\tau=\tau_0+\tau_C$。

设 $x=T_1/T_2$，则 x 与 T_C/T_A 有下列关系：

$$\frac{T_C}{T_A}=(1+x)x^{\frac{x}{1-x}} \tag{2-70}$$

和

$$T_1+T_2=T_C \tag{2-71}$$

在式(2-71)的约束条件下，求解式(2-70)，可得 T_1 和 T_2。

过程放大系数用式(2-44)计算。由于根据式(2-70)计算 T_1 和 T_2 比较复杂，故根据式(2-70)做成了图2-19的曲线，利用图解法求取 T_1 和 T_2。

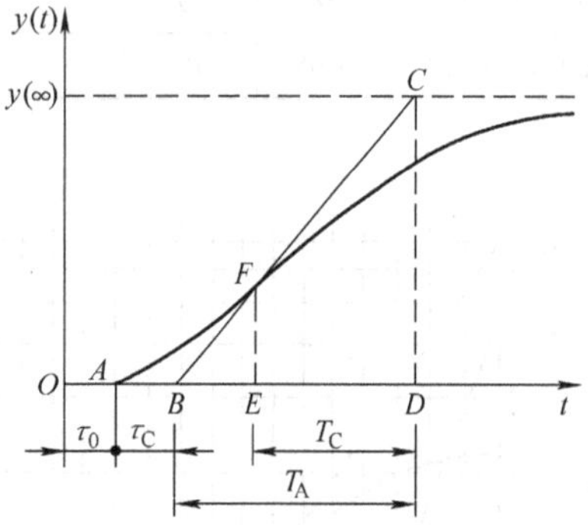

图2-18 二阶时延过程的阶响应曲线

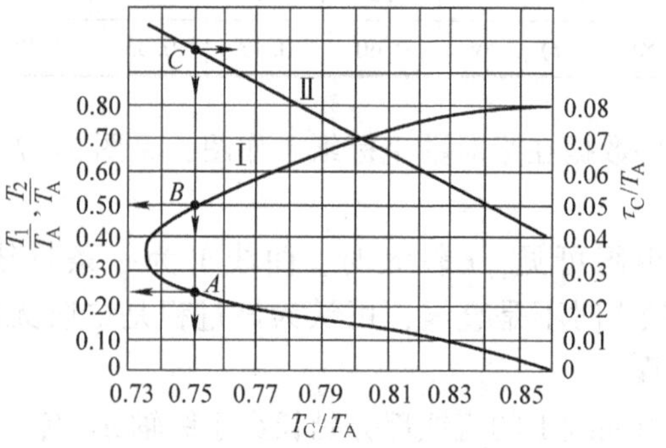

图2-19 二阶时延过程 T_1、T_2 和 τ_C 的求法

首先，在图2-18中求得 T_A 和 T_C，根据 T_C/T_A 之值，例如，$T_C/T_A=0.75$，在图2-19上作垂直线分别交于曲线Ⅰ于 A、B 两点和直线Ⅱ于点 C。则 A 点的纵坐标值为 T_1/T_A，而 B 点的纵坐标值为 T_2/T_A，由此可求出 T_1 和 T_2。C 点对应的右边纵坐标轴 τ_C/T_A 之值即为 τ_C/T_A，因此可求得 τ_C，此 τ_C 可用来检验图2-18中所作切线是否正确。

5. 无自衡一阶有时延过程参数确定

无自衡过程的数学模型可用式(2-38)~式(2-41)来近似描述。其阶跃响应曲线见图2-20。

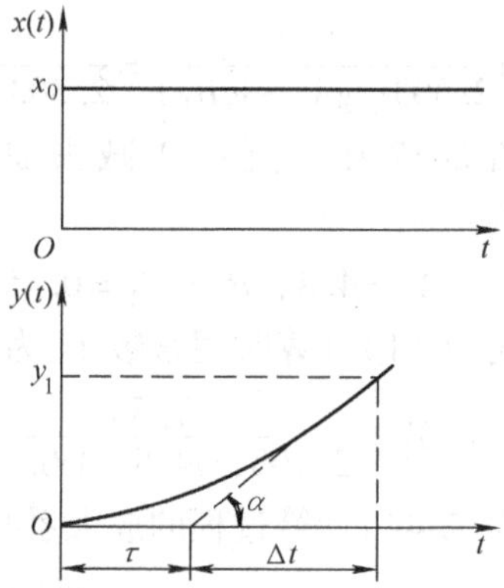

图2-20 无自衡过程的阶跃响应曲线

由图可见，当 $t\to\infty$ 时，$y(t)$ 无限增大(或减小)，并且其变化速度逐渐趋于恒定(即常数)。若过程特性为式(2-38)表示的一阶无时延和式(2-39)表示的一阶有时延过程，去掉纯时延 τ_0 部分，其微分方程可表示为

$$T_a\frac{dy(t)}{dt}=x(t)$$

即

$$\frac{dy(t)}{dt}=\frac{x(t)}{T_a} \tag{2-72}$$

在阶跃输入 $x(t)=x_0(t)$ 情况下，其变化速度为一个常数 x_0/T_a，且为最大值。因此，可在图2-20阶跃响应曲线上变化速度最大的点作切线，该切线交于时间轴，则可求得时延 τ，该切线的斜率为

$$\tan\alpha=\frac{y(t)}{\Delta t}=\frac{x_0}{T_\alpha}$$

因此

$$T_\alpha = \frac{x_0}{\tan\alpha} \tag{2-73}$$

若过程模型用式(2-40)和式(2-41)来描述的二阶和二阶加时延过程，确定参数 T_1、T_2 和 τ 就没有如此简单。但是，若经过必要的变换仍可仿照一阶时延过程的方法确定其参数值。式(2-40)和式(2-41)的微分方程为

$$T_1 \frac{\mathrm{d}}{\mathrm{d}t}\left[T_2 \frac{\mathrm{d}y(t)}{\mathrm{d}t} + y(t)\right] = x(t-\tau)$$

令 $\mathrm{d}y(t)/\mathrm{d}t = y'(t)$，上式变为

$$T_1 T_2 \frac{\mathrm{d}y'(t)}{\mathrm{d}t} + T_1 y'(t) = x(t-\tau)$$

即

$$T_2 \frac{\mathrm{d}y'(t)}{\mathrm{d}t} + y'(t) = \frac{x(t-\tau)}{T_1} \tag{2-74}$$

现用 $y'(t)$ 为过程的输出变量，$x(t)$ 为输入变量，可求得式(2-74)的传递函数为

$$\frac{y'(s)}{x(s)} = \frac{\frac{1}{T_1}}{T_2 s + 1}\mathrm{e}^{-\tau s} \tag{2-75}$$

由此可见，式(2-75)和式(2-39)的一阶加时延环节的模型完全一致，因此可按一阶时延环节的阶跃响应方法求取 T_1、T_2 和 τ。关键问题是如何求得 $y'(t)$。

$y'(t)$ 是 $y(t)$ 的微分，但是 $y(t)$ 的参数仍未确定，不能用求微分的方法求得 $y'(t)$，现在，得到 $y(t)$ 的阶跃响应曲线，为了利用该曲线求得 $y'(t)$，可以将 $y(t)$ 的阶跃响应曲线分成 n 等分(一般取 $n=10\sim20$，n 越大，精度越高，但计算量越大)，每等分对应的时间均为 Δt，然后按下列各式计算各段的斜率，即为 $y'(t)$ 的近似值

$$y'(t_1) = \frac{\Delta y(t_1)}{\Delta t} = \frac{y(t_1) - y(t_0)}{\Delta t};$$

$$y'(t_2) = \frac{\Delta y(t_2)}{\Delta t} = \frac{y(t_2) - y(t_1)}{\Delta t};$$

$$\vdots$$

$$y'(t_i) = \frac{\Delta y(t_i)}{\Delta t} = \frac{y(t_i) - y(t_{i-1})}{\Delta t} \qquad i = 1,2,3\cdots,n \tag{2-76}$$

得到 $y'(t_1)$，$y'(t_2)$，…，$y'(t_i)$ 后，可在直角坐标上画出 $y'(t)$ 的近似变化曲线，然后按一阶时延环节的参数确定方法，求取 T_1、T_2 和 τ 。

*2.4 相关函数法辨识过程的数学模型

上述响应曲线辨识法建立过程的数学模型，其优点是简便，并可获得一定精度的模型，但是，必须做专门的试验测试，生产从正常运行状态转入试验状态，因此，会影响生产的顺利进行。用相关函数辨识法建立过程的数学模型是在生产过程正常运行状态下进行的，不会影响生产的正常运行，其缺点是必须计算处理大量的信息数据。

1. 相关函数法过程建模原理

利用相关函数法辨识过程的数学模型时，要给过程输入一个特定的、不会对正常生产造成影响的随机信号，然后计算其输出信号与输入信号的互相关函数，再由互相关函数求取被控过程的脉冲响应，从而获得过程的数学模型。

随机信号在每一个时刻都是一个随机变量，并且是时间函数，则可称为随机过程，若一个随机过程的统计特性在各个时刻都相同，则被称为平稳随机过程。

对生产过程中的被控过程(如某些化工生产过程)的统计特性的变化是非常缓慢的，在足够长的时间内可近似看作一个各态历经的平稳随机过程。控制系统的响应在过渡过程结束后，也可近似看作是各态历经的平稳随机过程。因此，可用一条时间足够长的记录曲线进行统计分析。

一个线性过程的数学模型可用它的脉冲响应函数来表示。图2-21中，设线性过程的脉冲响应函数为$g(u)$，若其输入量$x(t)$是一个平稳随机过程，则其输出量$y(t)$也是一个平稳随机过程。若输入量为$x(t)$的自相关函数$R_{xx}(\tau)$，则其输出量就相当于该过程的输出量$y(t)$与输入量$x(t)$的互相关函数$R_{xy}(\tau)$。

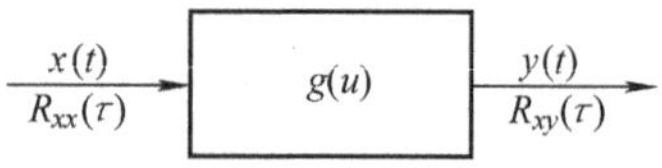

图2-21 线性过程的输入输出关系

相关函数法辨识过程数学模型的基本依据是维纳—霍普夫(Wiener-Hopf)方程

$$R_{xy}(\tau)=\int_0^{\infty} g(u)R_{xx}(\tau-u)\,\mathrm{d}u \tag{2-77}$$

由式(2-77)可见，若能通过辨识取得过程的输入量$R_{xx}(\tau)$和输出量$R_{xy}(\tau)$，便能由式(2-77)求得过程的数学模型$g(u)$。但是，利用一般信号的自相关信号$R_{xx}(\tau)$和互相关信号$R_{xy}(\tau)$求解式(2-77)是很困难的，必须利用某些特殊的输入信号，以化简求解。

由于单位脉冲函数（白噪声）可用下列方程来描述

$$R_{xx}(\tau)=K\delta(\tau)$$

或

$$R_{xx}(\tau-u)=K\delta(\tau-u) \tag{2-78}$$

式中，K为常数。

将式(2-78)代入式(2-77)得

$$R_{xy}(\tau)=\int_0^{\infty} g(u)K\delta(\tau-u)\,\mathrm{d}u$$

由于只有$u=\tau$时，$R_{xy}(\tau)\neq0$，且$\delta(0)=1$，则

$$R_{xy}(\tau)=Kg(\tau)$$

则可计算出过程的脉冲响应函数

$$g(\tau)=\frac{1}{K}R_{xy}(\tau) \tag{2-79}$$

利用式(2-79)计算$R_{xy}(\tau)$仅需在一个周期内进行计算即可。

可见在过程的输入端加单位冲击函数(白噪声)后，只要求取$R_{xy}(\tau)$，即可求得过程的数学模型$g(\tau)$，但是单位冲击函数(白噪声)只是数学上的理论抽象，工程上不容易实现，所以常用伪随机信号作为过程模型辨识的输入信号。

2. 伪随机信号

常用二电平M序列伪随机信号来辨识过程的数学模型。

所谓伪随机信号是指它并非真正的随机信号，而是人为地产生一种自相关函数 $R_{xx}(\tau)$ 具有和单位脉冲函数特性相似的随机信号。二电平 M 序列(以下简称 M 序列)伪随机信号只有 $\pm a$ 两种电平，$+a$ 电平规定为“0”电平，$-a$ 电平规定为“1”电平。设 M 序列伪随机信号的周期为 T，把 T 分成 N 等分 $\Delta t = T/N$，正负电平的切换总是发生在时间间隔 Δt 的整数倍上，即 $t=0$，Δt，$2\Delta t$，$3\Delta t$，…，$N\Delta t$，N 取值为 $N=2^r-1$，其中 r 为整数，N 应是 7，15，31 等，称为周期长度。r 取不同的值，M 序列伪随机信号就有不同的周期。

M 序列伪随机函数的产生很容易，可用移位寄存器或者用计算机来产生，以图 2-22 的 M 序列伪随机信号为例，该信号为 111100010011010。

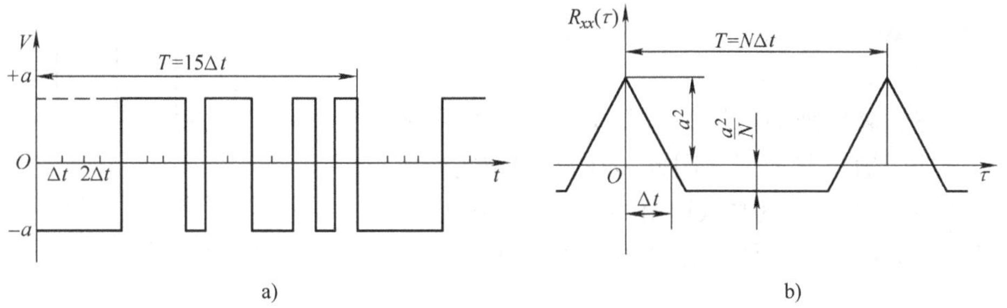

图 2-22 M 序列示例及其 $R_{xx}(\tau)$ 的波形

a）M 序列信号示例 b）M 序列自相关函数的波形

图 2-22b 为图 2-22a M 序列自相关函数的波形，其数学表达式为

$$R_{xx}(\tau)=\begin{cases} a^2 & \Delta t=0 \\ -\dfrac{a^2}{N} & \Delta t=1,2,\cdots,14,N=15 \end{cases} \tag{2-80}$$

由图 2-22b 可见，自相关函数 $R_{xx}(\tau)$ 是一个三角波，三角波的水平线与横轴的距离为 $-\dfrac{a^2}{N}$，但是若 Δt 足够小，N 足够大，$-\dfrac{a^2}{N}\to 0$，三角波就趋近于理想的单位脉冲函数 $\delta(\tau)$。

图 2-22a 所示 M 序列伪随机函数的波形可用图 2-23 所示的 4 级移位寄存器产生。图中，$a_{n-1}\sim a_{n-4}$ 为 4 级移位寄存器，$\oplus$ 表示模 2 域求和(异或)。

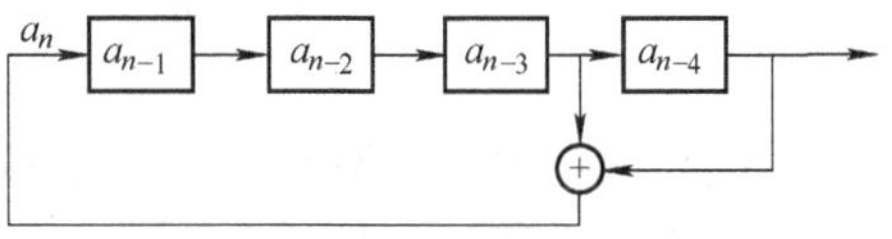

图 2-23 4 级移位寄存器产生 M 序列原理

由图可见，a_{n-3} 和 a_{n-4} 的输出经模 2 域求和后作为 a_{n-1} 的反馈输入，即 $a_n=a_{n-3}\oplus a_{n-4}$。模 2 域求和原理为“1” $\oplus$ “1” = “0”，“1” $\oplus$ “0” = “1”，“0” $\oplus$ “0” = “0”，因此，若(a_{n-1}，a_{n-2}，a_{n-3}，a_{n-4})初始赋值为(1，1，1，1)时，经过 $2^4-1=15$ 次的移位，便能产生 111100010011010 的 M 序列伪随机信号，其波形见图 2-22a。再经 16～31 次共 15 次移位，便产生第二个周期的 M 序列伪随机信号。同样，若继续移位下去便能产生波形与第一周期波形相同的 M 序列伪随机信号。

产生 M 序列信号必须适当确定周期长度 $T=N\Delta t$、Δt 和电平幅值 a 等参数。这几个参数确定原则为：

1）Δt 的确定。一般取 $\Delta t=(2\sim5)\tau_c$，τ_c 为被控过程的截止周期，$\tau_c=1/f_c$，f_c 为过程的截止频率。

2）M 序列周期，$T=N\Delta t>T_s$，T_s 为被控过程的过渡过程时间，一般取 $T=(1.2\sim1.5)T_s$ 即可。

3）电平幅值 a 之值应根据被控过程的线性动态范围和生产工艺要求而定，在二者允许条件下，a 取得大一些可提高测试精度。

M 序列自相关函数的波形形状与单位脉冲函数的波形形状相似，但是，它有一个重复周期 T，$R_{xx}(\tau)$ 仅在 $\tau=0$，$\pm\Delta t$，$\pm2\Delta t$，$\pm3\Delta t$，…处有值，其他各点的值均为零，见图 2-24。

如前所述，M 序列的自相关函数 $R_{xx}(\tau)$ 的波形形状与单位脉冲函数形状相似。因此，在过程的输入端施加一个 M 序列信号，只要从输出的测量数据中计算出其互相关函数 $R_{xy}(\tau)$，便可计算出过程的脉冲响应函数 $g(\tau)$。

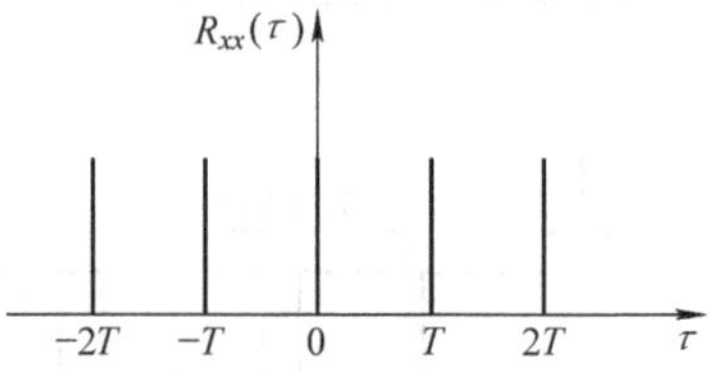

图 2-24 M 序列自相关函数 $R_{xx}(\tau)$ 的波形

3. 辨识步骤

用 M 序列伪随机信号辨识过程数学模型的具体步骤如下：

1）估计过程的过渡过程时间 T_s。T_s 可以根据经验，或通过矩形脉冲方波实验得到。

2）选择 M 序列伪随机信号序列参数，主要包括：周期 T、幅值 a、Δt、N 等。

3）用计算机或伪随机信号发生器产生伪随机信号。

4）测试电路，如图 2-25 所示。

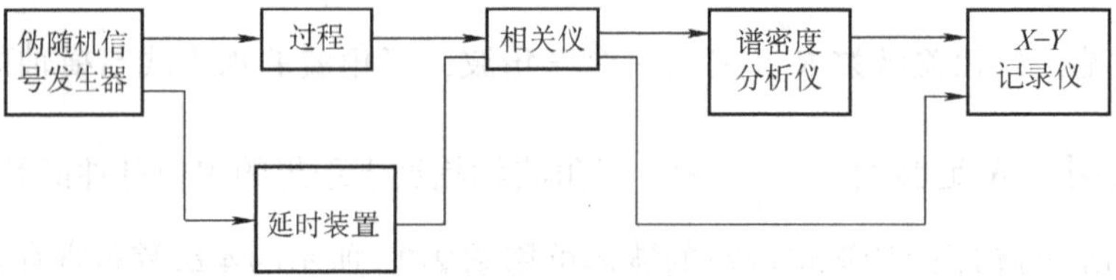

图 2-25 相关函数法测试线路

为了提高测试精度，减小噪声、漂移等的影响所造成的误差，需要多测试几个周期的数据。利用从第二个周期开始的测量数据，计算互相关函数 $R_{xy}(\tau)$，测试路线见图 2-25。

5）辨识步骤，具体如下：

①在辨识过程的数学模型时，用 M 序列信号 $x(t)$ 为输入，其波形见图 2-26a；②图 2-26b为 $x(t)$ 在同一个周期的离散信号 $x'(t)$，由图可见，$x'(t)$ 在 0，$\pm\Delta t$，$\pm2\Delta t$，$\pm3\Delta t$，…，$\pm k\Delta t$ 等时刻为一个理想脉冲，其正负号随 $x(t)$ 的正负号而定；③$x'(t)$ 与 $x(t)$ 的自相关函数可用下式求取：

$$R_{x'x}(\tau)=\frac{1}{N}\sum_{k=0}^{N-1}x'(k\Delta t)x(k\Delta t+\tau) \tag{2-81}$$

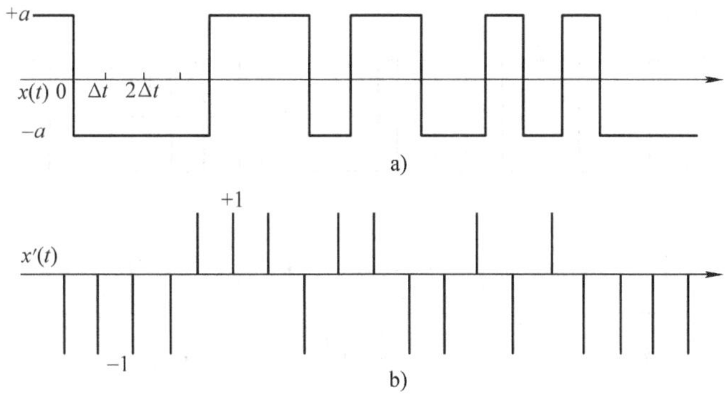

图 2-26　$x(t)$ 与 $x'(t)$ 示意图

由式(2-81)计算 $R_{x'x}(\tau)$ 是很容易的。在 M 序列的一个周期内取 τ，$\tau+\Delta t$，$\tau+2\Delta t$，…，$\tau+(N-1)\Delta t$ 共 N 个时刻的 $x(t)$ 值，乘以 $x'(t)$ 在 0，Δt，$2\Delta t$，$3\Delta t$，…，$(N-1)\Delta t$ 时刻的符号值(+1 或 -1)，相加后再除以 N 即得 $R_{x'x}(\tau)$ 值。$x'(t)$ 与过程的输出信号 $y(t)$ 的互相关函数可用下式求取：

$$R_{x'y}(\tau) = \frac{1}{N}\sum_{k=0}^{N-1} x'(k\Delta t)y(k\Delta t+\tau) \tag{2-82}$$

由式(2-82)计算 $R_{x'y}(\tau)$ 也很容易，只要取 τ，$\tau+\Delta t$，$\tau+2\Delta t$，…，$\tau+(N-1)\Delta t$ 共 N 个时刻的 $y(t)$ 值，乘以 $x'(t)$ 在 0，Δt，$2\Delta t$，$3\Delta t$，…，$(N-1)\Delta t$ 时刻的符号值(+1 或 -1)，相加后再除以 N 即得 $R_{x'y}(\tau)$ 值。

6）求得 $R_{x'y}(\tau)$ 值后，可应用式(2-79)求得过程的脉冲响应函数 $g(\tau)$。

4. 相关函数法辨识过程模型的实例

图 2-27 所示为用 M 序列辨识加热炉温度的测试原理图和框图，在调节阀上施加一个 M 序列信号 $x(t)$，辨识炉膛温度对燃料量变化的脉冲响应函数。$x(t)$ 的参数为 $\Delta t=4\text{min}$，$N=15$，$a=0.03\text{MPa}$。M 序列信号 $x(t)$ 和其离散信号 $x'(t)$ 见图 2-28a 和 b。$y(t)$ 的记录曲线见图 2-28c，共取 3 个周期的数据。由于生产过程存在随机扰动和仪表有误差，故三个周期的记录数据不完全相同。

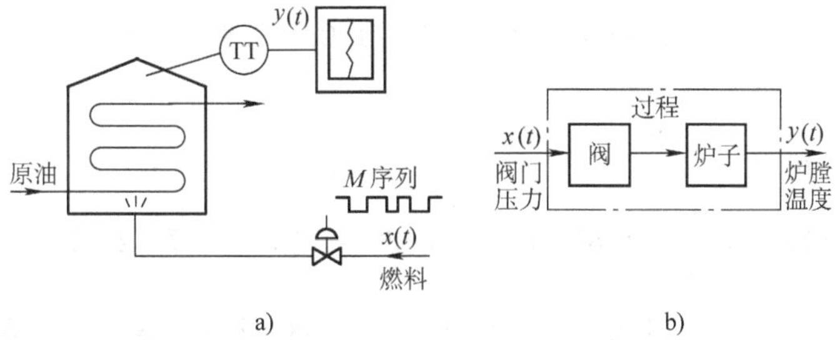

图 2-27　用 M 序列辨识加热炉温度的测试原理图和框图

a）原理图　b）框图

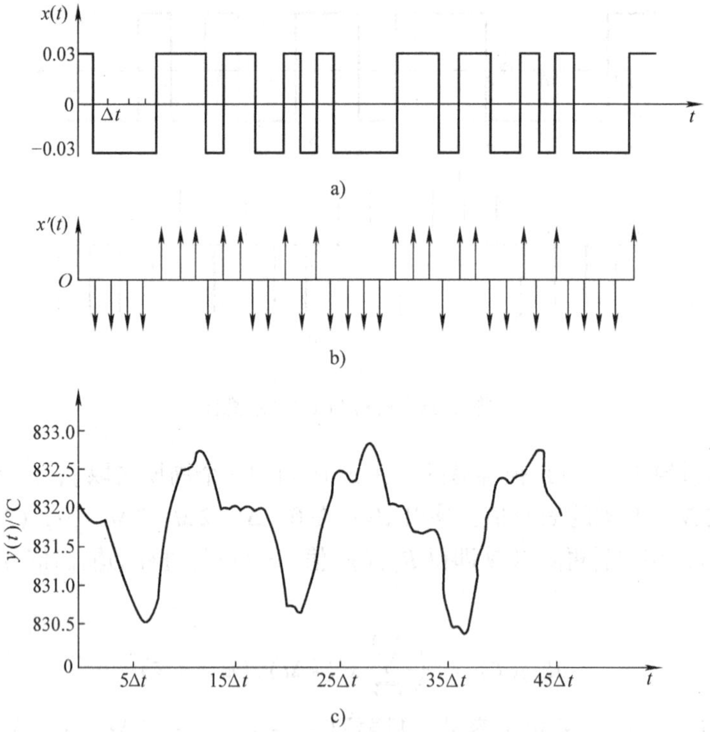

图 2-28　$x(t)$和$x'(t)$的波形及试验记录曲线

a）M序列函数波形　b）自相关函数$x'(t)$波形　c）试验记录曲线

（1）数据处理　将记录得的$y(t)$曲线相应相交于每一个Δt时刻的数值列于表 2-3 中。表中所列数值是测量数据减去给定值 830℃之差值，见表 2-3 第二行。表中的正负号对应$x'(t)$在每一Δt的极性，见图 2-28b。

（2）计算$R_{x'y}(\tau)$　计算$R_{x'y}(\tau)$时，例如$\tau=0$，将此栏中的正号与负号之$y(t)$值相加，再除以N即得

$$R_{x'y}(0)=\frac{1}{15}[(2.06+0.68+0.44+0.80+2.38+2.47+2.69)$$

$$-(1.85+1.84+1.79+1.08+1.91+2.51+3.05+1.94)]$$

$$=-0.297$$

同理，当$\tau=1$时，可得

$$R_{x'y}(1\Delta t)=\frac{1}{15}[(1.85+0.44+0.80+1.91+2.47+2.51+1.94)$$

$$-(1.84+1.79+1.08+0.68+2.38+3.05+2.69+2.06)]$$

$$=-0.243$$

同样可以计算$\tau=(2\sim14)\Delta t$的$R_{x'y}(\tau)$值。计算时每移动$1\Delta t$，$y(t)$之值的符号依次向后移一位，见表 2-3。

表 2-3　对应于 τ 的 $y(i\Delta t)$ 值

i	0	1	2	3	4	5	6	7	8	9	10	11	12	13	14
$y(i\Delta t)$	2.06	1.85	1.84	1.79	1.08	0.68	0.44	0.80	1.91	2.38	2.47	2.51	3.05	2.69	1.94
$\tau=0$	+	−	−	−	−	+	+	+	−	+	+	−	−	+	−
$\tau=1\Delta t$		+	−	−	−	−	+	+	+	−	+	+	−	−	+
$\tau=2\Delta t$			+	−	−	−	−	+	+	+	−	+	+	−	−
●				●	●	●	●	●	●	●	●	●	●	●	●
●					●	●	●	●	●	●	●	●	●	●	●
$\tau=14\Delta t$															+
i	15	16	17	18	19	20	21	22	23	24	25	26	27	28	29
$y(i\Delta t)$	1.82	1.82	2.03	2.03	1.03	0.68	0.52	0.86	1.78	2.50	2.50	2.32	3.28	2.82	2.04
$\tau=15\Delta t$	−	−	−	−	+	+	+	−	+	+	−	−	+	+	−
$\tau=16\Delta t$		+	−	−	−	−	+	+	+	−	+	+	−	−	+
$\tau=17\Delta t$			+	−	−	−	−	+	+	+	−	+	+	−	+
●				●	●	●	●	●	●	●	●	●	●	●	●
●					●	●	●	●	●	●	●	●	●	●	●
$\tau=29\Delta t$															+

（3）绘制响应曲线　这样依次计算下去，算完一个周期 0 ~ 14Δt 后，可绘出互相关函数曲线，见图 2-29a，将曲线沿纵轴平移，得过程的脉冲响应曲线，见图 2-29b，利用图 2-29b所示曲线，用前述方法(见 2.3.3 节)，将脉冲响应曲线转换成阶跃响应曲线，见图 2-30。

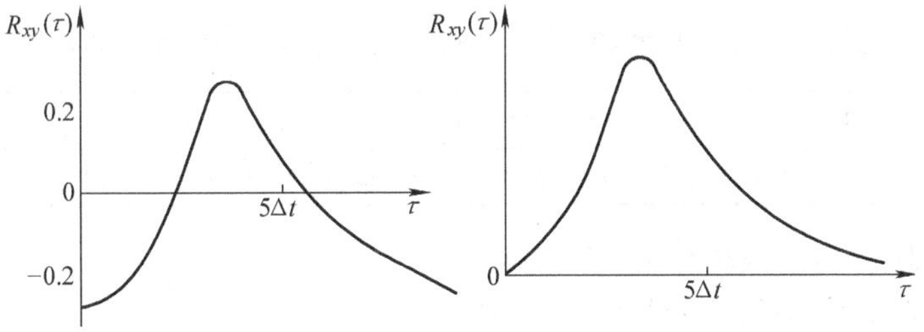

a)　　b)

图 2-29　加热炉温度互相关函数曲线

a）互相关函数曲线　b）脉冲响应曲线

（4）计算过程传递函数　利用本章前述方法可根据阶跃响应曲线求出该过程传递函数为

$$W_0(s)=\frac{87.5}{44.09s^2+13.28s+1}e^{-3.32s}$$

由于篇幅所限，关于最小二乘法估计过程模型参数的原理，请参考有关文献。

以上主要针对单输入，单输出过程的情况，对于多输入和多输出的过程，可以根据线性系统的叠加原

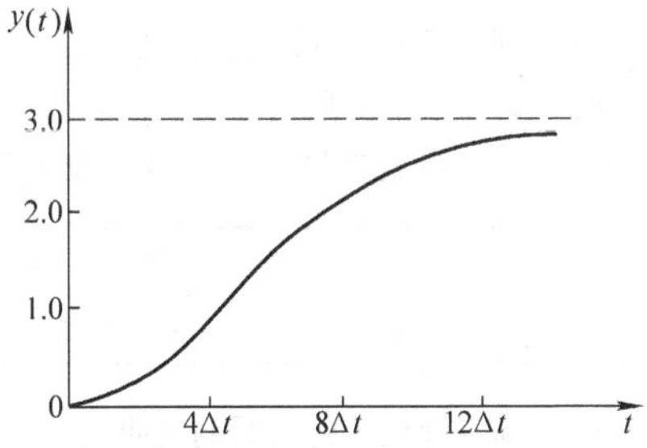

图 2-30　阶跃响应曲线

理进行。由于篇幅所限，关于最小二乘法估计过程模型参数的原理，请参考有关文献。

思考题与习题

2-1 图2-31所示的液位过程的输入量为 Q_1，输出量为 Q_2 和 Q_3，液位 h 为被控量，C 为容量系数，设 R_1、R_2、R_3 均为线性液阻。试求：

（1）列出该过程的微分方程组；

（2）画出该过程的控制框图；

（3）求该过程的传递函数 $W_0(s)=H(s)/Q_1(s)$。

2-2 图2-32为两只水箱串联工作，输入量为 Q_1，被控量为 h_2，流出量有 Q_2、Q_3，h_1 为水箱1的液位，设 C_1 和 C_2 分别为水箱1和2的容量系数，R_1、R_2、R_{12} 和 R_3 为线性液阻。试求：

（1）写出过程的微分方程组；

（2）画出过程的控制框图；

（3）求该过程的传递函数 $W_0(s)=H_2(s)/Q_1(s)$。

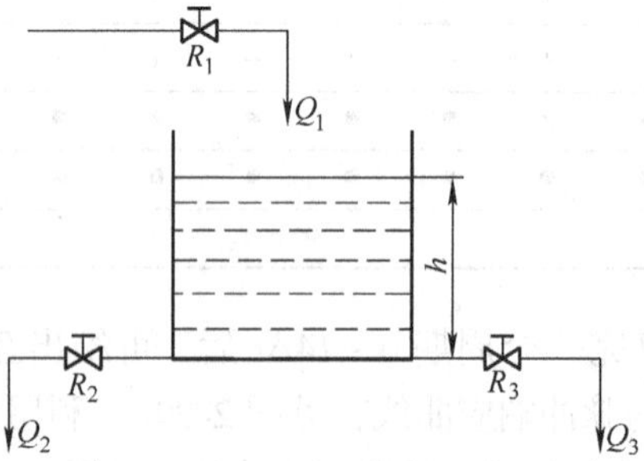

图2-31 题2-1图

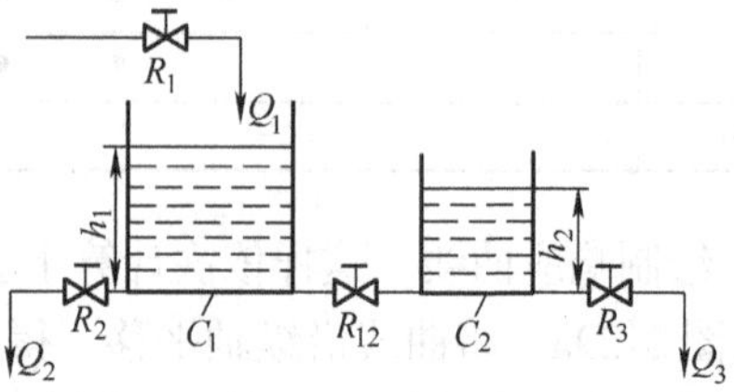

图2-32 题2-2图

2-3 设矩形脉冲幅值为 $2t/h$，脉冲宽度 $\Delta t=10\text{min}$。某温度过程的矩形脉冲响应记录数据见下表：

t/min	1	3	4	5	8	10	15	16.5	20	25	30	40	50	60	70	80
T/℃	0.46	1.7	3.7	9.0	19.0	26.4	36.0	37.5	33.5	27.2	21.0	10.4	5.1	2.8	1.1	0.5

（1）将该矩阵脉冲响应曲线转换为阶跃响应曲线；

（2）用二阶惯性环节求取该温度对象的传递函数。

2-4 设阶跃扰动量 $\Delta u=20\%$，某水槽的水位阶跃响应数据见下表：

t/s	0	10	20	40	60	80	100	150	200	300	400	500
h/mm	0	9.5	18	33	45	55	63	78	86	95	98	98.5

（1）画出液位 h 的阶跃响应曲线；

（2）若该液位对象用一阶惯性环节近似，求其放大系数 K_0 和时间常数 T_0。

2-5 设阶跃扰动量 $\Delta u=20\%$，某液位过程阶跃响应数据见下表：

t/s	0	10	20	40	60	80	100	140	180	250	300	400	500	600
h/cm	0	0	0.2	0.8	2.0	3.6	5.4	8.8	11.8	14.4	16.6	18.4	19.2	19.6

（1）画出液位 h 的阶跃响应曲线；

（2）求该液位过程的数学模型。

2-6　某过程在阶跃扰动 $\Delta I=1.5\text{mA DC}$ 作用下，其输出响应数据见下表：

t/s	0	1	2	3	4	5	6	7	8	9	10	11	…	∞
$y(t)$/mA	4.0	4.0	4.2	4.5	4.8	5.1	5.4	5.7	5.8	5.85	5.9	6.0	…	6.0

试用半对数坐标法求该过程的数学模型。

2-7　有一流量过程，当调节阀气压改变 $\Delta p=0.01\text{MPa}$ 时，其流量变化量 ΔQ 的记录数据见下表：

t/s	0	1	2	4	6	8	10	12	14	16	…	…
$\Delta Q/\text{m}^3\cdot\text{h}^{-1}$	0	40	62	100	124	140	152	158	162	164	…	180

试用半对数坐标法求该过程的数学模型。

2-8　设某温度过程在阶跃扰动量 $\Delta q=1\text{t/h}$ 作用下，其温度变化量 ΔT 的记录数据见下表：

t/s	0	10	20	30	40	50	60	70	80	90	100	150	200
ΔT/℃	0	0.16	0.65	11.5	1.60	1.80	1.90	1.95	1.98	1.99	2.00	2.00	2.00

试求该过程的二阶或 n 阶数学模型。

2-9　如何产生 M 序列信号？如何利用 M 序列信号辨识过程的动态特性？

第3章　检测变送仪表

过程参数的检测是指连续生产过程中将温度、压力、流量、液位、pH值以及成分量、状态量等检测出来，并变换成相应的统一标准信号，供系统显示、记录或进行下一步的调整控制作用。在任何系统的自动控制中变送器都是首要环节和重要组成部分，只有获得精确和可靠的被控参数，才能进行准确的数据处理，进而才能获得高质量的控制效果。

3.1　概述

检测是生产过程自动化的基础。用来检测生产过程中各个有关参数的技术工具称为检测仪表。在检测过程中，能够感受规定的被测量并按照一定的规律转换成可用输出信号的器件或装置称为传感器，通常由敏感元件和转换元件组成。当传感器的输出为规定的统一标准信号时，称为变送器。

3.1.1　基本概念

测量就是以同性质的标准量（也称为单位量）与被测量比较，并确定被测量对标准量的倍数。在测量过程中一般都会用到传感器，或选用相应的变送器等。检测仪表原理框图见图3-1。

检测包括两个过程：第一过程是将被测参数（信息）成比例地转换成另一个便于计量的物理量，然后用仪表加以显示，通常将此过程称为一次测量，所使用的仪表称为一次仪表，它包括：敏感元件、测量部分等部分；第二过程是用合适的形式变换、显示被测参数，通常将此过程称为二次测量，所使用的仪表称为二次仪表，它包括：放大器、反馈环节、传输电路、调整环节和显示环节等相关测量电路。

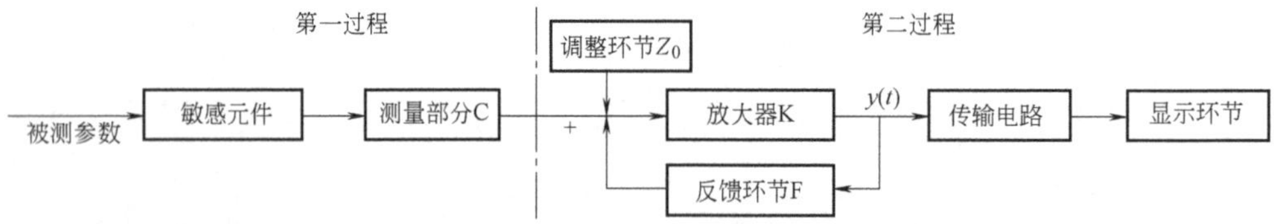

图3-1　检测过程的原理框图

检测变送器使用统一的动力源，而且输出一种标准信号。所谓标准信号是指信号的形式和数值范围都符合国际统一的标准。目前，变送器输出的标准信号有：4～20mA直流电流（Ⅲ型仪表）；0～10mA直流电流（Ⅱ型仪表）；0～5V直流电压以及20～100kPa空气压力（气动仪表）。

3.1.2 测量误差

在测量过程中，任何测量结果都不可能绝对准确，必然存在测量误差。由仪表测量所得被测量的值与被测量实际值之间总是存在一定的差距，这个差距称为测量误差。测量误差的表示方法有绝对误差和相对误差。

1. 绝对误差

绝对误差在理论上是指由测量结果 x 与被测量的真值 A 之差，记为 Δx，即

$$\Delta x = x - A \tag{3-1}$$

由此可见，Δx 可正可负，为有单位的数值，其大小和符号分别表示测量值偏离被测量实际值的程度和方向。所谓真值是指被测物理量客观存在的真实数值，它是无法得到的理论值。因此，实际上是用标准仪表（准确度等级更高的仪表）的测量结果作为约定真值，此时绝对误差也称为实际绝对误差。

例 3-1　测量两个电压，实际值 $U_1 = 100\text{V}$，$U_2 = 5\text{V}$，仪表的示值分别为 $U_{x1} = 101\text{V}$，$U_{x2} = 6\text{V}$。其绝对误差分别为

$$\Delta U_1 = U_{x1} - U_1 = (101 - 100)\ \text{V} = +1\text{V}$$

$$\Delta U_2 = U_{x2} - U_2 = (6 - 5)\ \text{V} = +1\text{V}$$

很显然，虽然两者的绝对误差相同，但是两者测量的准确度却相差甚远，因此有必要引入相对误差的概念。

2. 相对误差

相对误差是指绝对误差与真值或测量值的百分比。常见如下三种形式：

1）实际相对误差：是指绝对误差与被测量的真值的百分比。即

$$\gamma_A = \frac{\Delta U_1}{A} \times 100\% \tag{3-2}$$

例 3-2　利用例 3-1 的数据，测量两电压的实际相对误差分别为

$$\gamma_{A1} = \frac{\Delta U_1}{U_1} \times 100\% = \frac{+1}{100} \times 100\% = 1\%$$

$$\gamma_{A2} = \frac{\Delta U_2}{U_2} \times 100\% = \frac{+1}{5} \times 100\% = 20\%$$

可见，两者绝对误差相同，但相对误差差别很大，测量 U_1 的准确度比 U_2 的高得多。

2）标称相对误差：是指绝对误差与仪表示值的百分比。

在工程测量中，常用仪表的指示值 x 代替被测量实际值 A，称为标称相对误差，即

$$\gamma_x = \frac{\Delta x}{x} \times 100\% \tag{3-3}$$

3）引用相对误差：是指绝对误差与仪表量程的百分比。

最大引用误差是最大绝对误差与检测仪表满度值 x_{FS}之比的百分数，即

$$\gamma_{\text{om}} = \frac{\Delta x_{\text{m}}}{x_{\text{FS}}} \times 100\% \tag{3-4}$$

γ_{om}是检测仪表在标准条件下使用不应超过的误差。由于在仪表的刻度线上各处均可能出现 Δx_{m}，所以从最大误差出发，在整个测量范围内各处示值的最大误差 Δx_{m} 是个常量。

按国家标准规定，用最大引用误差来定义和划分检测仪表的准确度等级，将检测仪表的准确度等级分为…0.05，0.1，0.2，0.35，0.4，0.5，1.0，1.5，2.5，4.0，…。它们的最大引用误差分别为…，±0.05%，±0.1%，±0.2%，±0.35%，±0.40%，±0.5%，±1.0%，±1.5%，±2.5%，±4.0%，…。国家标准中规定，不同类型的仪表的准确度等级划分不同。当计算所得的γ_{om}与仪表准确度等级的分档不等时，应取比γ_{om}稍大的准确度等级值。仪表的准确度等级通常以S来表示。例如，$S=1.0$，说明该表的最大引用误差范围为±1.0%。

例3-3 某压力变送器测量范围为0~400kPa，在校验该变送器时测得的最大绝对误差为-5kPa，请确定该仪表的准确度等级。

解 按式（3-4）求得

$$\gamma_{om}=\frac{-5}{400}\times100\% = -1.25\%$$

去掉±和%后为1.25，由于国家规定中没有1.25级仪表，同时，该仪表的误差超过了1.0级仪表所允许的最大误差，因此可确定该变送器准确度等级为1.5级。

例3-4 根据工艺要求选择一测量范围为0-40m³/h的流量计，要求测量误差不超过±0.5 m³/h，请选择满足要求的最低准确度等级的流量计。

解 按式（3-4）求得

$$\gamma_{om}=\frac{\pm0.5}{40}\times100\% = \pm1.25\%$$

去掉±和%后为1.25，其数值介于1.0和1.5之间，如果选择准确度等级为1.0级的仪表，其允许的误差为±1.0%，超过了工艺上的数值，因此应该选择准确度等级为1.0级的流量计。

3.1.3 仪表性能指标

1. 测量范围和量程

每台检测仪表都有一个测量范围，工作在这个范围内，可以保证仪表不会被损坏，而且仪表输出值的准确度能符合所规定的值。这个范围的最小值x_{min}和最大值x_{max}分别为测量下限和测量上限。测量上限和测量下限的代数差成为仪表的量程x_m，即

$$x_m = x_{max} - x_{min}$$

例如，一台温度检测仪表的测量上限值是500℃，下限值是-50℃，则其测量范围为-50~500℃，量程为550℃。仪表的量程在检测仪表中是一个非常重要的概念，它除了表示测量范围以外，还与它的准确度等级有关，与仪表的选用有关。

2. 输入/输出特性

仪表的输入/输出特性主要包括仪表的灵敏度、死区、回差、线性度等。

1）灵敏度S：是指检测仪表对被测量变化的灵敏程度，常以在被测量改变时，经过足够时间检测仪表输出值达到稳定状态后，用仪表输出变化量Δy与引起此变化的输入变化量Δx之比表示，即

$$S=\frac{\Delta y}{\Delta x} \tag{3-5}$$

可以看出，灵敏度就是仪表输入/输出特性曲线的斜率，见图3-2。灵敏度高的仪表表

示在相同输入时具有较强的输出信号，或者从仪表示值中可读得较多的有效位数。

2）死区：是指检测仪表的输入量的变化不至于引起输出量可察觉的变化的有限区间，在这个区间内，仪表灵敏度为零。引起死区的原因主要有电路的偏差、机械传动中的摩擦和间隙等。

3）回差（也称变差）：是指检测仪表对于同一被测量在其上升和下降时对应输出值间的最大误差，见图 3-3。

4）线性度：各种检测仪表的输入/输出特性曲线应该具有线性特性，以便于信号间的转换和显示，有利于提高仪表的整体准确度。仪表的线性度是表示仪表的输入/输出特性曲线对相应直线的偏离程度。理论上具有线性特性的检测仪表，往往由于各种因素的影响，使其实际的特性偏离线性，见图 3-4。

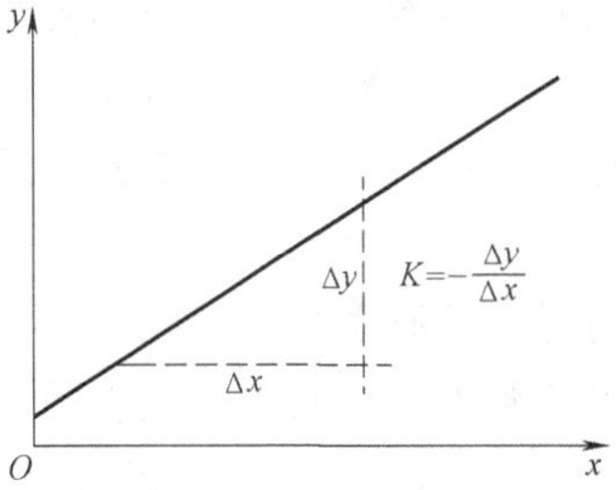

图 3-2　仪表的灵敏度

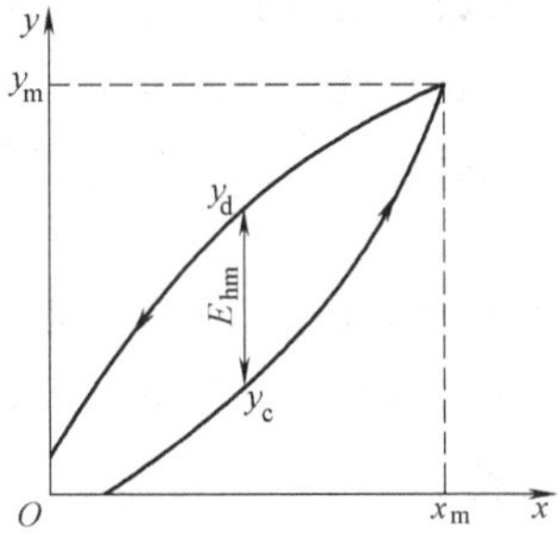

图 3-3　仪表的回差

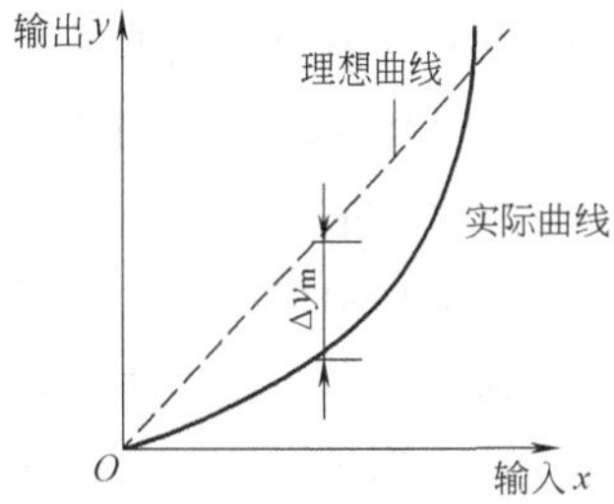

图 3-4　仪表的线性度

3. 稳定性

检测仪表的稳定性可以从两个方面来描述：一是时间稳定性，它表示在工作条件保持恒定时，仪表输出值在一段时间内随机变动量的大小；二是使用条件变化稳定性，它表示仪表在规定的使用条件内某个条件的变化对仪表输出的影响。以仪表的供电电压影响为例，如果仪表规定的使用电源电压为 AC（220 ± 20）V，则实际电压在 AC200 ~ 240V 内可用电源每变化 1V 时仪表输出值的变化量来表示仪表对电源电压的稳定性。

4. 重复性

在相同测量条件下，对同一被测量，按同一方向（由小到大或由大到小）多次测量时，检测仪表提供相近输出值的能力称为检测仪表的重复性。这些条件应包括相同的测量程序、相同的观察者、相同的测量设备、在相同的地点以及在短的时间内重复。

5. 反应时间

当用仪表测量被测量时，被测量突然变化，仪表指示值总是要经过一段时间后才能准确地显示出来，这一段时间称为反应时间。反应时间是用来衡量仪表能不能尽快反映出参数变化的品质指标。仪表反应时间的长短，反映了仪表动态特性的好坏。

仪表的反应时间有不同的表示方法。当输入信号突然变化一个数值后，输出信号将由原始值逐渐变化到新的稳态值。仪表的输出信号（即指示值）由开始变化到新稳态值的 63.2% 所用的时间，用来表示反应时间，也有用变化到新稳态值的 95% 所用的时间来表示反应时间的。

3.1.4　检测仪表分类

检测仪表根据技术特点或适用范围的不同有不同的分类方法，以下是常见的分类方法。

1）按被测参数分类：每个检测仪表一般被用来测量某个特定的参数，根据这些被测参数的不同，检测仪表可分为温度检测仪表（简称温度仪表）、压力检测仪表、流量检测仪表、物位检测仪表等。

2）按应用的场所分类：根据安装场所有无易燃易爆气体及危险程度，检测仪表有普通型、隔爆型及本安型。根据使用的对象，检测仪表有民用仪表、工业仪表和军用仪表。

3）按仪表的组成形式分类：可分为基地式仪表和单元组合式仪表。

基地式仪表的特点是将测量、显示、控制等各部分集中组装在一个表壳里，形成一个整体。这种仪表比较适于在现场做就地检测和控制，但不能实现多种参数的集中显示与控制。这在一定程度上限制了基地式仪表的应用范围。

单元组合式仪表的特点是将参数测量及其变送、显示、控制等各部分分别制成能独立工作的单元仪表（简称单元，例如变送单元、显示单元、控制单元等），各单元之间以统一的标准信号相互联系，可以根据不同要求，方便地将各单元任意组合成各种控制系统，实用性和灵活性都很好。

由于利用单元组合仪表能方便灵活地组成各种难易程度的过程控制系统，因此，它在过程控制系统中应用极为广泛。单元组合仪表有气动单元组合仪表和电动单元组合仪表两大系列。气动单元组合（QDZ型）仪表主要应用于特殊场合（例如要求本质安全防爆场合），其普及范围远比电动单元组合（DDZ型）仪表要小，现已几乎被DDZ－Ⅲ型仪表所替代。DDZ系列仪表又分为DDZ－Ⅱ型和DDZ－Ⅲ型，DDZ－Ⅱ型由于其性能远比DDZ－Ⅲ型差得多，现在该仪表已停止生产；DDZ－Ⅲ型由于性能优越，又能用于易燃易爆场所，所以应用相当广泛。表3-1是DDZ－Ⅱ型与DDZ－Ⅲ型仪表的性能比较。

表3-1 DDZ－Ⅱ型与DDZ－Ⅲ型仪表性能比较

系列		DDZ－Ⅱ	DDZ－Ⅲ
信号、传输方式、供电	信号	DC 0～10mA	DC 4～20mA、DC 1～5V
	传输方式	串联制（电流传送电流接收）	并联制（电流传送电压接收）
	现场变送器连接方式	四线制	二线制
	供电	AC 220V 单独供电	DC 24V 集中供电并有断电备用电源
防爆型式和电气元件开关	防爆型式	防爆型	安全火花型
	安全栅	无	有
	电气元件	分立元件	集成组件
结构、线路设计和功能	差压变送器	双杠杆机构①	矢量机构
	温度变送器	无线性化电路	有线性化电路
	调节器	偏差指示 硬手动 手动—自动切换需先平衡 无保持电路 功能一般	全刻度指示和偏差指示 硬手动和软手动 软手动—自动切换可直接切换 有保持电路 功能多样
	系统构成	一般	灵活多样
	与计算机联用	兼容性差	兼容性好

①DDZ－Ⅱ型中的差压变送器也有矢量机构的新品种。

本章主要介绍 DDZ－Ⅲ型变送器及各种微型化、智能化变送器的原理及主要工作特性。

3.1.5 检测仪表调校

从使用的角度来说，变送器量程调整、零点调整和零点迁移的概念是很重要的。

量程调整或称满度调整的目的，是使变送器输出信号的上限值（或满度值）y_{max}与输入测量信号上限值x_{max}相对应。量程调整相当于改变变送器的灵敏度，即输入输出特性的斜率，见图 3-5。

变送器零点调整的目的是使其输出信号的下限值y_{min}与输入信号的下限值x_{min}相对应。例如，DDZ－Ⅲ型仪表，当输入$x_{min}=0$时，其输出应为$y_{min}=4mA$，否则应进行零点调整，见图 3-6a。

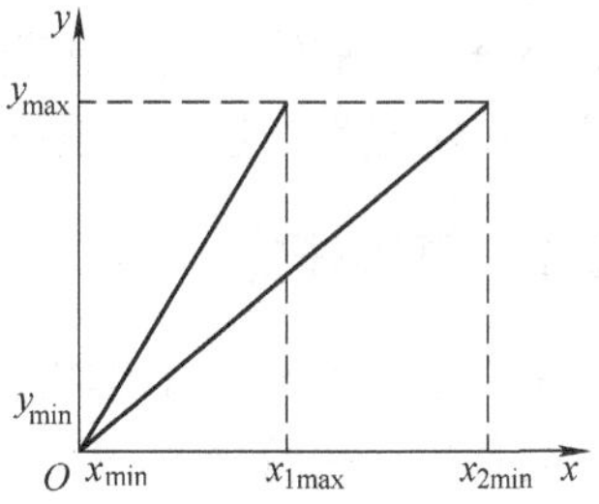

图 3-5 变送器的量程调整

将变送器的测量起始点由零点迁移到某一正值或负值，称为零点迁移。零点迁移有正迁移和负迁移，将变送器的测量起始点由零点迁移到某一正值，称为正迁移，见图 3-6b；而将测量起始点迁移到某一负值，称为负迁移，见图 3-6c。

变送器零点迁移后，若其测量范围$x_{min}\sim x_{max}$不变，其输入输出特性仅沿 x 轴方向向左或向右平移某一距离，变送器的灵敏度不变，见图 3-6b、c。但是，变送器零点迁移后，若其测量范围扩大或减小，则其灵敏度减小或提高。因此，工程上常利用零点迁移和量程调整来提高其灵敏度。

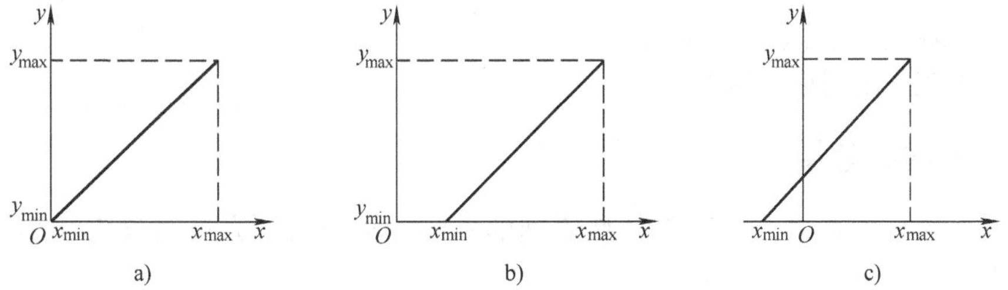

图 3-6 变送器的零点调整与零点迁移

a）零点调整 b）正零点迁移 c）负零点迁移

例如，某 DDZ－Ⅲ温度变送器的测量范围是 0～800℃，若将零点迁移到 400℃，求迁移前后的灵敏度。

已知，测量温度为 0～800℃时，变送器输出为 DC 4～20mA，则其灵敏度 K_1 为

$$K_1=\frac{20-4}{800-0}\text{mA/℃}=0.02\text{mA/℃}$$

若将零点迁移至 400℃，则测量范围为 400～800℃，而变送器的输出电流仍然是DC 4～20mA。零点迁移后灵敏度为

$$K_2=\frac{20-4}{800-400}\text{mA/℃}=0.04\text{mA/℃}$$

可见，零点迁移后，变送器的灵敏度是原来的 2 倍，即提高了一倍。

由上可见，零点迁移后，变送器的测量范围（即量程）缩小了，其灵敏度提高了。因此，为保证过程控制系统有足够的控制灵敏度，必须合理地选择变送器的量程或对变送器进行零点迁移。

3.2 压力检测与变送

压力是工业生产过程中的重要参数之一，也是安全生产所必需的，通过压力监视可以及时防止生产设备因过压而引起破坏或爆炸。差压（压力）变送器作为过程控制系统的检测变送部分，将液体、气体或蒸汽的差压（压力）、流量、液位等工艺参数，转换成统一标准信号，以实现生产过程的连续的检测和自动控制。

3.2.1 基本概念

压力是指均匀垂直地作用在对象单位面积上的力。在国际单位制中，压力的单位为帕斯卡（简称帕，用符号 Pa 表示），1N 力垂直而均匀地作用在 $1m^2$ 的面积上所产生的压力称为 1Pa，帕所代表的压力较小，工程上常用兆帕（MPa）表示，$1MPa = 10^6 Pa$。

在压力测量中，常有表压、绝对压力、负压或真空度之分，其关系见图 3-7。

当被测压力高于大气压力时，一般用表压来表示

$$p_{表压} = p_{绝对压力} - p_{大气压力}$$

当被测压力低于大气压力时，一般用负压或真空度来表示

$$p_{真空度} = p_{大气压力} - p_{绝对压力}$$

在工程中较少用到绝对压力。

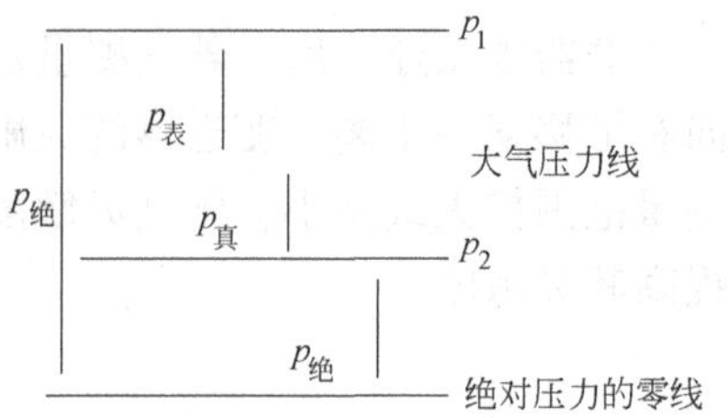

图 3-7 几种压力表示方法之间的关系

3.2.2 压力检测分类

测量压力的仪表很多，按照其转换原理的不同，常用的压力检测仪表（简称压力表）可分为 4 类。

1）液柱式压力表：它根据流体静力学原理，将被测压力转换成液柱高度进行测量。按其结构形式的不同有 U 形管压力计、单管压力计等。这类压力表结构简单、使用方便。但是，其精度受工作液的毛细管作用、密度及视差等因素的影响，测量范围较窄，一般用来测量较低压力、真空度或压力差。

2）弹性式压力表：它是将被测压力转换成弹性元件变形的位移进行测量的。

3）电气式压力表：它是通过机械和电气元件将被测压力转换成电量（如电压、电流、频率等）来进行测量的仪表。

4）活塞式压力表：它是根据水压机液体传送压力的原理，将被测压力转换成活塞上所加平衡砝码的质量来进行测量的。这类压力计测量精度很高，允许误差可小到 ±0.05% ~ ±0.02%，结构较复杂，价格较贵，通常用作标准压力表。

工业上检测压力的主要方法有：液柱测压法、弹性变形测压法、电测法等。由于压力测量范围很宽，压力检测仪表种类非常丰富，在此不一一介绍，下面重点说明弹性式压力表、

电气式压力表。

3.2.3 压力检测原理

1. 弹性式压力表

弹性式压力表是利用各种形式的弹性元件，在被测介质压力的作用下，使弹性元件受压后产生弹性变形的原理而制成的测压仪表。这种仪表具有结构简单、使用方便、读数清晰、牢固可靠、价格低廉、测量范围宽以及有足够的精度等优点。若增加附加装置，如记录机构、电气变换装置、控制元件等，则可以实现压力的记录、远传、信号报警、自动控制等。弹性式压力表可用来测量几百帕到数千兆帕范围内的压力，在工业上是应用最为广泛的一种测压仪表。

（1）弹性元件　弹性元件就是基于弹性变形原理的一种敏感元件。弹性元件作为一种敏感元件直接感受被测量的变化，产生变形或应变响应，其输出还可经转换元件变为电信号。弹性元件可用于测量力、力矩、压力及温度等参数，在检测技术领域有着广泛的应用。

当测压范围不同时，所用的弹性元件也不一样，常用的弹性元件的结构见图 3-8。

1）弹簧管式弹性元件：测压范围较宽，可测量高达 1000MPa 的压力。单圈弹簧管是弯成圆弧形的金属管子，它的截面做成扁圆形或椭圆形，见图 3-8a。这种弹簧管自由端位移较小，因此能测量较高的压力。为了增加自由端的位移，可以制成多圈弹簧管，见图 3-8b。

2）薄膜式弹性元件：根据其结构不同还可分为膜片与膜盒两种弹性元件。它的测量范围比弹簧管式要窄。图 3-8c 所示为膜片式弹性元件，它是由金属或非金属材料做成的具有弹性的一张膜片（有平膜片与波纹膜片两种形式），在压力作用下能产生变形。有时也可以由两张金属膜片沿周口对焊起来，形成一薄膜盒，盒内充液体（例如硅油），称为膜盒，见图 3-8d。

3）波纹管式弹性元件：它是一个周围为波纹状的薄壁金属筒体，见图 3-8e。这种弹性元件易于变形，自由端的位移大，常用于微压与低压的测量（一般不超过 1MPa）。

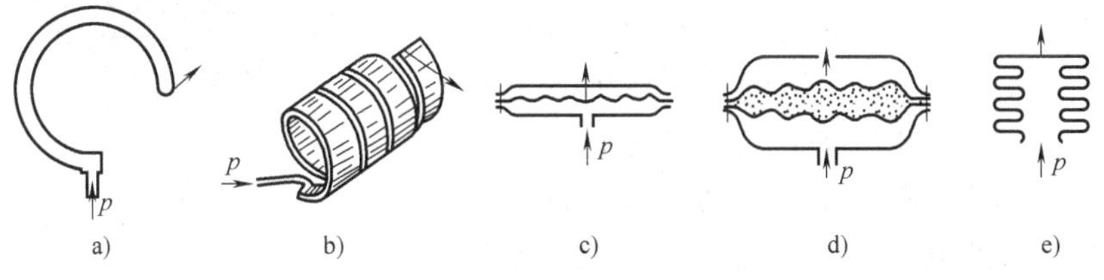

图 3-8　常用弹性元件的结构

（2）弹簧管压力表　弹簧管压力表是最常用的一种指示式压力表，其结构见图 3-9。被测压力由接头 9 输入，使弹簧管 1 的自由端产生位移，通过拉杆 2 使扇形齿轮 3 做逆时针偏转，于是指针 5 通过同轴的中心齿轮 4 的带动而做顺时针偏转。与此同时，由于压缩游丝 7 而产生反作用力矩。当由于被测压力产生的作用力矩与游丝产生的反作用力矩相平衡时，指针 5 在面板 6 的刻度标尺上显示出被测压力的数值。改变调整螺钉 8 的位置（即改变机械传动的放大系数），可实现压力表的量程调节。由于弹簧管自由端的位移与被测压力成线性关系，因此，压力表面上的刻度标尺是均匀的。

被测介质的性质和被测介质的压力高低决定了弹簧管的材料。对于普通介质，当 $p<20\text{MPa}$ 时，弹簧管采用磷铜；当 $p>20\text{MPa}$ 时，则采用不锈钢或合金钢。对于腐蚀性介质，一方面采用隔离膜和隔离液，另一方面也可采用耐腐蚀的弹簧管材料。例如，测氨介质时需采用不锈钢弹簧管，测量氧气压力时，则严禁沾有油脂，以确保安全使用。

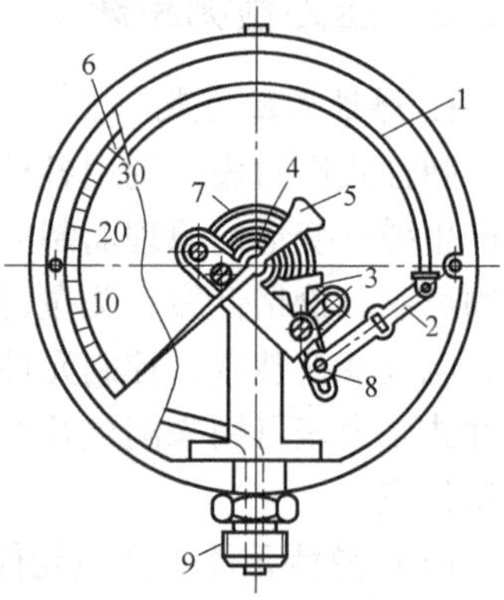

图 3-9 弹簧管压力表结构
1—弹簧管 2—拉杆 3—扇形齿轮 4—中心齿轮 5—指针 6—面板 7—压缩游丝 8—调整螺钉 9—接头

单圈弹簧管是一根弯成270°圆弧的椭圆截面的空心金属管子。管子的自由端B封闭，另一端固定在接头9上。当通入被测的压力 p 后，由于椭圆形截面在压力 p 的作用下，将趋于圆形，使弹簧管的自由端B产生位移。输入压力与弹簧管自由端B的位移成正比，只要测得B点的位移量，就能反映压力 p 的大小。弹簧管自由端B的位移量一般很小，直接显示有困难，所以必须通过放大机构才能指示出来。

在化工生产过程中，常需要把压力控制在某一范围内，即当压力低于或高于给定范围时，就会破坏正常工艺条件，甚至可能发生危险。因此应采用带有报警或控制触点的压力表。当被测压力偏离给定范围时，能及时发出信号，以提醒操作人员注意或通过中间继电器实现压力的自动控制。

电接点信号压力表结构见图3-10。压力表指针上有动触点2，表盘上另有两根可调节指针，上面分别有静触点1和4。当压力超过上限给定数值时，2和4接触，红色信号灯5点亮。若压力低于下限给定数值时，2与1接触，绿色信号灯3点亮。1、4的位置可根据需要灵活调节。

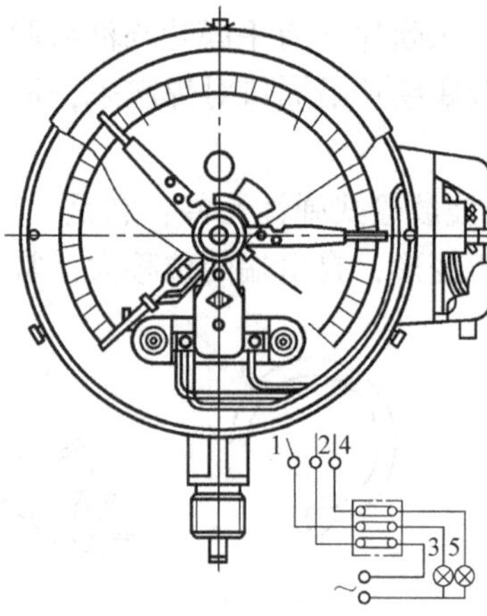

图 3-10 电接点信号压力表结构
1、4—静触点 2—动触点 3—绿灯 5—红灯

2. 电气式压力表

电气式压力表是一种能将压力转换成电信号进行传输及显示的仪表。一般弹性式压力表虽然应用十分广泛，但只能现场安装，就地显示。电气式压力表也是利用弹性元件作为敏感元件，在仪表中增加了辅助电源、指示器、记录仪、控制器和测量电路，能将弹性元件的位移转换为电信号输出。其组成框图见图3-11。电气式压力表常称为压力传感器，如果输出的电信号为标准的电流或电压信号，则称为压力变送器。

电气式压力表的测量范围较广，分别可测 $7\times10^{-5}\text{Pa}\sim5\times10^{2}\text{MPa}$ 的压力，允许误差0.2%；由于可以远距离传送信号，所以在工业生产过程中可以实现压力自动控制和报警，并可与工业控制机联用。

(1) 电阻应变式压力传感器 电阻应变式传感器由电阻应变片和测量电路组成。电阻应变片是将作用在检测件上的应变变化转换成电阻变化的敏感元件。其敏感元件的电阻随着机械变形（伸长或缩短）的大小而变化。它广泛应用于测量力和与力有关的一些非电参数（如压力、荷重、扭力、加速度等）。电阻应变传感器的特点是精度高，测量范围广；结构简单，性能稳定可靠，寿命长；频率特性好，能在高温、高压、振动强烈、强磁场等恶劣环境条件下工作。

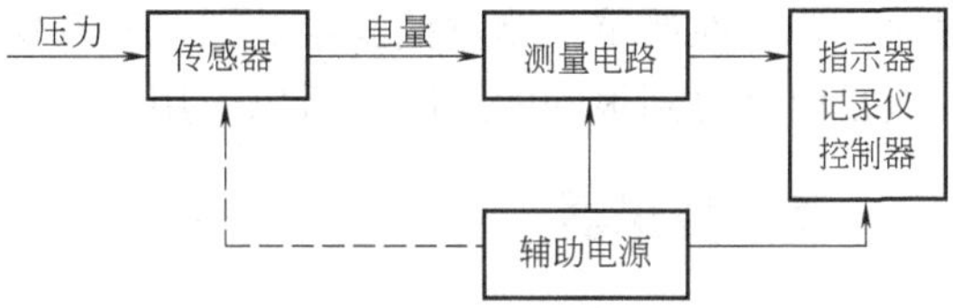

图 3-11　电气式压力表的组成框图

电阻应变片有金属和半导体应变片两类，被测压力使应变片产生应变。当应变片产生压缩（拉伸）应变时，其阻值减小（增加），再通过桥式电路获得相应的毫伏级电动势输出，并用毫伏计或其他记录仪表显示出被测压力，从而组成应变式压力计。

图 3-12 所示为一种应变片压力传感器的工作原理图。应变筒 1 的上端与外壳 2 固定在一起，下端与不锈钢密封膜片 3 紧密接触，两片康铜丝应变片 r_1 和 r_2 用特殊胶合剂贴紧在应变筒的外壁。r_1 沿应变筒轴向贴放，r_2 沿径向贴放。应变片与筒体之间不发生相对滑动，并且保持电气绝缘。当被测压力 p 作用于膜片而使应变筒作轴向受压变形时，沿轴向贴放的应变片 r_1 也将产生轴向压缩应变 ε_1，于是 r_1 的电阻值变小；而沿径向贴放的应变片 r_2，由于本身受到横向压缩将引起纵向拉伸应变 ε_2，于是 r_2 电阻值变大。但由于 ε_2 比 ε_1 要小，故实际上 r_1 的减少量将比 r_2 的增大量为大。

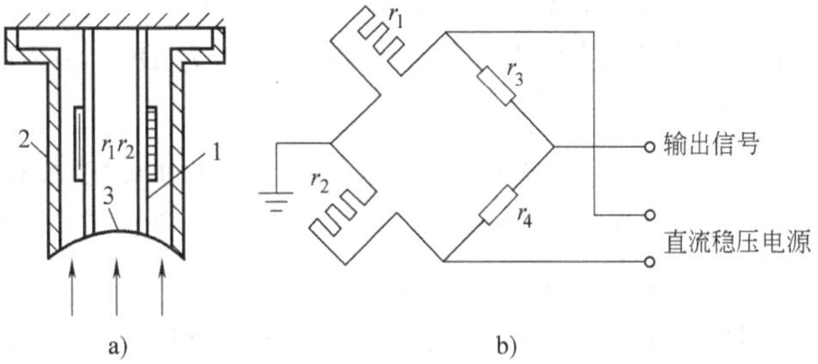

图 3-12　应变片压力传感器工作原理
a）传感筒　b）测量桥路
1—应变筒　2—外壳　3—密封膜片

应变片 r_1 和 r_2 与两个固定电阻 r_3 和 r_4 组成桥式电路，如图 3-12b 所示。由于 r_1 和 r_2 的阻值变化而使桥路失去平衡，从而获得不平衡电压 ΔU 作为传感器的输出信号。在桥路供给直流稳压电源最大为 10V 时，可得到最大 ΔU 为 5mV 的输出。传感器的被测压力可达 25MPa。由于传感器的固有频率在 25kHz 以上，故有较好的动态性能，适用于快速变化的压力测量。传感器的非线性及滞后误差小于额定压力的 1.0%。

（2）压阻应变式压力传感器　压阻应变片是根据单晶硅的压阻效应原理工作的。对一块单晶硅的某一轴向施加一定的载荷而产生应力时，其电阻率会发生变化。当压力变化时，单晶硅产生应变也变化，使直接扩散在其上面的应变电阻产生与被测压力成比例的变化，再由桥式电路获得相应的电压输出信号，见图 3-13。

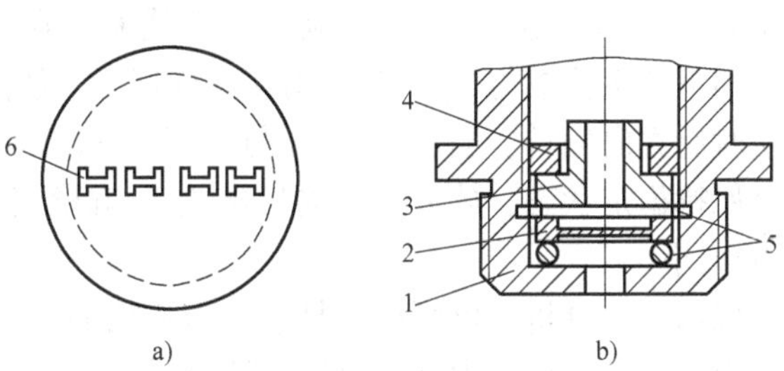

图 3-13　压阻应变式压力传感器
a）传感筒　b）测量桥路
1—基座　2—单晶硅片　3—导环　4—螺母
5—密封垫圈　6—等效电阻

压阻应变片突出的优点是：灵敏

度系数高，可测微小应变（一般 600 微应变以下）；机械滞后小；动态特性好；横向效应小；体积小。其主要缺点是：电阻温度系数大，一般可达 $10^{-3}\Omega/℃$；灵敏度系数 k 随温度变化大；非线性严重；测量范围小。因此，在使用时需采用温度补偿和非线性补偿措施。以上缺点目前已得到很好的解决，所以应用广泛。

3.2.4 差压变送器

差压变送器将压力、压力差以及与压力有关的工艺参数变换成 DC 4～20mA 或 DC 1～5V 的统一标准电信号。本节重点介绍电动差压（压力）变送器和差动电容式差压（压力）变送器。

1. 电动差压（压力）变送器

电动差压变送器又有 DDZ－Ⅱ型和 DDZ－Ⅲ型两种，前者使用 220V 交流电源，输出为 DC 0～10mA 电流信号；后者使用 24V 直流电源，输出为 DC 4～20mA 电流信号。

DDZ－Ⅲ差压变送器是采用二线制的安全火花仪表，它与输入安全栅配合使用，可构成安全火花防爆系统，适用于各种易燃易爆场所。

DDZ－Ⅲ差压变送器是以力矩平衡原理工作的，其工作原理示意图见图 3-14，它主要由机械杠杆系统和振荡放大电路两部分组成。

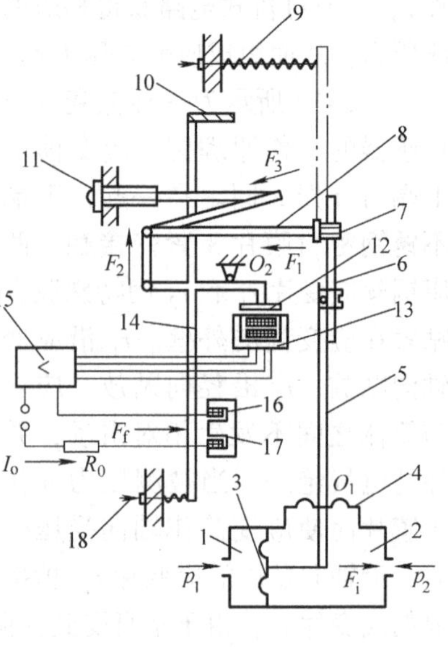

图 3-14 DDZ-Ⅲ型差压(压力)变送器工作原理示意图

1—高压室 2—低压室 3—膜片或膜盒 4—密封膜片 5—主杠杆 6—过载保护簧片 7—静压调整螺钉 8—矢量机构 9—零点迁移弹簧 10—平衡锤 11—量程调整螺钉 12—检测片 13—差动变压器 14—副杠杆 15—放大器 16—反馈线圈 17—永久磁钢 18—调零弹簧

被测压力通过高压室和低压室的比较转换成差压 $\Delta p=p_1-p_2$，该压差作用于敏感元件膜片或膜盒上，产生输入力 F_i，F_i 作用于主杠杆下端，使主杠杆以密封膜片 O_1 为支点按逆时针方向偏转。其结果形成力 F_1 推动矢量机构沿水平方向移动。矢量机构将 F_1 分解成垂直向上的分力 F_2 和斜向分力 F_3。F_2 作用于副杠杆上使其以支点 O_2 做顺时针方向偏转，使固定在副杠杆上的位移检测片靠近差动变压器，因此其气隙减小，差动变压器的输出电压增加，通过放大器转换成 4～20mA 的输出电流 I_o 也增大。输出电流 I_o 流过反馈线圈，在永久磁钢作用下产生反馈力 F_f，F_f 作用在副杠杆上，使副杠杆按逆时针方向偏转。当反馈力 F_f 与作用力 F_2 在副杠杆上形成的力矩达到动态平衡时，杠杆系统保持稳定状态，放大器的输出电流 I_o 就稳定在某一数值，I_o 的大小反映了被测量差压 Δp 的大小。

根据以上分析，可画出杠杆、矢量机构的受力图，见图 3-15。

由图可见，输入力 F_i 与膜片或膜盒的有效面积 A 有关

$$F_i=A\Delta p \tag{3-6}$$

以 O_1 为支点的杠杆系统的力矩平衡关系为

$$F_i l_i=F_1 l_1$$

因此
$$F_i = \frac{l_i}{l_1} F_i$$

F_i 沿矢量机构分解成向上分力 F_2 为

$$F_2 = \tan\theta F_1$$

以 O_2 为支点的力矩平衡关系为

$$F_2 l_2 + F_0 l_0 \approx F_f l_f \tag{3-7}$$

式中，F_0 为零点调整作用力。

再考虑反馈线圈的特性，反馈力 F_f 与输出电流 I_o 的关系为

$$F_f = \pi DNBI_o = k_f I_o$$

式中，D 为线圈的平均直径；N 为线圈的匝数；B 为磁感应强度；k_f 为力反馈系数，$k_f = \pi DNB$。

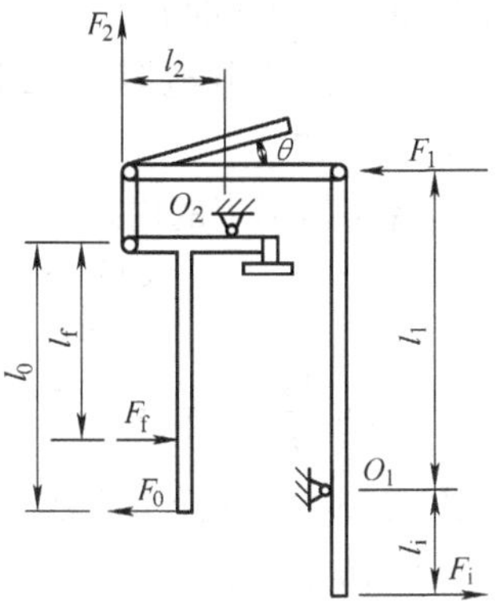

图 3-15 杠杆、矢量机构受力图

综合式(3-6) ~ 式(3-7)可得输出电流 I_o 与输入差压 Δp 的关系为

$$I_o = \frac{l_i l_2 A\tan\theta}{l_1 l_f k_f}\Delta p + \frac{l_0}{l_f k_f}F_0 = k_p \Delta p + \frac{l_0}{l_f k_f}F_0 \tag{3-8}$$

式中，k_p 为差压变送器的灵敏度，$k_p = \frac{l_i l_2 A}{l_1 l_f k_f}\tan\theta$。

由式(3-8)可见：

1）差压变送器的输出电流 I_o 与被测差压 Δp 成线性关系。

2）式(3-8)中第二项为调零弹簧所产生的输出电流的大小。当 $\Delta p = 0$ 时，调整调零弹簧使该项输出为 $I_o = 4\text{mA}$，或者用于进行零点迁移。

3）式(3-8)中第一项用于调整量程上限。当 $\Delta p = \Delta p_{max}$时，使该项输出电流 $I_o = 20\text{mA}$。由于 k_p 与膜片或膜盒的有效面积 A、电磁反馈机构的线圈匝数 N 和矢量机构的夹角 θ 均有关，因此，利用改变 A 或 N 作为量程粗调；利用改变 θ 角作为量程细调。改变反馈线圈的匝数，可实现 3∶1 的量程调整。θ 角可在 4° ~ 15°变化，于是变送器的最大量程与最小量程之比可达到的倍数为

$$\frac{\tan 15^\circ}{\tan 4^\circ} \times 3 = 3.8 \times 3 = 11.4$$

4）式(3-8)中调量程项和调零项均含有 k_f，所以调零和调量程是相互影响的，必须反复调整，才能满足精度要求。

差动变压器副杠杆的位移检测片的微小位移，利用低频位移检测放大器检测，并转换成 DC 4 ~ 20mA 输出。低频位移检测放大器的组成框图见图 3-16。

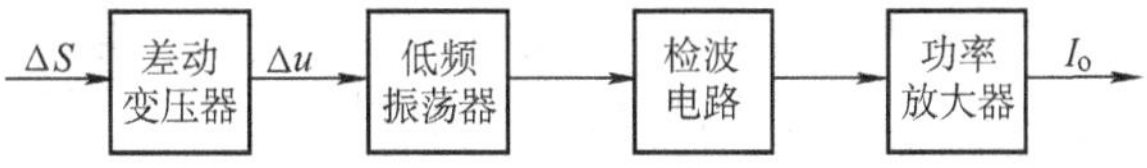

图 3-16 低频位移检测放大器的组成框图

位移检测片与差动变压器间距离 S 的微小变化量 ΔS，经差动变压器转变成其二次侧输出电压 Δu，差动变压器的有效电感与电容配接组成晶体管低频选频振荡器，并将输入电压 Δu 放大，经检波电路和滤波后成为直流电压，最后经功率放大并转换成 DC 4 ~ 20mA 输出。

由式（3-8）可见，DDZ-Ⅲ差压变送器的输出电流 I_o 与输入差压成正比关系，因此，可将差压变送器等效为一个内阻 R_0 可随输入差压 Δp 而变化的放大器。R_0 与 DC 24V 电源和 250Ω 负载电阻 R_L 组成二线制系统，见图 3-17。

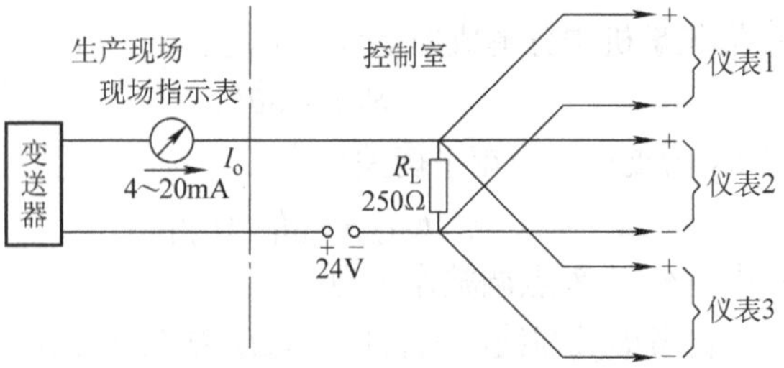

图 3-17　Ⅲ型变送器二线制示意图

若忽略指示表的内阻，由图可见

$$I_o = \frac{24V}{R_0 + R_L}$$

因此　$$R_0 = \frac{24V}{I_o} - R_L = \frac{24V}{I_o} - 250\Omega \quad (3\text{-}9)$$

由式(3-9)可分别求出不同差压输入时的电阻 R_0 之值。

1）当 $\Delta p = 0$ 时，$I_o = 4\text{mA}$，$R_0 = 5.75\text{k}\Omega$。

2）当 $\Delta p = \Delta p_{max}$时，$I_o = 20\text{mA}$，$R_0 = 950\Omega$。

3）当 $\Delta p = \frac{1}{2}\Delta p_{max}$时，$I_o = 12\text{mA}$，$R_0 = 1.75\text{k}\Omega$。

由此可见，Δp 增加，I_o 增加，R_0 减小，反之亦然，从而实现了二线制，它是Ⅲ型变送器的重要特点。

安全火花防爆也是 DDZ-Ⅲ变送器的主要特点之一。实现安全火花性能主要是采取了如下措施，首先是采用低压 24V 直流集中供电，限制了打火能量；其次是尽可能少用 L、C 储能元件，如确实需要采用储能元件，断电时给储能元件一个放电的通路，并限制储能元件两端的电压；第三，采取限压限流措施，以限制打火能量，以免超过安全火花的能量。因此，DDZ-Ⅲ变送器与安全栅配合，可用于任何易燃易爆场所，扩大了变送器的适用范围。

2. 差动电容式差压变送器

基于力矩平衡原理的差压(压力)变送器，由于有力矩传动机构，其体积和重量均较大，且零点和量程调整相互干扰。而基于差动电容式差压(压力)变送器，由于没有机械传动机构，仅由差动电容和电子放大电路两部分组成，因此其体积小，重量轻，零点和量程调整互不干扰，其性能较为优越，应用广泛。

图 3-18 示出了差动电容差压变送器结构示意图。压力 p_1 和 p_2 分别作用于两侧膜片，通过硅油传递到差动电容的动极板两侧。当 $p_1 = p_2$ 时，即 $\Delta p = p_1 - p_2 = 0$ 时，动极板处于中间位置，即 $d_1 = d_2 = d_0$，此时

$$C_1 = C_2 = C_0 = \frac{\varepsilon A}{d_0}$$

式中，ε 为介电常数；A 为板极面积。

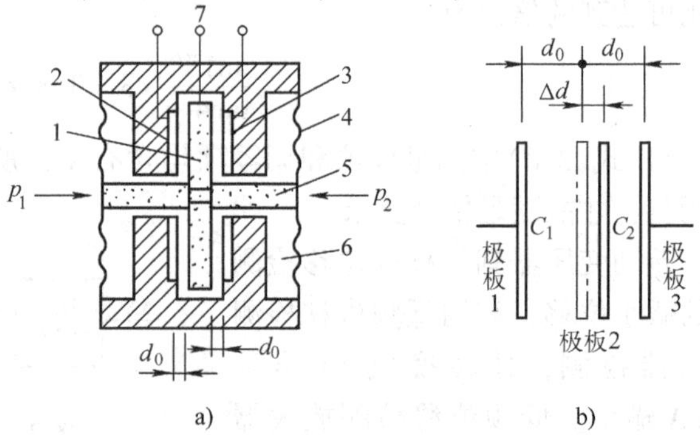

图 3-18　差动电容差压变送器结构示意图
a）结构图　b）等效电路
1—可移动电极　2、3—固定电极　4—膜片
5—连接轴　6—硅油　7—引线

p_1 接于高压室，p_2 接于低压室，即$p_1 > p_2$。电容可动极板的位移 Δd

与差压 Δp 成线性关系，即

$$\Delta d = K_1 \Delta p \tag{3-10}$$

式中，K_1 为弹性系数。

当 $p_1 > p_2$ 时，中间动板极向右位移 Δd，见图3-18b，于是，$d_1 = d_0 + \Delta d$，$d_2 = d_0 - \Delta d$，因此 C_1 和 C_2 的电容量可分别表示为

$$C_1 = \frac{\varepsilon A}{d_0 + \Delta d}$$

$$C_2 = \frac{\varepsilon A}{d_0 - \Delta d}$$

选取差动电容的电容之比为$\frac{C_2 - C_1}{C_1 + C_2}$，于是有

$$\frac{C_2 - C_1}{C_1 + C_2} = \frac{\frac{\varepsilon A}{d_0 - \Delta d} - \frac{\varepsilon A}{d_0 + \Delta d}}{\frac{\varepsilon A}{d_0 + \Delta d} + \frac{\varepsilon A}{d_0 - \Delta d}} = \frac{\Delta d}{d_0} = K_2 \Delta d \tag{3-11}$$

式中，K_2 为常数，$K_2 = 1/d_0$。

差动电容差压变送器的转换放大电路的作用就是将式(3-11)的电容比提取出来，并转变成 DC 4～20mA 输出。

1151 型电容式差压变送器是该类变送器的典型产品，转换电路的原理框图见图3-19。式（3-11）的电容比调制是在差动电容检测头内完成的（图3-19中未画出）。图中，振荡器是变压器反馈的单管自激励 LC 振荡器，其作用是向检测头的调制器提供稳频稳幅的交流调制信号，完成式（3-11）的电容比变换；同时也向解调电路提供解调开关信号。解调器实际上是相敏检波电路，检波信号经 RC 滤波后成为直流信号 I_s。解调器的输出电压作为振荡控制器的输入，其输出控制振荡器的输出电压的幅值，从而达到稳频稳幅的要求。解调器的输出电流 I_s 与电容比成正比关系。

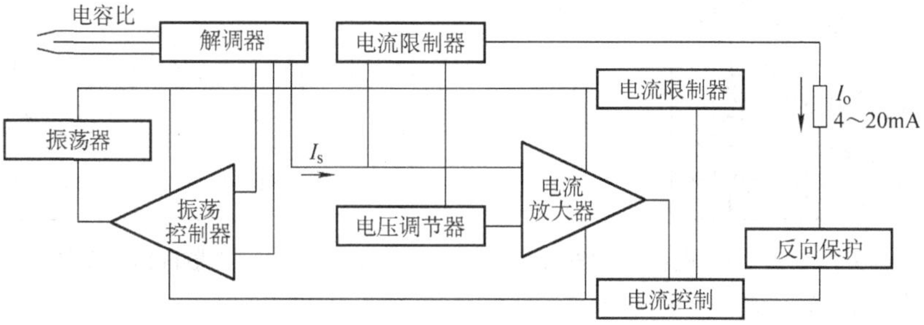

图3-19 转换电路的原理框图

$$I_s = K_3 K_2 \Delta d \tag{3-12}$$

I_s 经电流放大器、零点调整、量程调整、零点迁移、输出电流限幅和过流保护等转换成 DC 4～20mA 输出电流 I_o，即

$$I_o = K_4 I_s \tag{3-13}$$

将式（3-10）和式（3-12）代入式（3-13），可得该变送器的输入输出表达式为

$$I_o = K_1K_2K_3K_4\Delta p \tag{3-14}$$

由式(3-14)可见，输出电流 I_o 与被测差压 Δp 具有良好的线性关系。

该类差压变送器也是二线制仪表，且具有安全火花性能，可用于易燃易爆的场合。

3.2.5 微型压力检测变送器

微型压力检测变送器多数采用蚀刻工艺、扩散硅技术或机械微加工技术，在一片硅片上制作检测元件和信号调理电路而成，可直接将压力信号转换成电信号，不再使用任何杠杆力矩系统。因此，变送器的体积大大缩小，功耗大大降低。这里介绍两种已得到广泛应用的微型变送器。

1. 扩散硅差压变送器

扩散硅差压变送器检测元件的结构见图3-20整个检测元件由两片研磨后胶合成（即硅杯）的硅片组成。在硅杯上制作压阻元件，利用金属丝将压阻元件引接到印制电路板上。再穿过玻璃密封引出。硅杯两面浸在硅油中，硅油与被测介质间有金属隔离膜片分开。被测差压 $\Delta p = p_1 - p_2$ 引入测量元件后，通过金属膜片和硅油传递到硅杯上，压阻元件的电阻值发生变化。

图3-21为该差压变送器的电路原理图。图中 R_A、R_B、R_C 和 R_D 为利用压阻效应制成的压敏应变电阻。被测压力 p_1 和 p_2（即差压 Δp）作用在测量室内，使金属膜片产生弹性变形，其变形通过硅油传递到应变电阻上。适当安排应变电阻的位置，可使得差压 Δp 增加时，R_A、R_D 的阻值增加，而 R_B、R_C 的阻值减小。将 R_A、R_B、R_C 和 R_D 接成桥路，由恒流源对其供电，便转换成桥路的不平衡电压输出。桥路输出的不平衡电压经由运算放大器A进行电压放大、调制和转换，便输出与差压成正比的DC 4～20mA 信号。

图3-20 扩散硅差压变送器检测元件的结构图

1—过载保护装置 2—金属隔离膜 3—硅油

4—硅杯 5—金属丝 6—引出线

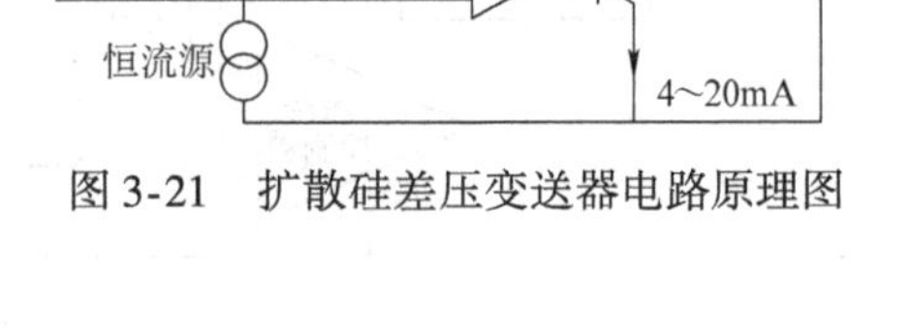

图3-21 扩散硅差压变送器电路原理图

图中 R_E 和 R_F 为制作检测元件时的精密零点调整电阻，保证 $\Delta p = 0$ 时，输出电流 I_o = 4mA，晶体管V的作用为功率放大，恒流源由IC内部电路产生。

2. MPX7000 系列压力变送器

该系列压力变送器为Motorola专利技术生产的DC 4～20mA 输出的二线制变送器，传输距离达50m以上，负载电阻为150～400Ω，可与DDZ－Ⅲ调节器组成自动控制系统。该系列变送器具有温度自动补偿、线性度好、灵敏度高、重复性好和精度高的特点。

图 3-22 为该系列压力变送器的检测元件结构图。在硅膜片上利用离子注入工艺刻蚀出 X 形压敏电阻，因此也称为 X 形压敏检测元件。被测压力作用在硅膜片上，硅膜片产生弹性变形，因此，压敏电阻的阻值变化。

图 3-23 为 MPX7000 系列压力变送器电路原理图。图中，运放 XTR101 是测量放大器，将 10、11 引脚并接在一起可输出 2mA 的恒流源作为 X 形检测元件的供电电流，10 和 11 脚的电压为 6.4V，由于放大器 A 为差动输入，为提高其共模电压动态范围，要求 3、4 引脚间有 4～6V 的共模电压，为此，利用 R_2 提高共模电压为 $2mA \times 1k\Omega = 2V$，以满足要求。图中，RP_2 为调零电位器，当被测压力 $p_x = 0$ 时，调节 RP_2 使输出为 4mA，RP_2 也可作零点迁移用。RP_1 为满量程调整电位器，即当 $p_x = p_{max}$ 时，调节 RP_1 使输出为 20mA。RP_1 和 RP_2 应反复调整几次，以满足精度要求。

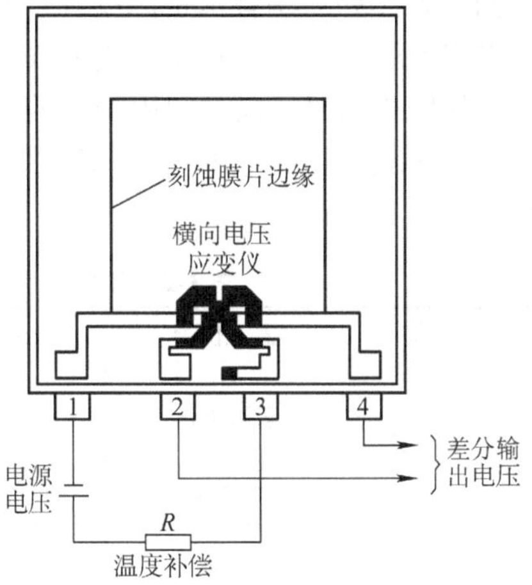

图 3-22　X 形检测元件结构图

晶体管 V 为功率放大，C 为电源滤波电容，二极管 VD 的作用是保护检测元件。在输出端接 250Ω 负载电阻可输出 DC 1～5V 标准电压并远传。

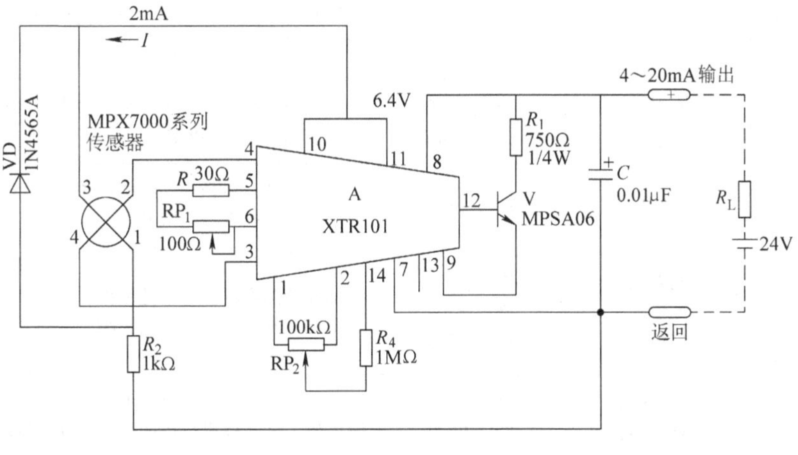

图 3-23　MPX7000 系列压力变送器电路原理图

3.3　温度检测与变送

温度是反映物体冷热状态的物理参数。工业生产自动化流程，温度测量点要占全部测量点的一半左右。温度的测量与控制是保证化学反应过程正常进行与安全运行的重要环节。

3.3.1　温度检测分类

在进行温度测量时，一个测量体与被测量介质接触，二者之间进行热交换，最后达到热平衡，这时测量体的温度反映了被测介质的温度。测温的方法很多，有接触式测量和非接触式测量。目前工业上常用的测温方法、测温范围及主要特点见表3-2。

接触式测温简单、可靠、测量精度较高，但容易产生滞后现象，同时可能与被测介质发生化学反应。接触式测温仪表主要包括：基于物体受热体积膨胀或长度伸缩性质的膨胀式温度检测仪表（如玻璃管水银温度计、双金属温度计）、基于导体或半导体电阻值随温度变化的热电阻温度检测仪表和基于热电效应的热电偶温度检测仪表等。

非接触式测温仪表是利用物体的热辐射特性与温度之间的对应关系，对物体的温度进行检测。非接触式测温范围广、速度快、测温上限原则上不受限制，但是受环境影响大，误差大。

表3-2 工业上常用的测温方法、测温范围及主要特点

测量方式		测温仪表	测温范围/℃	主要特点
接触式	膨胀式	玻璃液体	-50~600	结构简单，使用方便，测量准确，价格低廉；测量上限和精度受玻璃质量的限制，易碎，不能远传
		双金属	-80~600	结构紧凑可靠，测量精度低，量程和使用范围有限
	压力式	液体 气体 蒸汽	-30~600 -20~350 0~250	结构简单，耐震，防爆，能记录、报警，价格低廉，精度低，测温距离短，滞后大
	热电效应	热电偶	-200~2800	测温范围广，测量精度高，便于远距离、多点、集中检测和自动控制，应用广泛，需自由端温度补偿，在低温段测量精度较低
	热阻效应	铂电阻	-200~600	测量精度高，便于远距离、多点、集中检测和自动控制，应用广泛，不能测高温
		铜电阻	-50~150	
		热敏电阻	-50~150	灵敏度高，体积小，结构简单，使用方便，互换性较差，测量范围有一定限制
非接触式	辐射式	辐射式 光学式 比色式	400~2000 700~3200 900~1700	不破坏温度场，测量范围大，响应快，可测运动物体的温度，易受外界环境的影响，低温不准
	红外线	光电探测 热电探测	0~3500 200~2000	测温范围大，不破坏温度场，适用于测量温度分布，响应快，易受外界环境的影响，标定较困难

3.3.2 温度检测原理

1. 热电偶温度检测

热电偶传感器简称热电偶。热电偶的测温原理是以热电效应为基础的，热电偶能满足温度测量的各种要求，具有结构简单，精度高，范围宽（-269~2800℃），响应较快，稳定性和复现性高的特点，因此在测温领域中应用广泛。

（1）热电偶的测温原理 把两种不同的导体（或半导体）接成如图3-24所示的闭合电路，把它们的两个触点分别置于温度为 t 和 t_0（$t>t_0$）的热源中，则在回路中将产生一个电动势，称为热电动势，或寒贝克电动势。这种现象称为热电效应或叫塞贝克效应。

热电动势由两种导体接触电动势（或称珀尔帖电动势）和单一导体的温差电动势（汤姆逊电动势）组成。热电动势的大小与两种导体的材料及触点的温度有关。

图3-24中的两种导体叫热电极，两个触点，一个称为工作端或热端（t），另一个称为自由端或冷端（t_0）。由这两种导体组成并将温度转换成热电动势的传感器称为热电偶。

图3-24中的热电偶回路有4个热电动势；两个接触电动势E_{AB}（t）、E_{AB}（t_0）和两个温差电动势$E_A(t, t_0)$、$E_B(t, t_0)$，热电动势的等效电路见图3-25，回路热电动势为

$$E_{AB}(t,t_0)=E_{AB}(t)+E_B(t,t_0)-E_{AB}(t_0)-E_A(t,t_0)$$

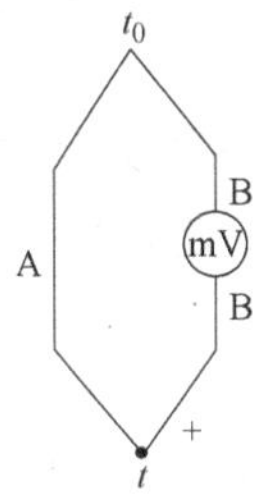

图3-24　热电偶工作原理

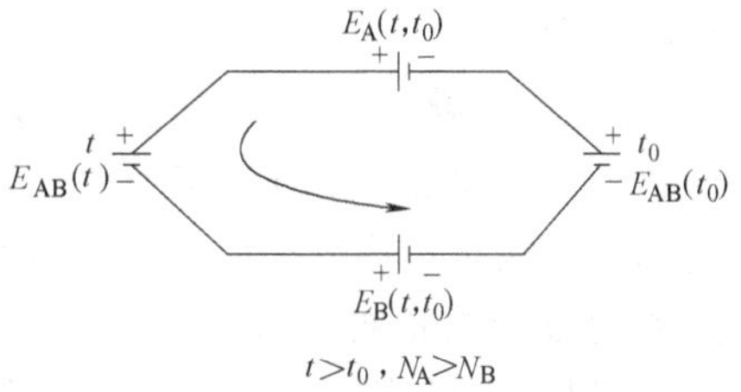

图3-25　热电动势的等效电路

由于温差电动势很小，而且$E_B(t, t_0)$与$E_A(t, t_0)$的极性相反，两者互相抵消，可忽略不计。因此，热电偶回路的热电动势为

$$E_{AB}(t, t_0)=E_{AB}(t)-E_{AB}(t_0) \tag{3-15}$$

由式（3-15）可见，当电极材料一定时，热电偶回路的热电动势E_{AB}（t，t_0）为温度t和t_0的函数之差，即

$$E_{AB}(t, t_0)=f(t)-f(t_0)$$

若保持冷端温度t_0恒定，f（t_0）$=c=$常数，则上式可写成：

$$E_{AB}(t, t_0)=f(t)-c=\varphi(t) \tag{3-16}$$

由式（3-16）可见，热电偶回路的热电动势E_{AB}（t，t_0）与热端温度t具有单值函数关系。此即为热电偶测温的工作原理。

由于电极材料的电子密度与温度有关，因此式（3-16）的单值函数关系很难用计算方法准确得到，而是通过实验方法获得。规定在$t_0=0$℃（$T_0=273.15$K）时，将测得的E_{AB}（t，t_0）与t的对应关系制成表格，称为各种热电偶的分度表。

（2）热电偶冷端温度补偿　热电偶的冷端温度必须保持恒定，热电偶的热电动势才与被测温度具有单值函数关系。在实际应用时，热电偶冷端暴露在大气之中，冷端温度$t_0\neq 0$℃，对测量精度影响较大，必须对仪表示值进行修正，可采用冷端温度补偿，否则会引起较大误差。常用的方法有：补偿导线法、补偿电桥法和计算校正法。

（3）常用热电偶及其特性　下面介绍几种常用标准化热电偶，所谓标准化热电偶是国家标准规定了其电动势与温度的关系和允许误差，并有统一的标准分度表的热电偶。

1）铂铑10－铂热电偶（S型）：

物理化学性能稳定，耐高温，故S型热电偶测量的准确性高，可用于精密测量，可作为标准热电偶，校验或标定其他温度测量仪表。可在1300℃以下长期使用，短期测量可达1600℃，宜在氧化性及中性气氛中使用，其主要缺点是热电动势小，价格贵。

2）镍铬－镍硅热电偶（K型）：由于K型热电偶化学性能稳定，复制性好，热电动势大，线性好，价格便宜，可在1000℃以下长期使用，短期测量可达1200℃，是工业生产中最常用的一种热电偶。

如果把K型热电偶用于还原性介质，则必须加保护套管，否则很快被腐蚀；若不加保护套，只能用于测量500℃以下的温度。

3）镍铬－锰白铜（原称康铜）热电偶（E型）：其分度号用E表示，镍铬为正极，锰白铜为负极，适用于还原性和中性介质，长期使用温度不可超过600℃，短期测量可达800℃。E型热电偶特点是热电特性的线性好，灵敏度高，价格便宜；缺点是锰白铜易受氧化，测温范围小。

4）铂铑－铂铑热电偶（B型）：简称为双铂铑热电偶，是一种贵金属热电偶。其正极和负极含铑的质量分别为$w_{Rh}30\%$、$w_{Rh}6\%$。B型热电偶的特点是抗污染能力强，性能稳定，精度高，缺点是热电动势小，价格昂贵。

2. 热电阻温度检测

热电阻测量是利用电阻随温度变化的特性制成的传感器称热电阻传感器。热电阻传感器按其制造材料来分，可分为金属热电阻及半导体热电阻两大类；按其结构来分，有普通型热电阻、铠装热电阻及薄膜热电阻；按其用途来分，有工业用热电阻、精密的和标准的热电阻。热电阻传感器主要用于对温度和温度有关的参量（如压力、流速）进行测量。

（1）铂热电阻　铂热电阻是用高纯铂丝制成的，温度在－200～0℃之间时，其电阻数值和温度的关系为

$$R_t = R_0[1 + At + Bt^2 + Ct^3(t - 100)] \tag{3-17}$$

式中，R_t 和 R_0 分别为t（℃）和0℃时铂电阻的阻值。

温度在0～650℃之间时，其温度特性为

$$R_t = R_0[1 + At + Bt^2]$$

式中，A、B、C 为铂的电阻温度系数，其值为

$$A = 3.9687 \times 10^{-3}℃^{-1}$$

$$B = -5.84 \times 10^{-7}℃^{-2}$$

$$C = -4.22 \times 10^{-12}℃^{-3}$$

国家统一规定用100℃的阻值 R_{100} 和0℃的阻值 R_0 之比 $W_{100} = R_{100}/R_0$ 表示铂的纯度，W_{100}必须达到一定数值才能做热电阻。由于铂电阻具有精度高、稳定性好、性能可靠和复现性好等特点，国际温标规定，在－259.34～630.74℃温域内以铂电阻温度计作为基准器制定其他温度标准。

（2）铜热电阻　工业铜电阻的测温范围为－50～150℃，其电阻与温度的关系为

$$R_t = R_0[1 + At + Bt^2 + Ct^3] \tag{3-18}$$

式中，R_0、R_t 分别为t(℃)和0℃时，铜电阻的阻值；A、B、C 为电阻温度系数，分别为

$$A = 4.28899 \times 10^{-3}℃^{-1}$$

$$B = -2.133 \times 10^{-7}℃^{-2}$$

$$C = 1.233 \times 10^{-9}℃^{-3}$$

铜电阻的电阻温度系数高，容易提纯，价格便宜。其缺点是铜电阻率小，与铂相比，制

成相同阻值的铜电阻，其体积大；铜在高温下容易氧化，其测温上限一般不超过 150℃。

（3）测量电路　热电阻将温度的变化转换成电阻的变化，常用平衡电桥或不平衡电桥作为其测量电路。为了减小热电阻的引线电阻和引线电阻随环境温度的变化而引起的测量误差，工业测量用热电阻用三线制接入桥路，见图 3-26a。图中，R_t 为热电阻；$R_{L1}=R_{L2}=R_{L3}$为三根引线的等效电阻；电位器 RP 是为适合不同分度号的热电阻设置的，例如，$R_1=R_2=R_3=100\Omega$，若 R_t 的电阻等于 Pt100 的电阻，$R_0=100\Omega$，则 RP 的电阻为 0；若 R_t 的电阻等于 Pt46 的电阻，$R_0=46\Omega$，则 RP 的电阻为 54Ω。

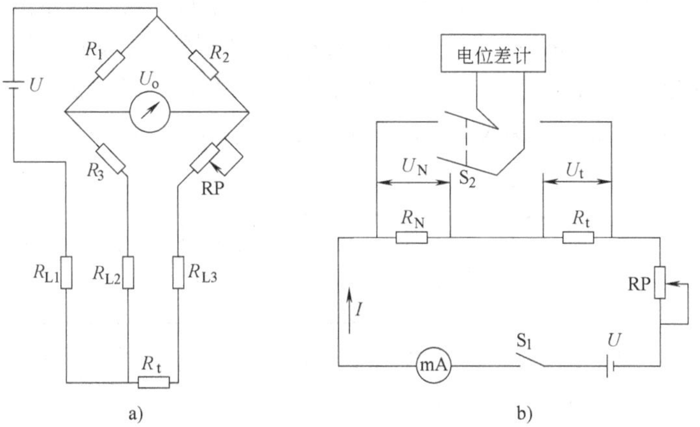

图 3-26　热电阻测量电路
a）三线制接入桥路　b）四线制测量电路

为了减小热电阻的引线电阻及引线电阻随环境温度变化而变化和由于接触电阻及接触电动势引起的测量误差，在实验室精密测量时，热电阻用四线制接入测量电路，见图 3-26b。图中，R_t 为热电阻；R_N 为标准电阻；RP 的作用是调整工作电流 I 至适当值。测量时，切换开关 S_2 先后测量 R_t 和 R_N 上的压降 U_t 和 U_N，则

$$R_t=\frac{U_t}{U_N}R_N \tag{3-19}$$

由于电位差计在平衡时读数，热电阻的引线无电流，故可克服引线电阻的影响。此外，U_t 和 U_N 中均含有接触电动势，由式（3-19）可见，接触电动势的影响是相互抵消的。因此，可提高测量准确度。

必须指出，热电阻用于测温时，流过热电阻的电流不应超过其额定值（工业测温为 4～5mA），否则，由于热电阻自身发热会引起温度附加误差。

3.3.3　温度变送器

温度变送器将温度、温差以及与温度有关的工艺参数和直流毫伏信号变换成 DC 4～20mA 或 DC 1～5V 的统一标准信号。温度变送器的种类繁多，除了常用的 DDZ－Ⅲ型温度变送器外，随着微电子技术和微机技术的发展，已经出现了许多微型化和智能化温度变送器。本节主要介绍 DDZ－Ⅲ型温度变送器及各种微型化温度变送器的原理及其主要特性。

DDZ－Ⅲ温度变送器主要将温度、温差、压力以及与温度有关的工艺参数变换成DC 4～20mA或DC 1～5V的统一标准信号。它具有如下的主要特点：

1）采用低漂移、高增益的运算放大器作为主要放大器，具有线路简单和良好的可靠性、稳定性及各项技术性能。

2）在配热电偶和热电阻的变送器中采用线性化电路，使其输出电流 I_o 与被测温度成线性关系，测量准确度高。

3）线路中采用了安全火花防爆技术措施，可用于易燃易爆场合。

4）采用DC 24V集中供电，实现了二线制接线方式。

DDZ-Ⅲ温度变送器组成原理框图见图3-27，由图可见，该变送器由量程单元和放大单元组成。图中，“⇒”表示供电回路，“→”表示信号回路。反映被测参数大小的输入毫伏信号 V_i 与桥路部分的输出信号 V'_z 以及反馈信号 V'_f 相叠加，送入放大单元，经电压放大、功率放大和隔离输出电路，转换成DC 4～20mA电流 I_o 和DC 1～5V电压 V_o 输出。

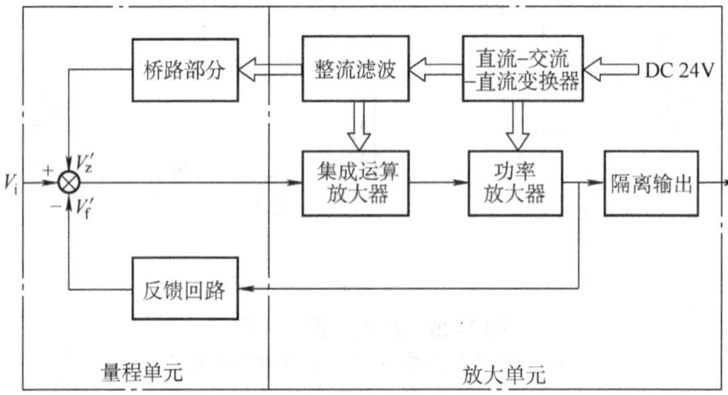

图3-27 DDZ-Ⅲ型温度变送器组成原理框图

DDZ-Ⅲ温度变送器有三种品种：

1)直流毫伏变送器：其输入信号是直流毫伏信号。凡是能将工艺参数变换成直流毫伏信号的传感器或检测元件，均可与该种变送器配合使用，将被测工艺参数转换成DC 4～20mA统一标准信号，从而扩大了变送器的应用范围。

2)热电偶温度变送器。

3)热电阻温度变送器。

三种变送器在线路结构上都由量程单元和放大单元两部分组成。其中放大单元是通用的，而量程单元则随品种、测量范围的不同而异。

1. 直流毫伏变送器的量程单元

为便于分析其工作原理，将量程单元和放大单元的运算放大器联系起来画于图3-28中。由图可见，直流毫伏变送器的量程单元由信号输入电路、零点调整桥路和反馈电路等部分组成。

输入回路中 R_{i1}、R_{i2} 和 VS_1、VS_2 起限流和限压作用，限制打火能量在安全火花范围内。R_{i1}、R_{i2} 与 C_i 还组成低通滤波器，以滤去输入信号 V_i 中的交流分量。

零点调整电路由 R_{i3}、R_{i4}、R_{i5}、R_{i6}、R_{i7} 和 RP_i 电位器等组成，其中 $R_{i5}=R_{i7}$ 的阻值远

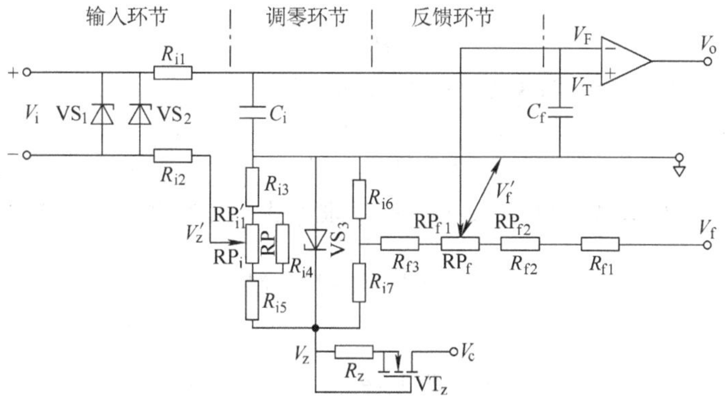

图 3-28　直流毫伏变送器量程单元

远大于其他电阻的阻值，作用是限制支路电流。VT_Z 和 R_z 构成恒流源。桥路电压由 VT_Z 和 VS_3 提供。

反馈回路由 R_{f1}、R_{f2}、R_{f3} 和量程调整电位器 RP_f 等组成。其中 R_{f1} 为反馈电压源的内阻，其阻值远小于 R_{f2}。V_f 来自放大单元的隔离反馈部分。

运算放大器正相输入端的 V_T 为输入 V_i 和桥路输出 V_z' 的代数和，即 $V_T = V_i + V_z'$，即

$$V_T = V_i + V_z' = V_i + \frac{RP_{i1}' + R_{i3}}{R_{i5} + (RP_i /\!/ R_{i4}) + R_{i3}} V_z \tag{3-20}$$

式中，RP_{i1}' 为 RP_i 与 R_{i4} 并联后动触点上部的等效电阻，即

$$RP_{i1}' = \frac{R_{i4}}{RP_i + R_{i4}} RP_{i1} \tag{3-21}$$

式中，RP_{i1} 为 RP_i 动触点上部的电阻。

电路设计时，$R_{i5} \gg (R_{i4} /\!/ RP_i) + R_{i3}$，可忽略式(3-20)中$(RP_i /\!/ R_{i4}) + R_{i3}$，则式(3-20)可简化为

$$V_T = V_i + \frac{RP_{i1}' + R_{i3}}{R_{i5}} V_z = V_i + \alpha V_z \tag{3-22}$$

由于 $R_{f1} \ll R_{f2}$，可忽略 R_{f1}，运放反相输入端的 V_F 可用叠加原理求得，即将 V_z 看作短路而 V_f 作用时，可求得 V_f'' 为

$$V_f'' = \frac{(R_{i6} /\!/ R_{i7}) + R_{f3} + RP_{f1}}{(R_{i6} /\!/ R_{i7}) + R_{f3} + RP_f + R_{f2}} V_f \tag{3-23}$$

式中，RP_{f1} 为 RP_f 动触点左边部分的电阻。

将 V_f 看作短路，V_z 作用时，可求得 V_f''' 为

$$V_f''' = \frac{R_{i6}}{R_{i6} + R_{i7}} \frac{R_{f2} + RP_{f2}}{R_{f2} + RP_f + R_{f3}} V_z \tag{3-24}$$

式中，RP_{f2} 为 RP_f 动触点右边部分的电阻。

在电路设计时，由于 $R_{i7} \gg R_{i6}$，故$(R_{i6} /\!/ R_{i7}) \approx R_{i6}$，式(3-23)可简化为

$$V_f'' = \frac{R_{i6} + R_{f3} + RP_{f1}}{R_{i6} + R_{f3} + RP_f + R_{f2}} V_f = \frac{1}{\beta} V_f \tag{3-25}$$

同理，由于 $R_{i5} = R_{i7}$，$R_{f2} \gg (RP_f + R_{f3})$，故式(3-24)可简化为

$$V_f''' = \frac{R_{i6}}{R_{i5}}V_z = \gamma V_z \tag{3-26}$$

由于 $V_F = V_f' = V_f'' + V_f'''$，考虑式(3-25)和式(3-26)得

$$V_F = V_f' = \frac{1}{\beta}V_f + \gamma V_z \tag{3-27}$$

如果放大器为理想运放，则 $V_T = V_F$，联立求解式(3-22)和式(3-27)得

$$V_i + \alpha V_z = \frac{1}{\beta}V_f + \gamma V_z \tag{3-28}$$

因此，可求得

$$V_f = \beta[V_i + (\alpha - \gamma)V_z] \tag{3-29}$$

由于变送器的输出 V_o 与 V_f 关系为

$$V_o = 5V_f \tag{3-30}$$

将 V_f 代入式(3-29)得

$$V_o = 5\beta[V_i + (\alpha - r)V_z] \tag{3-31}$$

式(3-31)就是直流毫伏变送器的输入与输出间的关系式，该式说明：

1）$(\alpha - r)V_z$ 项为变送器的调零信号，当 $\alpha > r$ 时，即 $(RP_{i1}' + R_{i3}) > R_{i6}$ 时，得到正向调零信号，可实现负向迁移；而当 $\alpha < r$，即 $(RP_{i1}' + R_{i3}) < R_{i6}$ 时，得到负向调零电压，可实现正向零点迁移。更换 R_{i3} 可大幅度改变零点迁移量。调整 RP_i 可小范围调零。

2）5β 为输入与输出的比例系数，调整 RP_f 可微调量程，改变 R_{f2} 可大范围调整量程。由于 $V_o = 1 \sim 5V$（输出电流 $I_o = 4 \sim 20mA$ 在 250Ω 负载电阻的压降），β 越大，V_i 越小，即量程范围越小。

3）调整 RP_f，改变比例系数 β，调整了量程，但也影响了零点；同样，调整了零点，也影响了量程。说明调零点和调量程是相互影响的。仪表调校时，必须反复调整才能满足精度要求。

2. 热电偶温度变送器的量程单元

为了便于分析，将热电偶温度变送器的量程单元，连同放大单元的运算放大器画在一起，见图3-29。

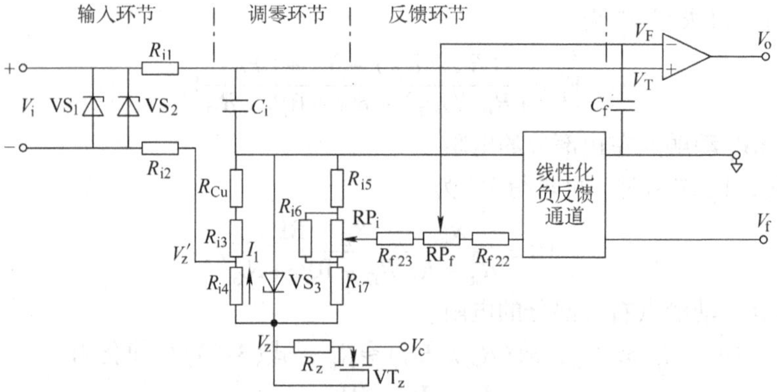

图3-29 热电偶温度变送器量程单元原理图

由图可见，该变送器的量程单元与直流毫伏变送器的量程单元基本相同，但是，由于热电偶检测元件的特性，也存在如下三点差异：

1）热电偶冷端温度的自动补偿。为此，在 R_{i3} 桥臂上增加一只铜电阻 R_{Cu}，其作用是补偿热电偶回路电动势随其冷端温度变化而变化引起的误差。

2）在反馈回路中增加了热电偶特性的线性化电路。由于热电偶的热电动势与被测温度是非线性的，为提高测量精度，必须进行线性化处理。

3）零点调整电位器 RP_i 由桥路的左边移到桥路的右边。

除此以外，其余各元件的作用与直流毫伏变送单元的完全相同。其输出 V_o 和输入 V_i 的关系见式(3-31)；其零点调整和量程调整方法与直流毫伏变送器的基本相同。下面仅介绍热电偶冷端温度补偿和线性化原理。

（1）热电偶冷端温度自动补偿　图 3-29 中当热电偶的被测温度一定而冷端温度升高时，V_i 将减小。为了补偿 V_i 的减小，若桥路输出 V_z' 增加一个适当的值，便能补偿由于热电偶冷端温度变化引起的误差。为此，在桥路的 R_{i3} 桥臂串接一只铜电阻 R_{Cu}，R_{Cu} 放于热电偶的冷端附近，感受与热电偶冷端相同的温度。R_{Cu} 具有正的电阻温度系数，其阻值随温度的增加而增加，若以 20℃为标准，自动补偿的条件为

$$\Delta V_i = I_1 \Delta R_{Cu} = I_1 R_{Cu} \alpha_{20} (t - 20℃) \tag{3-32}$$

式中，R_{Cu} 为铜电阻在 20℃时的阻值；α_{20} 为铜电阻在 20℃附近的电阻温度系数，$\alpha_{20} \approx 3.96 \times 10^{-3}\Omega/℃$；$t$ 为热电偶冷端温度，即环境温度；I_1 为 R_{Cu} 桥臂的电流，I_1 可视为常数。

热电偶热电动势的变化值 ΔV_i 可表示为

$$\Delta V_i = \beta (t - 20℃) \tag{3-33}$$

式中，β 为热电偶在 20℃附近时的灵敏度，单位为 mV/℃，不同材料的热电偶，β 值不同。

由式(3-32)和式(3-33)可求得 20℃时铜电阻的阻值计算式为

$$R_{Cu} = \frac{\beta}{I_1 \alpha_{20}} \tag{3-34}$$

根据 I_1、β 和 α_{20} 计算 R_{Cu} 的值，接于 R_{i3} 桥臂便可达到热电偶冷端温度自动补偿的目的。

（2）线性化原理　图 3-29 中线性化负反馈通道模块的电路原理简图见图 3-30b。采用 4 段折线逼近热电偶的特性，各段的斜率分别为 α_1、α_2、α_3 和 α_4，见图 3-30a。

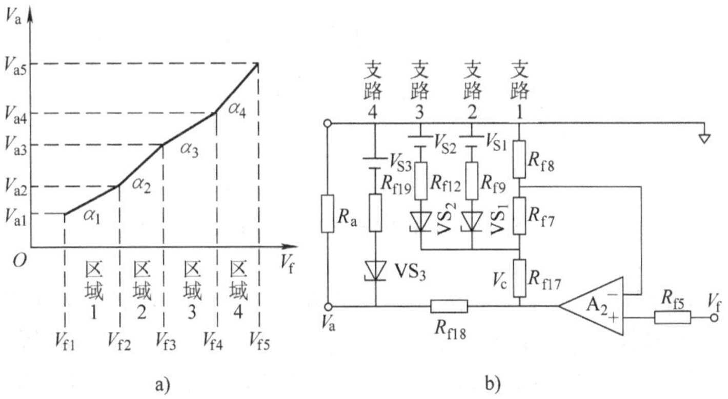

图 3-30　折线逼进法线性化原理

a）折线逼近原理　b）电路原理图

由图3-30b可见，在支路2～支路4中分别在稳压管VS_1～VS_3中叠加上一个负的基准电压V_{S1}～V_{S3}，且$V_{S3}>V_{S2}>V_{S1}$。V_f在运算放大器的同相端输入，由前述可知，$V_f=V_o/5$，$V_o=1～5V$为不变的，故$V_f=200mV～1V$，在运放的负反馈回路中接一电阻网络，只要VS_1～VS_3相继依次导通便能改变电阻网络的阻值，于是改变运放的闭环增益，从而改变曲线的斜率，设忽略基准电源的内阻和VS_1～VS_3的导通内阻。则

1）当$V_f=200mV$，即运放输出$V_c<V_{f1}$时，此时对应变送器的零点，即$I_o=4mV$或$V_o=1V$。

2）当V_f增加，$V_{f1}<V_c\leqslant V_{f2}$时，$VS_1$～$VS_3$均截止，电阻网络取决于$R_{f17}$、$R_{f18}$、$R_{f7}$和$R_{f8}$，此时折线的斜率为$\alpha_1$。

3）当V_f继续增加，达到$V_{f2}<V_c\leqslant V_{f3}$时，$VS_1$导通，而$VS_2$、$VS_3$截止，将$R_{f9}$并联到支路1，此时折线斜率为$\alpha_2$。

以此类推，当V_f继续增加，达到$V_{f3}<V_c\leqslant V_{f4}$和$V_{f4}<V_c\leqslant V_{f5}$时，此时$VS_1$、$VS_2$和$VS_3$相继导电，相继支路3和支路4的电阻并联到电阻网络中去，此时，折线斜率为α_3和α_4。从而用4段折线逼近热电偶的非线性特性。

由上述原理可见，折线逼近法折线的拐点取决于基准电压V_{S1}～V_{S3}之值。折线的斜率α_1～α_4取决于电阻网络的电阻值。因此，根据不同热电偶的特性，选择不同的基准电压和不同电阻网络的电阻值，便能达到线性化的目的。

必须指出，折线段数越多，线性化精度越高，但电路也越复杂。实验表明，当折线段数为4～7时，非线性误差可小于0.2%。

3. 热电阻温度变送器的量程单元

为了便于分析其工作原理，将量程单元和放大单元中的运放画于图3-31中。

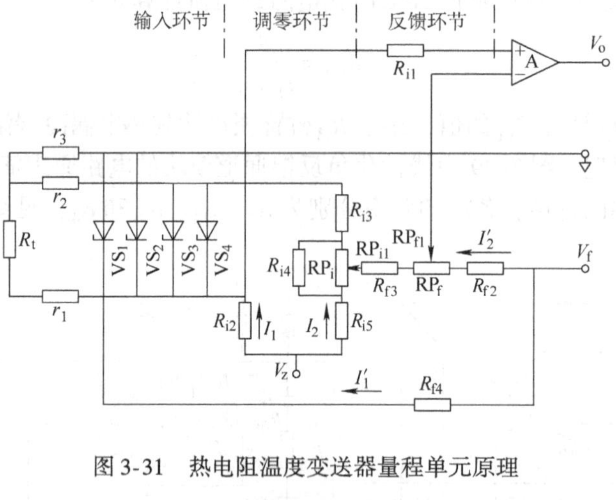

图3-31 热电阻温度变送器量程单元原理

图中，R_t为测温热电阻；r_1、r_2和r_3是引线电阻；VS_1～VS_4为限压稳压管，起安全火花防爆作用；RP_i为零点调整电位器；RP_f为量程调整电位器；V_z为供桥电压；$R_{i2}=R_{i5}$且R_{i2}、R_{i5}的阻值远大于其他桥臂电阻的阻值，故其起到恒定桥臂电流的作用，R_{f4}支路引进正反馈电流I'_1，对热电阻的非线性进行线性化。

图3-31中，热电阻与桥路之间的连接采用三线制，目的是克服引线电阻所带来的误差。

图中，r_1、r_2 和 r_3 分别代表三根引线的电阻值，要求

$$r_1 = r_2 = r_3 = 1\Omega$$

这样，引线电阻所造成的误差小于 0.1%。

热电阻和被测温度之间常存在着非线性关系，以 Pt100 铂电阻为例，在 0 ~ 500℃范围内，其非线性误差可达 2%，见图 3-32a。由图可见，随着温度的增加，其电阻的变化率减小(即灵敏度减小)，呈现上凸特性。若能使测量电路的输出 V_o 与 R_t 之间的关系呈现下凸特性，见图 3-32b，则便能达到补偿。为此，在反馈电路中增加了 R_{f4} 支路将 V_f 转换成 I'_1，并流过热电阻 R_t，形成正反馈，见图 3-31。由图可见，热电阻 R_t 流过桥路电流 I_1 和反馈电流 I'_1，因此其压降 V_t 由两部分组成，即

$$V_t = I_1 R_t + I'_1 R_t$$

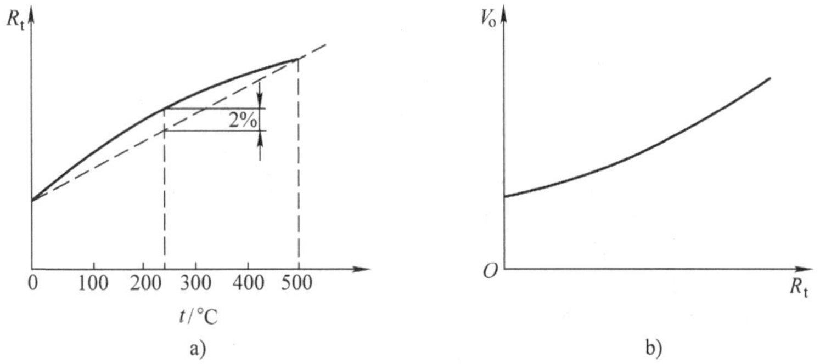

图 3-32　热电阻的特性及其线性化曲线

a）热电阻的特性　b）线性化曲线

由上式可见，当被测温度 t 较小时，R_t 较小，$I'_1 R_t$ 较小；而 t 较高时，R_t 较大，$I'_1 R_t$ 较大；因此，V_t 形成下凸特性，即随着 t 的增加，V_t 变化率增加。根据不同的热电阻的特性合理选择 R_{f4} 的阻值，确定 I'_1，便能达到线性化的目的。

4. 温度变送器的放大单元

由图 3-27 可见，放大单元由集成放大级、功率放大级、隔离输出级、整流滤波和电源等部分组成。对三种变送器，放大单元是相同的，其作用是将量程单元的输出 V_1 经电压和功率放大，最后转换成 DC 4 ~ 20mA 统一标准信号输出。

(1) 电压放大器　电压放大器的原理简化图见图 3-33。图中，V_1 是量程单元的总输出，即 $V_1 = V_i + V'_z - V'_f$。由图 3-33 可见，A 为比例放大器，其放大系数为

$$K = \frac{R_c + R_d}{R_d}$$

因此

$$V_o = KV_1$$

(2) 功率放大器　功率放大器把电压放大器的输出信号转换成具有一定负载能力的电流信号，并通过 1:1 的隔离变压器实现隔离输出，见图 3-34。

功率放大级实际上是一个调制式放大器，它在直流→交流→直流变换器输出的开关方波作用下，交替将 V_i 调制成 i_a 和 i_b。i_a 和 i_b 在 To 二次侧叠加 $i_L = i_a + i_b$ 输出。

(3) 隔离输出与隔离反馈　为了提高抗干扰能力，用变压器 To 和 Tf 将功率放大器与输出回路以及反馈回路之间隔离起来，并传递信号。该反馈电路见图 3-35。

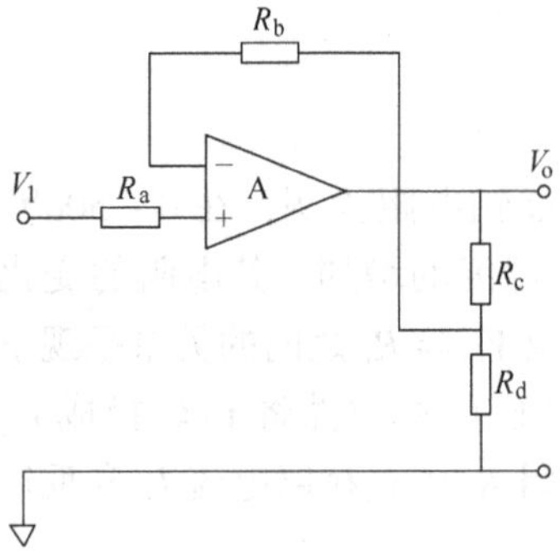

图 3-33 电压放大器

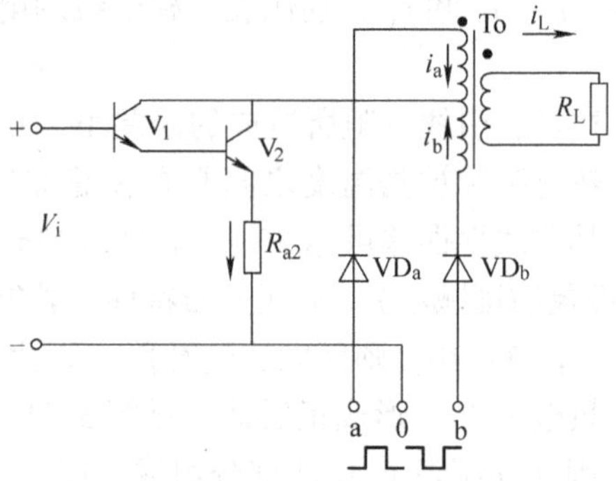

图 3-34 功率放大器

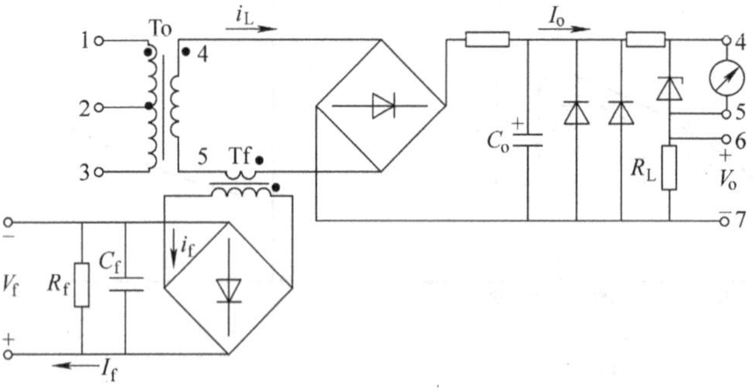

图 3-35 隔离输出与隔离反馈电路

由图可见，To 二次电流 i_L 经全波整流和滤波转换成 DC 4～20mA 输出电流 I_o。I_o 在 R_L(250Ω)上的压降 V_o 为 DC 1～5V 输出。同时，i_L 经变压器 Tf 隔离后，全波整流、滤波产生 I_f，I_f 在 50Ω 电阻 R_f(R_f = 50Ω)上的压降 V_f 作为量程单元的反馈信号。由于 $R_L = 5R_f$，Tf 的电压比为 1:1，故 $i_f = i_L$，因此

$$V_o = 5V_f$$

(4) 直流—交流—直流(DC—AC—DC)变换器　DC—AC—DC 变换器的核心是直流→交流的变换器，它首先将 24V 直流电压通过磁耦合对称推挽式多谐振荡器转换成约 8kHz 的交流方波电压，再通过整流、滤波和稳压，向量程单元和电压放大器提供直流电压，同时向功率放大器提供方波调制电源。

3.3.4 微型温度检测变送器

由于大规模和超大规模集成电路的发展，将组成变送器的多个组成单元，例如检测元件、信号调理电路、线性化处理电路、信号转换电路、功放电路、通信控制电路和输入、输出电路等集成在一片芯片上，极大地缩小了变送器的体积和提高了其稳定性、可靠性和精确度，目前已得到广泛的应用。微型变送器是 21 世纪最具发展前景和影响力的一项高科技产品。生产微型变送器的厂商云集，产品繁多，型号各异，由于篇幅所限，本节仅介绍几种微型温度变送器的原理及其特性。

1. 由 AD590 构成的温度变送器

该变送器由 AD590 温度检测元件和运放 AD707A 组成，见图 3-36。AD590 温度检测元

件有系列产品，计有 AD590I、AD590J、AD590K、AD590L 和 AD590M。以 AD590M 的性能最佳，其最大非线性误差为 ±0.3℃，重复性误差范围为 ±0.05℃，标定误差为 0.5℃，响应时间仅 20μs，测量范围为 -55～150℃。其外形与小功率晶体管相仿，见图 3-36a。图中 1 引脚为正级，2 引脚为负极，3 引脚接外壳，若 3 引脚接地，可提高抗干扰能力。图 3-36b 为变送器原理电路。图中由 AD581 基准电压源向 AD590M 提供高稳定度的 10V 工作电压。利用运放 AD707A 将 AD590M 的灵敏度由 1μA/K 放大到变送器的灵敏度 1mA/℃。因此，若测量范围为 17～33℃，则 17℃时，调整电位器 RP 使输出电流 I_o = 4mA，而 33℃时，I_o = 20mA，从而获得 DC 4～20mA 的标准统一信号。欲扩大变送器的测量范围，可适当减小电位器 RP 的阻值，并适当调整 RP 的滑动触点的位置，则同样可获得 DC 4～20mA 的输出电流。本变送器采用 DC +24V 电源供电，可实现二线制接法。图中，晶体管 V 的作用为电流放大，C_1 为滤波电容，C_2 为补偿电容。该变送器的缺点是测量范围较窄。

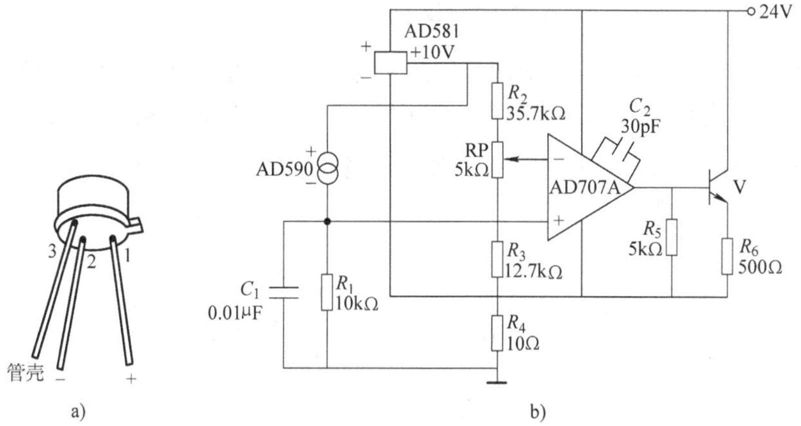

图 3-36　微型温度变送器原理图
a）温度检测元件　b）变送器原理电路

2. TMP17 构成温度变送器

TMP17 有 TMP17F 和 TMP17G 两种产品，以 TMP17F 的精度较高，若经精心校准其精度达 ±1℃，非线性误差仅 ±0.5℃。其抗干扰能力强，稳定性好，价格低廉。其测温范围为 -40～105℃。

TMP17 是采用激光修正的模拟集成温度检测元件，其工作原理与 AD590 相近。TMP17 采用双列直插式小型化封装，其引脚功能见图 3-37a，图中 V+ 和 V- 分别接电源的正、负极，NC 为空脚。

图 3-37b 为变送器原理电路，由图可见，该变送器的原理电路与图 3-36b 相似。仅将稳压块 AD581 换成 REF01E，将 AD707A 换成 OP97，其余元件参数和测量范围不变。若扩展测量范围仅需改变电位器 RP 的阻值，并做适当调整即可。该变送器采用二线制连接，输出 DC 4～20mA。

3. TMP35 构成微型温度变送器

TMP35 系列共有 15 种品种，其中以 TMP37 的灵敏度最高，达 20mV/℃。其工作原理是以晶体管的基射结电压 V_{be} 随温度变化而变化的原理工作的。TMP35 系列检测元件的测量范围为 -50～125℃，最高可达 150℃，测温精度为 ±1℃，非线性误差为 ±0.5℃，静态工作

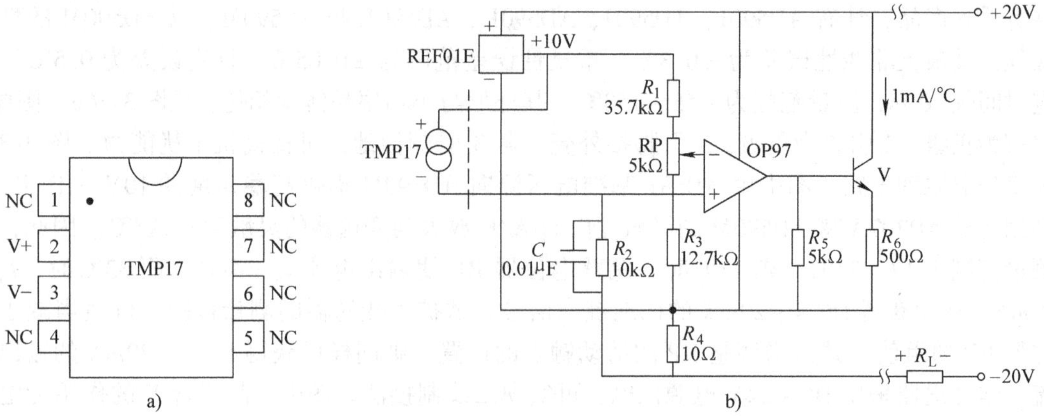

图 3-37 TMP17 构成微型温度变送器

a）TMP17 引脚功能 b）原理电路

电流仅为 50μA，其内部集成有恒流源，因此其稳定性好。TMP35 系列的封装有 5 引脚双列直插式、8 脚双列直插式和 TO-92 封装。其中双列直插式封装具有可控关断功能，其引脚 $\overline{\text{SHDN}}=0$，则没有输出，若 $\overline{\text{SHDN}}=1$，则正常输出。TO-92 封装的引脚功能见图 3-38a，图 3-38b为微型温度变送器原理电路。

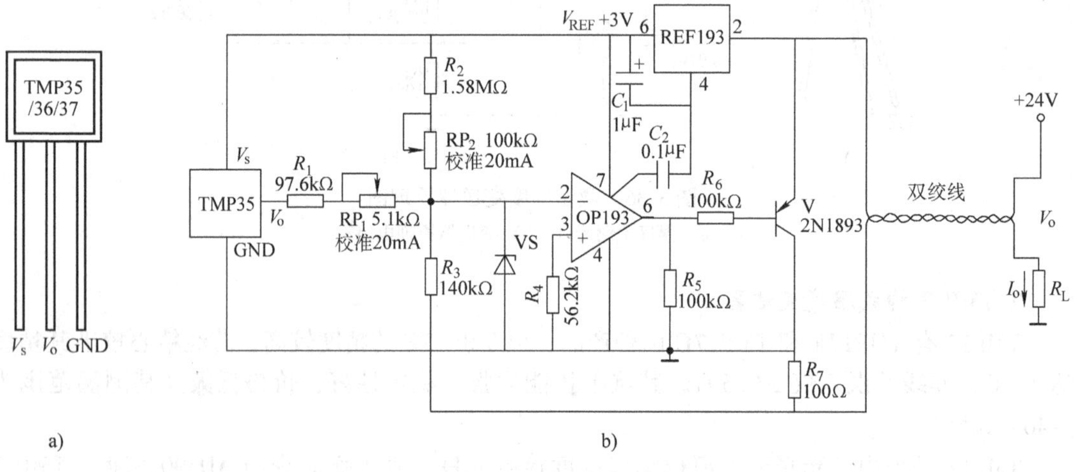

图 3-38 TMP35 构成微型温度变送器

a）TO-92 封装 b）原理电路

图中，利用 REF193 输出稳定的 3V 电压作为 TMP35 的工作电源，利用运放 OP193 和晶体管 V 将 TMP35 输出电压 V_o 转换成 DC 4～20mA 输出电流 I_o。I_o 在负载电阻 R_L（250Ω）上的压降 DC 1～5V 也可作为变送器的输出信号。变送器输出电流 I_o 为

$$I_o=\left(\frac{V_o}{R_{RP_1}}+\frac{V_{REF}}{R_{RP_2}}\right)\frac{R_3}{R_7} \tag{3-35}$$

由式(3-35)可见，在 R_3、R_7 和 V_{REF} 为常数情况下，$V_o=0$ 时，调整 RP_2 可使 $I_o=4mA$，即 RP_2 为零点调整电位器；当 V_o 为测温上限时，调整 RP_1 可使 $I_o=20mA$，即 RP_1 为满度调

整电位器，而且零点调整和满度调整互不影响。改变 R_3/R_7 可进行大范围的量程调整。

利用 TMP35 系列测温元件与 V/F 转换器可组成频率输出型微型温度变送器，其原理电路见图 3-39。该变送器输出频率随被测温度变化的方脉冲，其频率与输入 V_o 的关系为

$$f_o = \frac{V_o - V_B}{10R_T C_T} \tag{3-36}$$

式中，R_T 和 C_T 为积分电阻和电容；V_B 为补偿电压。

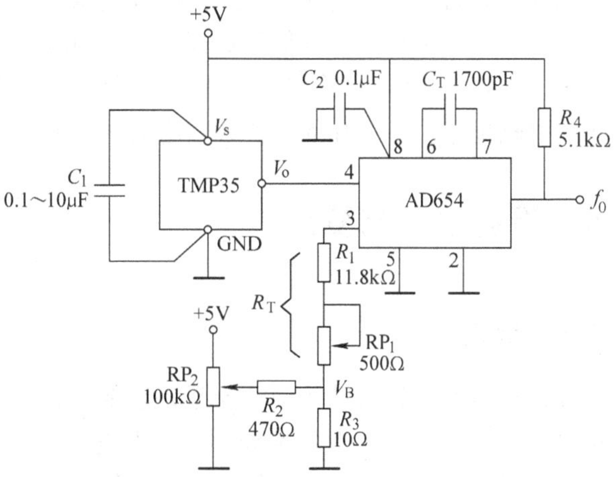

图 3-39　频率输出型微型温度变送器

由式(3-36)可见，当被测温度为零时，$V_o = V_{min}$，调整图 3-39 中电位器 RP_2，使 $V_B = V_{min}$，$f_0 = 0$，RP_2 为零点调整电位器；当被测温度为量程上限时，调整图 3-39 中的电位器 RP_1（R_T 包括 RP_1 和 R_1），便可使 $f_0 = f_{0max}$，RP_1 为满度调整电位器。该变送器的特性是线性的，其频率灵敏度达 $K_f = 50\text{Hz/℃}$。

4. TMP01 构成温度变送器

TMP01 系列温度检测元件有 TMP01E/F/G 三个品种，其中以 TMP01E 的精度最高，其精度达 ±1%，其电压灵敏度达 60mV/℃，内含 2.500V 的基准电压源、缓冲器、窗口比较器、滞后电压发生器及集电极开路晶体等输出具有滞后特性的控制电压，输出电流达 20mA。因此 TMP01 不仅适用于温度检测，而且适用开关式温控的场合。其测量范围 −55～125℃，功耗仅为 2mW。TMP01 有多种封装，其中，双列直插式封装的引脚功能见图 3-40a。图中，1 引脚为基准电压输出；2 引脚和 3 引脚分别为上限控制电压 V_H 和下限控制电压 V_L 输入，用于控制系统的上、下限电压给定；4 引脚为地；5 引脚为输出电压 V_o；6

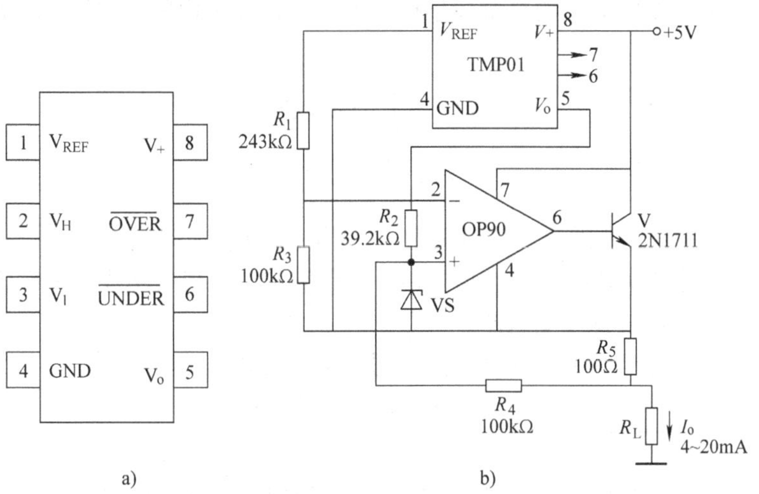

图 3-40　TMP01 构成温度变送器

a）引脚功能　b）原理电路

引脚为欠温控制电压输出；7引脚为过温控制电压输出；8引脚为电源电压 V_+。

图3-40b为TMP01系列和运放OP90构成温度变送器原理电路。由于仅作为温度变送，仅用其1、4、5和8脚，其他引脚悬空。利用运放OP90和晶体管V将TMP01的输出电压 V_o 转换成DC 4～20mA输出。在图示的参数下，该变送器的测量范围为－40～85℃，即－40℃时输出电流 $I_o=4\text{mA}$；85℃时输出电流 $I_o=20\text{mA}$，其灵敏度 $K_I=128\mu\text{A}/℃$。

3.4 流量检测与变送

3.4.1 概述

在现代生产过程自动化中，流量是重要参数之一。为了有效地进行生产操作、监视和自动控制，需对生产过程中各种介质的流量进行检测及变送，以便为生产操作和控制提供依据。生产过程中物料总量的计量是经济核算和能源管理的重要依据。因此，流量检测及变送是发展生产、节约能源、改进产品质量，提高经济效益和管理水平的重要工具，是工业自动化仪表与装置中的重要仪表之一。

流体的流量是指在单位时刻内流过管道某一截面积流体的数量。常用单位有以下两种：

（1）体积流量 Q　在单位时间内流过管道某一截面的流体的体积。用 m^3/h 或 L/h 等单位表示。

（2）质量流量 M　在单位时间内流过管道某一截面的流体的质量。用 kg/h 表示。

上述两种流量的关系为

$$M=\rho Q \tag{3-37}$$

式中，ρ 为流体密度。

上述两种是流体的瞬时流量。在工程上为了经济核算也常用流体总量来表示。在某一段时间内流过管道截面积的流体的总量或累积流量，称为流体总量。它是瞬时流量在某一段时间内的积分，即

$$Q_t=\int_0^t Q\text{d}t=Qt$$

$$M_t=\int_0^t M\text{d}t=Mt$$

式中，Q_t 和 M_t 分别为体积总量、质量总量；t 为累积时间。

流量测量仪表也称为流量计。它通常由一次仪表和二次仪表组成。一次仪表亦称为传感器，二次仪表称为显示装置或变送器。

流量测量仪表的种类繁多，各适用于不同场合，其分类见表3-3。

表3-3　流量仪表的分类

类别		仪表名称
体积流量计	容积式流量计	椭圆齿轮流量计、腰轮流量计、皮膜式流量计等
	差压式流量计	节流式流量计、均速管流量计、弯管流量计、靶式流量计、浮子流量计等
	速度式流量计	涡轮流量计、涡街流量计、电磁流量计、超声波流量计等

（续）

类　别		仪 表 名 称
质量流量计	推导式质量流量计	体积流量经密度补偿或温度、压力补偿求得质量流量等
	直接式质量流量计	科里奥利流量计、热式流量计、冲量式流量计等

由于篇幅所限，仅介绍一些常用的流量测量仪表的工作原理及其外特性。

3.4.2　差压式流量计

差压式流量计基于在流通管道上设置流动阻力件，流体通过阻力件时将产生差压，此差压与流体流量之间有确定的数值关系，通过测量差压值便可求得流体流量，并转换成电信号输出，例如 DC 4 ~20mA 统一标准信号。因此，差压式流量计由产生差压的装置和差压计两部分组成，其结构简单，可靠，见图 3-41。

产生差压的装置有多种型式，包括节流装置；如孔板、喷嘴、文丘里管，以及动压管、均速管、弯管等。其他型式的差压式流量计还有靶式流量计、浮子流量计等。

节流式流量计可用于测量液体、气体或蒸汽的流量。在流量的检测和变送中有重要的地位。节流式流量计中产生差压的装置称为节流装置或节流元件。节流装置分为标准节流装置和非标准节流装置。图 3-42 示出了三种最常用的标准节流装置的形状。标准节流装置的研究最充分，实验数据最完善，其型式已标准化和通用化，只需根据有关标准进行设计计算，严格遵照加工要求和安装要求，这样的节流式流量计不需进行单独标定和校验便可以使用。而非标准节流装置用以解决脏污和高粘度流体的流量测量问题，尚缺乏足够的实验数据，没有标准化。

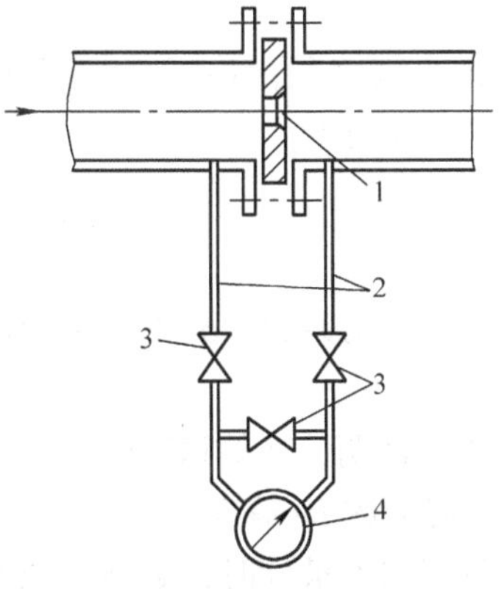

图 3-41　节流式流量计的组成

1—节流元件　2—引压管路

3—三阀组　4—差压计

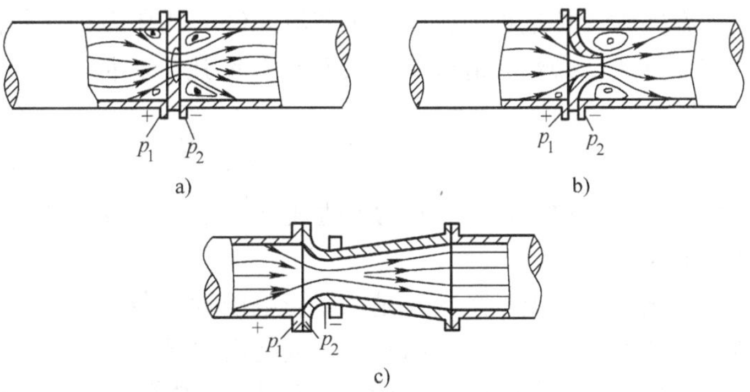

图 3-42　标准节流装置示意图

a）孔板　b）喷嘴　c）文丘里管

1. 节流式流量测量原理

节流式流量计的测量原理是以能量守恒定律和流体流动的连续性定律为依据的。图 3-43示出了标准孔板前后流体的静压力和流动速度的分布情况。充满管道稳定连续流动的流体流经孔板时，流束在截面 1 处开始收缩，位于边缘处的流体向中心加速。流束中央的压力开始下降。在截面 2 处流束达到最小收缩截面，此处流速最快，静压力最低。在截面 2

后流束开始扩张，流动速度逐渐减慢，静压力逐渐恢复。但是，由于流体流经节流装置时有压力损失，所以静压力不能恢复到收缩前的最大压力值。

设流体是不可压缩的流体，在管道中连续而稳定流动，在截面1处的静压力为 p_1，流动速度为 v_1，密度为 ρ_1，在截面2处的静压力为 p_2，流动速度为 v_2，密度为 ρ_2。根据能量守恒定律，可写出伯努利方程和连续性方程为

$$\frac{p_1}{\rho_1}+\frac{v_1^2}{2}=\frac{p_2}{\rho_2}+\frac{v_2^2}{2} \tag{3-38}$$

$$A\rho_1 v_1 = A_0\rho_2 v_2 \tag{3-39}$$

式中，A 为管道截面积；A_0 为最小收缩截面面积。

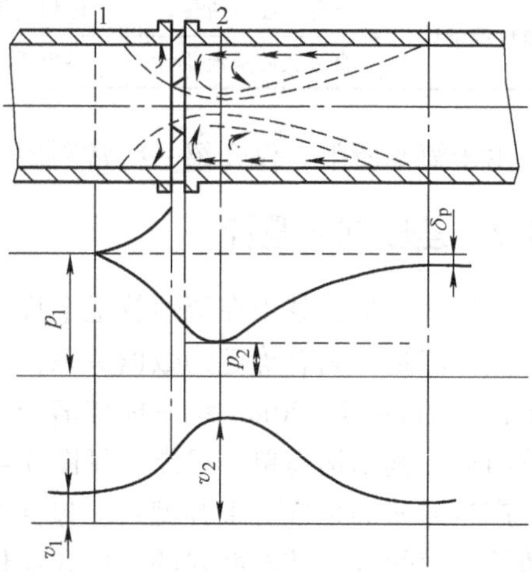

图3-43 流体流经孔板时压力与流速分布情况

由于节流装置很短，可认为 $\rho_1=\rho_2=\rho_0$，用节流件的开孔面积 A_t 代替 A_0，即 $A_t=A_0=\frac{\pi}{4}d^2$，d 为节流件的开孔直径；并且令 $\beta=d/D$，D 为管道直径。由式(3-38)和式(3-39)可求得 v_2 为

$$v_2=\frac{1}{\sqrt{1-\beta^4}}\sqrt{\frac{2}{\rho}(p_1-p_2)} \tag{3-40}$$

令 $\Delta p=p_1-p_2$ 为节流装置前后差压，可得流体的体积流量为

$$Q=A_0v_2=\frac{A_0}{\sqrt{1-\beta^4}}\sqrt{\frac{2}{\rho}\Delta p} \tag{3-41}$$

在实际计算过程中，由于用节流元件的开孔面积代替流束最小截面积，差压 Δp 有不同的取压方法，必然会造成测量误差，为此引入流量系数 α，则式(3-41)变为

$$Q=\alpha A_0\sqrt{\frac{2}{\rho}\Delta p}=\alpha\frac{\pi}{4}d^2\sqrt{\frac{2}{\rho}\Delta p} \tag{3-42}$$

式中，流量系数 $\alpha=CE$，E 为渐进速度系数，$E=1/\sqrt{1-\beta^4}$；C 为流出系数；α 和 C 必须由实验确定。

必须指出，流量系数 α 是一个影响因素复杂的实验系数。实验证明，在管道直径 D，节流元件的型式、开孔尺寸和取压位置确定情况下，α 仅与流体的雷诺数 Re 有关。当 Re 大于某一数值(称为界限雷诺数)时，可认为 α = 常数。因此，使用节流式流量计时，必须保证流体的雷诺数大于界限雷诺数。α 与 Re、β 的关系可查图表得到。

对于可压缩流体，必须引入流束的膨胀系数 ε 进行修正，其流量方程为

$$Q=\alpha\varepsilon\frac{\pi}{4}d^2\sqrt{\frac{2}{\rho}\Delta p} \tag{3-43}$$

对于可压缩流体 $\varepsilon<1$，ε 与 β、$\Delta p/p_1$、气体熵指数及节流件的形式有关，可查有关图表得到。对不可压缩流体 $\varepsilon=1$。

流量方程式(3-43)的单位是国际单位制(SI)。目前，在工程上还习惯使用另一些常用单位，把这些单位代入式(3-43)，并进行换算可得到工程上实用流量方程

$$Q = 0.001251\varepsilon\alpha\beta^2 D^2 \sqrt{\frac{\Delta p}{\rho}} \tag{3-44}$$

式中，Q 的单位为 m^3/h；ρ 的单位为 kg/m^3；Δp 的单位为 Pa；D 的单位为 mm。

由式(3-44)可见，当 α、ε、ρ 和 β 均为常数时，流量与差压 Δp 的平方根成比例。这表明，节流式差压流量计的输出信号与被测量流量是非线性的。

流量方程式(3-43)和式(3-44)表示的是体积流量，欲测量质量流量 M 应根据式(3-37)换算。

节流式差压流量计中的差压计常用 DDZ-Ⅲ差压变送器将被测量转换成 DC 4～20mA 统一标准信号。

2. 标准节流装置的设计计算

标准节流装置的设计计算通常有两种命题：

1）已知管道内径、节流件的型式和开孔尺寸，取压方式，被测流体的参数等必要条件，要求根据所测得的差压值计算被测介质的流量。即已经有了标准节流装置，要求计算出差压值所对应的流量。

2）已知管道内径，被测流体的参数和其他必要条件以及预计的流量范围，要求选择适当的差压上限 Δp_{max}，并确定节流件的型式、开孔尺寸、取压方式和确定差压变送器。该命题属于设计新的节流式流量计。这一类设计计算所需提供的数据有：

① 被测流体的名称、组分；

② 被测流体的最大流量 Q_{max}、最小流量 Q_{min} 和常用流量 Q；

③ 被测流体的工作状态：工作压力 p_1、工作温度 t_1 及其变化范围，被测介质的密度 ρ；安装地的平均大气压力 p；

④ 允许压力损失 δ_p；

⑤ 管道材质，20℃的管道内径 D_{20}，管道内表面情况；

⑥ 管道设置情况和局部阻力形式；

⑦ 其他方面的要求，例如测量气体时的相对湿度等。

制造厂家多数已有设计计算的计算机软件，用户只需提供足够的原始数据即可。

3. 节流式流量计使用注意事项

为保证测量精度，对管道的选择、流量计的安装和使用条件均有严格的规定。

1）管道内壁表面应无可见坑凹、毛刺和沉积物等。

2）适用的管道直径 $D_{min} \geqslant 50mm$。节流件前后必须有足够长度的直线管道 L_1 和 L_2，通常 $L_1 > 10D$，$L_2 > 5D$。

3）节流装置安装时要注意节流件开孔必须与管道同轴，节流件方向不能装反。

4）取压导管内径不得小于 6mm，长度在 16m 以内。

5）取压导道与差压变送器的连接应安装截止阀和平衡阀。此外还应有冷凝器、集气器、沉降器、隔离器、吹气系统等，见图 3-44。图 3-44a 为测量液体流量的情况；图 3-44b 为测量气体流量情况；图 3-44c 为测量蒸汽流量情况。

6）当利用节流式流量计测量可压缩流体时，若使用的工作压力 p 和热力学温度 T 与设计时的标准压力 p_0 和热力学温度 T_0 不符时，会引起较大误差，因此，必须进行修正，其修正公式为

$$Q = Q_0 \sqrt{\frac{pT_0}{p_0 T}} \tag{3-45}$$

式中，Q_0 和 Q 分别为设计和使用时的流量。

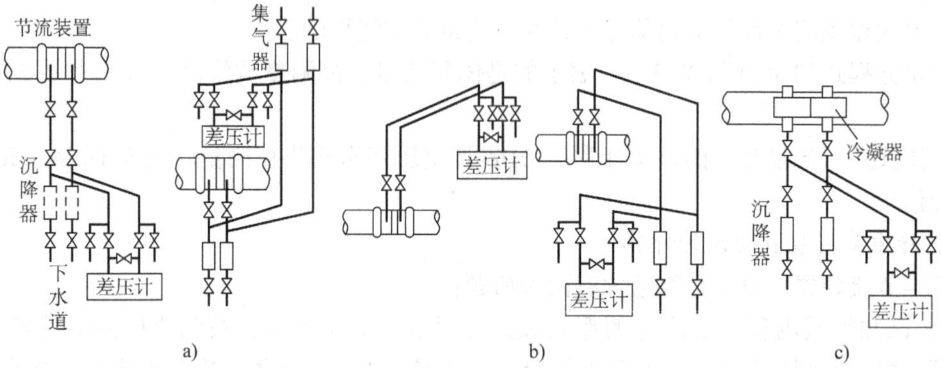

图 3-44　差压变送器的安装

7）由于差压式流量变送器的输出信号 I_o 与被测流量 Q 是非线性的，I_o 正比于 Δp，而 $Q = K\sqrt{\Delta p}$。因此，必须利用开方器进行线性化处理。

3.4.3 靶式流量计

在管道中垂直于流体流动方向安装一圆盘形阻挡件，称之为“靶”，见图 3-45。流体流经靶时，由于受阻将对靶产生作用力 F，F 与流体流动速度的关系为

$$F = KA_d \frac{rv^2}{2g} \tag{3-46}$$

式中，K 为阻力系数；A_d 为垂直于流速的靶面积；r 为流体重度；v 为通过环形面积的流速；g 为重力加速度。

设管道的直径为 D，靶的直径为 d，则流体通过的环形面积为 $A_0 = \frac{\pi}{4}(D^2 - d^2)$。可求出体积流量与靶上受力关系为

$$Q = A_0 v = K_a \frac{D^2 - d^2}{d}\sqrt{\frac{\pi g}{2}}\sqrt{\frac{F}{r}} \tag{3-47}$$

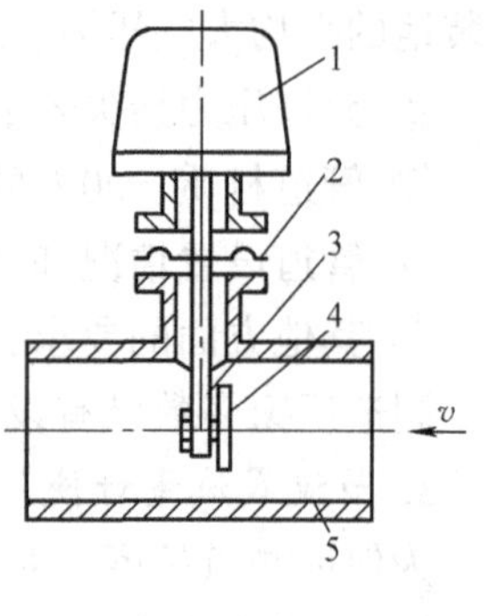

图 3-45　靶式流量计结构原理
1—力平衡转换器　2—密封膜片
3—杠杆　4—靶　5—测量导管

式中，K_a 称为流量系数，$K_a = \sqrt{\frac{1}{K}}$，它的数值由实验确定。

以直径比 $\beta = d/D$ 表示，式(3-47)可改写成

$$Q = K_a D\left(\frac{1}{\beta} - \beta\right)\sqrt{\frac{\pi g}{2}}\sqrt{\frac{F}{r}} \tag{3-48}$$

当流体流动的雷诺数 Re 超过界限雷诺数 Re_{min} 时，流量系数 K_a 趋于常数。由于界限雷诺数 Re_{min} 之值较低，故靶式流量计可用于测量高黏度、低雷诺数的流体流量。

靶式流量计靶上所受的力 F，可利用与 DDZ-Ⅲ差压变送器力矩平衡原理和电子电路相

同的方法，转换成 DC 4 ~ 20mA 统一标准信号输出。

靶式流量计可采用砝码挂重方法，代替靶上所受的力 F，进行零点调整(或零点迁移)和量程调整。此方法称为“干校”。

目前，靶式流量计的配管直径为 $D = 15 \sim 200\text{mm}$ 系列，测量精度可达 ±1%；量程比为 3∶1；其主要缺点是压力损失较大。

3.4.4　浮子流量计

浮子流量计也是根据节流原理测量流体流量的，但是它是改变流体的流通面积来保持浮子上下的差压 $\Delta p = p_1 - p_2$ 恒定，故又称变流通面积恒差压流量计，也称为转子流量计。

1. 测量原理及结构

浮子流量计的测量主体由一根自下而上扩大的垂直锥形管和一只可以沿锥管轴线向上向下自由移动的浮子组成，见图 3-46。

流体由锥管的下端进入，经过浮子与锥管间的环形流通面积从上端流出。当流体通过环形流通面积时，由于节流作用在浮子上下端面形成差压 Δp，Δp 作用于浮子而形成浮子的上升力。当此上升力与浮子在流体中的重力相等时，浮子就稳定在一个平衡位置上，平衡位置的高度与所通过的流量有对应关系，因此，可以用浮子的平衡高度代表流量值。

根据浮子在锥形管中的受力平衡条件，可写出平衡公式

$$\Delta p A_f = V_f(\rho_f - \rho)g \tag{3-49}$$

式中，A_f 和 V_f 为浮子的截面积和体积；ρ_f 为浮子密度；ρ 为被测流体的密度；g 为重力加速度。

将式(3-49)的恒差压 Δp 代入节流式流量计的流量方程式(3-42)得

$$Q = \alpha A_0 \sqrt{\frac{2g(\rho_f - \rho)V_f}{\rho A_f}} \tag{3-50}$$

式中，α 为流量系数；A_0 为浮子高度为 h 时的环形流通面积。

设浮子高度为 h 时，锥管的半径为 R，浮子的最大半径为 r，则环形流通面积 A_0 为

$$A_0 = \pi(R^2 - r^2) \tag{3-51}$$

由图 3-46 可见，$R = r + h\tan\varphi$，式中 φ 为锥管的夹角，代入式(3-51)并整理得

$$A_0 = \pi h(R + r)\tan\varphi = Ch$$

式中，$C = \pi(R + r)\tan\varphi$ = 常数。

将上式代入式(3-50)，得

$$Q = \alpha Ch \sqrt{\frac{2gV_f(\rho_f - \rho)}{\rho A_f}} = Kh \tag{3-52}$$

式中，K 为比例系数，$K = \alpha\pi(R + r)\tan\varphi \sqrt{\frac{2gV_f(\rho_f - \rho)}{\rho A_f}}$ = 常数。

由此可见，浮子流量计具有线性的流量特性。

浮子流量计有玻璃管式直读式和金属管式电远传式两个大类。前者将流量标尺直接刻在锥管上，由浮子高度直接读取流量值；后者利用差动变压器将浮子的位移转换成 DC 4 ~ 20mA 统一标准信号，供显示或调节器对被控参数进行控制，其结构原理见图 3-47。

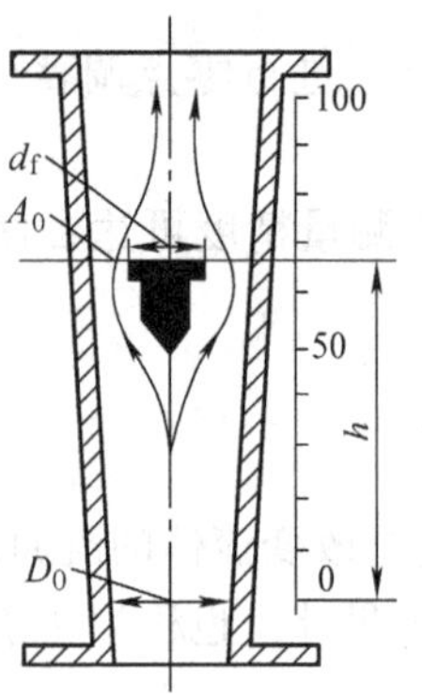

图3-46 浮子流量计的测量原理

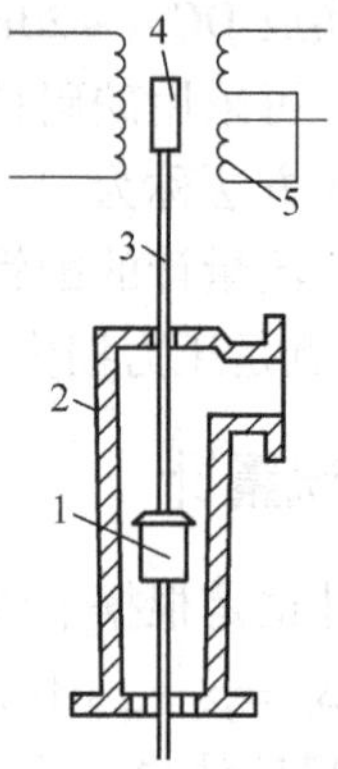

图3-47 电远传浮子流量工作原理

1—浮子 2—锥管 3—连动杆 4—铁心 5—差动线圈

2. 浮子流量计的使用

(1) 浮子流量计的刻度换算 浮子流量计是一种非标准性仪表，出厂时需单个标定刻度。测量液体的浮子流量计用常温的水来标定；测量其他介质流量的用标准状态下(20℃，9.8×10^4Pa)的净化空气标度。实际测量时，若被测介质不是水或空气，则流量计的指示值与实际流量间存在较大差别，因此，必须进行刻度换算。

对于一般液体介质，当被测介质的密度ρ'与标定介质密度ρ_0不一致时，必须进行校正，其校正公式为

$$Q'=Q_0\sqrt{\frac{(\rho_f-\rho')\rho_0}{(\rho_f-\rho_0)\rho'}} \tag{3-53}$$

对于气体介质，由于$\rho_f\gg\rho'$，$\rho_f\gg\rho_0$，上式可简化为

$$Q'=Q_0\sqrt{\frac{\rho_0}{\rho'}} \tag{3-54}$$

当已知被测介质的密度和流量测量范围后，可根据式(3-53)或式(3-54)选择合适量程的浮子流量计。

(2) 浮子流量计的改量程 量程的改变可以采用不同材料的同形浮子。增加浮子的密度，可以扩大量程，相反，减小浮子的密度可以缩小量程。改量程后的流量刻度与原来的流量刻度可用下式计算：

$$Q=Q_0\sqrt{\frac{\rho_f'-\rho}{\rho_f-\rho}} \tag{3-55}$$

式中，Q 和 ρ_f' 为改量程后的流量和浮子密度；Q_0 和 ρ_f 为改量程前的流量和浮子密度；ρ 为被测介质密度。

(3) 温度和压力的修正 由于液体介质是不可压缩流体，温度和压力的变化，对液体的粘度变化极小，故不用修正。但是，由于气体是可压缩流体。温度和压力变化引起较大误差，必须修正，其修正公式见式(3-45)。

(4) 浮子流量计必须垂直安装在管道上，流体必须自下而上流过浮子流量计，不应该

有明显的倾斜。配管直径一般小于 50mm。测量时，流体的雷诺数 Re 应大于界限雷诺数 Re_{min}。流量计的最佳测量范围应为量程上限的 1/3 ~ 2/3 刻度。

3.4.5　容积式流量计

容积式流量计是直接根据排出流体体积进行流量累计的仪表。它由测量室、运动部件、传动和显示部件组成。设测量室的固定标准容积为 V_0，在某一时间间隔内经过流量计排出的流体的固定标准容积数为 n，则被测流体的体积总量 Q 为

$$Q = nV_0 \tag{3-56}$$

利用计数器通过传动机构测出运动部件的转数 n，便可显示出被测流体的流量 Q。

容积式流量计的运动部件有往复运动和旋转运动两种。往复运动式有家用煤气表，活塞式油量表等。旋转运动式有旋转活塞式流量计、椭圆齿轮流量计、腰轮流量计等。各种容积式流量计适用不同场合和条件。下面仅介绍椭圆齿轮流量计的原理。

椭圆齿轮流量计的测量体由一对相互啮合的椭圆齿轮和仪表壳体组成，见图 3-48。两个椭圆齿轮 A、B 在进出口流体差压作用下，交替地相互驱动。在图 3-48a 位置齿轮 B 的差压为零，齿轮 A 的差压不等于零，齿轮 A 为主动轮作顺时针方向转动，带动齿轮 B 作逆时针方向转动，当旋转达到图 3-48c 位置时，将固定标准容积 V_0 的流体排出表外。然后齿轮 B 为主动轮，带动齿轮 A 转动。如此交替地相互驱动，当椭圆齿轮流量计转动一周时，将 4 个半月形标准容积 V_0 的流体排出去。因此，体积流量方程为

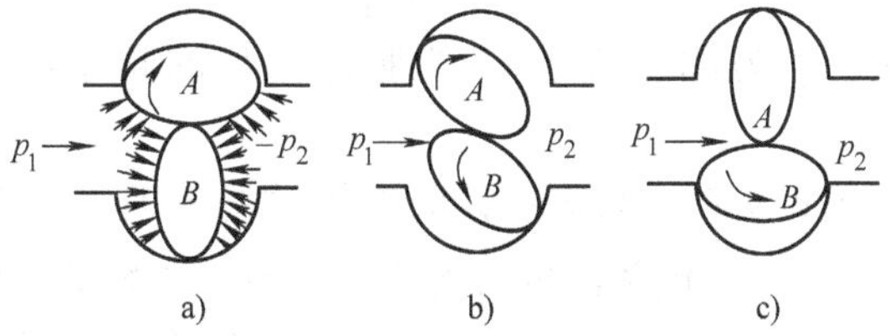

图 3-48　椭圆齿轮流量计的工作原理

$$Q = 4nV_0 \tag{3-57}$$

式中，n 为椭圆齿轮的转速，单位为 r/min。

齿轮的转速通过变速机构直接驱动机械计数器显示总流量。也可通过电磁转换装置转换成相应的脉冲信号，用频率计对脉冲信号计数便能显示出流量的大小。脉冲的频率经 F/V 转换成电压信号，再经 V/I 转换成 DC 4 ~ 20mA 统一标准信号供调节器对被控参数进行调节，或供指示记录仪指示记录被测流量。

椭圆齿轮流量计结构简单，可测高粘度液体的流量。精度可达 ±0.2% ~ ±0.5%，量程比可达 10:1，压力损失小。

腰轮流量计的工作原理与椭圆齿轮流量计的工作原理完全相同，仅将椭圆齿轮换成腰轮，两个腰轮的驱动是由套在壳体外的与腰轮同轴上的啮合齿轮来完成。

3.4.6　涡轮流量计

涡轮流量计是一种速度式流量仪表，其工作原理是基于安装在管道中可以自由转动的叶轮感受流体的流速的变化，从而测定管道中流体的流量。涡轮流量计的结构示意图见图 3-49。

由图可见，流量计主要由壳体、导流器、支承、涡轮和电磁转换器组成。涡轮是测量器件，它由导磁系数较高的不锈钢材料制成，轴芯上装有数片呈螺旋形或直形叶片，流体作用于叶片，使涡轮转动。壳体和前、后导流器由非导磁的不锈钢材料制成，导流器起导直流体

作用。在导流器上装有滚动轴承或滑动轴承，用来支撑转动的涡轮。

将涡轮转速转换成电信号的方法以磁电式转换方法的应用最为广泛。磁电信号检测器包括磁电转换器和前置放大器。磁电转换器由线圈和永久磁钢组成，用于产生与叶片转速成比例的电信号。前置放大器放大微弱的电信号，使之便于远传。

流体流过涡轮流量计时，推动涡轮转动，涡轮叶片周期性地扫过磁钢，使磁路的磁阻发生周期性变化，感应线圈便产生交流信号，其频率与涡轮的转速成正比，即与流体的流动速度 v 成正比。因此，涡轮流量计的流量方程为

$$Q=\frac{f}{\xi} \tag{3-58}$$

式中，Q 为体积流量；f 为脉冲信号的频率；ξ 为仪表常数。

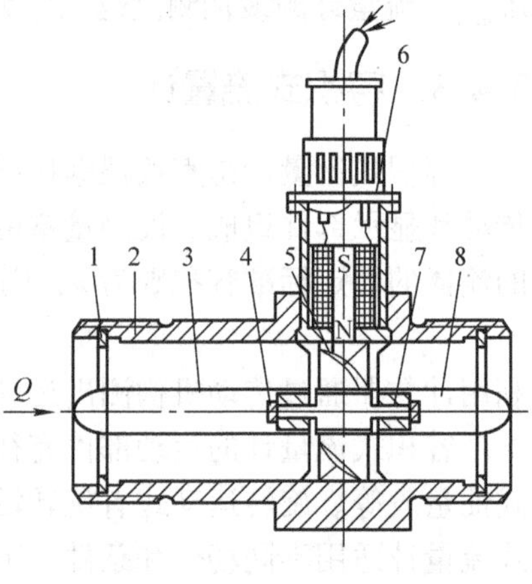

图 3-49 涡轮流量计结构示意图

1—紧固环 2—壳体 3—前导流件 4—止推片 5—叶轮 6—磁电转换器 7—轴承 8—后导流件

仪表常数 ξ 与流量计的涡轮结构等因素有关。在流量较小时，ξ 值随流量的增加而增大，当流量达到一定数值后，ξ 近似为常数。在流量计的使用范围内，ξ 值保持为常数，其单位为升/秒(L/s)。因此，必须保证流体的雷诺数大于界限雷诺数。

频率为 f 的交流电信号经过前置放大器放大，然后整形成方波脉冲信号，便可用电子计数器计数，并以 m^3/h 显示。同时频率为 f 的方脉冲可经 F/V 和 V/I 电路转换成 4 ~20mA 统一标准信号输出。

涡轮流量计可测量气体和液体流量，其精度较高，一般为 0.5 级，小量程范围精度达 0.1 级，因此常作为标准仪器校验其他流量计。

涡轮流量计一般水平安装，并保证其前后要有一定直管段，为保证被测介质洁净，表前装过滤装置。

3.4.7 涡街流量计

涡街流量计是利用流体振荡原理进行流量测量的，当流体流过非流线型阻挡体时，会产生稳定的旋涡，产生的旋涡的频率与流体流速具有确定的对应关系，测量频率的变化，便能得知流体的流量。

涡街流量计的测量主体是旋涡发生体，其形状有柱形、三角柱形、矩形柱形、T 形柱形以及由以上简单柱形组合而成的复合柱形。当流体流经置于管道中心的旋涡发生体时，在发生体的两侧会交替地产生旋涡，并在其下游形成两列不对称的旋涡列，见图 3-50。当每两个旋涡之间的纵向距离 L 与横向距离 h 满足一定的关系，即 $h/L=0.281$ 时，这两个旋涡列是稳定的，称之为“卡门涡街”。大量实验证明，在一定的雷诺数范围内，稳定的漩涡产生的频率 f 与漩涡发生处的流速 v 有确定的关系：

$$f=S_t\frac{v}{d} \tag{3-59}$$

式中，d 为漩涡发生体的特征尺寸；S_t 称为斯特罗哈尔数。

S_t 与漩涡发生体的形状及流体雷诺数 Re 有关，在一定的雷诺数范围内，S_t 的值基本不变，例如，圆柱体，$S_t = 0.21$；三角柱体，$S_t = 0.16$。其中三角柱体漩涡强度较大，稳定性好，压力损失适中，应用较多，图 3-50 的漩涡发生体为三角柱体。

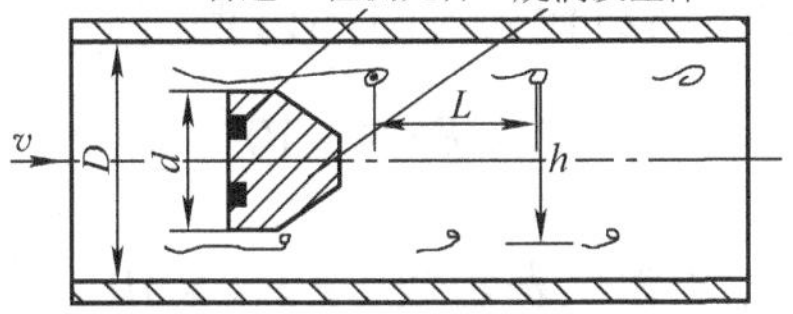

图 3-50　涡街流量计原理示意图

当漩涡发生体的形状和尺寸确定后，通过测量漩涡产生的频率 f，便能确定流体的体积流量 Q：

$$Q = \frac{f}{K} \tag{3-60}$$

式中，K 为仪表系数，一般通过实验确定。

漩涡频率 f 的检测方式有一体式和分体式两种。一体式将检测元件放在漩涡发生体内，例如热丝式、膜片式和热敏电阻式等。分体式将检测元件安装于漩涡发生体的下游，如压电式和超声式等。这两种检测方式均为利用漩涡产生时引起的波动进行测量的。图 3-50 中所示的为三角柱一体式涡街检测器原理示意图。

在三角柱的逆流面对称地嵌入两只热敏电阻，通入恒定电流加热热敏电阻，使其温度稍高于流体温度，在交替产生的漩涡作用下，两只热敏电阻被周期性地冷却，其阻值作周期性变化。由上述可见，流体的体积流量 Q 越大，漩涡的频率 f 越高，热敏电阻阻值变化的频率也越高，将热敏电阻与两只固定锰铜电阻接成测量桥路。便可测得漩涡的频率，从而测得流体的体积流量。

涡街流量变送器的输出信号有两种：一种是与体积流量成正比的频率信号；另一种是 DC 4 ~ 20mA 统一标准信号。

涡街流量变送器可用于测量气体、液体和蒸汽的流量。其测量几乎不受流体的温度、压力、密度、黏度等参数的影响。但是，必须保证流体的雷诺数大于界限雷诺数和上、下游有足够长度的直线管道以及没有阻力件，通常上游直管长度应为大于(15 ~ 40)D，下游大于 5D，其中 D 为管道直径。

涡街流量变送器测量精度较高，可达 0.5 级以上，量程比可达 30:1，是一种得到广泛应用的流量变送器。

3.4.8　电磁流量计

电磁流量计是根据电磁感应定律工作的，因此它只能测量导电液体的流量，例如，水、酸、碱、盐溶液、水泥浆、纸浆、矿浆以及合成纤维等导电液体的流量，而不能测量气体、蒸汽以及石油等的流量。

电磁流量计的测量原理，见图 3-51。当充满管道连续流动的导电液体在磁场中垂直于磁力线方向流过时，由于导电液体切割磁力线，则在管道两侧的电极上产生感应电动势 E，E 的大小与液体流动速度 v 有关：

$$E = BDv \times 10^{-8} \tag{3-61}$$

式中，B 为磁感应强度；D 为管道直径，单位为 cm。

流体的体积流量 Q(cm^3/s)与流速 v(cm/s)的关系为

$$Q=\frac{\pi}{4}D^2v \tag{3-62}$$

将式(3-62)代入式(3-61)得

$$E=4\times10^{-8}\frac{B}{\pi D}Q=kQ \tag{3-63}$$

式中，k 为仪表常数，$k=4\times10^{-8}\frac{B}{\pi D}$，当 B 和 D 一定时，k = 常数。

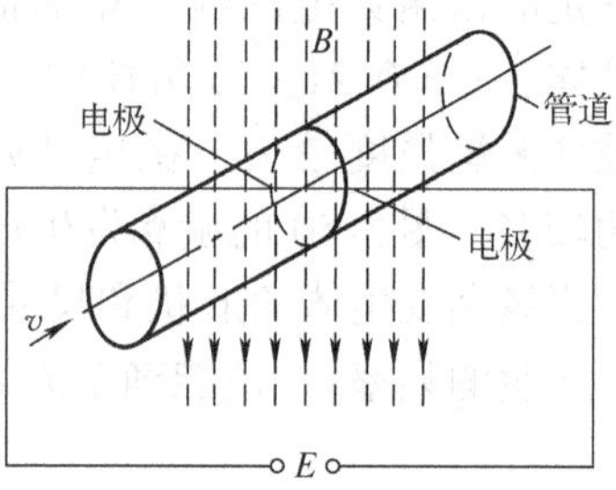

图 3-51 电磁流量计的测量原理

由式(3-63)可见，电磁流量计的感应电动势与流量具有良好的线性特性。

电磁流量变送器的转换部分将感应电动势进行电压放大、相敏检波、功率放大和 V/I 转换，最后转换成 DC 4 ~ 20mA 统一标准信号 I_o 输出，可见 I_o 与被测流量具有线性关系。

电磁流量变送器的测量管道中无阻力元件，其压力损失小，流速范围大，可达 0.5 ~ 10m/s；量程比达 10∶1；其精度可优于 0.5 级。电磁流量变送器对被测液体的导电率有一定的要求，一般要求电导率 $r>10^{-4}$S/cm。同时，流量计前后要有一定的直管道长度，通常大于(5 ~ 10)D，其中 D 为管道直径。电磁流量变送器一般为水平安装，液体应充满管道连续流动，也可以垂直安装，要求液体自下而上流过变送器。

本节主要介绍了常用的流量变送器的工作原理，主要外特性以及使用注意事项。除此之外，尚有许多流量变送器，例如均速管、弯管、超声波及激光等流量变送器，由于篇幅所限，在此不作介绍，读者可参阅有关文献。

至于质量流量的检测与变送，可根据体积流量按式(3-37)进行换算。此外，还有许多质量流量的检测方法和变送器，读者可参阅有关文献。

3.5 液位变送器

液位是指密封容器或开口容器中液位的高低，通过液位测量可知道容器内的原料，半成品或成品的数量，以便调节流入流出容器的物料，使之达到物料平衡，从而保证生产过程顺利进行。此外，通过液位测量可对生产过程中各环节所耗物料进行统计和经济核算。

下面介绍几种常用的液位变送器。

3.5.1 浮力式液位变送器

浮力式液位变送器是根据阿基米德原理工作的，即液体对一个物体浮力的大小，等于该物体所排出的液体的重量。浮力式液位变送器可分为恒浮力式和变浮力式两种。

1. 恒浮力式液位变送器

图 3-52 为恒浮力式液位计的原理图。浮子通过绳带与平衡锤连接，绳子的拉力与浮子的重量及浮力相平衡，以维持浮子处于平衡状态而漂浮在液面上，平衡锤的位置即反应了浮子的位置，重锤上的指针在标尺上指示出液位的高低。

设圆柱形浮子的外径为 D，浮子浸入液体的高度为 h，液体的密度为 ρ，其所受浮力 F 为

$$F=\frac{\pi D^2}{4}h\rho g \tag{3-64}$$

式中，g 为重力加速度。

可见，该液位计具有线性特性。

浮子位置的检测方法很多，可以直接指示，见图 3-52。重锤上指针的位移可通过磁电转换装置，例如带动差动变压器的铁芯上、下位移，便转换成差动变压器二次侧的输出电压，再通过相敏检波、滤波和 V/I 转换成 DC 4～20mA 统一标准信号，供调节器对液位进行控制，或供显示记录仪显示记录液位的变化。

2. 变浮力式液位变送器

图 3-53 为浮筒式变浮力液位计原理图。圆柱形浮筒部分沉浸于液体中，当浮筒被液体浸没的高度变化时，其所受浮力 F 也变化，F 的变化压缩弹簧，弹簧的弹性力与浮筒的重力相平衡时，浮筒便处于某一平衡位置，测量弹簧的压缩位移，并转换成统一标准信号，便可得知液位高度。

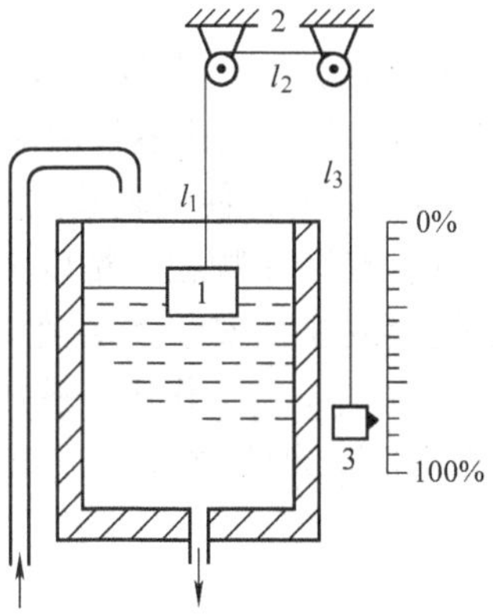

图 3-52　恒浮力式液位计原理图
1—浮球　2—滑轮　3—重锤

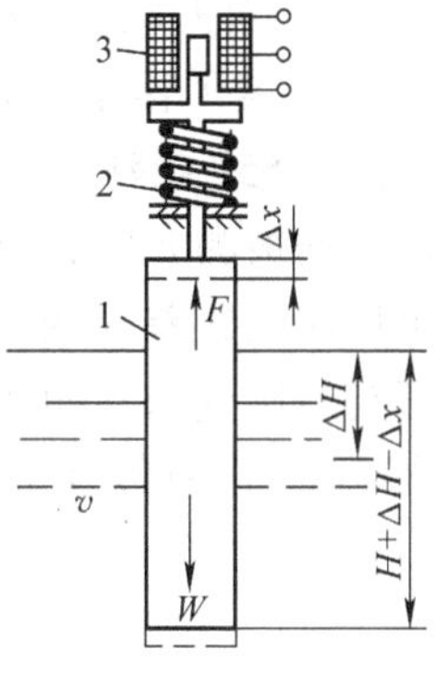

图 3-53　浮筒式变浮力液位计原理图
1—浮筒　2—弹簧　3—差动变压器

设浮筒质量为 m，截面积为 A，弹簧的刚度和压缩位移为 c 和 x_0，被测液体的密度为 ρ，浮筒浸没高度为 H_0，对应于起始液位有如下力平衡关系

$$cx_0=mg-A\rho gH_0 \tag{3-65}$$

当液位变化 ΔH 时，浮筒所受浮力变化，弹簧的变形有增量 Δx，达到新的平衡位置时，力平衡关系为

$$c(x_0-\Delta x)=mg-A(H_0+\Delta H-\Delta x)\rho g \tag{3-66}$$

将式(3-65)代入式(3-66)可求得

$$\Delta H=\left(1+\frac{c}{A\rho g}\right)\Delta x=K\Delta x \tag{3-67}$$

由上可见，弹簧的变形 Δx 与液位变化 ΔH 成正比关系，若设法检测 Δx 之值便可求得 ΔH，因此可求得容器的液位高度为

$$H = H_0 + \Delta H$$

弹簧的压缩位移 Δx，带动差动变压器的铁心位移，便转换成其二次侧的电动势变化量，经相敏检波、滤波和 V/I 转换，从而输出 DC 4～20mA 统一标准信号。

3.5.2 静压力式液位变送器

静压力式液位变送器的原理，见图 3-54。设容器上部空间的气体压力为 p_A，选定的零液位处的压力为 p_B，零液位至液面的液位高度为 H，其产生的差压 Δp 为

$$\Delta p = p_B - p_A = H\rho g \tag{3-68}$$

式中，ρ 为被测液体的密度；g 为重力加速度。

当被测液体的密度 ρ 不变时，利用差压变送器将 Δp 或利用压力变送器将 p_B 转换成DC 4～20mA 统一标准信号，便得知被测液位 H。

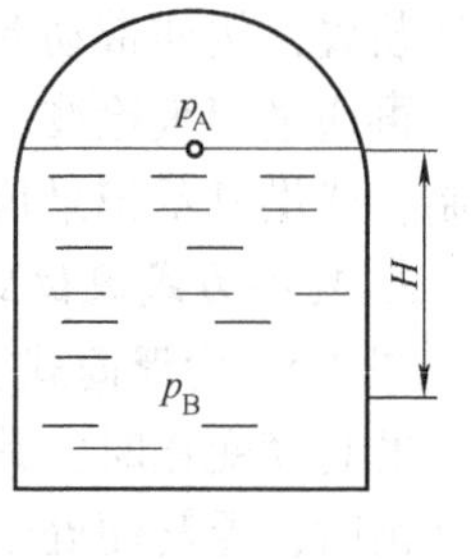

图 3-54 静压力式液位变送器的原理

1. 差压(压力)液位变送器

差压(压力)液位变送器由于测量范围大，便于零点迁移、安装方便、工作可靠、精度高，其应用最普遍。

对于开口容器，式(3-68)中 p_A 为大气压力，利用压力变送器测量容器底部或侧面零液位处的压力 p_B，便代表了容器内的液位高度 H，见图 3-55a。若测量密闭容器的液位高度 H，将差压变送器按图 3-55b 接法，差压变送器的输出电流 I_o(4～20mA)便代表液位高度 H。

若密闭容器内的被测介质为腐蚀性(如酸、碱、盐溶液)、有结晶颗粒、粘度大或易凝固的液体介质，可用法兰式差压变送器，见图 3-56。感压膜盒或膜片安装在法兰中，通过充以硅油的毛细管与差压变送器的测量室相连接。被测差压 $\Delta p = p_B - p_A$ 作用于感压膜盒或膜片，通过毛细管内的硅油传递到差压变送器的测量室，将被测液位转换成统一标准信号远传。

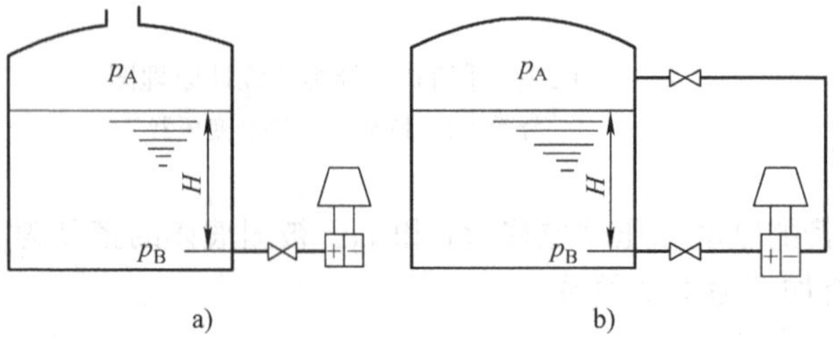

图 3-55 静压式液位测量原理

a）敞口容器 b）密闭容器

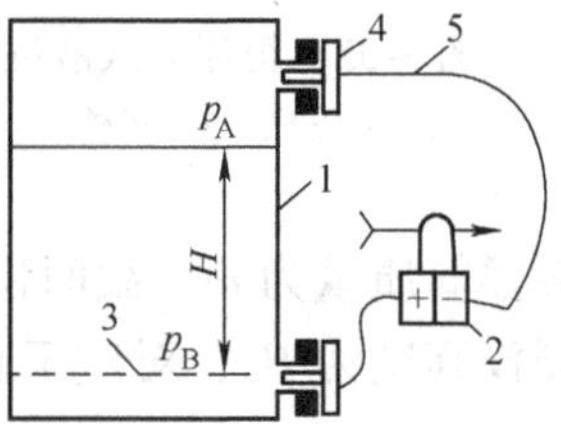

图 3-56 法兰式差压计液位测量原理

1—容器 2—差压计 3—液位零面 4—法兰 5—毛细管

由于差压变送器的安装位置一般不能和被测容器的最低液位处于同一高度，见图 3-57，在这种情况下，应对差压变送器的零点进行校正。

图 3-57a 中，差压变送器低于最低液位的高度为 h，其差压为

$$\Delta p = H\rho g + h\rho g \tag{3-69}$$

式（3-69）与式(3-68)比较可知，Δp 增加了静压力 $h\rho g$，因此使变送器的输出零点与

液位不对应，为使其相对应，应进行零点迁移，其迁移量为 $h\rho g$。

对于腐蚀性介质或可凝结的蒸汽的液位测量，常需在正负压室与取压点之间加装隔离罐，罐内充满密度为 ρ_2 的隔离液体，见图 3-57b。由图可见，变差器两侧差压为

$$\Delta p = H\rho_1 g - (h_2 - h_1)\rho_2 g \tag{3-70}$$

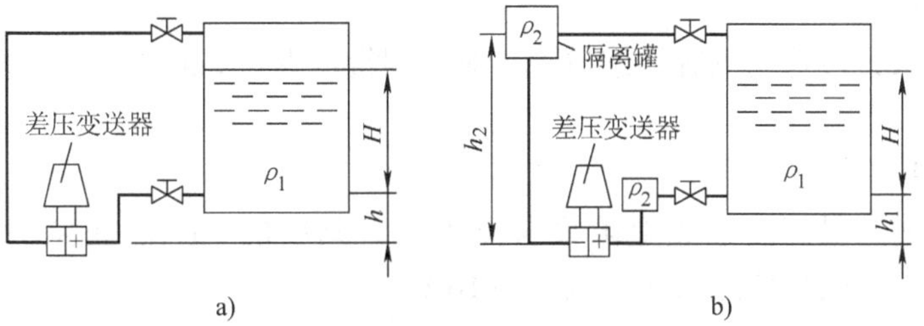

图 3-57　差压变送器位置与零液位线不一致时的连接图

a）差压变送器低于零液位线　b）带隔离液的安装情况

可见，差压变送器的零点迁移量为 $(h_2 - h_1)\rho_2 g$ 为负值，即负零点迁移。

2. 吹气式液位变送器

图 3-58 为吹气式液位变送原理图。将一根吹气管插入至被测液体的最低液位（零液位）处。压缩空气或惰性气体经恒压阀和流量计吹入储液罐内，当吹气管的下端有微量气泡溢出时，导管内的压力几乎与液封压力相等，即

$$p = H\rho g \tag{3-71}$$

式中，ρ 为被测液体的密度。

利用压力变送器测量吹气管内气体的压力，并转换成统一标准信号，就可测得液位 H。

由于吹气式压力变送器安装于储液罐顶部，其使用、维修方便，适合于地下储液罐、深井等场合的液位测量、变送。

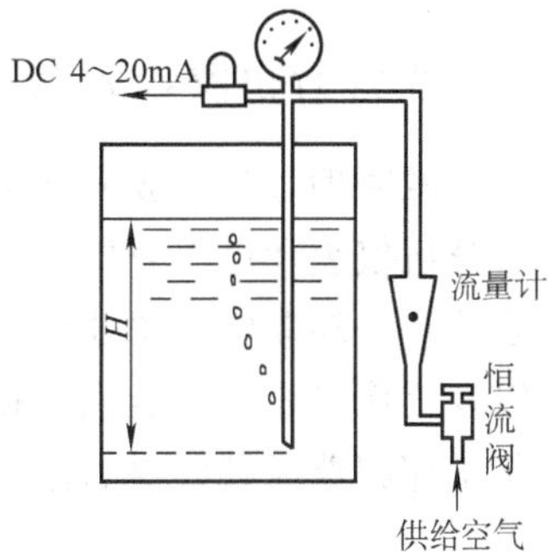

图 3-58　吹气式液位变送原理

静压力式液位变送器测量液位的精度取决于差压（压力）变送器的精度以及液体温度对其密度 ρ 的影响。

液位的检测及变送的方法很多，除上述方法外，尚有电容式、应变式、超声波式、激光式、放射性式等，读者可参考有关文献。

3.5.3　液位检测仪表选用

在液位检测仪表选用时，一般考虑：容器的条件（大小、形状）；测量介质状态（粘度、温度、压力、液位变化快慢）；现场安装条件（安装位置、周围环境）；安全性（防火、防爆）；技术指标（精度、尺寸、响应时间）；信号输出方式（现场显示、远距离显示、变送与控制）等问题。具体如下：

1. 检测精度

对于计量和经济核算要求较高的液位检测，应该选用精度等级较高的液位检测仪表，如超声波液位计，误差为 ±2mm；对于一般要求的液位检测精度，可以选用其他的液位计。

2. 工作条件

对于测量高温、高压、低温、高粘度、腐蚀性、泥浆等特殊介质，或在用其他方法难以测量的各种恶劣条件下的某些场所，可以选用电容式液位计，一般情况，可以选用其它液位计。

3. 测量范围

测量范围较大，可选用电容式液位计，对于测量范围在2m以上的一般介质，可选用差压液位计。

4. 刻度选择

在选择刻度时，最高液位或上限报警点为最大刻度的90%；正常液位为最大刻度的50%；最低液位或下限报警点为最大刻度的10%。

3.6 成分分析仪表

成分分析仪表是对物质的成分及性质进行分析和测量的仪表。在现代工业生产过程中，必须对生产过程中的原料、成品、半成品的化学成分、化学性质、粘度、浓度、密度、重度、以及pH值等进行自动测量和自动控制，以达到优质高产、降低能源消耗和产品成本，保证安全生产和防止环境污染的目的。

3.6.1 成分分析仪表分类

按测量原理分类，成分分析仪表的分类见表3-4。按使用场合来分，成分分析仪表分为实验室分析仪表和过程分析仪表、自动分析仪表或在线分析仪表。对于过程分析仪表，要求现场安装、自动取样和预处理(抽、吸、过滤、干燥和净化等)、自动分析、信号处理和信号远传，以及工作可靠、性能稳定和连续运行等。目前，这类仪表虽仅占少数，但在生产过程自动控制中却起着极其重要的作用。本节将介绍几种常用的自动分析仪表。

表3-4 分析仪表的分类

类 别	品 种
热学式	热导式分析仪表，热化学式分析仪表，差热式分析仪表
磁力式	热磁式分析仪表，磁力机械式分析仪表
光学式	光电比色分析仪表，红外吸收式分析仪表，紫外吸收式分析仪表，光干涉式分析仪表，光散射式分析仪表，光度式分析仪表，分光光度分析仪表，激光分析仪表，化学发光式分析仪表
射线式	X射线分析仪表，电子光学式分析仪表，核辐射式分析仪表，微波式分析仪表
电化学式	电导式分析仪表，电量式分析仪表，电位式分析仪表，电解式分析仪表，极谱仪、酸度计、离子浓度计
色谱仪	气相色谱仪，液相色谱仪
质谱仪	静态质谱仪，动态质谱仪，其他质谱仪
波谱仪	核磁共振波谱仪，电子顺磁共振波谱仪，λ共振波谱仪
物性仪	温度计，水分计，粘度计，密度计，浓度计，尘量计
其他	晶体振荡分析仪表，蒸馏及分离分析仪表，气敏式分析仪表，化学变色式分析仪表

3.6.2 红外气体分析仪

红外气体分析仪是利用不同的气体对不同波长的红外线辐射能具有选择性吸收的特性来进行气体浓度分析的。它具有量程范围宽、灵敏度高、反应迅速、选择性强的特点。

红外线的波长范围为 0.75～1000μm，红外气体分析仪中利用的波长范围 2～25μm，可以用恒定电流加热镍铬丝到某一适当的温度而产生某一特定波长范围的红外线。除了具有对称结构，无极性的双原子气体(如 O_2、H_2、Cl_2、N_2)和单原子分子气体(如 He、Ar)外，几乎所有气体以及水蒸汽等对红外线都具有强烈的选择性吸收特性。部分气体的特征吸收峰波长见表 3-5。

表 3-5　部分气体的特征吸收峰波长

气　体	特征吸收峰波长/μm	气　体	特征吸收峰波长/μm
CO	4.65	H_2S	7.6
CO_2	2.7，4.26，14.5	HCl	3.4
CH_4	2.4，3.3，7.65	C_2H_4	3.4，5.3，7，10.5
NH_3	2.3，2.8，6.1，9	H_2O	在 2.6～10 之间都有相当的吸收
SO_2	7.3		

某一种气体对于一定波长的红外线辐射能的吸收，遵循贝尔(Bell)定律：

$$I = I_0 e^{-kcl} \tag{3-72}$$

式中，I 为透射光强度；I_0 为入射光强度；k 为吸收系数；c 为气体浓度；l 为气体吸收层厚度。

由式(3-72)可见，当 l 和 I_0 一定时，红外线被待测气体吸收后的光强度 I 是气体浓度 c 的单值函数。I 与 c 的关系是按指数规律变化的，见图 3-59。

若气体吸收层的厚度 l 很薄和待测气体浓度 c 很低，即 $klc \ll 1$ 时，式(3-72)可近似为

$$I = I_0(1 - kcl) \tag{3-73}$$

此时，I 与 c 具有线性关系。

在红外线气体分析仪中，为使 I 与 c 具有线性关系，应使 c、l 之值较小，因此，应根据被测气体浓度 c 选择测量室的厚度 l，使 l 较小，或根据 l 选择较低浓度的待测气体。同时也可在电子线路中进行线性化处理，保证 I 与 c 具有线性特性。

目前，工业生产过程中常用的红外气体分析仪原理框图，见图 3-60。由图可见，分析仪的测量原理可简述如下：

恒光源发出光强为 I_0 的某一特征波长的红外光，经反射镜产生两束平行的红外光，同步电动机带动有若干对称圆孔的切光片，将连续红外光调制成两束频率相同的脉冲光。其中一束射入测量气室(分析室)，另一束射入参比气室。待测样气中含有待测气体和干扰气体，在测量室中待测气体和干扰气体分别吸收各自特征波长的红外线能量，然后到达干扰滤光室。在参比气室中充满不吸收红外线的气体(如 N_2)，从参比气室射出的红外光能量不变，然后到达干扰滤光室。干扰滤光室充满浓度 100% 的干扰气体，在干扰滤光室中，干扰气体将其对应的特征波长的红外光能量全部吸收掉。然后，两束红外光分别到达接收室的上、下两个气室。接收室由膜片将其分成容积相等的上、下两个部分。膜片与定极板组成一只电容器。接收室上、下两室均充满浓度为 100% 的待测气体，因此在接收室中，待测气体将其吸收特征波长的两束红外线能量全部吸收掉。由于参比室中 N_2 没吸收红外线能量，而测量室

中待测气体吸收了部分能量，因此到达下接收室的红外线强度比到达上接收室的红外线强度强。在接收室中分别被吸收完后，下接收室产生的能量比上接收室产生的能量大，致使电容器动极板(膜片)产生位移，改变电容器两极板间的距离 d，所以引起电容器之电容值发生变化。最后电子放大器将电容的变化量 ΔC 转变成电压或电流输出，便于信号远传。同时也可供记录仪表显示和记录被测气体的百分浓度。

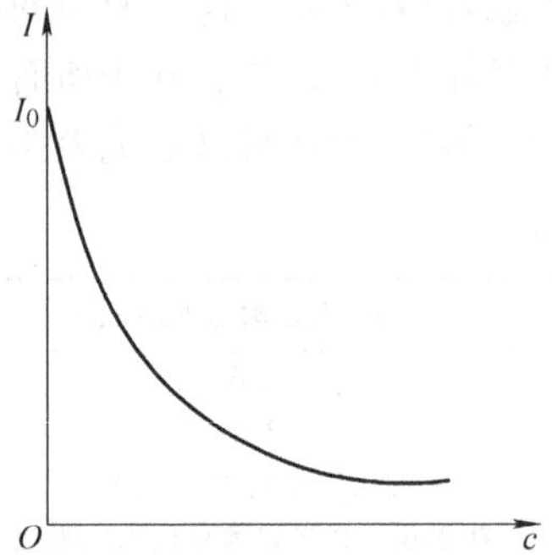

图3-59 I 与 c 的关系曲线

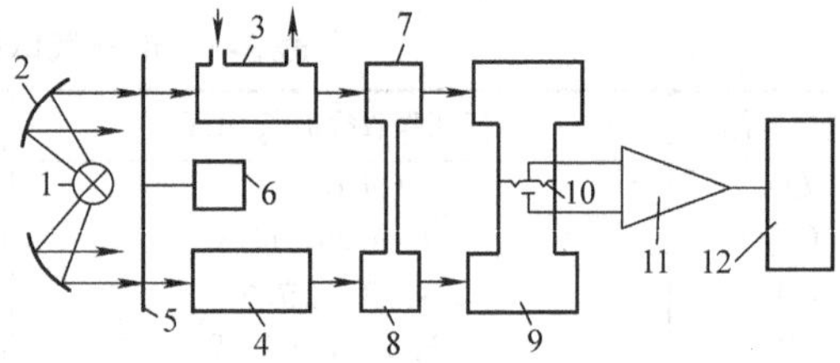

图3-60 红外气体分析仪原理框图

1—光源 2—反射镜 3—分析室 4—参比气室 5—切光片 6—同步电动机 7、8—干扰滤光室 9—接收室 10—电容接收器 11—放大器 12—记录仪表

被测气体的百分浓度越大，到达接收室的两束红外线的强度差值越大，电容的变化量 ΔC 越大，放大器的输出电压或电流也越大。

3.6.3 气相色谱分析仪

气相色谱分析仪的测量原理是基于不同物质在固定相和流动相所构成的体系，即色谱柱中具有不同的分配系数而将被测样气各组成分离开来，然后用检测器将各组成气体的色谱峰转变成电信号，经电子放大器转换成电压或电流输出。

色谱柱有两大类：一是填充色谱柱，其内填充一定的固体吸附剂颗粒(如氧化铝、硅胶、活性炭等)或液体(固定液)而构成；另一种是空心色谱柱或空心毛细管，将固定液附着在毛细管内管壁上而构成。由于被分析的样气体积很小，不能自流动，必须由具有一定压力的载气带入色谱柱，并定向流过色谱柱。载气(如 N_2、H_2、He、Ar 等)在固定相上的吸附或溶解能力远比样气中各组分弱得多，由于样气中各组分在固定相上的吸附或溶解能力不同，因此，样气中各组分在流动相和固定相中的分配系数 K_i 也不同，K_i 可表示为

$$K_i = \frac{C_n}{C_m} \tag{3-74}$$

式中，C_n 为组分 i 在固定相中的浓度；C_m 为组分 i 在流动相中的浓度。

分配系数 K_i 大的组分不容易被流动相带走，因而在固定相中停滞时间较长；而分配系数 K_i 小的组分较容易被流动相带走，在固定相中停滞时间较短。样气在载气的带动下反复多次通过色谱柱，便能使样气中不同组分得到完全分离。用一句话来说，分配系数 K_i 最小的组分首先离开色谱柱到达检测器，而 K_i 最大的组分则最后离开色谱柱到达检测器，图3-61表示样气在色谱柱中的分离过程。图中，组分 A 的 K_i 比组分 B 小，故组分 A 较组分

B 首先到达检测器(t_4 时刻)，而组分 B 在 t_5 时刻才到达检测器。

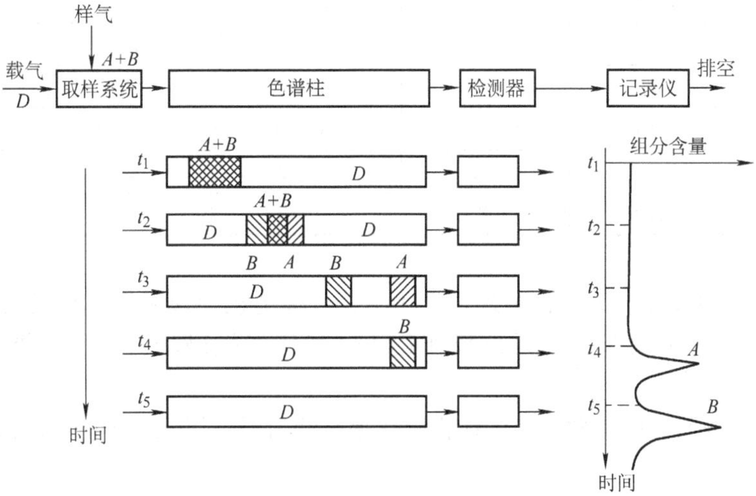

图 3-61 样气在色谱柱中的分离过程

最常用的检测器是热导式检测器，利用电阻丝(如铂丝)绕制四只阻值相同的微型电阻。在参比室和测量室各放置两只，并接成电桥电路。参比气室的两只电阻和测量室的两只电阻分别接在相邻桥臂上，并通以恒定的电流使电阻体发热至某一温度。参比气室通以载气，测量室通以由色谱柱分离出来的待测组分。当无待测组分时，两室通过的均为相同的载气，电桥平衡，其输出电压为零。当有待测组分通过测量室时，由于其热导率与载气的不同，改变了散热条件，从而其阻值变化，桥路失去平衡，输出电压不为零。经电子放大器放大，V/I 转换输出 DC 1～5V 和 DC 4～20mA 统一标准信号，或者在记录仪上记录各组分的百分含量。

3.6.4 热磁式氧分析仪

在生产过程中，尤其是燃烧和氧化过程中，以及安全保护和粮食果品储存等方面，准确测量和严格控制混合气体中的氧含量，对节约能源和安全生产等具有十分重要的作用。

在氧分析仪表中，应用最广泛的是热磁式氧分析仪，它具有量程宽，稳定性好，不消耗被分析气体和使用简便等优点。

1. 气体磁性质

在外磁场作用下，任何物质均会被磁化，并在其内部产生附加磁场。此时，物质中的磁感应强度 B 是外磁场强度 H 和附加磁场强度 H' 之和

$$B = H + H' \tag{3-75}$$

而 H' 与 H 成正比，故

$$B = H + 4\pi kH = (1 + 4\pi k)H = \mu H \tag{3-76}$$

式中，k 为体积磁化率；μ 为磁导率，$\mu = 1 + 4\pi k$。

对于不同气体，其体积磁化率也不同，表 3-6 为常见气体的磁化率。由表可见，氧的磁化率为正，而且比其他气体的磁化率高得多。

由式(3-76)可得

$$k = \frac{\mu - 1}{4\pi} \tag{3-77}$$

表3-6 常见气体在标准状况下的磁化率

气 体	$k/10^9$	气 体	$k/10^9$	气 体	$k/10^9$
氧	+146	甲烷	+1	水蒸气	-0.58
一氧化氮（NO）	+53	氦	-0.083	氯	-0.6
空气	+30.8	氢	-0.164	二氧化碳	-0.84
二氧化氮（NO_2）	+9	氖	-0.32	氨	-0.84
乙炔	+1.0	氮	-0.58	—	—

可见，当$\mu>1$时，k为正，在外磁作用下，气体能被磁场吸引，该类气体称为顺磁性气体；当$\mu<1$时，k为负，在外磁场作用下，气体能被磁场排斥，该类气体称为逆磁性气体。

经实验研究表明，顺磁性气体的体积磁化率与绝对温度以及气体密度之间的关系遵循居里定律，即

$$k=C\frac{\rho}{T} \tag{3-78}$$

式中，C为居里常数；ρ为气体密度。

根据气体状态方程，$pVNM=nMRT$，由此可求得气体密度为

$$\rho=\frac{nM}{V}=\frac{pM}{RT} \tag{3-79}$$

式中，R为气体常数；V为气体的体积；p为气体压力；n为气体分子物质的量；M为气体分子的摩尔质量。

将式(3-79)代入式(3-78)得

$$k=\frac{CMP}{RT^2}=K\frac{p}{T^2}$$

式中的C、M、R均为常数。因此，可得出结论：顺磁性气体的体积磁化率k与压力p成正比，而与热力学温度T^2成反比。当温度升高时，k迅速下降，这是制造热磁式氧分析仪的理论依据。

对多组分的混合气体，其体积磁化率为各组分磁化率与各组分体积百分含量的乘积之代数和，即

$$k=\sum_{i=1}^{n}k_iC_i \tag{3-80}$$

式中，k_i为混合气体中第i组分的体积磁化率；C_i为混合气体中第i组分的体积百分含量。

若混合气体中，除氧气外，其余气体的体积磁化率均较相近，由式(3-80)可得

$$k=k_0C_0+(1-C_0)k_2 \tag{3-81}$$

式中，k_0和C_0为氧的体积磁化率和体积百分含量；k_2为混合气体中除氧外，其余气体的体积磁化率；设混合气体的体积$C=1$。

由表3-6可见，氧的体积磁化率远大于其他气体的体积磁化率，即$k_0>>k_2$；其余气体的体积磁化率有正有负，可相互抵消，因此式(3-81)可写成

$$k\approx k_0C_0 \tag{3-82}$$

由式(3-82)可见，可根据混合气体的体积磁化率的值来测量氧的体积含量。

但是，直接测量混合气体的体积磁化率很困难，在热磁式氧分析仪中，利用热磁对流(或称磁风)来间接测量。

由表 3-6 还可看出，NO 和NO_2 也是顺磁性气体，且其体积磁化率较高(分别为 53 和 9)，因此，不允许含有 NO、NO_2 的混合气体进入热磁氧分析仪。

2. 热磁式氧分析仪的工作原理

热磁式氧分析仪的传感器结构图见图 3-62。传感器是一个具有中间水平通道的测量环室。在水平通道外侧，用金属铂丝均匀地绕制两只同阻值的电阻 R_1 和 R_2。R_1 和 R_2 既是加热元件，又是检测元件。利用恒压源或恒流源向 R_1 和 R_2 通以恒定的电流使其发热至某一恒定温度(通常为 100 ~ 250℃间的某一值)。在水平通道的左端 R_1 附近放一永久磁铁，磁场强度一般取 0.5 ~ 0.9T 间的某一值。被测样气由环室上端连续进入，而由下端流出。

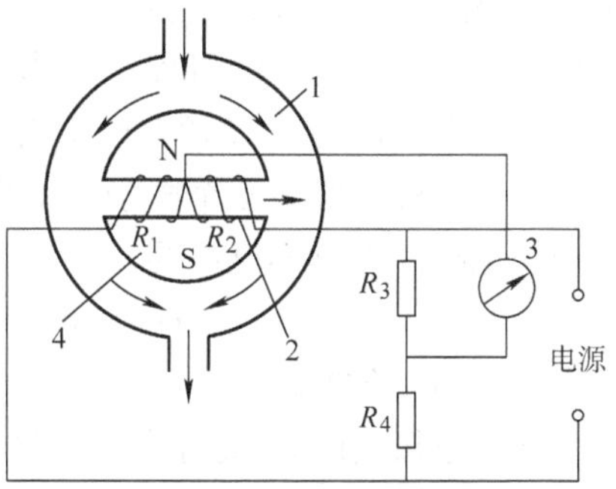

图 3-62　热磁式氧分析仪传感器结构图
1—测量环室　2—水平管道
3—显示仪表　4—磁场

当样气中不含待测氧气时，样气进入环室后，由于水平通道两侧的压力相等，故水平通道无气流。当样气含有待测氧气时，由于氧气是磁化率高的顺磁性气体，能被永久磁场吸引而由水平通道左侧进入，再由右侧流出，于是氧气在水平通道被加热，其磁化率迅速下降，永久磁场对水平通道右侧的热氧气的吸引力迅速下降，而对水平通道左端的冷氧气的吸引力较大。因此，永久磁场不断将左端的冷氧气吸进水平通道，迫使水平通道右侧的热氧气从右端排出，进入环室由环室下端流出。由此可见，在水平通道形成了热磁对流(也称为磁风)。磁风的大小与样品气中含氧量有关，含氧量越高，产生的磁风越大。

由于热磁对流的影响，铂电阻 R_1 被气流带走的热量要比从 R_2 被带走的热量多，由于冷的样品气首先经过 R_1，样品气吸收 R_1 的热量后，再流经 R_2，因此，R_1 的温度比 R_2 的温度低，R_1 的阻值比 R_2 的阻值小，将 R_1 和 R_2 与固定阻值的锰铜电阻 R_3 和 R_4 组成桥路，这样桥路失去平衡，输出不平衡电压或电流，桥路输出信号的大小反映了样气中含氧量之值。桥路输出的不平衡信号幅值较小，经放大和 V/I 转换后，输出 DC 1 ~ 5V 和 DC 4 ~ 20mA 统一标准信号远传，供控制系统对含氧量进行自动控制，或经显示记录仪显示和记录含氧量的大小。

3.6.5　氧化锆氧量分析仪

氧化锆氧分析器是近年来发展起来的一种新型分析仪表，它由氧化锆探头和变送器两部分组成。氧化锆探头可直接插入管道内进行检测。它将被测气体中的氧含量(浓度)转换成氧浓差电势，经变送器将氧浓差电势转换成 DC 1 ~ 5V 或 DC 4 ~ 20mA 统一标准信号输出或远传。它具有结构简单，反应迅速和高精度等特点。因此，在冶金、炼油、化工等工业部门被广泛用于测量各种锅炉、轧钢加热炉等烟道气的氧含量；它也可方便地与调节器配合组成氧含量自动控制系统，实现最佳燃烧控制，从而到达节约能源，提高经济效益，减少环境污染等目的。

1. 氧化锆探头的工作原理

氧化锆探头是基于氧浓差电池原理工作的，见图3-63。图中，右侧为铂参比电极(阴极)，充以参比气体，左侧为铂测量电极(阳极)，充以被测气体。阳极与阴极之间用氧化锆固体电解质连接。在氧化锆中掺入低价氧化钙(CaO)和氧化钇(Y_2O_3)等，经高温烧结后形成稳定的固体。由于Ca^{+2}和Y^{+3}置换了Zr^{+4}的位置，形成氧离子空穴，故在高温时空穴型氧化锆成为良好的氧离子导体。

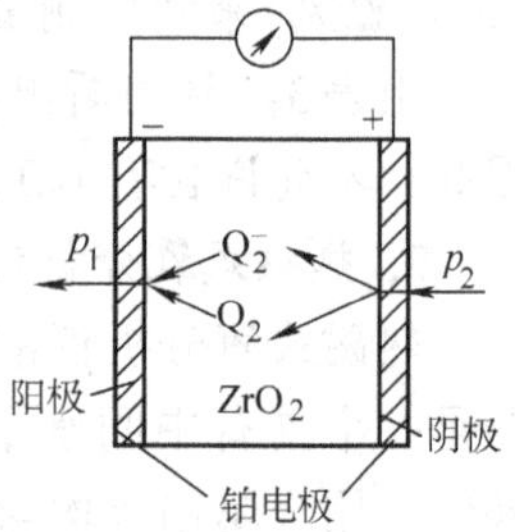

图3-63 氧浓差电池原理

参比电极(阴极)通常充以空气作为气体，气体中的氧通过电极时，从铂电极上吸收4个电子，变成了氧离子(还原反应)，该电极就带正电荷。电化学反应为

$$O_2 + 4e \longrightarrow 2O^{2-}$$

式中，e为电子电荷。

测量电极(阳极)氧离子给出两个电子变成一个氧原子(氧化反应)，两个氧原子合成一个氧分子，该电子带负电荷。电化学反应为

$$2O^{2-} \longrightarrow O_2 + 4e \tag{3-83}$$

由上可见，在正电极(阴极)上氧分子得到电子成为氧离子；而在负电极(阳极)上氧离子失去电成为氧分子[见式(3-83)]；只要两侧存在着氧分压(浓度)差，此过程就继续进行。

若忽略高温下氧化锆的自由电子导电，氧化锆探头两电极的氧浓差电势可由维斯特公式确定

$$E = \frac{RT}{nF}\ln\frac{p_2}{p_1} \tag{3-84}$$

式中，E为氧浓差电动势；R为理想气体常数，$R=8.3143\text{J}/(\text{mol}\cdot\text{K})$；$F$为法拉第常数，$F=9.6487\times10^4\text{C/mol}$；$T$为热力学温度，单位为K；$n$为参加反应电子数，$n=4$；$p_1$为待测气体的氧分压，单位为Pa；$p_2$为参比气体(空气)中的氧分压，在一个工程大气压(1at = 98kPa)下，$p_2=21227.6\text{Pa}$。

由式(3-84)可见，测量出电极输出的氧浓差电动势E，便可计算出待测气体中的氧分压p_1。

设参比电极侧和被测气体侧的总压力均为p(实际上被测气体侧的压力略低于参比侧的压力)，被测气体的氧体积含量为Φ_1，空气中氧体积含量为Φ_2，根据气体状态方程得

$$\Phi_1 = \frac{p_1}{p} = \frac{V_1}{V}$$

$$\Phi_2 = \frac{p_2}{p} = \frac{V_2}{V}$$

则可求得

$$E = \frac{RT}{nF}\ln\frac{p_2/p}{p_1/p} = \frac{RT}{nF}\ln\frac{\Phi_2}{\Phi_1} \tag{3-85}$$

空气中的氧含量一般为20.8%；将式(3-84)各个常量之值代入式(3-85)，并化成以10为底的对数得

$$E = 4.9615\times10^{-2}T\lg\frac{20.8}{\Phi_1} \tag{3-86}$$

按上式计算，分析仪的输出显示便可按氧浓度刻度。

由式(3-86)可见，只有 T = 常数时，E 与 Φ_1 才具有单值函数关系。为消除 T 不稳定的影响，常采用两种方法：

1）利用温度自动控制系统，控制探头的工作温度稳定于 $T = 850℃$。

2）利用热电偶测量探头实际工作温度，送入变送器部分进行温度补偿。

直插式探头采用方法二；直插加恒温式和恒温抽气式探头常采用方法一。

2. 变送器

变送器将氧化锆探头输出的氧浓差电势转换成 DC 1～5V 或 DC 4～20mA 统一标准信号，并补偿温度 T 的影响，变送器的组成框图见图 3-64。

(1) 高阻抗变换器　由于氧化锆探头是一个氧的浓差电池，具有较高的内阻，为保证氧浓差电动势全部经输入级放大，必须保证探头两电极的电流为零，因此，必须使用具有高输入阻抗的输入级，并具有较低的输出阻抗，以驱动除法器。

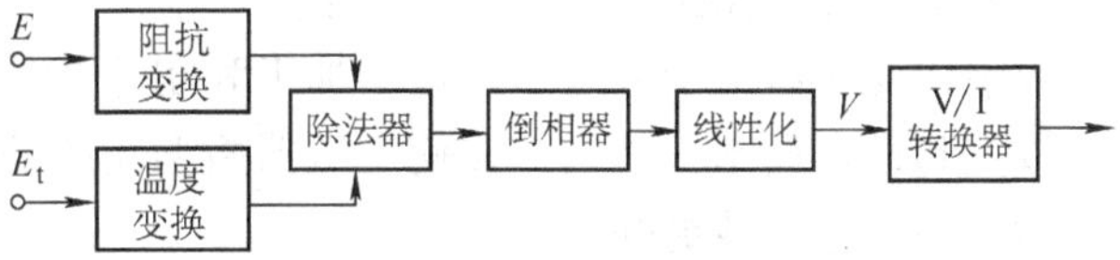

图 3-64　变送器的组成框图

(2) 温度变换级　利用热电偶将氧化锆探头的实际工作温度转换成热电动势，并进行放大，以补偿温度的影响。

(3) 除法器　由式(3-86)可见，氧浓差电动势与探头的实际温度 T 成正比，而 T 是不稳定的。温度变换器输出的热电动势经除法器进行运算后，便可消除温度不稳定引起的误差，从而达到温度补偿目的。

(4) 倒相器及线性化电路　由式(3-86)可见，E 与氧体积含量 Φ_1 的倒数的对数值成正比关系，即 E 与 Φ_1 为非线性的，Φ_1 越小，E 越大。经倒相和线性化处理后，保证其输出电压与 Φ_1 具有线性关系。

(5) V/I 转换器　将线性化电路的输出电压转换成 DC 4～20mA 统一标准信号。

必须指出，式(3-86)是假设参比侧和被测气体侧的压力相同条件下得到的，在使用中应保持两侧压力相等，否则会引起压力附加误差。此外，必须保证氧化锆探头的实际温度在(750±100)℃之间。氧化锆探头尽可能在停炉时安装，否则可能由于温度变化突然而容易引起保护套管爆裂、破碎。

*3.7　智能检测变送器

微计算机在变送器中的应用，是检测变送器数字化和智能化的基础。智能检测变送器已得到广泛的应用，改变了传统检测变送器以电流远传的单一标准制式，使得变送器还具有数字通信和数字显示等多种信号联系方式。同时，利用软件实现强大的智能化功能。智能检测变送器的厂商云集，产品繁多，型号各异，由于篇幅所限主要介绍以下几种类型：

3.7.1　数字式检测变送器

目前，虽然得到实际应用的数字式检测变送器的种类很多，其结构各异，但是从总体结构来看是相似的，具有一定的共性。数字式变送器的一般结构见图3-65。由于在变送器中集成了微机系统，其控制和信号处理能力较强，其处理功能一般可包括信号检测、信号的线性化处理、数据变换、量程调整、系统自检和数据通信等。同时，还控制A-D和D-A单元的运行，实现模拟信号和数字信号的转换。这类数字式变送器除了可以实现数字显示和数字信号的远距离传送外，还兼有DC 4～20mA统一标准信号输出的功能。

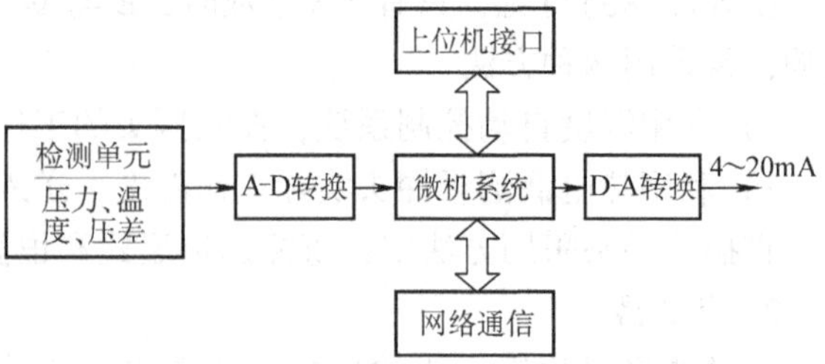

图3-65 数字式变送器的一般结构

数字式变送器由于采用了先进的加工和制造技术，结构上已做到检测和变换一体化，变换、放大和设定调制一体化，在使变送器微型化的同时，还大大提高了变送器的性能，使其可靠性更高、稳定性更好。

3.7.2 电容式数字压力变送器

电容式数字压力变送器是利用CMOS技术和机械微加工技术制作的，它由一个传感器芯片和一个数字电路集成芯片组成，然后将两个芯片经混合集成工艺封装在28个引脚的塑料外壳上，封装成双列直插式的芯片。其内部组成原理框图见图3-66。由图可见，传感器芯片由一个参考电容、一个传感器电容和两个完全相同的电容——频率（C/f）转换器组成。

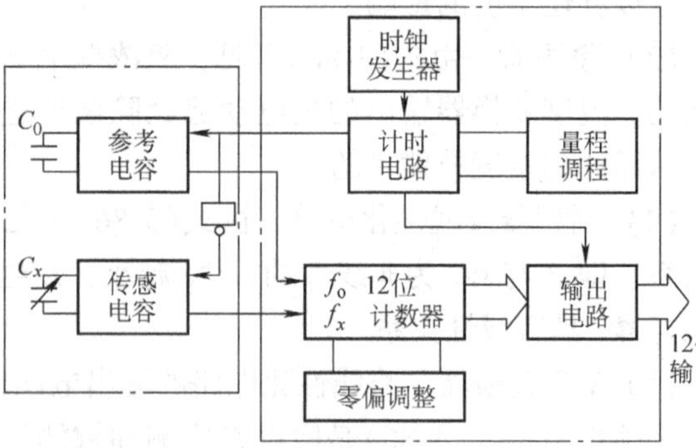

图3-66 变送器内部组成原理框图

数字集成芯片主要由时钟电路、定时电路、12位计数器、零位调整、量程调整和输出电路组成。变送器的灵敏度温漂和零点温漂可在传感器芯片中进行调整，传感电容和参考电容经各自独立的C/f转换器转换成f_x和f_o送入12位计数器进行计数，为了防止相互干扰，两个C/f转换器在定时电路的控制下交替地工作。

（1）传感器芯片 传感器芯片的横截面结构图见图3-67。在一片尺寸为4mm×4mm×2.8mm的芯片上制作参考电容C_0和传感电容C_x以及电容/频率（C/f）转换集成电路。由图可见，被测差压Δp（压力p）作用于测压腔内，作为动极板的敏感膜片产生绕曲变形而有位移量Δd。若位移量Δd远远小于电容传感器两极板的初始间隙d_0，则可认为动极板的位移量Δd与被测差压Δp（p）成正比，即

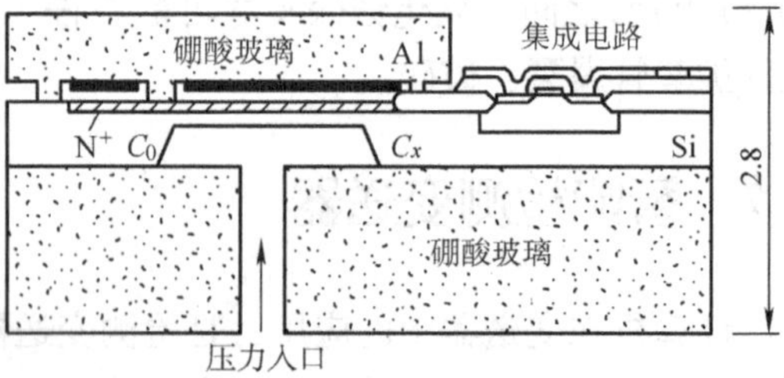

图3-67 传感器芯片横截面结构图

$$\Delta d = K\Delta p \tag{3-87}$$

式中，K 为与膜片尺寸有关的常量。

由于参考电容不在敏感膜片上，其电容恒为 C_0，当被测差压 $\Delta p=0$ 时。参考电容 C_0 之值与传感器电容 C_x 之初值 C_{x0} 相等，即

$$C_0=C_{x0}=\frac{\varepsilon A}{d_0} \tag{3-88}$$

式中，ε 为介电常数；A 为电容器极板的有效面积。

当被测差压 $\Delta p\neq 0$ 时，传感电容之值为

$$C_x=\frac{\varepsilon A}{d_0-\Delta d}=\frac{C_0 d_0}{d_0-\Delta d} \tag{3-89}$$

比较式（3-88）和式（3-89）可见，在被测差压作用下，传感电容之值大于参考电容之值。

参考电容 C_0 和传感电容 C_x 分别通过各自的 C/f 转换器转换成频率输出，即

$$f_0=\frac{I_0}{2C_0U_h}$$

$$f_x=\frac{I_x}{2C_xU_h}$$

式中，I_0 和 I_x 分别为参考电容和传感电容的充电电流或放电电流；U_h 为施密特触发器的迟滞电压，U_h 为常数。

C/f 转换电路的原理图见图 3-68。参考电容和传感电容的 C/f 转换电路是相同的，它们在定时电路的控制下分时工作，当 $\Delta p=0$ 时，$C_x=C_{x0}=C_0$，$f_x=f_{x0}=f_0$。当 $\Delta p\neq 0$ 时，其频率差 Δf 为

$$\Delta f=f_0-f_x=\frac{I_xK}{2C_0U_hd_0}\Delta p=K_p\Delta_p \tag{3-90}$$

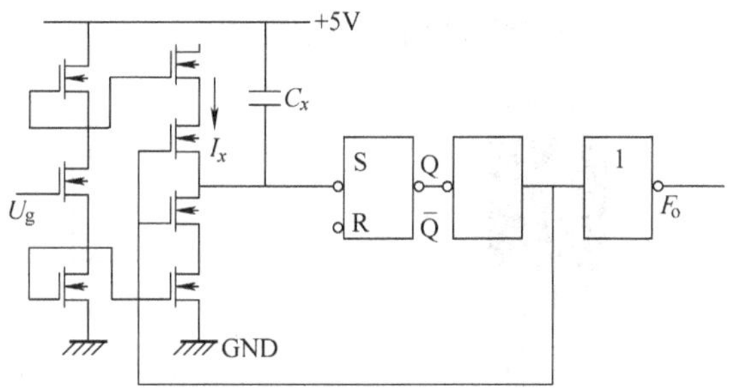

图 3-68 C/f 转换电路的原理图

由式（3-90）可见，Δf 与差压 Δp 成正比。

由于参考电容 C_0 和传感电容以及各自的 C/f 转换电路挨得很近，感受相同的温度，所以具有温度补偿作用。

（2）数字集成电路芯片 由图 3-66 可见，参考电容输出的频率 f_0 和传感电容输出的频率 f_x 分别送到 12 位计数器进行计数。设时钟脉冲的频率为 f_c，它不随温度变化。在定时电路控制下分时 f_x 和 f_0 计数，对 f_0 进行递增计数，而对 f_x 进行递减计数。由式（3-20）可见，在开门时间 T_g 内计数器计数之差值 ΔN 为

$$\Delta N=T_g\ (f_0-f_x)\ +N_0 \tag{3-91}$$

式中，N_0 为零位输出的调整值。

而计数器的开门时间与量程调整的预置初值 N_c 有关，即

$$T_g=\frac{N_c}{f_c} \tag{3-92}$$

由式（3-91）和式（3-92）可见，量程调整可利用改变计数器的开门时间 T_g 实现，而零点调整可利用改变计数器的预置初值 N_0 来实现，是相互独立的，不受影响。

在开门时间 T_g 内计数器的计数差值 ΔN 经输出电路便可输出 12 位二进制数字信号。

3.7.3 单总线智能温度变送器

单总线（1- wire）智能温度变送器的品种繁多，其典型产品有 DS18S20、DS18820、DS1821 和 DS1822。其主要特点是用一条总线输出被测温度的二进制数据，适配各种单片机或系统机，组成各种温度检测与控制系统。在工业、民用、军事等领域得到广泛应用。

DS18B20 的最大特点是具有可编程的分辨率，利用单片机或系统机对 DS18B20 编程可选择 9、10、11 和 12 位二进制分辨率。该变送器测量范围为 -55 ~ 125℃，通过串行通信接口 I/O(单总线)输出带符号二进制数据，其中最高位为 1 代表被测温度为负值；若最高位为 0 代表被测温度为正值。在 -55 ~ 125℃范围内，精度优于 ±2℃；在 -10 ~ 85℃范围内，精度优于 ±0.5℃。其电源电压为 5V，而在 3 ~ 5.5V 范围内并不影响其测量精度。该变送器既可由总线电源供电，亦可外接电源，其典型功耗为 5mW。

1. DS18B20 的工作原理

DS18B20 有 3 脚 PR-35 封装或 8 脚双列直插式封装(其实仅 3 脚有用)，PR-35 封装见图 3-69a，其中，I/O 为数据输入/输出端(单总线)，它为漏极开路输出，使用时必须接上典型值为 5.1kΩ 的上拉电阻。V_{DD} 为电源端，若使用总线电源，则 V_{DD} 应接地。GND 为地。图3-69b 为 DS18B20 内部组成框图。

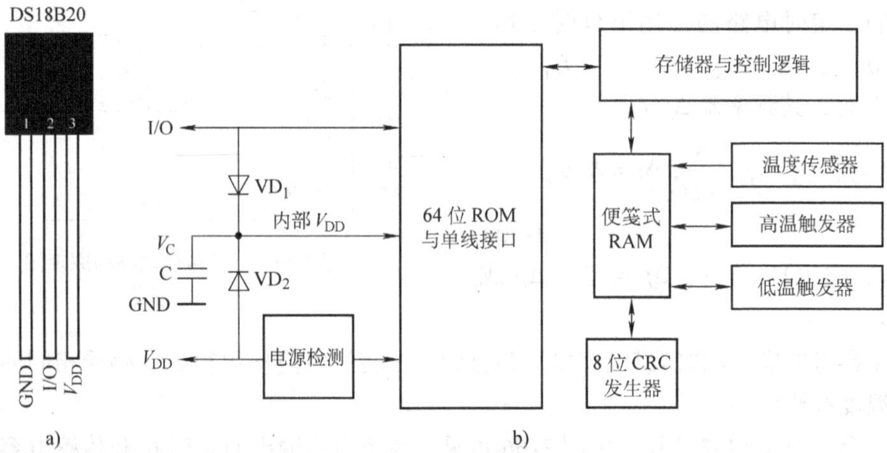

图 3-69 DS18B20 的外形及内部组成框图

a）PR-35 封装 b）内部组成框图

（1）寄生电源及电源检测 由 VD_1、VD_2 和电容 C 组成寄生电源。当采用总线电源时，V_{DD}接地，I/O 线为高电平，所以 VD_1 导通，VD_2 截止，总线电源向电容 C 充电，由于 C 的容量较大，能储存较高的电压 V_C。当 I/O 总线为低电平时，VD_1 和 VD_2 截止，改用寄生电源 V_C 向 DS18B20 供电，以便高速暂存器(便笺 RAM 和 E^2PROM)能够读出数据和命令。在使用寄生电源时必须由单片机控制 I/O 线保持高电平，以便温度转换顺利进行，因此检测远程温度时无需本地电源。若 V_{DD}接 5V，则 VD_1 截止，VD_2 导通，向 DS18B20 正常供电。

电源检测电路用于判断供电方式，并在 I/O 线上输出相应的逻辑电平，其中，低电平 0 表示由寄生电源供电；高电平 1 表示由外部电源供电。

（2）温度检测与转换原理　图 3-69b 中温度传感器部分的原理框图见图 3-70。低温度系数振荡器产生稳定频率 f_0 的时钟脉冲。温度检测元件与其他元件组成高温度系数振荡器，它将被测温度转换成频率信号 f，其温度频率系数(即灵敏度)较高，相当于温度频率(T/F)转换器。在两个振荡电路中各隐含着计数门。斜率累加器中预置了经校准的温度频率特性曲线。每次转换前，首先将 -55℃对应的数字量 N_0 分别置入减法计数器 1 和温度寄存器，当计数门打开时，减法计数器 1 和减法计数器 2 分别对 f_0 和 f 作减法计数。减法计数器 1 的计数门的开、闭时间由高温度系数振荡器的振荡频率控制。若减法计数器 1 已减至零，而计数门仍未关闭，说明预至的 N_0 太小，则温度寄存器中的数值增加 0.5℃对应的数字量 ΔN（0.5℃为 9 位二进制转换对应的分辨率）。然后，减法计数器按照斜率累加器的斜率置入新的数值，再对 f_0 计数，然后再减至零，温度寄存器又增加 0.5℃对应的数字量 ΔN。只要计数门仍未关闭，就重复上述过程。直到温度寄存器的数值达到被测温度对应的数值为止，计数门关闭，从而将被测温度转换成二进制数据。由于斜率累加器中预置已给出校正的温度频率特性曲线，因此已对检测元件的非线性进行了校正，从而提高了精度。

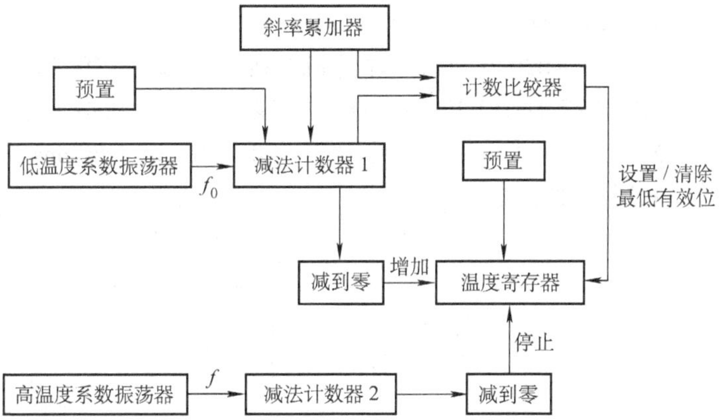

图 3-70　DS18B20 温度传感器组成框图

单片机或系统机对驻留于便笺 RAM 中的第 5 个字节的 CONFIG 寄存器编程可选择输出 9 ~ 12 位二进制温度数据中的某一种。CONFIG 寄存器格式为

D7	D6	D5	D4	D3	D2	D1	D0
0	R1	R0	1	1	1	1	1

格式中 D7 和 D4 ~ D0 在写操作时可不予考虑，读出时，D7 = 0，D4 ~ D0 全为 1。对 R1 和 R0 编程可选择不同的分辨率和转换时间，见表 3-7。

由表 3-7 可见，分辨率越高，转换时间越长，在使用中应对二者均衡考虑。变送器出厂时默认为 12 位分辨率。转换结束后，以 16 位带符号二进制补码存储于便笺 RAM 的第 0、1 号字节，低位在前，高位在后。执行读便笺 RAM 指令后，将这两个字节代表被测温度的二进制数据由单总线传送给单片机。

表3-7 分辨率和转换时间的选择

R1	R0	工作模式/位	分辨率/℃	转换时间/ms
0	0	9	0.5	93.75
0	1	10	0.25	187.5
1	0	11	0.125	375
1	1	12	0.0625	750

用户可通过编程分别设定各路温度的上、下限值写入便笺RAM中，当被测温度$t>t_H$或$t<t_L$时，将置位高温触发器或低温触发器而形成越限报警标志位，利用报警搜索指令和寻址功能，可迅速识别发生温度越限报警的器件。

芯片内部有经过激光修正的64位二进制编码的ROM，其中，高8位为产品系列号；中间48位为产品序号；低8位为循环冗余校验码(CRC)。在使用中，CPU根据64位激光ROM的前56位提供的信息计算CRC值，并与64位激光ROM中低8位CRC值比较，确保传送给CPU的温度数据准确无误。

DS18B20的整个工作过程在存储器与控制逻辑控制下有序进行。

2. DS18B20与单片机的接口

图3-71示出了N片DS18B20与80C31单片机的接口。图中，DS18B20使用单片机电源V_{CC}；R为上拉电阻；P1.0接DS18B20的I/O单总线；加上总线电源后，最多$N=2^{48}$个DS18B20。单片机依次发出操作指令后，各片DS18B20可在200～500ms内完成温度至数据的转换，可在单总线获得温度数据。

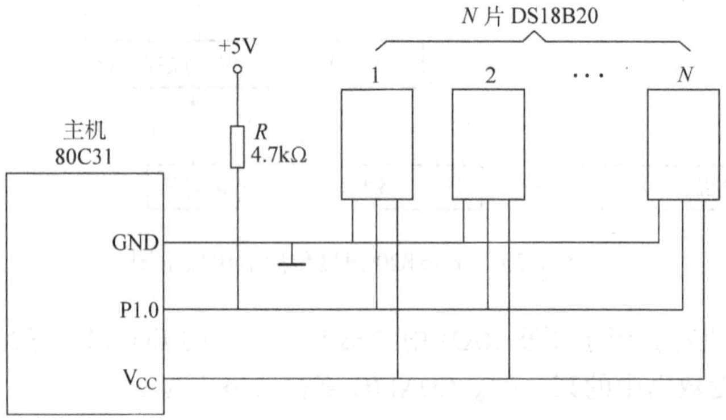

图3-71 N片DS18B20与80C31单片机的接口

3.7.4 多通道智能温度变送器

多通道智能温度变送器品种繁多，例如，MAXIM公司生产的有MAX1668/1805、MAX6691、MAX1298/1299、MAX6697/6698；美国ADI公司生产的有AD7417/7817；英国半导体公司生产的有LM83等。由于篇幅所限，仅介绍AD7417/7817型5通道智能温度变送器的原理及其主要特性。

1. AD7417/AD7817的主要特点

1）该变送器遵循I^2C通信协议，但也可与SPI、QSPI和Micro-wire通信协议兼容，扩大了应用范围。

2）除了一路为测量本地温度外，其余 4 路可配接 DC 0 ~ 2.5V 电压输入，从而扩大了测量非电量物理量的范围，即凡是能将非电物理量转换成 DC 0 ~ 2.5V 的传感器均可与该变送器配合使用，所以除了测量温度外，亦可测量其他非电物理量。

3）转换速度快。对本地温度传感器的转换时间为 27μs，而对远程传感器的转换时间仅为 9μs。

4）低功耗。正常工作模式的工作电流为 600μA，而待机模式的电流仅为 1μA。

5）电源电压典型值为 5V，电压范围为 2.7 ~ 5.5V 时，仍能保持变送器的精度。

6）分辨力为 ±0.25℃，测量范围 −55 ~ 125℃，精度为 ±2.0℃。

2. AD7417/AD7817 的工作原理

AD7417 与 AD7817 的工作原理基本相同。它们的引脚功能见图 3-72。

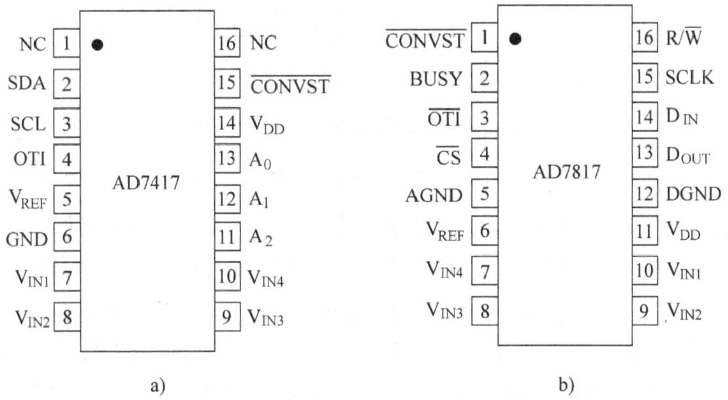

图 3-72　AD7417/AD7817 的引脚功能

a）AD7417 引脚功能　b）AD7817 引脚功能

由图可见，它们的主要区别为

1）AD7417 有 3 地址输入端，而 AD7817 为片选端 $\overline{CS}$。

2）AD7817 没有数据输入/输出端 SDA，而增加了读写控制端 R/$\overline{W}$。

3）AD7817 增加了 BUSY 端，在测温与转换时，BUSY = 1，转换完毕 BUSY = 0，可供单片机查询或者向单片机申请中断。

4）AD7417 的输出端 OTI 为正逻辑，高电平有效；而 AD7817 为负逻辑，低电平有效。

5）AD7417 只有一个参考地 GND；而 AD7817 有模拟地 AGND 和数字地 DGND。

除此之外，其余引脚功能相同，其中：

V_{IN1} ~ V_{IN4} 为远程传感器的输入端，电压范围为 DC 0 ~ 2.5V。

V_{REF} 为 2.5V 基准电压输入端，不用外部输入基准电压时该引脚接地。

$\overline{CONVST}$ 为转换启动信号输入端。对 AD7417，正脉冲前沿启动 A/D 转换，脉宽 $t_w \geq 4\mu s$。当 $t_w \geq 4\mu s$ 时，其下降沿将跟踪/保持器置成保持模式，并启动新一次 A − D 转换，转换结束自动返回跟踪模式。

OTI（$\overline{OTI}$）为越限报警输出端，漏极开路，使用时应接 10kΩ 的上拉电阻。

对 AD7817 还有两个引脚，其功能为

D_{OUT}为高阻逻辑状态输出端，被测数据从该端输出。当 R/$\overline{W}$ 的下降沿或$\overline{CS}$的上升沿到来时，该引脚回复高阻状态。

D_{IN}为外部数据输入端，在时钟脉冲作用下外部数据由该引脚输入。

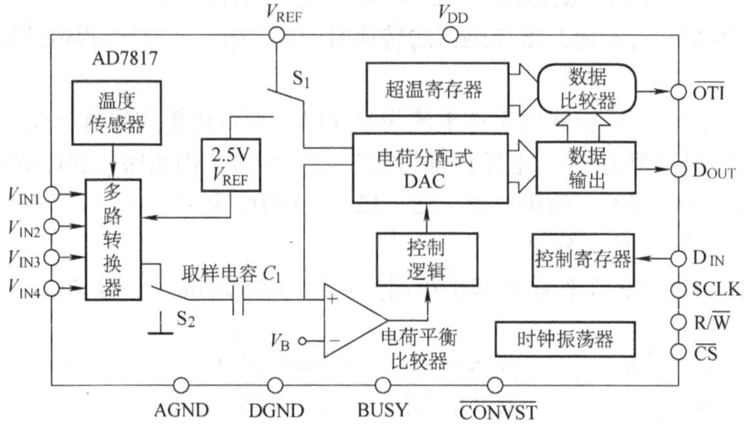

图 3-73 AD7817 内部组成框图

如前所述，AD7417 与 AD7817 的工作原理基本相同，故以 AD7817 介绍其工作原理，其内部组成框图见图 3-73。由图可见，温度传感器及 V_{IN1} ~ V_{IN4} 经多路转换器与 S_2 开关分时采样后分为两路，其中一路经电荷平衡比较器和控制逻辑形成对电荷分配式 DAC 的控制信号；另一路作为 DAC 的转换输出信号。电荷分配式 DAC 属于逐位逼近式 A/D 转换器，其分辨率为 10 位二进制数。转换结果以二进制补码存入 16 位(低 5 位 D4 ~ D0 不用)温度数据寄存器，最高位为 1 表示温度为负；最高位为 0 表示温度为正。配置寄存器 1 为 8 位可读/写寄存器，其 D7 ~ D5 用于通道选择，见表 3-8。

表 3-8 输入通道选择

D7	D6	D5	通道的选择
0	0	0	通道 0(内部温度传感器)
0	0	1	通道 1(外部温度传感器)
0	1	0	通道 2(外部温度传感器)
1	1	1	通道 3(外部温度传感器)
1	0	0	通道 4(外部温度传感器)

高温设定寄存器 t_H、低温设定寄存器 t_L 和配置寄存器 2 的功能与 AD7416 相同。

3. AD7417/AD7817 与单片机接口

虽然 AD7417 和 AD7817 的工作原理基本相同，但是它们的引脚功能有差异，所以它们与单片机的接口也略有区别，见图 3-74。由图可见，AD7417 由 SDA 与 SCL 组成 I^2C 总线；而 AD7817 由 R/$\overline{W}$、SCLK、D_{OUT}(D_{IN})构成 3 线串行总线。

图中，C_1、C_2 和 C_3 为退耦电容，AD780(MC1403)为外接稳定的 2.5V 基准电源。

必须指出，上电默认，t_H = 80℃，t_L = 75℃，OTI 输出低电平，故障排队设定为 1 次。用户应根据需要对配置寄存器 1 进行编程。

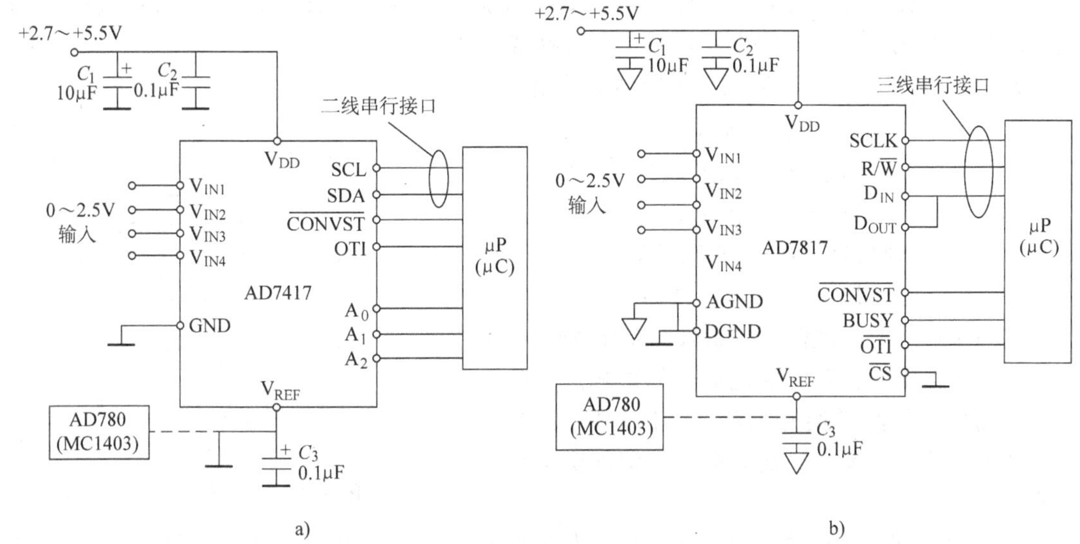

图 3-74 AD7417/AD7817 与单片机接口

a) AD7417 与单片机接口 b) AD7817 与单片机接口

3.7.5 ST3000 系列智能变送器

ST3000 系列智能变送器由美国霍尼韦尔(Honeywell)公司首先推出，它在 $5\times5\times0.5mm^3$ 的硅片上配置了差压 Δp，静压 p 和温度 T 三种传感元件，有效地解决了差压、静压和温度之间交叉灵敏度的影响，从而具有精度高、宽量程比和高稳定性的特点。

ST3000 系列智能变送器的组成框图见图 3-75。

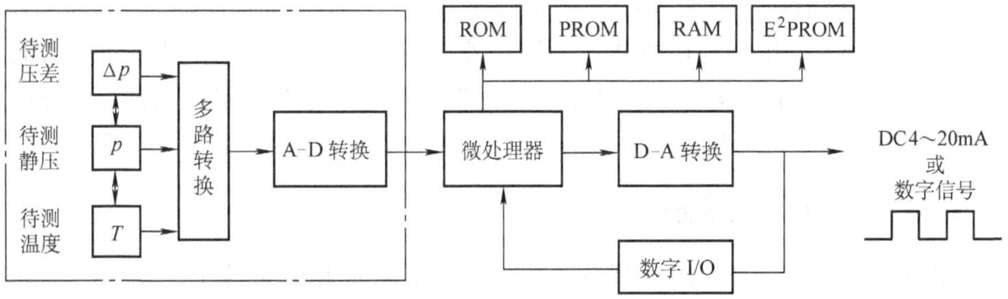

图 3-75 ST3000 系列智能变送器的组成框图

由图可见，该变送器由传感器和信号调理电路以及微处理器、存储器和输出信号调理电路两部分组成。该变送器的主测参数是差压 Δp，它将差压转换成 DC 4～20mA 和数字信号输出，并具有双向通信功能。为了消除被测介质的静压 p 和温度 T 对差压的交叉灵敏度的影响，设置了静压传感器和温度传感器。差压传感器、静压传感器和温度传感器将各自被测参数转换成电信号，分别经各自的信号调理电路调理成统一电平的信号，经多路开关切换至 10 位 A－D 转换器转换成数字量，送入微处理器、存储器和输出信号调理单元进行处理，最后转换成 DC 4～20mA 和数字信号输出。输出信号与被测差压 Δp 成正比关系。

(1) 传感器芯片 传感器芯片是利用光刻技术和电阻注入技术在硅弹性膜片上制作电

阻体，然后接成惠斯登电桥，见图3-76，图中温度传感器为热敏电阻，三个传感器均由恒流源供电。当Δp、p和T发生变化时，便转换成电压输出。设$V_{\Delta p}$、$V_{\rm p}$和$V_{\rm T}$分别为三个传感器的输出电压，则

$$V_{\Delta p}=f_1(\Delta p,p,T)$$

$$V_{\rm p}=f_2(\Delta p,p,T)$$

$$V_{\rm T}=f_3(\Delta p,p,T)$$

由以上三式可求解出差压Δp的表达式。

$$\Delta p=F(V_{\Delta p},V_{\rm p},V_{\rm T}) \tag{3-93}$$

式(3-93)表明，欲精确测量被测差压Δp，必须考虑被测介质的静压p和温度变化对其的影响。为此，三传感器的输出信号经转换开关和A－D转换成数字量后，由微处理器按一定运算法则运算便可消除交叉灵敏度的影响。

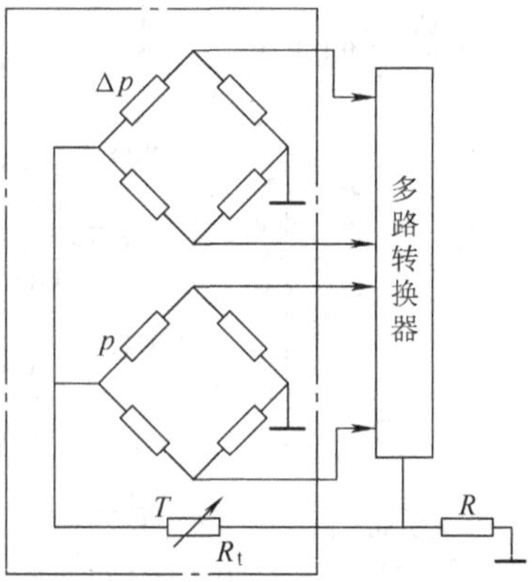

图3-76 传感器芯片的原理图

(2) 微处理器、存储器和调理单元 由图3-75可见，该环节由微处理器、D－A、I/O口、RAM、ROM、PROM和E²PROM等组成。ROM的作用是存储程序；PROM存储三传感器的特征参数；掉电时E²PROM存储永久性常数。变送器出厂前首先利用三维标定法将待测差压特性数据、静压特性数据和温度特性数据存储于PROM中。实际工作时，微处理器分别采集到三传感器的信号数据后，利用预先存储于PROM中特征数据，通过软件进行三传感器数据融合处理，便可消除交叉灵敏度对主测参数Δp的影响。数据融合的结果通过D－A转换成DC 4～20mA统一标准信号输出，同时通过数字I/O口输出数字信号，达到数据通信的目的。

由于存储于PROM内的三维标定数据是在较宽的测量范围内标定所取得的特征数据，因此该变送器可获得100:1甚至400:1的量程比，且精度高，重复性好。

ST3000变送器的操作工具是智能现场操作器(SFC)，用户可利用SFC与变送器进行远距离通信，调节变送器的有关参数，例如，变送器的标号、量程、输出形式、阻尼时间和单位等。此外，利用SFC还可进行远距离校验、自检和故障诊断等，给用户带来极大方便。

3.7.6 3051型智能压力变送器

3051型系列智能变送器可用于测量差压、压力、液位和流量等工艺参数。可在恶劣的环境下工作保持高精度和良好的工作稳定性，其精度可达±0.075%，其稳定性可做到工作5年不需调整零点漂移和量程。其输出信号为DC 4～20mA和带有遵循HART协议的数字通信接口。

图3-77为3051系列变送器的组成框图，它由传感器部分和数据处理部分组成。

(1) 传感器部分 电容传感器将被测参数转换成电信号，并经信号调理电路调理到A－D转换器要求的统一标准电平。温度传感器用于补偿电容传感器的特性。传感膜头存储器用于保存传感器的膜片参数、传感器的修正参数和补偿参数等。A－D输出的数字信号由总线送入数据处理部分。

(2) 数据处理部分 数据处理部分的主要功能是：零点与量程设定；零点自补偿与传感器特性的自动校正；阻尼系数的设定；工程单位的选择与设定；输出方式(线性或平方根

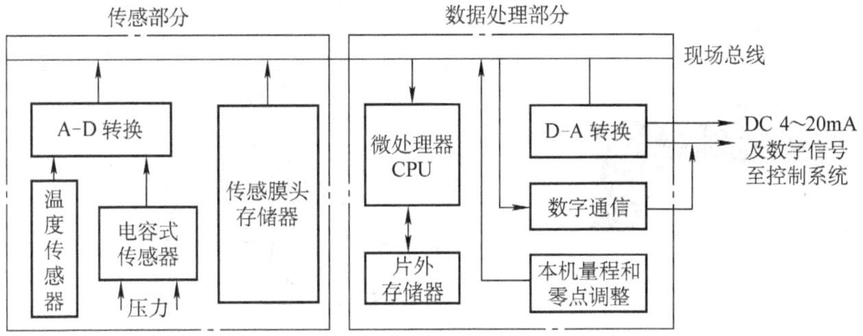

图 3-77　3051 系列变送器的组成框图

输出)的选择与设定；确定变送器与上位机、执行器以及其他智能变送器之间的通信接口与通信方式等。

3.7.7 EJA 型差压（压力）智能变送器

EJA 型差压(压力)智能变送器由于具有体积小、重量轻、不受安装场所的限制、能有效地克服静压、温度等环境因素的影响，长期连续运行仍保持优于 ±0.075% 的精度和高的可靠性与稳定性，以及具有完善的自诊断功能和通信功能的特点，自 1994 年投放市场以来，深受广大用户的好评。

图 3-78 是 EJA 智能差压(压力)变送器的组成框图，它由膜片组件与智能转换组件两部分组成。

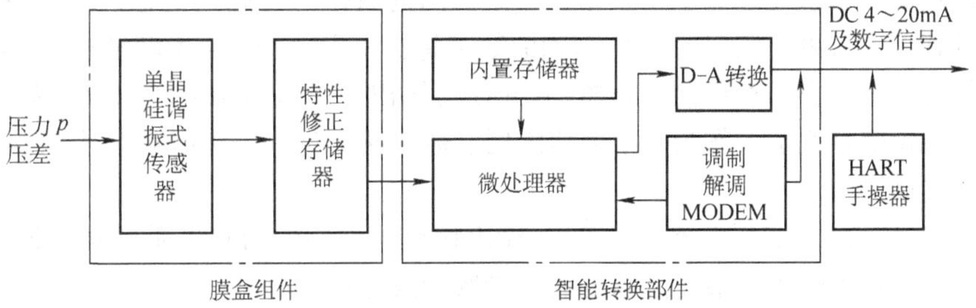

图 3-78　EJA 智能差压(压力)变送器的组成框图

(1) 膜片组件　膜片组件由谐振式传感器和特性参数存储器两部分组成。谐振式传感器是利用微机械加工技术制作感受被测差压(压力)的周边固支圆膜片及在膜片上制作两个特性相同的谐振梁，其中一个在膜片中心位置，另一个在膜片边缘，见图 3-79a。H 形谐振梁处于永久磁铁提供的磁场中，与变送器、放大器等组成一正反馈回路，让谐振梁在回路中产生振荡，见图 3-79b。当激振电流注入 H 形谐振梁时，谐振梁受磁场作用而振动，于是谐振梁切割磁力线而感应电动势，电动势的频率与梁的振动频率相同。感应电动势经放大后，一方面输出，另一方面经正反馈提供梁的激振电流，以维持梁的等幅振动。

由谐振式传感器的工作原理可知(见检测技术)，当被测差压 $\Delta p=0$ 时，谐振梁的振动频率等于谐振梁力学系统的固有频率 f_0。当 $\Delta p\neq0$ 时，处于膜片中心位置的谐振梁由于受到压缩力作用，其振动频率减小，而处于膜片边缘位置的谐振梁由于受到张力作用，其振动频

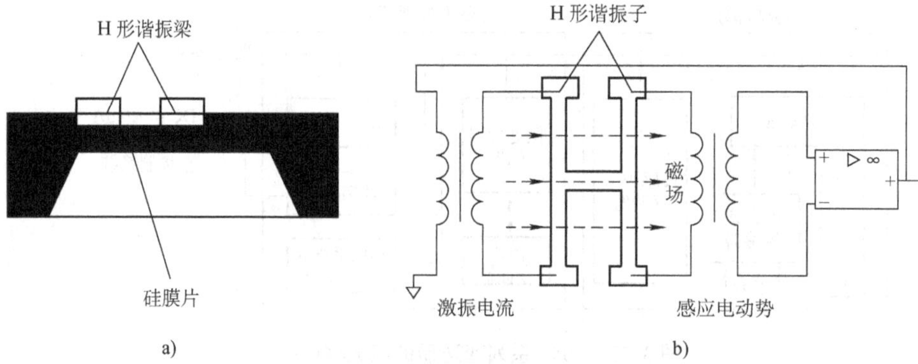

图3-79 谐振梁的结构及其激振

a）谐振梁的结构 b）谐振梁的激振

率增加，见图3-80。两谐振梁的振动频率之差值$\Delta f = f_1 - f_2$即为传感器的输出信号，Δf与被测差压(压力)成正比。

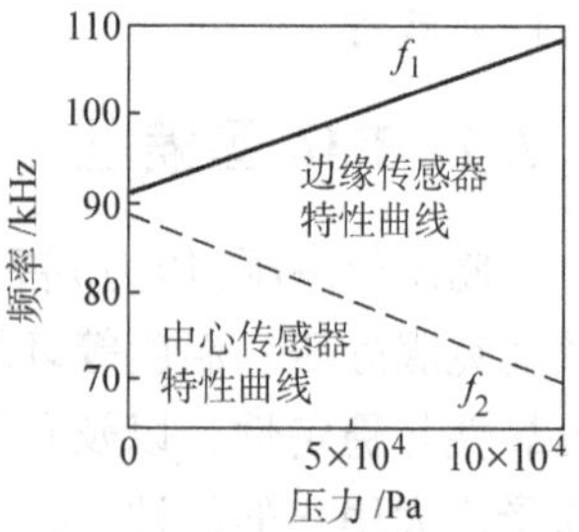

图3-80 压差与梁的振动频率的关系

特性修正存储器存储经过三维标定的传感器的差压、温度、静压以及传感器的输入、输出特性修正数据，在测量过程中，经微处理器(CPU)按照一定的规律进行运算或数据融合，从而消除了交叉灵敏度的影响，提高了变送器的精度，稳定性和可靠性。

(2) 智能转换部件 该部分的核心是微处理器(CPU)。首先，CPU在规定的时间内对Δf进行计数，将频率信号Δf转换成数字量，然后根据预先存储于特性修正存储器内的数据对传感器的输入/输出特性进行修正，从而得到代表被测差压(压力)的精确的数字量，一方面经D－A转换输出DC 4～20mA统一标准信号；另一方面经调制解调器(MODEM)输出一个符合HART协议的数字信号叠加在DC 4～20mA信号之上，作为数字通信之用。数字通信时，频率信号不对DC 4～20mA信号产生任何扰动影响。

EJA差压(压力)智能变送器通过输入/输出接口与外部的HART手操器以数字通信方式传递数据。用户可方便地调节变送器的有关参数和故障诊断等。

3.7.8 虚拟变送器

由于微机运算速度的提高和多媒体技术的迅速发展，20世纪90年代中期出现了虚拟变送器。虚拟变送器由于功能强大，精度高，性能稳定和工作可靠，自其问世那天起便具有强大的生命力，发展迅速，应用广泛，深受用户欢迎。

1. 虚拟变送器的组成及其工作原理

图3-81示出了虚拟变送器的一般组成结构。由图可见，虚拟变送器由个人计算机(或工业控制计算机)、输入通道和输出通道组成。

(1) 信号输入通道 输入通道的主要功能是信号采集和信号变换。利用各种检测元件或传感器将生产过程的各种被测参数，例如，温度、压力、流量、物位、pH值以及各种成分量、状态量等转换成电信号，经信号调理电路调理到符合A－D转换要求的统一标准电平，经采样/保持(S/H)器送入A－D转换器转换成数字量，再经光电隔离后送入PC电脑进

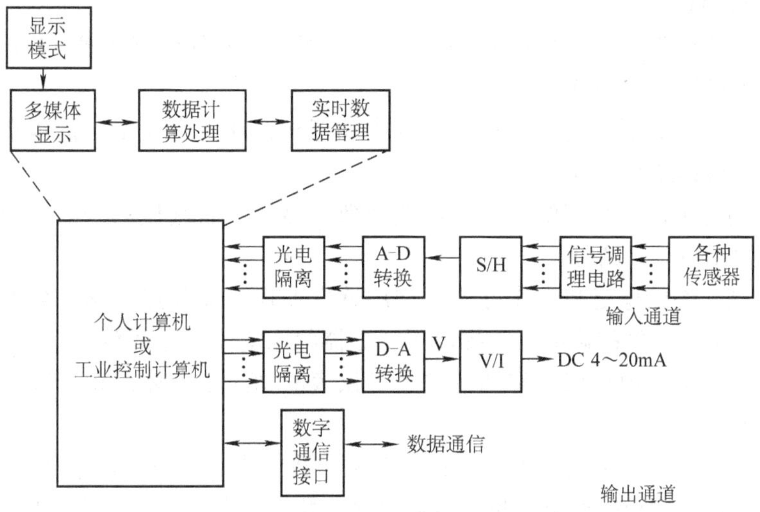

图 3-81　虚拟变送器的组成框图

行各种处理。

虚拟变送器的精度主要取决于传感器和 S/H 的精度以及 A – D 转换器的位数。信号调理电路的作用是信号滤波、放大和频率补偿和温度补偿等，其性能对变送器的稳定性和可靠性起着决定性作用。光电隔离环节将模拟部分与计算机隔离，提高抗干扰能力。

（2）微型计算机　是虚拟变送器的核心部分，变送器的功能和性能的优劣取决于微型计算机的运算速度及其性能，为了提高抗干扰能力，常选用工业微型控制计算机（简称工控机）。

工控机底座配备了许多具有标准制式的插槽，具有标准制式的输入/输出通道插板插到相应的插槽上，便将各输入/输出通道与工控机的内部总线相连。工控机通过内部总线（包括地址总线和数据总线）采集各通道被测参数的数据和输出经过运算和处理后的测量结果。输入/输出通道的插板数和每一块插板所含被测参数个数决定了虚拟变送器所能变送的被测参数的数量。由此可见，一台虚拟变送器可检测和变送几十甚至数百个被测参数。

虚拟变送器的功能和性能是由编程决定的。虚拟变送器在 LabVIEW 软件开发平台上进行编程，LabVIEW 提供了数十种软件模块，其中包括：零点和增益校正模块；量程设置和量程自动选择模块；滤波和频率扩展、补偿模块；非线性校正模块（含线性校正、指数校正、抛物线校正和最小二乘法校正等）；数据采集和输出模块；算术运算和 PID 运算模块；数据融合模块；显示模块（数字显示和打印、曲线显示）；上、下限报警模块等。此外，还可进行自检、故障诊断和数据通信等。用户在 LabVIEW 软件平台上进行组态，便可成为功能强大、高精度、高稳定性和高可靠性的虚拟变送器。

（3）输出通道　工控机采集到的测量数据经运算和处理后，输出到输出通道，经 D – A 转换成模拟量和放大，最后由 V/I 转换成 DC 4 ~ 20mA 统一标准信号。

利用工控机内的 RS-232 总线或 RS-485 总线与上位微机进行数据通信，或者通过工控机内扩展的调制、解调器（MODEM）将数字信号调制成符合某些现场总线通信协议的通信信号，以便组成现场总线控制系统。

2. 虚拟变送器的特点

由上可见，虚拟变送器是微型计算机技术、多媒体技术和检测技术有机结合的产物，具有传统变送器无可比拟的特点。

（1）功能完善 除了具有检测、变送基本功能外，还具有显示、量程自动转换、上下限报警、自检、自诊断和数据通信等功能。

（2）显示内容丰富 利用触摸屏幕可选择数字显示、曲线显示、记录和数字打印等显示记录模式。显示直观、清晰。

（3）精度高、性能稳定和工作可靠 利用软件编程消除零点漂移、被测参数的非线性特性和交叉灵敏度对精度的影响，并提高了变送器的稳定性和可靠性。

（4）集变送器显示记录仪表和调节仪表等仪表的功能于一体，相当于多套过程控制系统（执行器除外）。

（5）硬件和软件组态灵活、方便 在标准插槽数允许条件下，欲增加被测参数的数量，仅需增加输入、输出插板的通道数量，然后再进行软件组态即可，因此，开发周期短，扩展容易。

（6）性能/价格比高 由于一台虚拟变送器的被测参数的数量多，对单台传统的变送器来说，其价格是相当便宜的。

（7）由于一台计算机完成多台变送器的工作，因此，出现故障的风险过于集中，而且个人计算机在实际工业环境中运行故障概率相对较高，由于这些因素限制了虚拟变送器的广泛应用。

尽管如此，虚拟变送器的发展和部分取代传统仪表变送器已是不争的事实。

思考题与习题

3-1 DDZ-Ⅲ差压变送器是如何实现零点和量程调整的？

3-2 有一压力控制系统选用DDZ-Ⅲ压力变送器，其量程为0～200kPa。生产工艺要求被控压力为(150±2)kPa，现将该变送器的量程调整为100～200kPa。求零点迁移前后该压力变送器的灵敏度。

3-3 DDZ-Ⅲ直流毫伏变送器是如何进行零点与量程调整的？为什么调量程会影响零位？

3-4 某DDZ-Ⅲ直流毫伏变送器，其零点迁移到 $V_{i0}=5\text{mV}(\text{DC})$，零迁后的量程为DC 10mV，求该变送器输出 $I_o=10\text{mA}(\text{DC})$ 时的输入 V_i 为多少毫伏。

3-5 DDZ-Ⅲ温度变送器测温范围为800～1200℃。选择哪一种测温元件较为合适？当输出电流为DC 16mA时，被测温度是多少？

3-6 DDZ-Ⅲ温度变送器测温范围为400～600℃。选择哪一种测温元件较为合适？当温度从500℃变化到550℃时，输出电流变化多少？

3-7 用差压变送器测量图3-57a和图3-57b的液位，为使读数正确，应该如何进行零点迁移？

3-8 用标准孔板测量气体流量，给定设计参数 $p=0.8\text{kPa}$，$t=20℃$。实际被测介质参数 $p_1=0.8\text{kPa}$，$t_1=30℃$。仪表显示流量 $Q=3800\text{m}^3/\text{h}$，求被测介质实际流量大小。

3-9 一只用水标定的浮子流量计，其满刻度值为 $1000\text{m}^3/\text{h}$，不锈钢浮子密度为 7.92g/cm^3。现用来测量密度为 0.72g/cm^3 的乙醇流量，问浮子流量计的测量上限是多少？

3-10 简述涡轮流量计的工作原理。某涡轮流量计的仪表常数 $K=150.4$ 次/L，当它测量流量时的输出频率为 $f=400\text{Hz}$ 时，求其瞬时体积流量为每小时多少立方米？

3-11 已知被测液位最大波动范围为3000～5000Pa，要求测量最大误差不超过±20Pa，试选择差压变送器的测量范围和精度等级。对此变送器应如何进行零点迁移?

3-12 简述红外线气体分析仪的工作原理。它适用于什么场合?

3-13 简述热磁式氧分析仪的工作原理。

3-14 简述 ST3000 系列智能变送器的原理及其功能、特点。

3-15 简述 EJA 智能差压（压力）变送器的原理、功能及其特点。

第 4 章　过程控制仪表

过程控制仪表包括调节器、显示器、操作器，以及数字调节器等各种新型控制仪表及装置。本章主要介绍调节器和显示记录仪表的系统结构、工作原理、主要特性及其应用选择等内容。

4.1　概述

调节器是构成过程控制系统的核心部分，它的控制调节规律直接影响系统品质。所谓控制规律是指控制器的输入信号与输出信号之间的关系。其本质是对偏差 e（给定值信号 x 与变送器送来的测量值信号 z 之差（$e = z - x$））进行比例、积分和微分的综合运算，使控制器产生一个能使偏差至零或很小值的控制信号 u（t）。用数学表达式描述控制规律如下：

$$\Delta u = f(e) = f(z - x) \tag{4-1}$$

调节器的输出信号是相对于控制器输入信号 e 的输出变化量 Δu。如果输入 e 与 Δu 的变化方向相同，则称控制器为正作用控制器：反之，如果输入 e 与 Δu 变化方向相反，则称控制器为反作用控制器。

控制规律来源于人工操作方法的总结，是在模拟、总结人工操作经验的基础上发展起来的控制规律。调节器的控制类型分为：PID、BANG-BANG、WAS、SMITH、选择、均匀和比值等。

1. 理想 PID 调节器

理想 PID 调节器控制规律如下：

$$u(t) = f_p(e(t)) + f_i(e(t)) + f_d(e(t)) \tag{4-2}$$

式中：

$$u_p(t) = f_p(e(t)) = K_p e(t)$$

$$u_i(t) = f_i(e(t)) = \frac{1}{T_i}\int e(t)\,dt$$

$$u_o(t) = f_d(e(t)) = T_d \frac{de(t)}{dt}$$

PID 调节器传递函数：

$$G(S) = K_p(1 + (1/T_i)(1/S) + T_d S) \tag{4-3}$$

式中，K_p 为比例系数；T_i 为积分系数；T_d 为比微分系数。

PID 控制器的控制规律有：比例控制（P）、积分控制（I）、微分控制（D）及它们的组合形式，如比例积分控制（PI）、比例微分控制（PD）、比例积分微分控制（PID）。

不同的控制规律有不同的控制特性，适应于不同的生产过程，必须根据生产要求选用控制规律。所以必须了解常用的几种控制规律的特点和适用条件，然后，根据过渡过程的品质指标要求，结合具体对象特征，合理选择控制规律。

2. 双位控制

双位控制的动作规律是当测量值大于给定值时，控制器的输出为最大（或最小），而当测量值小于给定值时，则输出为最小（或最大），即控制器只有两个输出值，相应的控制机构只有开和关两个极限位置，因此又称为开关控制。理想的双位控制特性见图 4-1。

理想的双位控制器其输出 u 和输入偏差 e 之间的关系为

$$u = \begin{cases} u_{max} & e > 0(\text{或}\, e < 0)\ \text{时} \\ u_{min} & e < 0(\text{或}\, e > 0)\ \text{时} \end{cases} \tag{4-4}$$

图 4-2 是一个采用双位控制的液位控制系统，它利用电极式液位计来控制储槽的液位，槽内装有一根电极作为测量液体的装置，电极的一端与继电器 K 的线圈相接，另一端调整在液位给定值的位置，导电的流体由装有电磁阀 Y 的管线进入储槽，经下部出料管流出。储槽外壳接地，当液位低于给定值 H_0 时，流体未接触电极，继电器断路，此时电磁阀 Y 全开，流体流入储槽使液位上升，当液位上升至稍大于给定值时，流体与电极接触，于是继电器接通，从而使电磁阀全关，流体不再进入储槽。但槽内流体仍在继续往外排出，故液位将要下降。当液位下降至稍小于给定值时，流体与电极脱离，于是电磁阀又开启，如此反复循环，而液位被维持在给定值上下很小一个范围内波动。可见控制机构的动作非常频繁，这样会使系统中的运动部件（例如继电器、电磁阀等）因动作频繁而损坏，因此实际应用的双位控制器具有一个中间区。

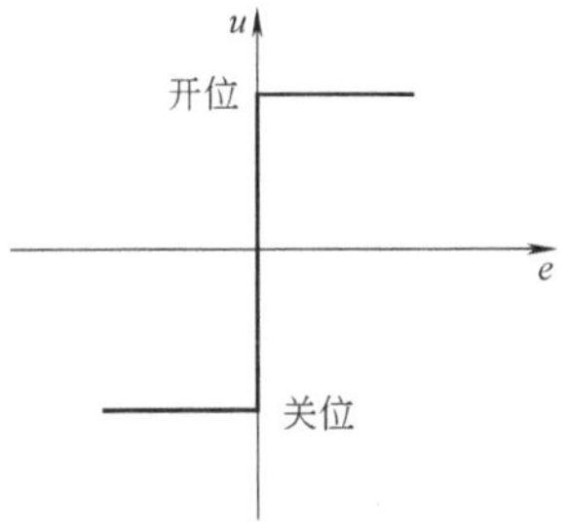

图 4-1 理想的双位控制特性

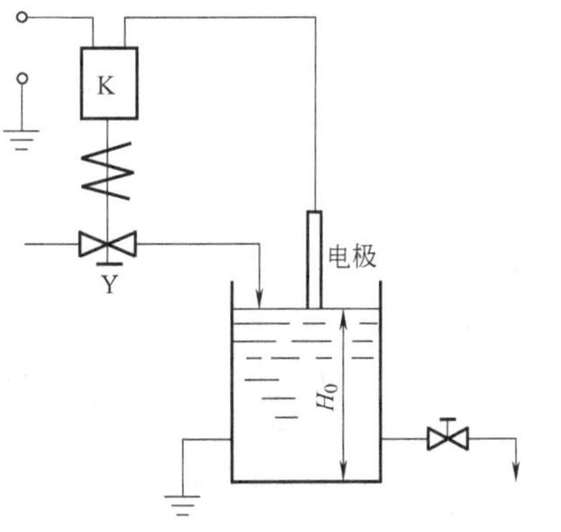

图 4-2 采用双位控制的液位控制系统

4.2 DDZ-Ⅲ型调节器

在实际工业生产应用中，调节器是构成自动控制系统的核心仪表，它将来自变送器的测量信号 V_i 与调节器的内给定或外给定信号 V_s 进行比较，得到其偏差 ε，即

$$\varepsilon = V_i - V_s \tag{4-5}$$

然后调节器对该偏差信号按某一规律进行运算，输出调节信号控制执行机构的动作，以实现对被控参数如温度、压力、流量或液位等的自动控制作用。

调节器的分类方法很多，按使用的能源来分，有气动调节器和电动调节器；按结构形式来分，有基地式调节器、单元组合调节器和组装式调节器等；按信号类型来分，有模拟调节器和数字式调节器。

单元组合调节器有气动单元组合调节器和电动单元组合调节器，它们的发展已经经历了Ⅰ型、Ⅱ型和Ⅲ型调节器。由于DDZ-Ⅲ调节器性能优越，易于与计算机联用，在过程控制系统中应用广泛，故本章主要介绍DDZ-Ⅲ调节器的组成、工作原理及其外特性。

DDZ-Ⅲ型调节器有全刻度指示和偏差指示两个基本品种。它们的线路结构和工作原理基本相同，仅指示电路有差异。本节介绍全刻度指示调节器。其组成框图见图4-3，其电路原理图见图4-4。

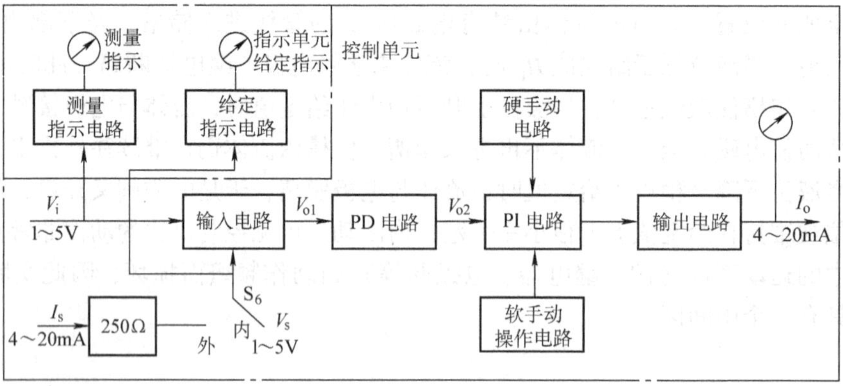

图4-3 全刻度指示调节器组成框图

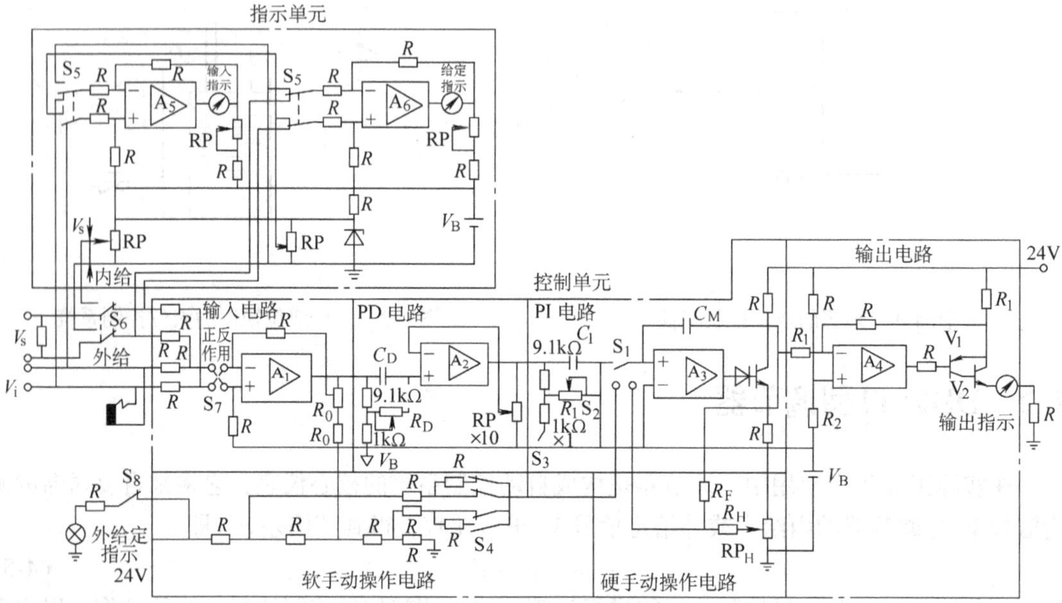

图4-4 全刻度指示调节器电路原理图

由图 4-3 和图 4-4 可见，调节器由控制单元和指示单元组成。控制单元包括输入电路、PD 和 PI 电路、软手动操作和硬手动操作电路；指示单元包括测量信号指示和给定信号指示电路。

调节器的作用是将来自变送器的 DC 1 ~ 5V 信号与 DC 1 ~ 5V 的给定信号比较得到偏差信号 ε，ε 经调节器进行 PID 运算后，并转换成 DC 4 ~ 20mA 送到执行器，实现对被控参数的自动控制。

调节器的测量信号和内给定信号均是以 0V 为基准的 DC 1 ~ 5V 信号，而外给定信号是 DC 4 ~ 20mA 通过 250Ω 精密电阻转换成以 0V 为基准的 DC 1 ~ 5V 信号。内、外给定由开关 S_6 选择。

调节器的正反作用由开关 S_7 选择(见图 4-4)。正作用是指随着偏差 ε 增加或减小，调节器的输出增加或减小，而反作用是指随着偏差 ε 的增加或减小，调节器的输出减小或增加。

调节器有自动、软手动和硬手动三种工作状态，由联动开关 S_1、S_4 进行选择和切换。

调节器各部分的工作原理分述如下。

4.2.1　输入电路

输入电路的主要作用是获得输入信号 V_i 和给定信号 V_s 之偏差 $\varepsilon = V_i - V_s$，对 ε 进行放大和电平转移。其电路原理见图 4-5。

由图可见，V_i 和 V_s 均是以零伏为基准的电压信号，反相地通过两对并联输入电阻 R 加到运算放大器 A_1 的两个输入端，其输出是以 $V_B = 10V$ 为基准的电压信号 V_{o1}，$V_{o1}/2$ 通过反馈电阻 R 负反馈到 A_1 的反相输入端。

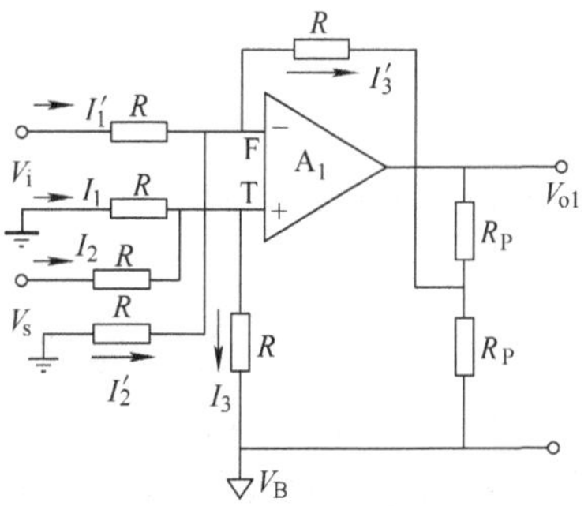

图 4-5　输入电路

设 A_1 为理想运算放大器，其开环增益和输入阻抗为无穷大，T 点和 F 点同电位，即 $V_F = V_T$。由节点电流法可求得

$$I_1' + I_2' = I_3'$$
$$I_1 + I_2 = I_3$$

即

$$\frac{V_i - V_F}{R} + \frac{0 - V_F}{R} = \frac{V_F - \left(\frac{1}{2}V_{o1} + V_B\right)}{R} \tag{4-6}$$

$$\frac{0 - V_T}{R} + \frac{V_s - V_T}{R} = \frac{V_T - V_B}{R} \tag{4-7}$$

联立求解式(4-6)和式(4-7)得

$$V_{o1} = -2(V_i - V_s) = -2\varepsilon \tag{4-8}$$

由上列各式可见：

1）输出信号 V_{o1} 是偏差信号 ε 的 2 倍，负号表示 V_i 是反相输入。

2）V_i 和 V_s 均以 0V 为基准的 DC 1 ~ 5V，而 V_{o1} 是以 $V_B = 10V$ 为基准的信号，从而实现

了电平转移。

采用电平移动输入电路的作用：一方面满足运算放大器的共模输入电压范围；另一方面也保证了后面各运算电路满足共模输入电压范围的要求。

4.2.2 比例微分电路

图4-6为比例微分(PD)电路，其输入 V_{o1} 和输出 V_{o2} 均为以 $V_B=10V$ 为基准的电压信号。图中，C_D 为微分电容；R_D 为微分电阻；RP为比例电位器。调节 R_D 和RP便可调节微分时间和比例度。

图4-6所示比例微分电路由无源比例微分电路和比例运算放大器 A_2 组成，见图4-7。设 A_2 为理想运算放大器，其开环增益和输入阻抗均为无穷大，而输出阻抗为零，则可不考虑放大器的影响，前后两部分可单独分析其运算关系。然后两部分的传递函数相乘，即可得出比例微分电路的传递函数。

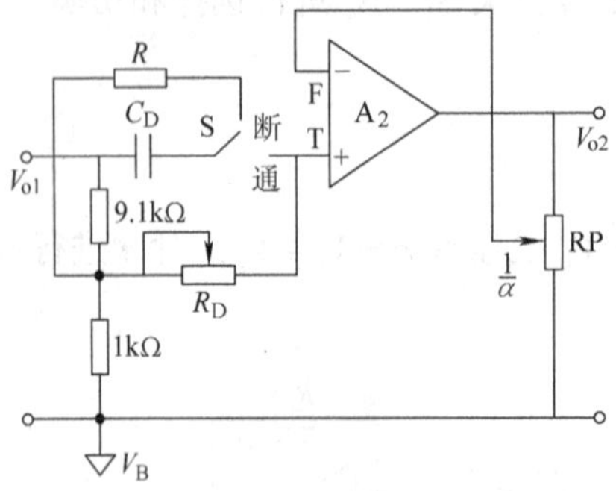

图4-6 比例微分（PD）电路

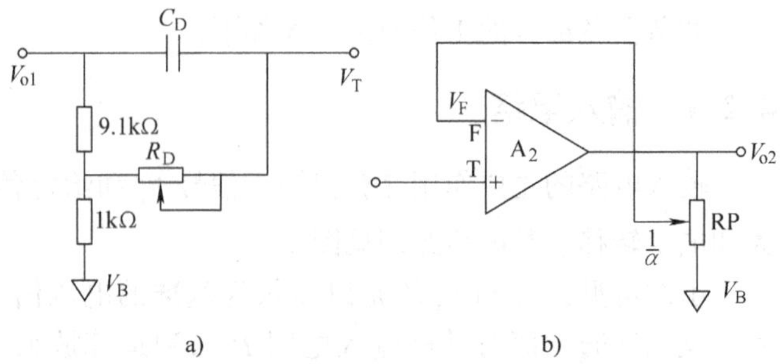

图4-7 比例微分电路的组成

a）无源比例微分电路 b）比例放大电路

图4-7a为无源比例微分电路。当输入信号 V_{o1} 为一阶跃作用时，在阶跃瞬间($t=0^+$)，由于电容 C_D 上电压不能突变，此时，$V_T(0^+)=V_{o1}$；随着时间的推移，C_D 上的压降按指数规律上升，而 V_T 按指数规律下降，当 $t=\infty$ 时，C_D 充电结束，$V_T(\infty)=\frac{1}{n}V_{o1}$，并保持该值不变。

比例微分电路的输出信号 V_{o2} 与同相端T点的电压 V_T 为简单的比例放大关系，其比例系数为 α，当输入信号 V_{o1} 以阶跃作用加入后，V_{o2} 的变化曲线形状与 V_T 相同，其数值关系为

$$V_{o2}=\alpha V_T$$

图4-8为输入 V_{o1} 为阶跃作用时，比例微分电路输出信号 V_{o2} 的变化曲线。

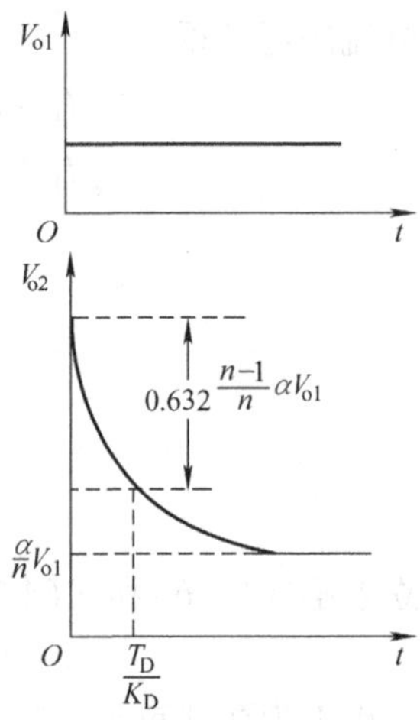

图4-8 PD电路输出的阶跃响应曲线

设 A_2 为理想运算放大器，由图4-7a可得

$$V_T(s)=\frac{V_{o1}(s)}{n}+\frac{n-1}{n}V_{o1}(s)\frac{R_D}{R_D+\frac{1}{C_Ds}}$$

$$=\frac{1}{n}\frac{1+nR_{D}C_{D}s}{1+R_{D}C_{D}s}V_{o1}(s)$$

由图 4-7b 可得

$$V_{F}(s)=\frac{1}{\alpha}V_{o2}(s)$$

因为 $V_{F}(s)=V_{T}(s)$，所以 $V_{o2}(s)=\alpha V_{T}(s)$。

由上列各式可求得 $V_{o2}(s)$ 为

$$V_{o2}(s)=\frac{\alpha}{n}\frac{1+nR_{D}C_{D}s}{1+R_{D}C_{D}s}V_{o1}(s)$$

为了把上式化成一般形式，设微分增益 $K_{D}=n$；微分时间 $T_{D}=nR_{D}C_{D}=K_{D}R_{D}C_{D}$，则

$$V_{o2}(s)=\frac{\alpha}{K_{D}}\frac{1+T_{D}s}{1+\frac{T_{D}}{K_{D}}s}V_{o1}(s)$$

所以 PD 电路的传感函数为

$$W_{PD}(s)=\frac{V_{o2}(s)}{V_{o1}(s)}=\frac{\alpha}{K_{D}}\frac{1+T_{D}s}{1+\frac{T_{D}}{K_{D}}s} \tag{4-9}$$

当 V_{o1} 为阶跃作用时，利用拉普拉斯反变换，可求得

$$V_{o2}(t)=\frac{\alpha}{K_{D}}[1+(K_{D}-1)e^{-\frac{K_{D}}{T_{D}}t}]V_{o1}(t) \tag{4-10}$$

式(4-10)是当输入 V_{o1} 为阶跃作用时，V_{o2} 随时间变化的数学表达式。

当 $t=0^{+}$ 时，$V_{o2}(0^{+})=\alpha V_{o1}$

当 $t=\infty$ 时，$V_{o2}(\infty)=\frac{\alpha}{K_{D}}V_{o1}$

当 $t=\frac{T_{D}}{K_{D}}$ 时，$V_{o2}\left(\frac{T_{D}}{K_{D}}\right)=\frac{\alpha}{K_{D}}[1+(K_{D}-1)e^{-1}]V_{o1}$

可得

$$\frac{V_{o2}(0^{+})-V_{o2}\left(\frac{T_{D}}{K_{D}}\right)}{V_{o2}(0^{+})-V_{o2}(\infty)}=63.2\%$$

根据上式可用实验法求取微分时间 T_{D}。

当开关 S 置于图 4-6 所示位置时，该电路为比例微分电路。

当 S 处于“断”位置时，微分作用被切除，电路仅具有比例作用。此时微分电容 C_{D} 通过电阻 R 并联在 9.1kΩ 电阻两端，C_{D} 上的电压始终跟随 9.1kΩ 电阻上的压降。当 S 需要从“断”位置切换至“通”位置时，在切换的瞬间，由于电容上的电压不能突变，从而 V_{o2} 保持不变，对控制系统不产生扰动，实现无扰动切换。

4.2.3　比例积分电路

比例积分(PI)电路见图 4-9。它的输入信号是以 $V_{B}=10V$ 为基准的 PD 电路的输出信号

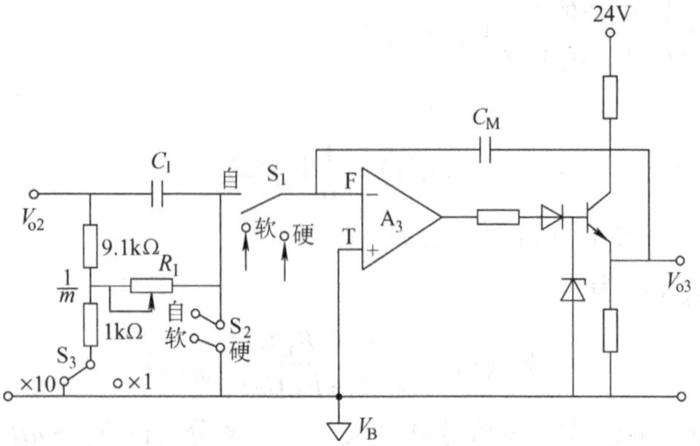

图4-9 比例积分（PI）电路

V_{o2}，进行PI运算后，输出以$V_B=10V$为基准的1～5V电压V_{o3}，送到输出电路。

该电路由A_3、R_I、C_I和C_M等组成。S_1和S_2为自动、软手动和硬手动联动切换开关；S_3为积分档切换开关。该电路除了实现PI运算外，手动操作信号也从该级输入。A_3的输出端接电阻和二极管，然后通过射极跟随器输出，这是为了便于加接输出限幅器而设置的，稳压管起限幅作用。

由于射极跟随器的输出与A_3输出信号同相位，且幅值几乎相等，为便于分析，可把射极跟随器包括在A_3中，于是可简化成图4-10。手动操作另行讨论。

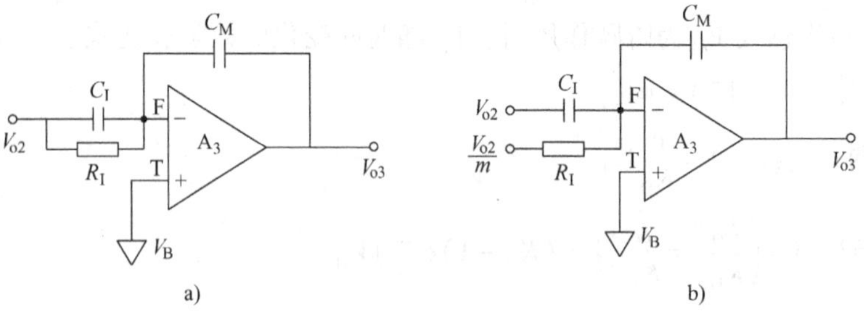

图4-10 比例积分（PI）电路的简化

a）S_3在$T_I\times1$档 b）S_3在$T_I\times10$档

设S_1处于自动位置，S_3在“$T_I\times1$”档，$m=1$，见图4-10a，且A_3为理想运算放大器，即其开环增益无穷大，输入电阻为无穷大，$V_F=V_T$。由图可见，C_I与C_M组成比例运算电路，即

$$V_{o3P}=-\frac{\frac{1}{C_M s}}{\frac{1}{C_I s}}V_{o2}=-\frac{C_I}{C_M}V_{o2}$$

R_I与C_M组成积分运算电路，即

$$V_{o3I}=-\frac{1}{C_M}\int\frac{V_{o2}}{R_I}\mathrm{d}t=-\frac{1}{R_I C_M}\int V_{o2}\mathrm{d}t$$

不难看出，PI 电路的输出是上述两种运算的叠加，即

$$V_{o3} = -\frac{C_I}{C_M}V_{o2} - \frac{1}{R_I C_M}\int V_{o2}\,dt$$

当 V_{o2} 为常数时

$$V_{o3} = -\frac{C_I}{C_M}V_{o2} - \frac{t}{R_I C_M}V_{o2}$$

经整理后可得

$$V_{o3} = -\frac{C_I}{C_M}\left(1 + \frac{t}{R_I C_I}\right)V_{o2}$$

当 S_3 处于“$T_I \times 10$”档时，$m = 10$，见图 4-10b，同理可得

$$V_{o3} = -\frac{C_I}{C_M}\left(1 + \frac{t}{mR_I C_I}\right)V_{o2}$$

设积分时间 $T_I = mR_I C_I$，则

$$V_{o3} = -\frac{C_I}{C_M}\left(1 + \frac{t}{T_I}\right)V_{o2} \tag{4-11}$$

式(4-11)表示的是一个理想的比例积分环节。实际上 A_3 的增益不可能为无穷大，设 A_3 的开环增益为 K_3，根据图 4-10b 可得

$$\frac{V_{o2}(s) - V_F(s)}{\dfrac{1}{C_I s}} + \frac{\dfrac{V_{o2}(s)}{m} - V_F(s)}{R_I} = \frac{V_F(s) - V_{o3}(s)}{\dfrac{1}{C_M s}} \tag{4-12}$$

因为 K_3 为有限值，所以 $V_F \neq 0$(以 10V 为基准)，则有

$$V_{o3} = -K_3 V_F(s) \tag{4-13}$$

将式(4-13)代入式(4-12)，经整理后得

$$W_{PI}(s) = \frac{V_{o3}(s)}{V_{o2}(s)} = \frac{-\dfrac{C_I}{C_M}\left(1 + \dfrac{1}{mR_I C_I}\right)}{1 + \dfrac{1}{K_3}\left(1 + \dfrac{C_I}{C_M}\right) + \dfrac{1}{K_3 R_I C_M s}}$$

因为 $K_3 \geqslant 10^5$，所以 $\frac{1}{K_3}\left(1 + \frac{C_I}{C_M}\right) \ll 1$，可忽略不计，则有

$$W_{PI}(s) = -\frac{C_I}{C_M}\frac{1 + \dfrac{1}{mR_I C_I s}}{1 + \dfrac{1}{K_3 R_I C_M s}}$$

设积分增益 $K_I = \frac{K_3 C_M}{mC_I}$，$T_I = mR_I C_I$，把上式化成一般形式

$$W_{PI}(s) = -\frac{C_I}{C_M}\frac{1 + \dfrac{1}{T_I s}}{1 + \dfrac{1}{K_I T_I s}} \tag{4-14}$$

式 (4-14) 是Ⅲ型调节器 PI 电路的传递函数表达式。当输入为阶跃作用时，利用拉普

拉斯反变换可得 V_{o3} 的时间函数表达式

$$V_{o3}(t)=-\frac{C_I}{C_M}[K_I-(K_I-1)e^{-\frac{t}{K_IT_I}}]V_{o2}(t)$$

由上式可知

$$\left.\begin{aligned}t=0\text{ 时},\ V_{o3}(0)&=-\frac{C_I}{C_M}V_{o2}\\t=\infty\text{时},\ V_{o3}(\infty)&=-\frac{C_I}{C_M}K_IV_{o2}\\t=T_I\text{ 时},\ V_{o3}(T_I)&=-2\frac{C_I}{C_M}V_{o2}\end{aligned}\right\}\tag{4-15}$$

由式(4-15)可作出实际 PI 电路在 V_{o2} 为阶跃作用时输出 V_{o3} 的响应特性，见图 4-11。根据式(4-15)，可用实验法来测定积分时间 T_I。

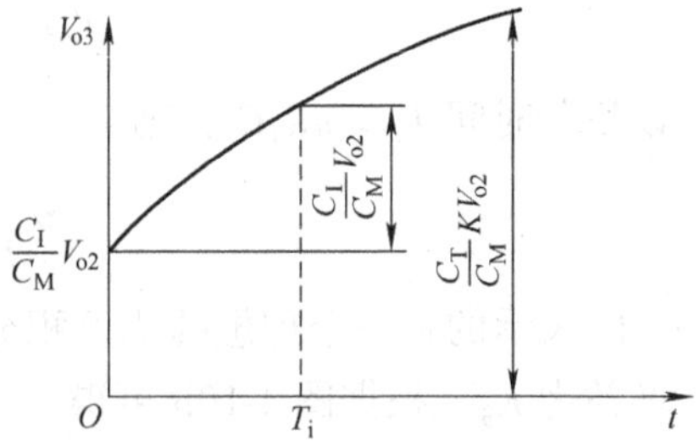

图 4-11 PI 电路输出阶跃响应曲线

在实际 PI 电路中，由于运放 A_3 的开环增益 K_3 为有限值，因此，尽管输入信号 V_{o2} 存在，积分输出也不能无限增加或减小，其最大输出由式(4-15)决定，所以系统仍有残余误差，其大小就是积分作用终了时对应的输入信号，即

$$V_{o2}=-\frac{C_M}{C_I}\frac{1}{K_I}V_{o3}(\infty)$$

由于 $C_M=C_I=10\mu F$，设 $K_3=10^5$，则在"$T_I\times1$"档，$m=1$，$K_I=10^5$，$V_{o2}=-V_{o3}(\infty)/10^5$；在"$T_I\times10$"档，$m=10$，$K_I=10^4$，$V_{o2}=-V_{o3}(\infty)/10^4$。可见，DDZ-Ⅲ调节器在系统中产生的残差是很小的。

4.2.4 整机的比例积分微分电路传递函数

前面介绍了调节器的输入电路、PD 运算电路和 PI 运算电路，这三个环节决定了整机的比例积分微分(PID)电路传递函数。调节器的输入为 1～5V，经 PID 运算后，输出亦为 1～5V。综合考虑式(4-8)、式(4-9)和式(4-14)可得调节器的传递函数框图，见图 4-12。

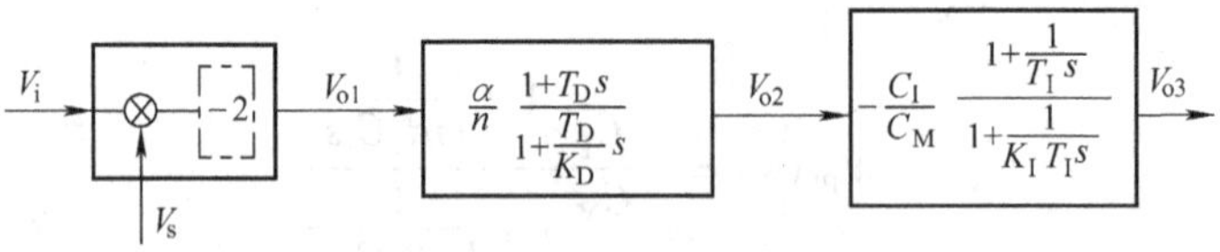

图 4-12 调节器传递函数框图

于是调节器的传递函数

$$W(s)=\frac{V_{o3}(s)}{V_i(s)-V_s(s)}=\frac{2\alpha}{n}\frac{C_I}{C_M}\frac{1+T_Ds}{1+\frac{T_D}{K_D}s}\frac{1+\frac{1}{T_Is}}{1+\frac{1}{K_IT_Is}}$$

$$=\frac{2\alpha}{n}\frac{C_I}{C_M}\frac{1+\frac{T_D}{T_I}+\frac{1}{T_Is}+T_Ds}{1+\frac{T_D}{K_DK_IT_I}+\frac{1}{K_IT_Is}+\frac{T_D}{K_D}s}$$

设 $F=1+\frac{T_D}{T_I}$，$K_P=\frac{2\alpha C_I}{nC_M}$，并考虑到上式中$\frac{T_D}{K_DK_IT_I}\ll 1$，可忽略，则得

$$W(s)=K_PF\frac{1+\frac{1}{FT_Is}+\frac{T_D}{F}s}{1+\frac{1}{K_IT_Is}+\frac{T_D}{K_D}s} \tag{4-16}$$

式中，F 为干扰系数，$F=1+\frac{T_D}{T_I}$；K_P 为比例增益，$K_P=\frac{2\alpha C_I}{nC_M}$；$\delta=\frac{1}{K_P}$；$\delta$ 为比例度；T_D 为微分时间，$T_D=nR_DC_D=10R_DC_D$；K_D 为微分增益，$K_D=n=10$；T_I 为积分时间，$T_I=mR_IC_I$；K_I 为积分增益，$K_I=\frac{K_3}{m}\frac{C_M}{C_I}$。

由于相互干扰系数 F 的存在，实际整定参数与刻度值($F=1$ 时)之间的关系为

$$\delta^*=\frac{\delta}{F},\quad T_D^*=\frac{T_D}{F},\quad T_I^*=FT_I$$

式中，δ^*、T_D^* 和 T_I^* 为实际值；δ、T_D 和 T_I 为 $F=1$ 时的刻度值。

当输入信号为阶跃作用时，对式(4-16)进行拉普拉斯反变换，可求得输出与输入的时间函数表达式

$$V_{o3}(t)=K_P\left[F+(K_I-F)\left(1-e^{-\frac{t}{K_IT_I}}\right)+(K_D-F)e^{-\frac{K_D}{T_D}t}\right](V_i-V_s)$$

由上式可求得

$$\left.\begin{aligned}&\text{当 } t=0 \text{ 时，} V_{o3}(0)=K_DK_P(V_i-V_s)\\&\text{当 } t=\infty \text{ 时，} V_{o3}(\infty)=K_PK_I(V_i-V_s)\end{aligned}\right\} \tag{4-17}$$

图 4-13 为输入信号为阶跃作用时，调节器的输出响应特性。

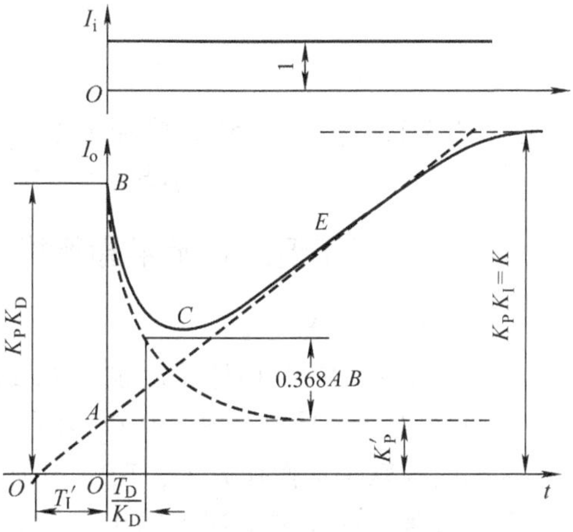

图 4-13　PID 调节器的输出阶跃响应曲线

由式(4-17)可求得由于积分增益有限，造成的静态误差为

$$\varepsilon=V_i-V_S=\frac{V_{o3}(\infty)}{K_IK_P}$$

已知 $K_{Pmin}=0.2$，$K_{Imin}=10^4$，$V_{o3}(\infty)=5V$，可见 ε 很小。

4.2.5　输出电路

调节器的输出电路见图 4-14。其输入信号是经过 PID 运算后的以 $V_B=10V$ 为基准的 1～5V 电压信号 V_{o3}，输出电路的作用是将 V_{o3}转换成一端接地(0V)的负载电阻 R_L 的电流 I_o = 4～20mA(DC)统一标准信号。实际上它是电压/电流转换器，并把以 $V_B=10V$ 为基准的电压

转换到以0V为基准，实现电平转移。

为了提高输出电路的带负载能力和恒流性能，输出级用 V_1 和 V_2 组成复合管，并在其集电极引入深度负反馈电阻 R_f。

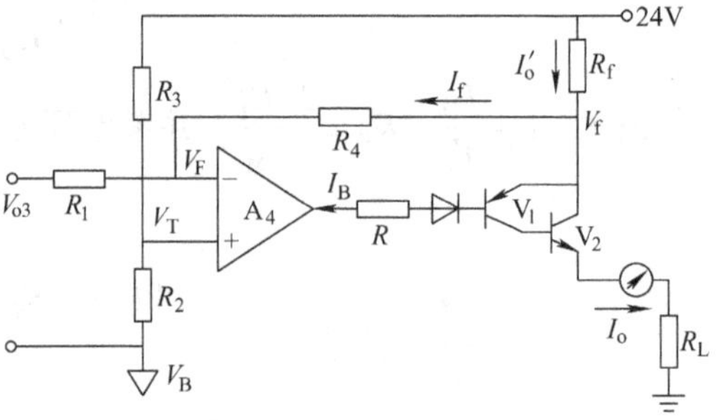

图4-14 调节器的输出电路

图4-14实际上是一个比例运算电路，设 $R_3=R_4=10k\Omega$，$R_1=R_2=4R_3$ 可列出下列数值方程

$$V_T=\frac{24-V_B}{R_2+R_3}R_2+V_B=\frac{V_B}{5}+\frac{4}{5}\times 24$$

$$\frac{V_f-V_F}{R_4}=\frac{V_F-V_{o3}-V_B}{R_1}=\frac{V_F-V_{o3}-V_B}{4R_4}$$

即

$$V_F=\frac{4}{5}V_f+\frac{1}{5}(V_{o3}+V_B)$$

设 A_4 为理想运算放大器，$V_F=V_T$，则

$$V_f=24-\frac{1}{4}V_{o3} \tag{4-18}$$

由图4-14可求得

$$V_f=24-I_o'R_f \tag{4-19}$$

由式(4-18)和式(4-19)可求得

$$I_o'=\frac{V_{o3}}{4R_f}$$

忽略反馈支路电流 I_f 和晶体管 V_1 的基极电流 I_B，则有

$$I_o\approx I_o'$$

即

$$I_o=\frac{V_{o3}}{4R_f} \tag{4-20}$$

取 $R_f=62.5\Omega$，$V_{o3}=1\sim5V$，则输出电流 $I_o=4\sim20mA$。

实际上，忽略 I_B 和 I_f 会引起一定的误差，为提高 I_o 的精度，实际调节器中 $R_1=40.25k\Omega$。

4.2.6 手动操作电路和无平衡无扰动切换

1. 手动操作电路

调节器的手动操作电路是附加在PI运算电路中而组成的，有软手动操作和硬手动操作两种，见图4-15。图中，S_1 和 S_2 为自动、软手动操作、硬手动操作选择的联动开关；$S_{4-1}\sim S_{4-4}$ 为软手动操作开关；RP_H 为硬手动操作定位器。

软手动操作是指调节器的输出电流 I_o 与手动操作的输入电压成积分关系；硬手动操作是指调节器的输出电流 I_o 与手动操作的输入电压成比例关系。

(1) 软手动操作电路 图4-15中，将 S_1、S_2 置于软手动操作位置时，其等效电路见图4-16。可见，该电路是一个反相输入的积分运算电路。

当按下 S_{4-1} 或 S_{4-2} 时，将 $-V_M$ 作为输入，V_{o3} 积分上升；而按下 S_{4-3} 或 S_{4-4} 时，将 $+V_M$ 作为输入，V_{o3} 积分下降。

由图4-15可见，当按下 S_{4-1} 或 S_{4-3} 时，由于 R_M 较小(仅一个电阻)，为快速软手动操作，V_{o3}由 1V 变化到 5V（对 $V_B=10V$）仅需 6s 时间；当按下 S_{4-2}或 S_{4-4}时，由于 R_M 较大（两个电阻串联），为慢速软手动操作，V_{o3}由 1V 变化到 5V 需 100s 时间。

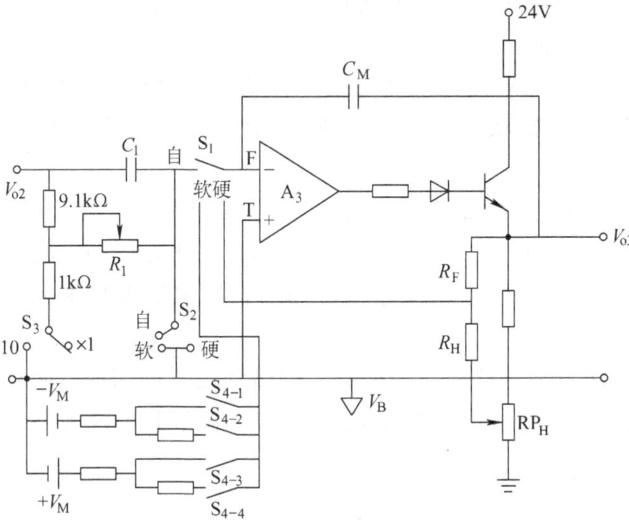

图 4-15 手动操作电路

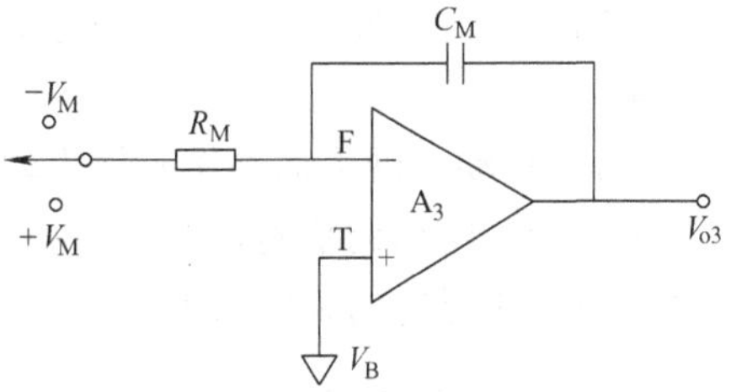

图 4-16 软手动操作电路

（2）保持电路 当 $S_{4-1}\sim S_{4-4}$处于断开位置时为保持电路，见图 4-17。此时放大器输入端浮空。若 A_3 为理想运算放大器，且 C_M 的漏电阻为无穷大，则放大器无放电回路而长时间保持 V_{o3}不变，此时，由于 $V_F=V_T=0V$（对 $V_B=10V$ 而言），则 $V_{o3}=V_{CM}$。V_{CM}为电容 C_M 上的压降。但是，由于 A_3 不是理想运放和 C_M 的漏阻也不可能为无穷大，V_{o3}总会随着时间慢慢变化。目前，DDZ-Ⅲ调节器能达到的保持能力为每小时输出变化不大于满量程的 0.1%。

（3）硬手动操作电路 当开关 S_1、S_2 处于硬手动操作位置时，其等效电路见图 4-18。

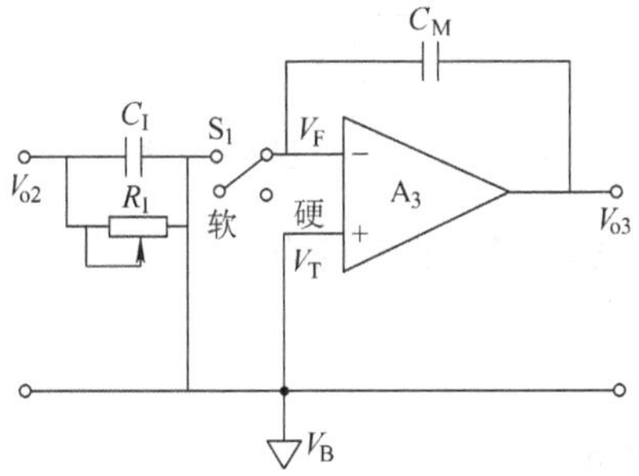

图 4-17 保持电路

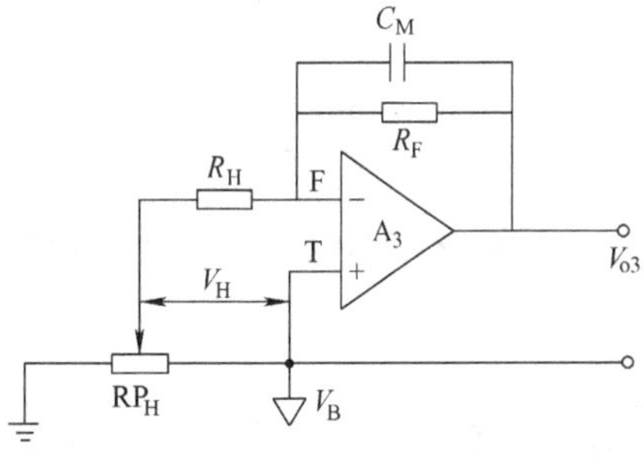

图 4-18 硬手动操作电路

此时，将 R_F 与 C_M 并联，该电路成为时间常数 $T=R_FC_M$ 的惯性环节，其传递函数为

$$\frac{V_{o3}(s)}{V_H(s)}=-\frac{R_F}{R_H}\frac{1}{1+R_FC_Ms}$$

调节器中，$R_F=30k\Omega$，$C_M=10\mu F$，则 $T=0.3s$，可忽略不计。若取 $R_F=R_H=30k\Omega$ 则图 4-18成为 1:1 的电压跟随器，即 V_{o3}跟随硬手动操作电压 V_H 变化。调节电位器 RP_H 改变

V_H 便能改变调节器的输出电流。

2. 无平衡无扰动切换

无平衡无扰动切换是指切换时无须预先调平衡，可随时切换至所需位置，而切换前、后调节器的输出电流不变，对生产过程不产生扰动。

1）自动⟺软手动操作的切换是双向无平衡无扰动切换。自动→软手动操作切换时，由于S_{4-1} ~ S_{4-4}未扳到 V_M 时，电路处于保持状态（见图 4-13），对调节器的输出无影响，故不产生扰动。

软手动操作→自动切换时，由于积分电容 C_I 的电压恒等于 V_{o2}，$V_F=0V$（对 $V_B=10V$），C_I 与 F 点相接的一端也是 0V，所以切换瞬间 C_I 无充放电现象，V_{o3}不变，对系统不产生扰动。

2）同理，硬手动操作→软手动操作或者硬手动操作→自动的切换也是无平衡无扰动切换。

3）自动→硬手动操作或软手动操作→硬手动操作切换时，欲做到无扰动切换，必须预先调平衡。所谓调平衡是指在切换前，首先将硬手动操作电位器 RP_H 调节到与调节器当前输出电流相对应的刻度值上。

4.2.7 指示电路

DDZ-Ⅲ调节器中，有全刻度指示和偏差指示调节器之分，前者以全刻度（0%~100%）指示输入信号和给定信号，后者指示输入信号与给定信号的偏差 ε。下面以全刻度指示电路进行分析。

全刻度指示电路见图 4-19，它将以 0V 为基准的 1~5V 转换成以 $V_B=10V$ 为基准的 1~5mA 电流信号，用 1~5mA 电流表指示。

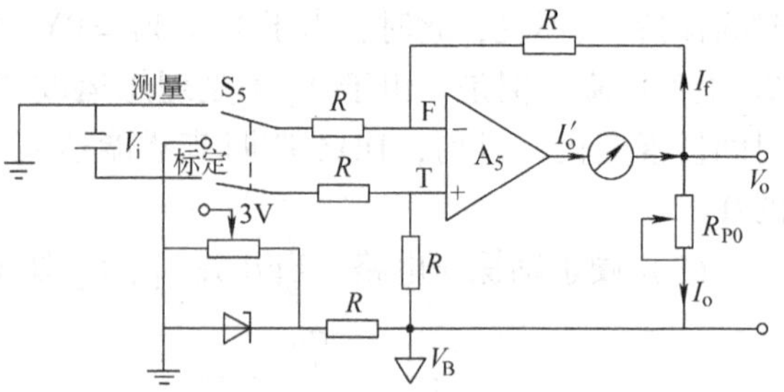

图 4-19 全刻度指示电路

设 A_5 为理想运放，$V_T=V_F$，图中，电阻 R 均为 500kΩ，该电路是一个电压跟随器，$V_o=V_i$。

于是
$$I_o=\frac{V_o}{R_{P0}}=\frac{V_i}{R_{P0}}$$

由于反馈支路的电流 I_f 很小，可忽略不计，故流过电流表的电流为

$$I'_o \approx I_o=\frac{V_i}{R_{P0}} \tag{4-21}$$

若取 $R_{P0}=1k\Omega$，当输入信号 $V_i=1\sim5V$ 时，$I'_o=1\sim5mA$。

为便于检查指示精度，图中增设了标定电路，当开关 S_5 置于“标定”位置时，$V_i=3V$，流过电流表的电流为 3mA，应指示在 50% 刻度上。若指示不准，则可调整表头的机械零点或调整电位器 RP_0，其阻值应大于 1kΩ。

*4.3 改进型调节器

随着生产过程的复杂化和严格要求，出现各种复杂的调节系统，而采用基型调节器往往

达不到生产过程所要求的控制指标。因此要求调节器的功能在基型调节器基础上进一步扩大。实现方法是在基型调节器内部增加各种附加单元，以改善其性能。

4.3.1　抗积分饱和调节器

前述的基型调节器在正常工作时，输出 V_{o3}等于积分电容 C_M 上的 V_{CM}。但是，根据 PI 电路的特性，只要输入 V_{o2}存在，V_{o3}就不断增加或减小，直到被限制在最大或最小值为止，此时 V_{o3}不能跟随 V_{CM}变化，即 V_{o3}已被限制，而 V_{CM}仍不断增大或减小，$V_{o3} \neq V_{CM}$，$V_F \neq V_T$，A_3 进入饱和状态，称为积分饱和。在积分饱和状态，若此时输入信号极性改变，输出信号不能及时跟着变化，造成调节不及时，从而使控制品质变坏。

为了提高系统的控制品质，设计抗积分饱和调节器，它是在基型调节器中附加抗积分饱和环节组成的，它有积分反馈型和偏差反馈型两种。这里主要介绍积分反馈型抗积分饱和调节器，见图 4-20。由图可见，在 PI 电路中附加 A_5、A_6 和场效应晶体管 V 形成负反馈；V_H 和 V_L 为上下限幅给定电压。下面分析其限幅原理。

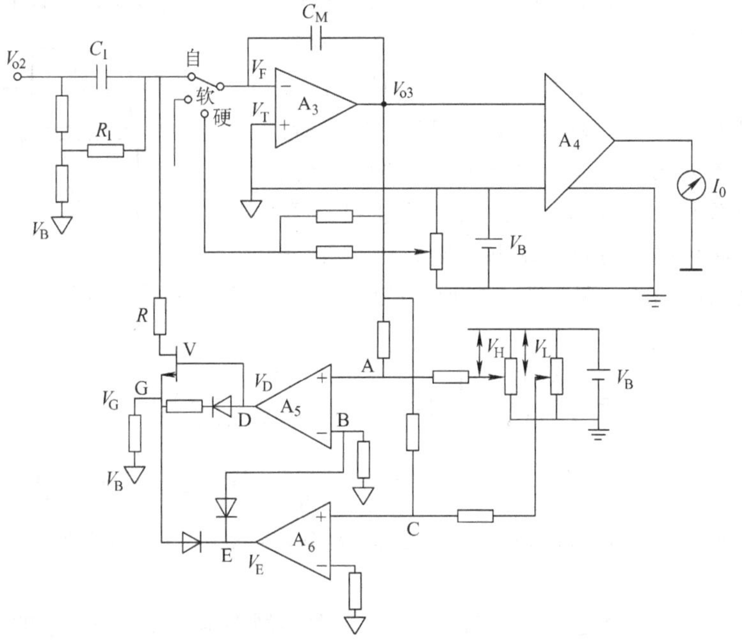

图 4-20　积分反馈型抗积分饱和调节器的组成

设调节器处于反作用，且比例度整定在较小值(K_P 较大)。

(1) 正向限幅　设 V_i 较小，$\varepsilon = V_i - V_s$ 为负向较大，则 V_{o2}下降到 A_2 负向饱和值，V_{o3}很快上升。当 V_{o3}上升大于正向限幅给定值 V_H 时，A_5 输出端 V_D 为高电位，V 导通。由于 G 点电位 V_G 比 V_B 高，所以 V_G 通过 R、C_M 使 V_{o3}下降，形成负反馈，V_{o3}被限制在给定上限值 V_H 上，A_3 处于正常工作状态，不会出现积分饱和。

(2) 正常 PI 运算　当 V_i 接近 V_s 时，ε 较小，V_{o2}随 V_i 的增加而上升，引起 V_{o3}下降，当 V_{o3}开始低于给定值 V_H 时，A 点的电位 V_A 低于 B 点电位 V_B，故 D 点为低电位，VT 截止。此时，调节器进入正常 PI 运算状态，V_{o3}随 V_{o2}增加而下降，直至某一稳定值。V_{o3}的这一稳定值发生在 $V_{o2} = 0$(对 $V_B = 10V$)时刻，即 $V_i = V_s$ 时刻。

(3) 负向限幅 若 V_i 大于 V_s 使 V_{o2} 正向饱和，V_{o3} 下降，当 V_{o3} 低于负向给定值 V_L 时，A_6 输出端 V_E 为低电位，B 点的 V_B 也为低电位，V_D 电位上升而使 V 导通，此时 V_G 低于 V_B 电平，V_G 通过 R、C_M 使 V_{o3} 上升，因此 V_{o3} 被限制在负向限幅给定下限值 V_L 上。

V_H 与 V_L 和比例度可根据生产工艺的要求合理选择，通常 $V_H=(75\sim105)\%FS$；$V_L=(-5\sim25)\%FS$，其中 FS 为满度值。

图 4-21 为抗积分饱和调节器的调节过程。

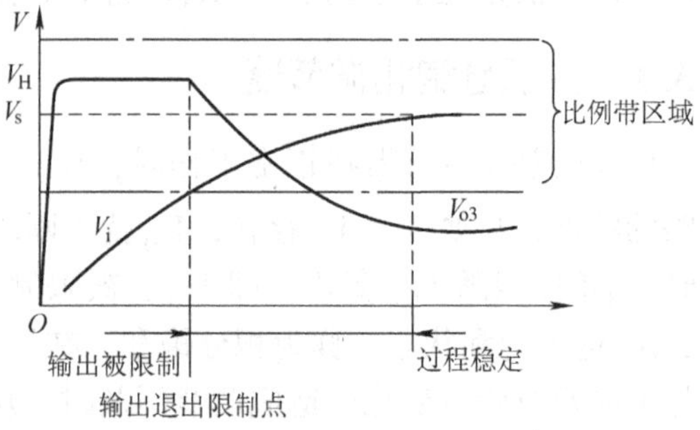

图 4-21 抗积分饱和调节器的调节过程

4.3.2 微分先行 PID 调节器

在基型调节器中，若给定值 V_s 发生变化，偏差 $\varepsilon=V_i-V_s$ 会出现瞬间突变，经微分运算后调节器的输出变化会非常剧烈，使整个控制系统受到微分冲击，从而影响控制品质。为此，在基型调节器中引入微分先行环节，组成 PI-D 调节器，其组成原理框图见图 4-22。由图可见，微分环节仅对测量值 V_i 起作用，而偏差 $\varepsilon=V_i-V_s$ 经过 PI 运算后，在输出端与 V_i 的微分输出求和，然后再经 $K_P=100/P$（P 为比例度）的运算。图 4-22 所示 PI-D 调节器的传递函数可表示为

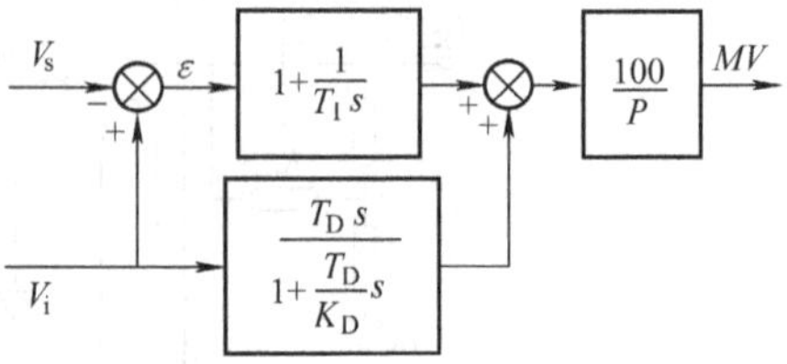

图 4-22 微分先行 PID 调节器原理框图

$$MV(s)=\frac{100}{P}\left[\left(1+\frac{1}{T_I s}\right)E(s)+\frac{T_D s}{1+(T_D/K_D)s}V_i(s)\right]$$

$$=\frac{100}{P}\left\{\left[1+\frac{1}{T_I s}+\frac{T_D s}{1+(T_D/K_D)s}\right]V_i(s)-\left(1+\frac{1}{T_I s}\right)V_s(s)\right\} \tag{4-22}$$

式中，$V_s(s)$ 为给定值；$V_i(s)$ 为测量值；$E(s)$ 为偏差；$MV(s)$ 为调节器的输出值；s 表示复变量。

由式(4-22)可见，给定值 V_s 仅经过 PI 运算而不经 D 运算，因此 V_s 的突变不会对系统产生扰动。实际上，V_s 的突变仍经过 $K_P=100/P$ 的比例放大，对系统仍然有一些扰动，但扰动较小，这一较小的扰动对强调设定值跟踪性能的系统（例如串级控制系统的副回路）来说是有益的。

4.3.3 比例微分先行 PID 调节器

为解决微分先行 PID 调节器中设定值 V_s 的突变仍对系统存在着比例突变问题，可将比例环节与微分环节合并，组成比例微分先行 PID 调节器，即 I-PD 调节器，见图 4-23。由图可见该调节器的传递函数可表示为

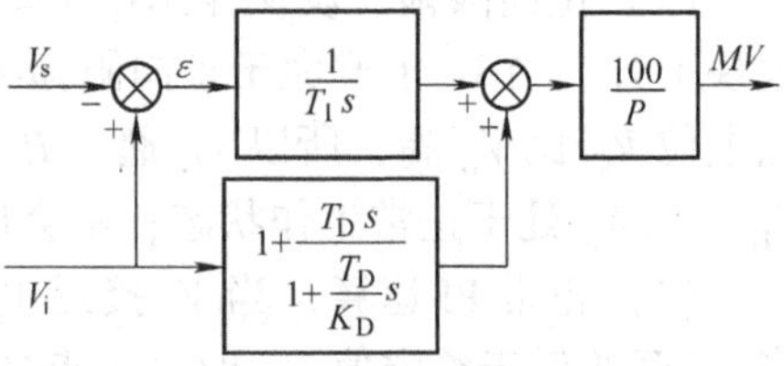

图 4-23 比例微分先行 PID 调节器原理框图

$$MV(s)=\frac{100}{P}\left\{\frac{1}{T_{\mathrm{I}}s}E(s)+\left[1+\frac{T_{\mathrm{D}}s}{1+(T_{\mathrm{D}}/K_{\mathrm{D}})s}\right]V_{\mathrm{i}}(s)\right\}$$

$$=\frac{100}{P}\left\{\left[1+\frac{1}{T_{\mathrm{I}}s}+\frac{T_{\mathrm{D}}s}{1+(T_{\mathrm{D}}/K_{\mathrm{D}})s}\right]V_{\mathrm{i}}(s)-\frac{1}{T_{\mathrm{I}}s}V_{\mathrm{s}}(s)\right\} \tag{4-23}$$

比例微分先行 PID 调节器多用于给定值由计算机设定的过程控制系统。

4.3.4 非线性 PID 调节器

解决非线性控制问题是控制系统的常见目标，例如 PH 控制系统。非线性 PID 调节器有分段 PID 调节器和带不灵敏区的 PID 调节器，前者的基本工作原理是在偏差较小时投入积分作用，而在偏差较大时取消积分作用；后者的调节特性为在控制点附近一个区域内比例增益大幅降低，而在这个区域以外，则比例增益恢复原值。这个区域称为不灵敏区，见图 4-24。这里仅介绍后者的工作原理。

非线性调节器是在基型调节器中附加一个非线性单元组成的，见图 4-25。

设 r 为不灵敏区比例增益衰减系数，V_D 为不灵敏区给定电压，r 和 V_D 分别用 RP_1 和 RP_2 调整。基型调节器的输入单元的输出信号 V_{o1} 为非线性单元的输入信号，而非线性单元的输出信号 V_A 为基型调节器比例微分单元的输入信号。基型调节器仍然为 PID 控制规律。这里仅介绍非线性单元的工作原理。

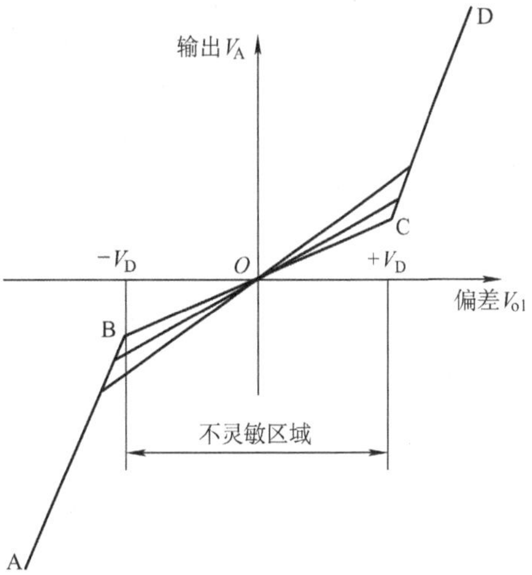

图 4-24　非线性调节器的调节特性

1. $V_{o1}>0$（对 $V_B=10V$）

1）当 $|V_{o1}|<|V_D|$ 时，由于 $V_1=(V_{o1}-V_D)/2<0$，A_5 输出 V'_A 为低电位（对 $V_B=10V$）、VD_1、VD_2 截止，A_5 输出端断开，则

$$V_A=rV_{o1}$$

可见，V_{o1} 经衰减后作为非线性单元的输出，其输出与输入关系曲线见图 4-26 的 OC 段，C 点对应的输出值为 rV_D。

2）当 $|V_{o1}|>|V_D|$ 时，$V_1=(V_{o1}-V_D)/2>0$，A_5 输出高电位，A_5 输出电压 V'_A 与输入 V_1 的关系为

$$V'_A=\left(1+\frac{R}{R}\right)V_1=2V_1=2\times\frac{V_{o1}-V_D}{2}=V_{o1}-V_D$$

由图 4-25 可见，当 $V'_A>V_A=rV_{o1}$ 时，VD_1 导通，图 4-24 所示特性曲线由 OC 段转入 CD 段，CD 段的表达式为

$$V_A=rV_D+(V_{o1}-V_D)=(r-1)V_D+V_{o1}$$

由上式可见，CD 段的截距为 $(r-1)V_D$，由于 $r<1$，故截距为负值，其斜率为 +1，即非线性单元不改变调节器原来的比例增益。

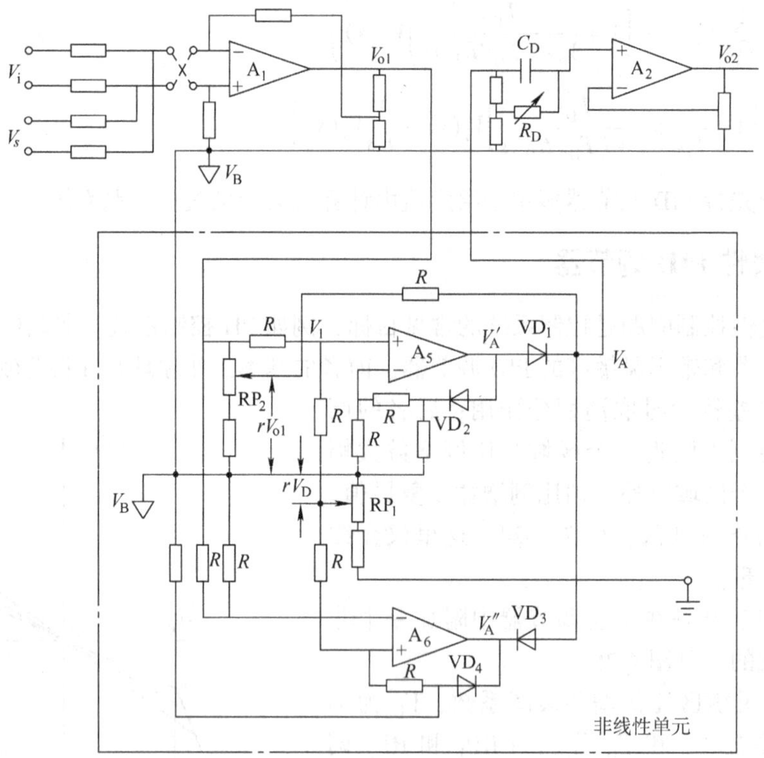

图 4-25　非线性调节器的组成原理

2. $V_{o1}<0$（对 $V_B=10V$）

1）当 $|V_{o1}|<|V_D|$ 时，$V_D-V_{o1}<0$，A_6 输出 V_A'' 为高电位，VD_3 和 VD_4 截止，其输出端被切断，此时 $V_A=rV_{o1}$，V_{o1} 经衰减 r 倍后作为非线性单元的输出，见图 4-24 所示曲线的 OB 段，B 点的输出值为 $-rV_D$。

2）当 $|V_{o1}|>|V_D|$ 时，A_6 输出低电位，$V_A''=V_{o1}+V_D$ 且在 $V_A''<-rV_D$ 时，VD_3 导通，非线性单元的特性曲线见图 4-24 的 BA 段，该段表达式为

$$V_A=-rV_D+(V_{o1}+V_D)=(1-r)V_D+V_{o1}$$

由于 $r<1$，故截距为正值，斜率为 +1，即非线性单元不改变调节器原来的比例增益。

必须指出：V_D 和 r 需根据工艺要求和过程的特性合理选择，通常 $V_D=(0\sim30)\%FS$；$r=0.02\sim0.2$。

*4.4　DDZ-Ⅲ指示记录仪

DDZ-Ⅲ指示记录仪与变送器配合对被测工艺参数进行指示和记录，具有体积小、重量轻、精度高和性能稳定等特点。目前，指示记录仪的类型很多，本节主要介绍磁平衡式指示记录仪的组成及其工作原理。

4.4.1 仪表的整机构成

仪表主要由完全相同的测量组件Ⅰ和Ⅱ、记录纸驱动系统和机械连杆部分组成，其组成框图见图 4-26。该显示记录仪由 DC 24V 集中供电，两个输入信号均为 DC 1～5V，经过各自的测量组件和连杆机构驱动指针和记录笔做相应的位移，可见该表是一个双笔指示记录仪。走纸机构由脉冲驱动电路驱动步进电动机和减速机构带动，走纸速度分为 20mm/h 和 20mm/min 两档。

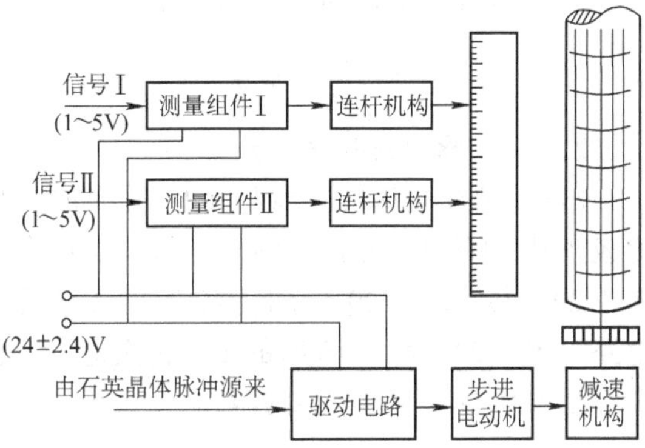

图 4-26　DDZ-Ⅲ指示记录仪表的组成框图

由于采用了线性集成电路，简化了电路，减小了功耗，且提高了可靠性，伺服机构采用了无触点的步进电动机和无滑动部分的磁平衡式角位移变换器，故无摩擦力的影响，所以定位精度高。

4.4.2 测量组件

测量组件原理框图见图 4-27。它由电压比较器、电压 - 脉冲转换器、环形脉冲分配器、步进电动机和磁平衡角位移变送器组成。

由图 4-27 可见，输入信号 V_i 与角位移变换器送来的位置反馈信号 V_f 相比较，其差值 $\Delta V = V_f - V_i$ 经电压比较器放大后输出 $\pm V_o$，$+V_o$ 经正电压启动器转换成频率与之成比例的脉冲 f_+，而 $-V_o$ 则启动负电压启动器，产生 f_-，f_+ 和 f_- 加于环形脉冲分配器分别控制步进电动机的绕组，使得步进电动机正转或反转。步进电动机的转角经磁平衡式角位移变换器转换成负反馈 V_f。当 $V_f \approx V_i$、$V_o \approx 0$ 时，则步进电动机停转。步进电动机转轴带动连杆机构和记录结构便可指示和记录被测参数之值。

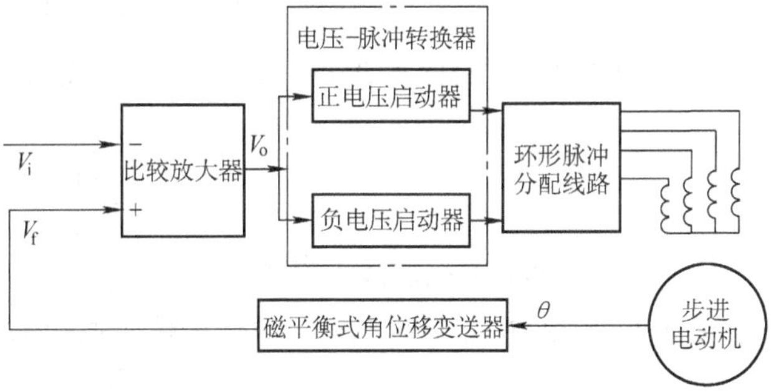

图 4-27　测量组件原理框图

1. 比较放大器

比较放大器电路见图 4-28。它将 $\Delta V = V_f - V_i$ 放大 500 倍。设 A 为理想运算放大器，$V_F = V_T$，根据叠加原理，可列出下面两式：

$$V_F = \frac{R_9}{R_8 + R_9} V_o \frac{R_3}{R_5 + R_3} - \frac{R_5 (V_i - V_1)}{R_3 + R_5}$$

$$V_T = \frac{-R_4}{R_4 + R_6} V_f - \frac{R_6}{R_4 + R_6} V_1$$

设 $K=\dfrac{R_8+R_9}{R_9}$，$R_3=R_4=R_5=R_6$，$V_F=V_T$，则由上两式可求得

$$V_o=K(V_i-V_f) \tag{4-24}$$

取 $R_8=120\text{k}\Omega$，$R_9=240\Omega$，$R_9 \ll R_8$，则

$$K=\frac{R_8}{R_9}=500$$

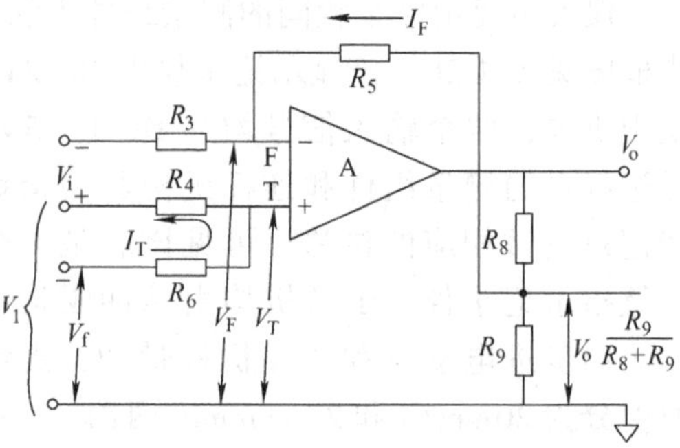

图4-28 比较放大器电路

2. 电压/脉冲频率转换器

电压/脉冲频率转换器将 $\pm V_o$ 转换成与频率成正比例的 f_+ 和 f_- 脉冲，其转换电路见图4-29。其中图4-29a 为 $V_o>0$ 时的 V/f 转换电路；图4-29b为 $V_o<0$ 时的 V/f 转换电路，它们都是单结晶体管弛张振荡器。

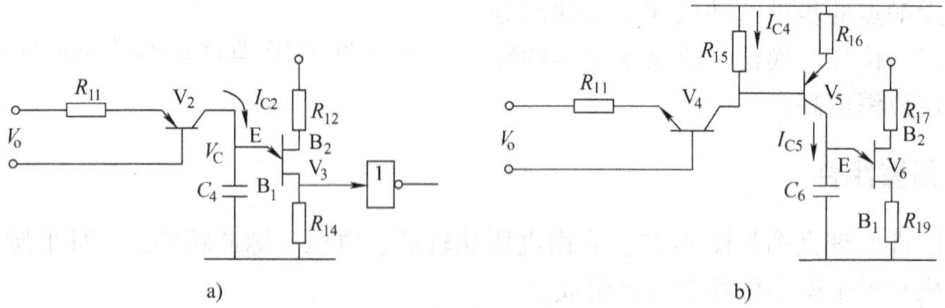

图4-29 电压/脉冲频率转换电路

1）当 $V_o>0$ 时（见图4-29a），V_2 为共基极接法，其输出相当于恒流源，其输出电流 I_{C2} 为

$$I_{C2}=\frac{(V_o-V_{be2})}{R_{11}}\alpha_2 \tag{4-25}$$

式中，α_2 为 V_2 的共基电流放大系数。

电流 I_{C2} 向电容 C_4 恒流充电，根据单结晶弛张振荡器的振荡原理得

$$T=T_1+T_2 \tag{4-26}$$

$$T_1=\frac{V_P}{I_{C2}}C_4 \tag{4-27}$$

式中，T_1 为电容 C_4 充电时间；T_2 为 C_4 放电时间；V_P 为单结晶体管 V_3 的峰点电压。

由于 $T_2 \ll T_1$，忽略式(4-26)中的 T_2，并将式(4-25)代入式(4-27)得

$$T=\frac{R_{11}C_4V_P}{\alpha_2(V_o-V_{be2})}$$

$$f_+=\frac{1}{T}=\frac{\alpha_2(V_o-V_{be2})}{R_{11}C_4V_P}=K_+(V_o-0.7\text{V}) \tag{4-28}$$

式中，K_+ 为频率系数，$K_+=\dfrac{\alpha_2}{R_{11}C_4V_P}$；$V_{be2}=0.7\text{V}$。

可见，f_+ 与输入电压 V_o 成正比关系。

2）当 $V_o<0$ 时，V/f 转换电路见图4-29b，V_4 为共基极接法，当 V_o 小于某一定值时，

V_4、V_5 导通，则

$$I_{C4}=\frac{(V_o-V_{be4})}{R_{11}}\alpha_4$$

式中，α_4 为 V_4 的共基电流放大系数。

I_{C4}在 R_{15}上的压降控制 V_5 集电极电流 I_{C5}

$$I_{C5}=\frac{I_{C4}R_{15}-V_{be5}}{R_{16}}\alpha_5=\frac{\frac{(V_o-0.7V)}{R_{11}}R_{15}\alpha_4-0.7V}{R_{16}}\alpha_5$$

式中，α_5 为 V_5 的电流放大系数。

I_{C5}对电容 C_6 恒流充电，同理可得f_-为

$$f_-=K_-[(V_o-0.7V)R_{15}\alpha_4-0.7VR_{11}]$$

式中，K_-为频率系数，$K_-=\frac{\alpha_5}{R_{11}R_{16}C_6V_P}$。

可见，频率与 V_o 成正比关系。

3. 环形脉冲分配器

环形脉冲分配器由非门、与非门和触发器等数字逻辑元件组成，其作用是将电压/频率转换器输出的尖脉冲转换成相位相差 90°的方波脉冲，依次加于步进电动机的 4 个控制绕组，驱动步进电动机正转或反转，其原理示意图见图 4-30。

实际上，环形脉冲分配器是将f_+、f_-输入的尖脉冲(按时序分布)转换成按空间分布的方波脉冲加于步进电动机的绕组 $w_1 \sim w_4$ 的转换器。在同一时刻$w_1 \sim w_4$ 只有两个绕组带电，另两个绕组不带电。控制$w_1 \sim w_4$ 的带电顺序便能控制步进电动机正转或反转。

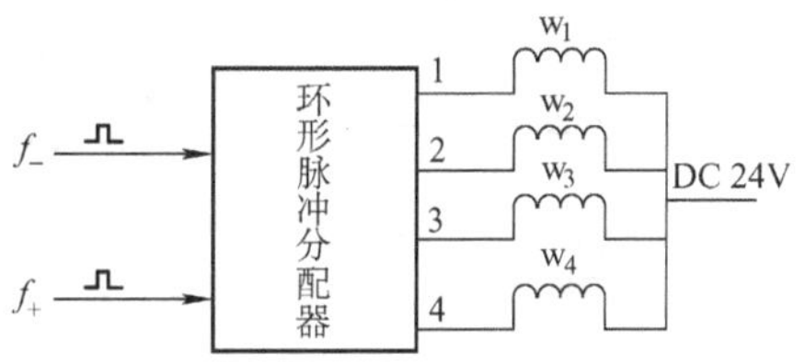

图 4-30　脉冲分配器与步进电动机绕组接线原理示意图

1）V_o 为正，且 $V_o > V_D^+$ 时(V_D^+ 为正死区电压，$V_D^+=0.7V$)此时，绕组通电的顺序为 $w_1w_2 \rightarrow w_2w_3 \rightarrow w_3w_4 \rightarrow w_4w_1$，其结果使步进电动机正转。

2）$V_D^- < V_o < V_D^+$ 时，V_D^- 为f_-的死区电压，$V_D^-=0.7V[1+R_{11}/(\alpha_4R_{15})]$。由于$f_+$和$f_-$均无脉冲输出，故步进电动机停转。

3）V_o 为负，且 $V_o < V_D^-$ 时，绕组通电的顺序与第一种情况相反，即 $w_4w_3 \rightarrow w_3w_2 \rightarrow w_2w_1 \rightarrow w_1w_4$，结果步进电动机反转。

必须指出，该电路存在一死区电压范围是必要的，在此范围内电路无脉冲输出，它是保证系统工作平稳的一个重要条件。调整 R_{15}即可改变死区的范围。虽有死区电压存在，由于比较放大器增益很高，$\Delta V=V_f-V_i$ 仍然很小，例如，$V_D^+=0.7V$，$\Delta V=0.7V/500=1.3mV$，故系统能很好地跟踪 V_i 的变化。

步进电动机是将脉冲信号转变成角位移的执行元件，本仪表采用四相双激励式步进电动机，步距为 7.5°。

4. 磁平衡式角位移变送器

磁平衡式角位移变送器的作用是将步进电动机的转角 θ 线性地转换成 DC 4～20mA，并在 250Ω 标准电阻上产生 DC 1～5V 反馈 V_f，以便 V_f 与 V_i 比较。DC 4～20mA 流经反馈线圈

产生反馈磁通 ϕ_f 与转角 θ 产生的磁通 ϕ_i 相比较，可见，磁平衡式角位移变送器本身也是一个闭环负反馈环节。其原理框图见图4-31。

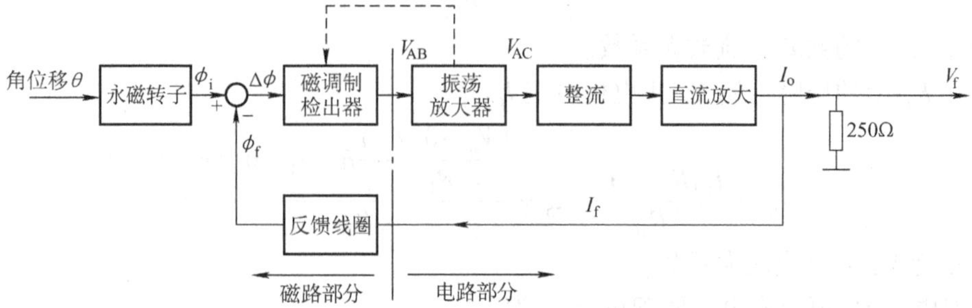

图4-31 磁平衡式角位移变送器原理框图

5. 连杆及直线化机构

测量组件的输出转角最大 $\theta_m=30°$，通过四连杆机构传递到指针，在 $2a=100$mm 的标尺上上、下位移。图4-32a为连杆及直线化机构示意图。

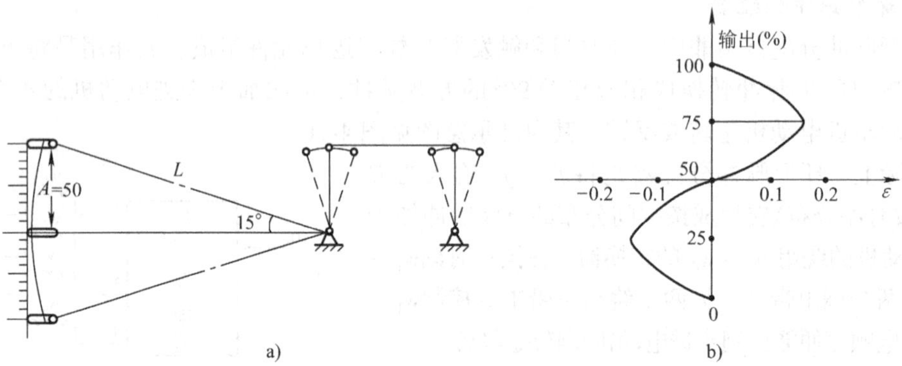

图4-32 连杆及直线化机构示意图及其误差曲线

由图可求出臂长 $L=500\text{mm}/\sin15°=193.2\text{mm}$，臂的顶端是圆弧运动。为使指针做直线记录，在臂顶端设一滑轮放在槽内，即可将顶端的圆弧运动变为直线运动。显然，这种变换理论上是有误差的。其误差 ε 可按下式计算：

$$\varepsilon=\frac{A}{\tan15°}\tan(A15°)-A\alpha \tag{4-29}$$

式中，$0<\alpha<1$；$A=50$mm。

图4-32b为直线化机构误差曲线。这个误差和磁平衡机构的误差是互相补偿的，从而保证了仪表的读数准确度。

6. 记录纸驱动机构

记录纸驱动机构组成框图见图4-33。步进电动机是DC 24V感应式、四绕组电动机。其中两个绕组 w_1、w_2 轮流通电时，电动机正转；w_3、w_4 为反转绕组，反转绕组不用。

电动机两个绕组 w_1、w_2 轮流通电时，电动机将一步步转动，w_1 通电，电动机转动一步，w_2 通电，电动机又转一步，依次循环。由此可见，一个方脉冲周期，电动机转动两步，若输入 $f=37.5$Hz，则步频为75步/s。步进电动机的步距为18°，故每走20步，电动机转子转一周。

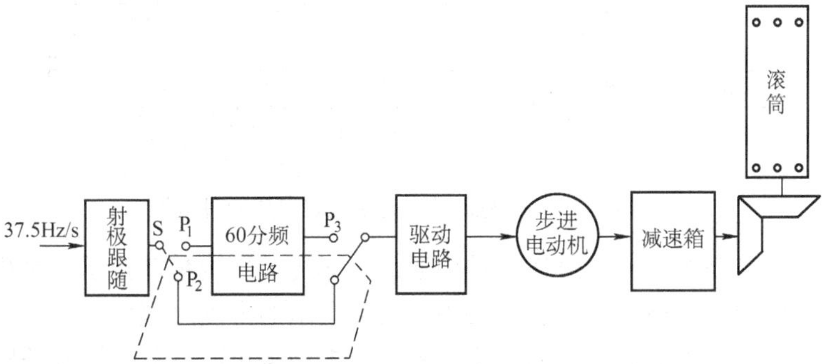

图 4-33　记录纸驱动机构组成框图

当图 4-33 中开关 S 处于 P_2 位置时，驱动脉冲为 37.5Hz，则走纸速度为快速 20mm/min。欲需慢走纸速度 20mm/h，需将 S 置于 P_1 位置，37.5Hz 脉冲经 60 分频后为 0.625Hz 即可。该仪表配有一个 37.5Hz 的方波信号源。

*4.5　自动平衡显示记录仪表

在过程控制系统中，显示记录仪表具有重要地位，它可将被控过程中的参数变化、被控对象的过渡过程显示和记录下来，供操作人员及时了解过程控制系统的变化情况，掌握被控对象的状态，是进行系统控制、工况监视、性能分析以及事故评判等工作所必不可少的环节。

此外，在利用阶跃响应曲线法辨识过程的数学模型和利用工程整定法整定调节器的 PID 参数时，必须利用快速显示记录仪表记录过程控制系统的响应曲线，以便分析和计算。

显示仪表主要工作在开环和闭环两种模式下，在传统的显示仪表中，前者以动圈式指示仪表为代表；后者以自动平衡显示记录仪表为代表。

在现代显示记录仪表中，由于采用了微型计算机技术，其具有强大的控制和数据处理能力，使显示记录仪表具有更强大的功能，其性能也更加完善，例如，显示记录仪表的精度更高，工作更加可靠，性能稳定，具有通信功能，结构更加精巧等。

本节主要介绍自动平衡显示记录仪表和数字显示记录仪表的原理及其外特性。

4.5.1　电子电位差式自平衡显示记录仪表

1. 电子电位差计结构

传统的自动平衡显示记录仪表通常是利用机械结构达到平衡状态的，以实现显示记录值自动跟踪输入值，以达到精确可靠地显示被测量之值以及仪表的响应特性，因此常采用闭环模式工作，其组成原理框图见图 4-34。它主要由测量电路、放大器、可逆电动机、指示机构和调节机构等组成。

自动平衡显示记录仪表的输入信号可以是直流毫伏信号、直流毫安信号和电阻变化信号，因此，能与各种传感器或变送器配合显示记录生产过程中各种被测参数之值。下面以热电偶输入的直流毫伏信号说明其工作原理，见图 4-37。

将热电偶输入的直流电动势与测量桥路产生的直流电压相比较，其差值电压经放大器放

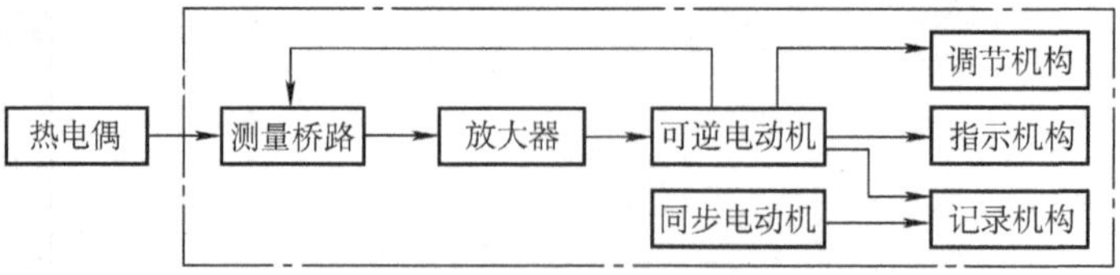

图 4-34 电位差式显示记录仪表组成原理框图

大到足以驱动可逆电动机转动，可逆电动机通过一套传动机构带动指示记录机构指示和记录被测量之值。与此同时，还带动测量桥路中的滑线电阻的滑动触点移动，直至测量桥路产生的不平衡电压与输入电动势达到平衡为止，若输入电动势再次变化，测量桥路又产生新的不平衡电压，依照上述工作过程，整个系统会达到新的平衡点。因此，当测量桥路处于平衡状态时，指示记录机构便指示和记录被测参数之值。

电位差式显示记录仪表可以与具有毫伏或毫安输出的各种传感器或变送器配合，显示记录各种被测参数，其应用极为广泛。

2. 测量桥路的工作原理

图 4-35 示出了电位差式自动平衡显示记录仪表的原理简图。

(1) 测量桥路中各电阻的作用

1) 桥臂电阻 R_2：在配用热电偶测量温度时，R_2 是热电偶冷端温度补偿电阻，采用电阻温度系数 $\alpha=4.25\times10^{-3}\Omega/℃$ 的高强度漆包铜导线（$\phi=0.1\sim0.2mm$）双线无感绕制而成，用 R_{Cu} 来表示。在配用其他传感器或变送器作直流毫伏输入或直流毫安输入时，R_2 的阻值固定，常用电阻温度系数很小的锰铜导线双线无感绕制。

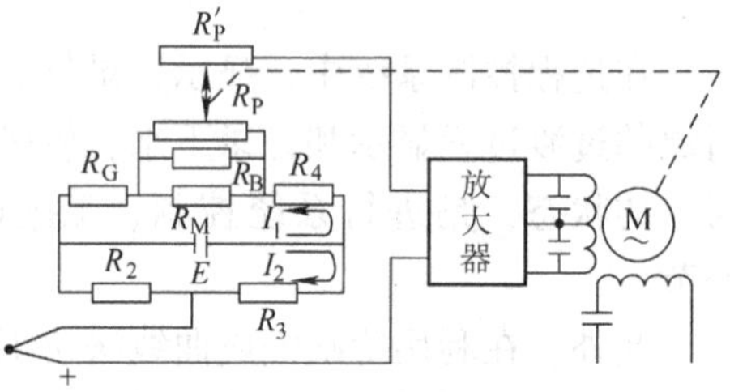

图 4-35 电位差式自动平衡显示记录仪表的原理简图

2) 限流电阻 R_3：是一固定电阻。它与 R_2 配合，保证下支路电流为 $I_2=2mA$。由于 R_3 的精度直接影响下支路电流 I_2 的大小，因此要求 R_3 有较高的精度，一般应取 ±0.2%。

3) 限流电阻 R_4：它与 R_{nP}（由 R_P、R_B 和 R_M 三个电阻并联后的等效电阻）和 R_G 串联，保证上支路的电流 $I_1=4mA$。电阻 R_4 的精度要求为 ±0.5% 即可。

4) 量程下限起始电阻 R_G：它是决定仪表刻度的起始值的电阻。不同规格的仪表，可选取不同的 R_G 阻值，以确定仪表指针在起始端的电位差。显然 R_G 越大，仪表的起始值越大。通常在 R_G 中串接一个小电阻 r_G 作为微调。这样也可降低对 R_G 的精度要求。

上述电阻均由电阻温度系数很小的锰铜导线双线无感绕制，并经过老化处理。

5) 可变电阻 R_P：它是测量系统中一个很重要的部件，仪表的示值误差、记录误差、变差、灵敏度、线性度以及仪表运行的平滑性等均和可变电阻的优劣有关。在精度为 0.5 级的仪表中，要求 R_P 的非线性误差范围为 ±0.2%，可变电阻 R_P 常用电阻温度系数极小的锰铜导线绕制，并经过老化处理。

6) 工艺电阻 R_B：它是 R_P 的并联电阻。由于 R_P 的阻值很难绕得十分精确，而且绕制成的可变电阻不便于采用增加或者减少匝数的方法来调整，为此给可变电阻 R_P 并联一个电阻 R_B，使并联后的阻值满足 (90±0.1)Ω 的精度要求。若不满足 (90±0.1)Ω 的精度要求，

可改变 R_B 的大小，便能很方便地调整。

7）量程电阻 R_M：它是决定仪表量程大小的电阻。它的阻值由仪表的测量范围和热电偶的分度号决定。R_M 与 R_P 和 R_B 相并联，当 R_M 越大，它从上支路电流 I_1 中所分流的电流 I_M 越小，仪表的电量程就越大，反之，R_M 阻值越小，仪表的电量程也越小。通常 R_M 也串联一个小阻值 r_M 以便于量程调整。

8）附加可变电阻 R'_P：它与可变电阻 R_P 平行布置，实际上 R'_P 不在桥路之内，起着引出导线的作用，它用与可变电阻 R_P 相同材料绕制而成，当可变电阻的动触点在两者之间位移时，有利于抵消接触电动势，提高仪表的精度。

在供桥电压 $E=1V$，上支路电流 $I_1=4mA$，下支路电流 $I_2=2mA$ 条件下，可变电阻 R_P 与 R_B 并联后阻值为 $(90\pm0.1)\Omega$，在理论上能获得最大量程可达 360mV，能满足各种测温范围的要求。

（2）测量电路中各电阻的计算　下面以配热电偶测量温度为例介绍测量电路中各电阻的阻值的计算。在计算桥路参数时，必须已知下列条件：

1）仪表工作的标准环境温度（t_0）。通常取 $t_0=20℃$。

2）热电偶冷端温度变化范围 $\Delta t=t_G-t_D$，一般取为 0～50℃，考虑仪表内有 5℃的温升，故取 $t_G=55℃$，$t_D=5℃$。

3）热电偶在其冷端温度变化范围 Δt 内的平均灵敏度为

$$C=\frac{E(t_G,t_D)}{\Delta t} \tag{4-30}$$

4）仪表的电量程 $\Delta E_n=E_1-E_0$，E_1 为仪表上限值，$E_1=E_1(t,t_0)$，E_0 为仪表下限值，$E_0=E_0(t_D,t_0)$。

桥路各电阻的计算步骤如下：

1）根据式（4-30）计算桥路的平均灵敏度。

2）计算下支路电阻 $R_2^{t_0}/R_3$ 之值 η

$$\eta=\frac{C}{V\alpha_{t_0}-C\{2+\alpha_{t_0}[\Delta t-2(t_0-t_D)]\}} \tag{4-31}$$

3）计算下支路电阻 R_3

$$R_3=\frac{V}{I_2(1+\eta)} \tag{4-32}$$

4）计算下支路电阻 $R_2^{t_0}$

$$R_2^{t_0}=\eta R_3 \tag{4-33}$$

5）计算上支路量程电阻 R_M

$$R_M=\frac{90\Delta E_n}{90I_1(1-2\lambda)-\Delta E_n} \tag{4-34}$$

6）计算上支路量程起始电阻 R_G

$$R_G=\frac{E_0(t_D,t_0)}{I_1}+\frac{I_2}{I_1}R_2^{t_0}-\lambda R_{nP} \tag{4-35}$$

式中，$R_{nP}=R_P/\!/R_B/\!/R_M$。

7）计算上支路电流 I_1

$$I_1 = \frac{V}{R_G + R_{nP} + R_4} \tag{4-36}$$

8）计算上支路电阻 R_4

$$R_4 = \frac{V}{I_1} - R_G - R_{nP} \tag{4-37}$$

（3）计算举例 设仪表配 K 型热电偶，量程为 0 ~ 800℃。$t_0 = 25℃$，$t_D = 5℃$，$t_G = 55℃$，则$E_1(t,t_0) = 32.29\text{mV}$，$E_0(t_D,t_0) = -1\text{mV}$，$\Delta E_n = E_1(t,t_0) - E_0(t_D,t_0) = 33.29\text{mV}$，$E(t_0,0) = 1\text{mV}$，$E(t_D,0) = 0.2\text{mV}$，$E(t_G,0) = 2.23\text{mV}$，$\alpha_{t_0} = 3.84 \times 10^{-3}\ \Omega/℃$，$V = 1000\text{mV}$，$I_1 = 4\text{mA}$，$I_2 = 2\text{mA}$，$\lambda = 0.03$。

参数计算：

1）求 C[见式(4-30)]

$$C = \frac{E(t_G,t_D)}{\Delta t} = \frac{E(t_G,0) - E(t_D,0)}{\Delta t} = \frac{2.23 - 0.2}{55 - 5}\text{mV/℃} = 0.0405\text{mV/℃}$$

2）由式(4-31)求 η

$$\begin{aligned}\eta &= \frac{C}{V\alpha_{t_0} - C\{2 + \alpha_{t_0}[\Delta t - 2(t_0 - t_D)]\}} \\ &= \frac{0.0405}{1 \times 10^3 \times 3.84 \times 10^{-3} - 0.0405\{2 + 3.84 \times 10^{-3}[50 - 2 \times (25 - 5)]\}} \\ &= 0.01078\end{aligned}$$

3）由式(4-32)求 R_3

$$R_3 = \frac{V}{I_2(1 + \eta)} = \frac{1000}{2 \times (1 + 0.01078)}\Omega = 494.67\Omega$$

4）由式(4-33)求 $R_2^{t_0}$

$$R_2^{t_0} = \eta R_3 = 0.01078 \times 494.67\Omega = 5.33\Omega$$

5）由式(4-34)求 R_M

$$R_M = \frac{90\Delta E_n}{90 I_1(1 - 2\lambda) - \Delta E_n} = \frac{90 \times 33.29}{4 \times 90(1 - 0.06) - 33.29}\Omega = 9.83\Omega$$

$$R_{nP} = \frac{90 R_M}{90 + R_M} = \frac{90 \times 9.83}{90 + 9.83}\Omega = 8.862\Omega$$

6）由式(4-35)求 R_G

$$R_G = \frac{E_0(t_D,t_0)}{I_1} + \frac{I_2}{I_1}R_2^{t_0} - \lambda R_{nP} = \left(\frac{-1}{4} + \frac{2}{4} \times 5.33 - 0.03 \times 8.862\right)\Omega = 2.15\Omega$$

7）由式(4-37)求 R_4

$$R_4 = \frac{V}{I_1} - R_G - R_{nP} = \left(\frac{1000}{4} - 2.15 - 8.862\right)\Omega = 238.99\Omega$$

4.5.2 电桥自动平衡显示记录仪表

电桥自动平衡显示记录仪表的测量桥路见图 4-36。

1. 桥路各电阻的作用

图中，R_P 为可变电阻；R'_P 为附加可变电阻；R_B 为工艺电阻；R_5 为量程电阻；R_6 为量程起始电阻；R_4 为上支路电阻；R_2 和 R_3 为下支路电阻。对上述电阻的要求与电位差计式测量电路的要求完全相同。R_t 为热电阻，其阻值随被测参数的变化而变化。为了减小引线电阻和引线电阻随环境温度变化而变化引起的测量误差，热电阻采用三线制接入桥路，R_1 是引线的等效电阻，在标准室温下，$R_1=2.5\Omega$ 固定值。电桥式测量电路的供桥电源有交流 6.3V 和直流 1V。在交流电桥中，RP 用于调整额定工作电流不大于 6mA；在直流电桥中 RP 取消。

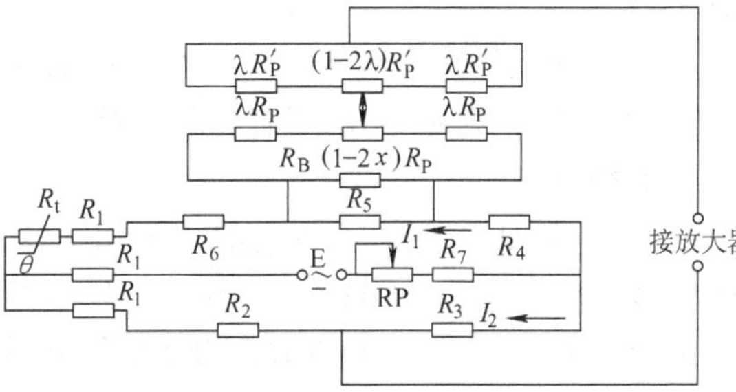

图 4-36　电桥自动平衡显示记录仪表的测量桥路

在这种情况下，通过桥路电阻的计算，保证上支路电流 $I_1=4\text{mA}$，下支路电流 $I_2=2\text{mA}$。λ 和 R_{nP} 与电位差计中的意义相同。

2. 桥路电阻的计算

现以直流电桥为例计算桥路各电阻的阻值。桥路中各电阻的计算是比较复杂的，桥臂电阻的不同匹配将影响电桥的灵敏度大小。只有保持适当的桥路灵敏度，才能有效地保证仪表的精度。因此，桥路电阻值的计算应从仪表的灵敏度入手。仪表的灵敏度为

$$S(V)_{\min}=\frac{0.877V}{(1+i)(R_\Sigma+\Delta R_t)} \tag{4-38}$$

式中，i 为桥路下支路左右两桥臂电阻值之比。

$$i=\frac{R_1+R_2}{R_3} \tag{4-39}$$

$$R_\Sigma=R_{tD}+R_1+R_6+R_{nP}+R_4=\frac{V}{I_{tD}} \tag{4-40}$$

在确定了仪表的灵敏度 $S(V)_{\min}$、R_Σ 和 i 后，电路电阻值可用下列公式计算：

$$R_3=R_4=\frac{1}{1+i}\left(R_\Sigma-\frac{\lambda}{1-2\lambda}\Delta R_t\right) \tag{4-41}$$

$$R_6=R_2+\frac{\lambda}{1-2\lambda}\Delta R_t-R_{tD}-R_{nP} \tag{4-42}$$

$$R_{nP}=\frac{\Delta R_t}{(1-2\lambda)(1+i)} \tag{4-43}$$

$$R_5=\frac{90R_{nP}}{90-R_{nP}} \tag{4-44}$$

式(4-38)～式(4-44)是计算桥路电阻值的公式。下面可分三种情况讨论。

(1) 中等量程桥路电阻计算　中等量程 ΔR_t 为 10～100Ω，可取 $i\approx1$，此时 $R_2=R_3=R_4$，若桥路灵敏度不足，可由放大器增益补偿。此时

$$R_2=R_3=R_4=\frac{1}{2}\left(R_\Sigma-\frac{\lambda}{1-2\lambda}\Delta R_t-R_1\right)$$

$$R_{nP}=\frac{\Delta R_t}{(1-2\lambda)\left(2+\dfrac{R_1}{R_4}\right)}$$

其余公式相同。

(2) 小量程桥路电阻计算　当 $\Delta R_t < 10\Omega$ 时为小量程，桥路灵敏度较小，为提高灵敏度常取 $i < 1$。

(3) 大量程桥路电阻计算　当 $\Delta R_t > 100\Omega$ 时为大量程，此时灵敏度很高，量程调整电阻 R_5 达数千欧，为避免 R_5 绕制和调整困难，常取 $i = 2$。

计算举例

已知仪表配用分度号 Pt_{100} 的铂电阻，仪表量程为 0 ~ 500℃，$R_{tD} = 100.00\Omega$，$R_{tm} = 280.90\Omega$，$\Delta R_{tm} = 180.90\Omega$，$I_{tm} = 6\text{mA}$，$V = 1000\text{mV}$，$\lambda = 0.03$。计算直流电桥的参数。

由于仪表量程 $\Delta R_{tm} > 100\Omega$，为使量程电阻 R_5 的绕制和量程调整方便，可取 $R_3 = R_4 = 80\Omega$，$R_2 = 250\Omega$，此时，由式(4-39)得

$$i = \frac{R_1 + R_2}{R_3} = \frac{2.5 + 250}{80} = 3.16$$

由式(4-41)可得

$$\begin{aligned} R_\Sigma &= (1+i)R_4 + \frac{\lambda \Delta R_{tm}}{1-2\lambda} = R_1 + R_2 + R_4 + \frac{\lambda \Delta R_{tm}}{1-2\lambda} \\ &= \left(2.5 + 250 + 80 + \frac{0.03 \times 180.90}{1 - 2 \times 0.03}\right)\Omega = 338.27\Omega \end{aligned}$$

由式(4-43)可求得 R_{nP} 为

$$R_{nP} = \frac{\Delta R_{tm}}{(1-2\lambda)(1+i)} = \frac{180.90}{(1-2\times 0.03)(1+3.16)}\Omega = 46.26\Omega$$

由式(4-44)求得量程电阻 R_5

$$R_5 = \frac{90 R_{nP}}{90 - R_{nP}} = \frac{90 \times 46.26}{90 - 46.26}\Omega = 95.19\Omega$$

由式(4-42)求得

$$\begin{aligned} R_6 &= R_2 + \frac{\lambda \Delta R_{tm}}{1-2\lambda} - R_{tD} - R_{nP} = \left(250 + \frac{0.03 \times 180.90}{1 - 2\times 0.03} - 100.00 - 46.26\right)\Omega \\ &= 109.51\Omega \end{aligned}$$

4.5.3 自动平衡显示记录仪表放大器

自动平衡显示记录仪表的测量桥路输出的不平衡电压是十分微弱的偏差信号，通常仅为数十微伏。而放大器应能将如此微弱的信号检测出来并放大到足以驱动可逆电动机转动的功率，以带动可变电阻的动触点位移，使电桥趋于平衡。仪表的误差、灵敏度、可靠性、抗干扰能力及过渡过程等一系列特性指标均与放大器有着密切关系，因此对放大器有较高要求。

1) 有足够高的增益和平滑的增益调节范围。

2) 要有很高的零点稳定性。

3) 放大器的输入阻抗应足够高。

4) 应有相当强的抗干扰能力。

5) 应有较强的过载能力。

由此可见，一般放大器是很难满足上述要求的，常采用调制型直流放大器，其组成框图见图 4-37。

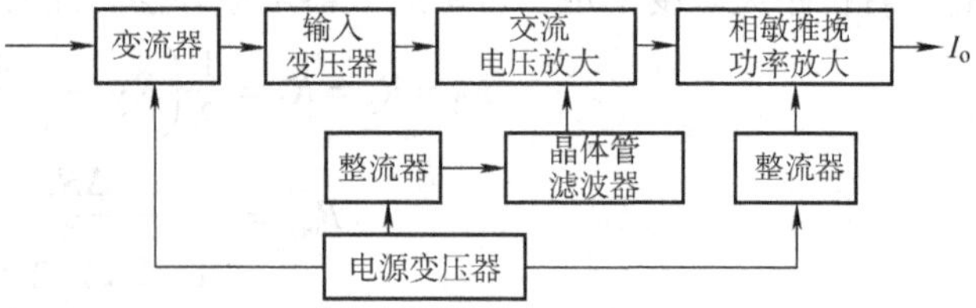

图 4-37　放大器组成框图

桥路输出的直流偏差信号经变流

器和输入变压器组成的输入级调制成 50Hz 的交流信号，经交流电压放大和相敏推挽功率放大到足以驱动可逆电动机转动，再经减速与传动机构带动显示仪表的平衡、指示记录机构和调节机构工作。

*4.6　数字式调节器

随着微机技术和微电子技术的迅速发展，调节器的发展也进入了微型化、数字化和智能化的高速发展阶段。数字式调节器具有模拟调节器无法比拟的优点，例如，开发周期短，性能价格比高，具有自检、自诊断及异常报警功能和通信功能，以及控制精度高，性能稳定，工作可靠，使用和维护方便等。因此，数字式调节器一经问世，便受到广大用户的欢迎，目前已在各行各业的自动控制系统中得到广泛的应用。

4.6.1　数字式调节器控制规律的实现

众所周知，前述 DDZ-Ⅲ调节器是模拟式调节器，它利用电子电路进行连续的 PID 运算。数字式调节器以微计算机为核心进行有关控制规律的运算，所有控制规律的运算都是周期性地进行，即数字式调节器是离散系统。因此，用于连续系统的 PID 控制规律必须进行离散化后方可应用于数字式调节器。

数字式调节器可采用理想 PID 算法，也可采用实际的 PID 算法，它们分别称为完全微分 PID 算法和不完全微分 PID 算法。对应每一种算法均有位置型、增量型、速度型和偏差型 4 种实现形式。

1. 完全微分 PID 算法

由控制理论可知，增量型完全微分连续 PID 算法可用下式表示：

$$\Delta y = K_{\mathrm{P}}\left(\varepsilon + \frac{1}{T_{\mathrm{I}}}\int \varepsilon \mathrm{d}t + T_{\mathrm{D}}\frac{\mathrm{d}\varepsilon}{\mathrm{d}t}\right) \tag{4-45}$$

式(4-45)中的积分项可用求和来近似，即

$$\int \varepsilon \mathrm{d}t \approx \sum_{i=0}^{n} \varepsilon_i \Delta t = T\sum_{i=0}^{n} \varepsilon_i \tag{4-46}$$

而微分项可用增量来近似，即

$$\frac{\mathrm{d}\varepsilon}{\mathrm{d}t} \approx \frac{\varepsilon_n - \varepsilon_{n-1}}{\Delta t} = \frac{\varepsilon_n - \varepsilon_{n-1}}{T} \tag{4-47}$$

式中，Δt 为两次采样的时间间隔，即采样周期 T；n 为采样序号。

综合考虑式(4-45)～式(4-47)可得离散后的完全微分 PID 控制规律算式为

$$y_n = K_{\mathrm{P}}\left[\varepsilon_n + \frac{T}{T_{\mathrm{I}}}\sum_{i=0}^{n} \varepsilon_i + \frac{T_{\mathrm{D}}}{T}(\varepsilon_n - \varepsilon_{n-1})\right] \tag{4-48}$$

式中，y_n 为第 n 次采样后调节器的输出。

（1）位置型 PID 算法　式(4-48)是位置型离散 PID 算法的表达式。其输出 y_n 是由逐次采样所得偏差 ε_i 求和及求增量所得。由于 y_n 与调节阀的阀位相对应，因此称为位置型 PID 算法。

由于采用位置型 PID 算法的调节器的输出 y_n 与调节阀的开度一一对应，若调节器运算

错误和输出错误，致使调节阀的阀位错误，严重时会造成整个控制系统的重大事故。因此，位置型PID算法的数字调节器的输出端必须加装保持器，常采用零阶保持器将调节器的输出值保持下来，以消除事故隐患。

(2) 增量型PID算法　增量型PID算法是计算第n次采样的输出量y_n与第$n-1$次采样的输出量y_{n-1}之差$\Delta y_n = y_n - y_{n-1}$。根据式(4-48)，第$n-1$次采样的输出值为

$$y_{n-1} = K_P\left[\varepsilon_{n-1} + \frac{T}{T_I}\sum_{i=0}^{n-1}\varepsilon_i + \frac{T_D}{T}(\varepsilon_{n-1} - \varepsilon_{n-2})\right] \tag{4-49}$$

将式(4-48)减式(4-49)可得增量型PID算法的表达式为

$$\Delta y_n = y_n - y_{n-1} = K_P\left[(\varepsilon_n - \varepsilon_{n-1}) + \frac{T}{T_I}\varepsilon_n + \frac{T_D}{T}(\varepsilon_n - 2\varepsilon_{n-1} + \varepsilon_{n-2})\right] \tag{4-50}$$

由式(4-50)可见，增量型PID算法仅取决于最后几次采样的偏差，计算所需内存较少，计算简单，适合于实时性要求较高的系统，因此应用较广泛。

由于每次输出仅是增量，因计算或输出误操作对系统的影响小，克服了位置型算法的缺点。若对调节器每次输出的增量给予适当的限制，可防止大扰动的出现，便于手动和自动之间的无扰动切换。此外，即使调节器出现故障而停止输出，调节阀的开度很容易保持在故障前的状态。

(3) 速度型PID算法　将式(4-50)所示增量算式除以采样时间T，即得调节器输出饱和速度算式为

$$v_n = \frac{\Delta y_n}{T} = \frac{K_P}{T}\left[(\varepsilon_n - \varepsilon_{n-1}) + \frac{T}{T_I}\varepsilon_n + \frac{T_D}{T}(\varepsilon_n - 2\varepsilon_{n-1} + \varepsilon_{n-2})\right] \tag{4-51}$$

由于采样周期T是常数，故速度型PID算法与增量型PID算法本质上是相同的。

速度型PID算法除了用于控制步进电动机等单元构成的系统外，很少有其他用途。

(4) 偏差系数型PID算法　将式(4-50)展开，然后合并同类项可得

$$\Delta y_n = K_P\left[\left(1 + \frac{T}{T_I} + \frac{T_D}{T}\right)\varepsilon_n - \left(1 + \frac{2T_D}{T}\right)\varepsilon_{n-1} + \frac{T_D}{T}\varepsilon_{n-2}\right] \tag{4-52}$$

为简化系数，令$A = K_P\left(1 + \frac{T}{T_I} + \frac{T_D}{T}\right)$；$B = -K_P\left(1 + \frac{2T_D}{T}\right)$；$C = K_P\frac{T_D}{T}$。

式(4-52)可简化为

$$\Delta y_n = A\varepsilon_n + B\varepsilon_{n-1} + C\varepsilon_{n-2} \tag{4-53}$$

可见，式(4-53)比式(4-50)简单，系数A、B和C反映了各次偏差对输出的影响程度，比较直观。但是，不能直观地表达与比例、积分和微分作用相关参数的关系。

偏差系数型PID算法与增量型PID算法本质上没有什么区别。仅是自身表达式型式的改变而已。

2. 数字PID算法的改进

(1) 不完全微分PID算法　前述完全微分PID算法由于微分作用过于灵敏，微分作用持续时间短，容易引起控制系统振荡，降低控制品质。同时数字式调节器的输出时间是短暂和周期性的，驱动执行器需要一定时间，即要有一定的时间阀门开度才能与调节器的输出信号大小相对应。为了克服完全微分PID算法的缺点和充分发挥微分作用，可在完成微分PID的输出端串联一阶惯性环节，就组成了不完全微分PID调节器，见图4-38。

设一阶惯性环节的传递函数为

$$W_f(s)=\frac{Y(s)}{Y'(s)}=\frac{1}{T_f s+1}$$

式中，T_f 为时间常数。

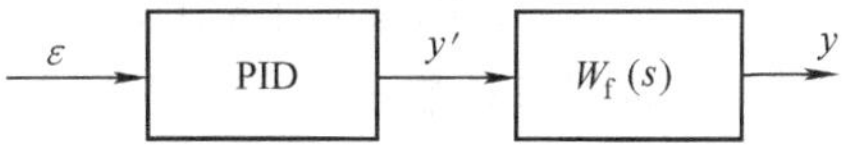

图 4-38　不完全微分 PID 调节器组成原理框图

将上式写成微分方程形式

$$T_f\frac{dy}{dt}+y=y'$$

上式可用增量进行近似，即

$$T_f\frac{y_n-y_{n-1}}{T}+y_n=y'_n$$

因此，可得不完全微分 PID 位置型离散方程为

$$y_n=(1-a)y'_n+y_{n-1} \tag{4-54}$$

式中，y_{n-1}为第 $n-1$ 次采样调节器的输出量；y'_n为完全微分第 n 次采用的输出量，由式(4-48)确定，即

$$y'_n=K_P\left[\varepsilon+\frac{T}{T_I}\sum_{i=0}^{n}\varepsilon_i+\frac{T_D}{T}(\varepsilon_n-\varepsilon_{n-1})\right]$$

而

$$a=\frac{T_f}{T_f+T}$$

与完成微分 PID 算法一样，不完成微分 PID 算法也有增量型，即

$$\Delta y'_n=(1-a)\Delta y'_n+\Delta y'_{n-1} \tag{4-55}$$

式中，$\Delta y'_n=K_P\left[(\varepsilon_n-\varepsilon_{n-1})+\frac{T}{T_I}\varepsilon_n+\frac{T_D}{T}(\varepsilon_n-2\varepsilon_{n-1}+\varepsilon_{n-2})\right]$；$\Delta y'_{n-1}$为完全微分第 $n-1$ 次采样调节器输出的增量。

不完全微分 PID 算法的输出在较长时间内仍有微分作用，可获得较好的控制效果，在数字式调节器广泛应用。

（2）抗积分饱和　和 DDZ-Ⅲ调节器一样，数字式调节器也有积分饱和问题。数字调节器最简单的抗积分饱和方法是积分分离法，其基本原理是在偏差 ε 较小时加入积分作用，而 ε 较大时取消积分作用。这样便减轻积分累计的饱和程度，以达到抗积分饱和的目的。理想 PID 算法的增量表达式为

$$\Delta MV=K_P(\varepsilon_n-\varepsilon_{n-1})+K_LK_I\varepsilon_n+K_D(\varepsilon_n-2\varepsilon_{n-1}+\varepsilon_{n-2}) \tag{4-56}$$

式中，K_L 为逻辑系数。

首先，判断偏差 ε 的绝对值$|\varepsilon|$是否趋于预先设定的偏差限定值 A，然后确定是否投入积分作用，即

$$K_L=\begin{cases}0 & 当|\varepsilon|>A\\ 1 & 当|\varepsilon|<A\end{cases}$$

若第 n 次采样后，偏差$|\varepsilon|>A$，令式(4-56)中 $K_L=0$，则切除积分作用；若$|\varepsilon|<A$，令式(4-56)中 $K_L=1$，则投入积分作用。

（3）数字式非线性控制　用数字式调节器实现图 4-24 所示的非线性控制特性是十分方便的，不需增加硬件电路，仅需用软件对输入的偏差 ε 进行判断，然后确定是否投入 PID 控

制即可。数字式完全微分 PID 算法的增量表达式为

$$\Delta MV = K_L[K_P(\varepsilon_n - \varepsilon_{n-1}) + K_I\varepsilon_n + K_D(\varepsilon_n - 2\varepsilon_{n-1} + \varepsilon_{n-2})] \tag{4-57}$$

式中，K_L 为逻辑系数。

$$K_L = \begin{cases} 1 & 当|\varepsilon| > B \\ 0 & 当|\varepsilon| < B \end{cases}$$

当第 n 次采样后形成的偏差 $|\varepsilon| > B$ 时，投入 PID 控制作用；反之，若 $|\varepsilon| < B$，切除 PID 控制作用。

4.6.2 数字式调节器的硬件组成

数字式调节器自问世以来，已出现了不同种类、系列和规格的产品。但是，无论何种数字式调节器的组成均大同小异，基本相似，见图 4-39。

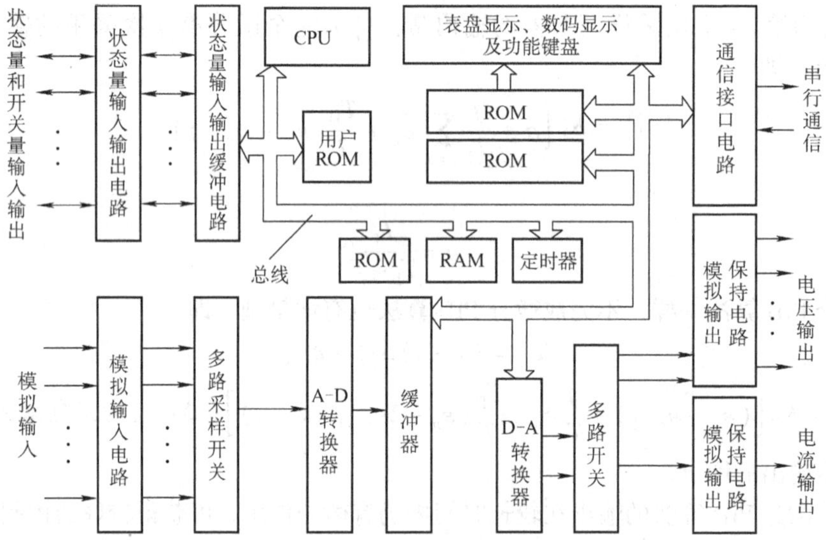

图 4-39 数字式调节器的硬件组成框图

数字调节器硬件主要由 CPU、ROM、RAM、定时器、状态量和开关量输入/输出组成，可以分成微机单元、输入电路、输出电路和人机对话单元 4 个部分。

1. 微机单元

它由 CPU、ROM、RAM 和相关接口电路组成，是数字式调节器的核心组件。主要完成调节器的各种运算、功能协调和控制规律的计算等。通常，各种管理程序、常用运算子程序和控制运算处理子程序均固化在只读存储器 ROM 中，而用户程序固化在 EPROM 或E^2PROM 中，CPU 运算过程中的数据以及生产过程中的有关参数则存储在读写存储器 RAM 中。

2. 输入电路

它包括模拟量输入接口、数字量输入接口和状态量接口电路，以实现输入信号制与内部信号之间的转换、外部输入电路与内部电路的隔离等功能。

实际应用中，通常将代表生产过程的参数，如温度、压力、流量和物位等的 DC 4 ~ 20mA 或 DC 1 ~ 5V 信号或由其他单元送来的 DC 1 ~ 5V 的模拟信号，经多路采样开关后依次进行模 - 数转换(A-D)，转换后的数字量存放到各自的 RAM 中，供 CPU 进行运算和处理，

代表生产过程工作状态的状态量、开关量经状态量输入接口电路送入 CPU 进行处理。串行数字通信口电路也属于输入/输出电路。

3. 输出电路

它由模拟量输出电路和开关量、状态量输出电路组成。经 CPU 运算后的数字信号经 D-A 转换成模拟信号，由多路开关选择指定的模拟量输出通道输出。模拟输出通道有 DC 1～5V 和 DC 4～20mA。通常 DC 1～5V 输出用于连接其他仪表单元，而 DC 4～20mA 输出用作控制操作信号，输出到自动控制系统中的执行机构，以产生相应的控制作用。

状态量、开关量通过状态量和开关量输出接口电路直接控制现场的工艺设备。数字输入/输出通道也包括数据通信接口电路，它用于与上位机的通信或与其他数字仪表的通信。通过数字通信，上位计算机可以实现对现场各种数字式仪表的集中监控和管理，实现对生产工艺过程的最佳控制。

4. 人机对话单元

数字式调节器包括表盘上的数码显示及各功能键盘接口电路。调节器的各种工作方式的选择、参数值的设置和修改由各种功能按键、数字键来完成，并以数码显示或荧光柱显示形式显示出来。

数字式调节器中上述各功能电路的集成电路芯片均通过地址总线、数据总线和控制总线与 CPU 相连，以便按预定的监控程序和运算程序由 CPU 协调各单元电路的工作。

4.6.3 专家自整定调节器

专家自整定调节器是数字式调节器的进一步发展，它除了能完成常规调节器的常规任务外，还对调节器的各种功能的实现进行了改进和完善。这些主要是得益于近来微处理器运算速度的大幅提高，使得调节器对获得的所有数据进行各种灵活和快速的处理，增加了各种附加的功能，提高了调节器的控制能力。

专家自整定调节器是在不完全微分 PID 数字调节器的基础上，引入了专家自整定功能，其原理框图见图 4-40。

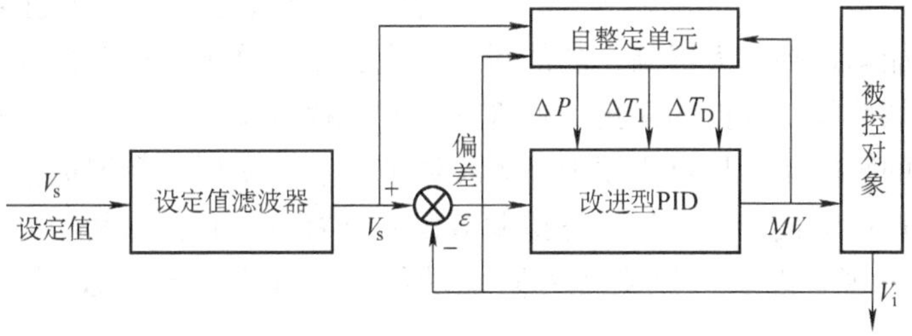

图 4-40 专家自整定调节器原理框图

由于许多被控过程存在着大时间范围的时变性，调节器的参数整定在最佳值获得较满意的控制品质，但随着时间的推移，被控过程的特性产生了变化，使系统的控制品质变坏，因此在调节器中引入专家自整定功能，可改善控制系统的控制品质。将调节器输出的控制量 MV、测量值 V_i 和给定值 V_s 送入专家自整定单元，利用专家的经验进行综合运算后，修改已给定的 PID 参数，保证调节器的控制规律始终采用最佳的 PID 参数值，从而保证系统能获得最佳的控制效果。

此外，专家自整定调节器还可引入自调整信号滤波、测量信号自补偿、线性化处理、极大值和极小值报警运算以及输出信号限幅处理运算等功能，提高了数字式调节器的智能化程度。

4.6.4 虚拟调节仪表

随着计算机技术和多媒体技术的进一步发展，计算机的运算速度和数据处理能力已大幅度提高，为调节仪表在个人计算机或工业控制机上的仿真实现成为可能，因此近几年已出现了各种虚拟仪表，虚拟调节器的原理框图见图4-41。

个人计算机或工控机提供了大量具有标准制式的输入、输出信号板插槽，把具有标准制式的输入、输出信号插板插入插槽内即成为虚拟调节器。虚拟调节器的输入/输出通道取决于插入的插板数，一台虚拟调节仪表可实现 n 个调节器的控制功能，这是常规单元组合仪表难以实现的。

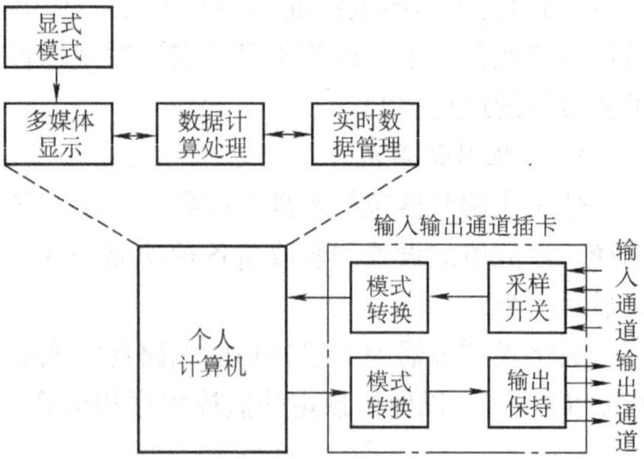

图4-41 虚拟调节器的原理框图

虚拟调节仪表是靠运行存储于个人计算机或工控机内的软件来完成数据的采集、处理、PID控制规律的计算和控制，以及真实调节器的操作过程和显示形式的。所采用的PID控制规律与常规数字式调节器的运算式子相同。利用多媒体技术在个人计算机屏幕上显示与传统调节器的操作面板，包括测量值显示、给定值显示、输出值显示、自动、手动操作(包括软手动操作和硬手动操作)及其无扰切换等。此外，在屏幕上还可显示自动控制和手动操作的过渡过程的仿真曲线。虚拟调节器的操作是在触摸屏上实现的。操作人员在触摸屏上进行的各种实际操作，如同对真实调节器的操作一样。

由于调节器完全由个人计算机或工控机代替，因而除受输出输入通道插板性能的限制外，其他各项性能均得到很大提高，功能得到扩大，主要体现在计算速度、精确度、显示模式、稳定性和可靠性等。数据的采集、处理和控制规律的实现更具优势，PID控制规律的许多改进和进一步的智能化，均可方便地在虚拟调节仪表中实现。数据通信也可利用个人计算机或工控机的串行通信接口。此外，虚拟调节仪表具有自检和自诊断功能，维护方便，屏幕显示内容丰富、直观，以及可提供多种附加功能，是其得到迅速发展和广泛应用的主要原因。

由于一台计算机完成多台调节器的工作，因此其运行环境条件要求较高，一旦计算机出现故障，影响较大，风险集中，这是限制虚拟调节仪表广泛应用的主要因素。但是，其必然的发展和部分取代传统调节器已成不争的事实。

必须指出，在点对点的传统仪表过程控制系统中，调节器是不可缺少的重要组成部分，而在计算机集散控制系统或现场总线控制系统中，调节器可能被计算机或现场总线智能变送器所代替。

*4.7　现代显示记录仪表

前述传统的模拟显示记录仪表可将一个或多个被测参数的连续变化过程直接绘制在记录纸上，记录曲线具有连续性和直观性。从所记录的曲线可以一目了然地判断被测参数的大小，以及何时大何时小，同时还能判断被测参数的稳定度、波动频率、参数的变化趋势以及是否超出允许范围等，因此在实际应用中深受用户的欢迎。

随着微型计算机技术、多媒体技术和网络技术的迅速发展，显示记录仪表也得到迅猛发展，它将进入数字化、微型化、网络化和智能化的发展阶段，赋予显示记录仪表更加强大的功能和更完善的性能。

4.7.1　全数字式显示记录仪表

模拟显示记录仪表无论其精度如何，从记录纸上的曲线获取精确的数据是十分困难的，何况记录纸的伸缩性、曲线线条的宽度等，常使仪表的记录误差比指示误差还要大，因而影响了整机的精度。

在数字显示记录仪表中，用 LED 或 LCD 显示被测参数之值，具有显示清晰、直观、不易读错数的优点。用专用打印机取代了传统的机械记录机构，既实现了整机的数字化，又保留了记录曲线的直观性。

全数字显示记录仪表的组成框图见图 4-42，各部分的功能简述如下。

1. 微机单元

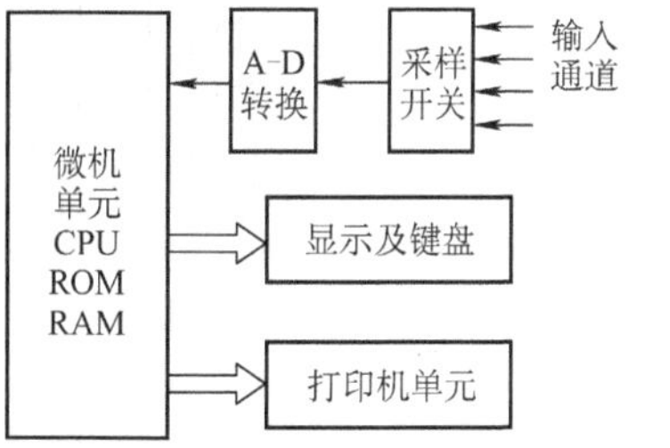

图 4-42　全数字式显示记录仪表的组成框图

微机单元由微机芯片(多数为单片机)、程序存储器 ROM 或 EPROM 及数据读写存储器 RAM 组成，它是数字式显示记录仪表的核心。仪表的功能扩展和性能的完善主要取决于存储在 ROM 或 EPROM 内的监控程序和数据处理以及自检和故障自诊断等。常规的数据处理又包括仪表输入输出特性的线性化、消除交叉灵敏度的影响、量程设定、量程的自动切换、热电偶测温的冷端温度自动补偿和放大器的零点漂移及增益漂移的自校正等。所有这些都是在微机的统一控制与管理下，靠存储于 ROM 或 EPROM 内的监控程序和数据处理程序完成的。

2. 输入通道模块

该部分包括输入信号调理电路、采样/保持(S/H)器和 A-D 转换器等。传感器或变送器将被测参数转换成微弱的电信号输入到数字显示记录仪表。首先由信号调理电路对信号进行调理(如放大、滤波等)到 A-D 转换器要求的归一化电平；然后经 S/H 电路采样和保持；最后送到 A-D 转换器转换成数字量，由微计算机进行运算和处理。数字显示记录仪表的优越的性能除了取决于数据处理软件外，还取决于输入通道模块的性能，例如 A-D 转换器的位数决定仪表的精度，其位数越多，分辨率越高，量化误差也越小，因而仪表的精度越高。又如，A-D 转换器、S/H 电路及信号调理电路的稳定性和可靠性也决定显示记录仪表的稳定性和可靠性。由此可见，欲获得优越的性能，输入通道模块的设计在仪表设计中起到举足轻重的作用。

3. 显示及键盘单元

显示部分负责以数字方式显示各种被测量、参数设置及仪表工作状态等信息。而仪表工作所需的各种设定(如仪表的量程、报警上、下限值以及各种功能的选择等)和必要的命令则主要由键盘完成。

4. 打印机单元

全数字式显示记录仪表的所有记录、数据输出以及报警信息等完全由打印机单元实现。

目前研究和开发的数字式显示记录仪表一般都配有与计算机通信接口，以便将显示记录仪记录的参数的相关数据信息传送到计算机中作进一步的处理和分析。

4.7.2 数字模拟混合显示记录仪表

如前所述，模拟显示记录仪表和全数字式显示记录仪表各有优缺点，数字模拟混合显示仪表既综合了上述两者优点又避免了两者存在的缺点，是功能强大、性能稳定、小巧、精确、灵活和可靠的新一代显示记录仪表。

图4-43所示是一般数字模拟混合显示记录仪表的组成框图。它主要由CPU、ROM、RAM、输入通道、输出通道、驱动器、断电保护等部分组成，可以分成微机单元、输入单元、输出单元和显示记录单元，各单元之间的信号由总线(地址总线、数据总线和控制总线)联系起来。

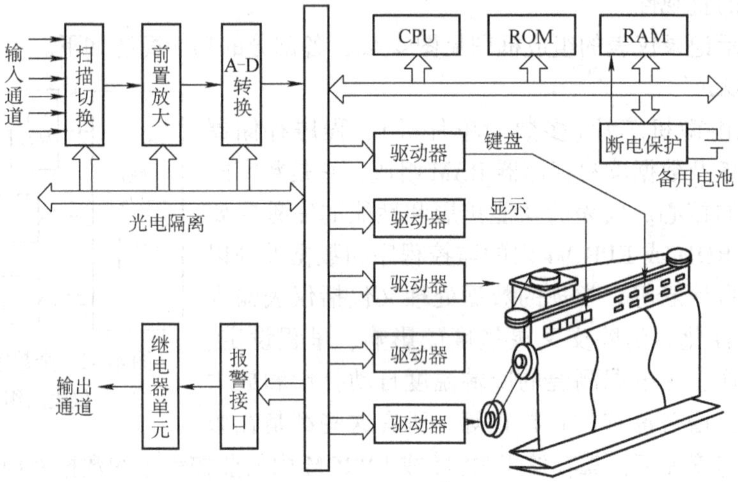

图4-43 数字模拟混合显示记录仪表的组成框图

微机单元是整个仪表的核心部分，其工作原理和要求与全数字式显示记录仪表完全相同，所不同的是其功能更加强大，性能更加完善。

输入单元的功能及其要求也与全数字式显示记录仪表相同。

输出单元的功能较为单一，负责报警信号的外传和与外界设备的电气隔离，其主要是为了保证生产安全。

仪表的显示和记录是数字和模拟两种显示记录的结合，用数字和机械两种方式实现被测参数的显示和记录功能。它由多种驱动器控制，实现被测参数的数字打印、曲线的实时记录和记录纸的驱动等。通常，数据模拟显示记录仪表的显示记录功能分为三个区：左边是被测参数的数字打印区，以数字形式打印被测量之值；中间为曲线记录区，以连续曲线形式实时记录被测参数的变化曲线；右边是报警打印区，用于打印生产过程中出现的各种报警状态和报警时间。

由于仪表做到了微机化，相对于模拟显示记录仪表增加了许多功能。这些功能主要包括：

(1) 数据和曲线打印　它既保留了模拟显示记录仪表实时连续记录被测参数的变化曲线功能，又增加了以数字形式打印被测量每一时刻的数值的功能，提供了直观和精确分析和处理被测量方法。

(2) 数字显示　它以 LED 或 LCD 显示被测量的值，既清晰又醒目，同时还可采用多种方式显示不同时刻各个输入通道被测量之值。

(3) 多种功能设定　它具有全数字式显示记录仪表的强大的功能和完善的性能，并有走纸速度和扫描速度设定等。

(4) 自检、自诊断和报警以及数据通信　在发出报警信号的同时，还有连锁信号输出，为安全生产提供保障。

(5) 断电保护　提供意外情况下短期断电保护，将测量过程的重要数据或常数保存起来。

由上述可见，数字模拟混合显示记录仪表是一种很有发展前途的仪表，在过程控制系统中将得到更广泛的应用。

4.7.3　虚拟显示记录仪表

虚拟显示记录仪表得以发展和应用得益于计算机多媒体技术的发展和应用。实际上，它是利用功能和性能都很强大的个人计算机或工业控制计算机来代替实际的显示记录仪表。除了保留了全数字式显示记录仪表的输入通道模块外，其余工作全部由个人计算机来完成，因此其硬件结构更加简单。虚拟显示记录仪表的组成见图 4-44。

虚拟显示记录仪表的输入通道模块的功能以及对其的要求与全数字式显示记录仪表基本相同，不过这里模块板以插件方式插入计算机即可。插板的输入通道数与插板的数量决定输入通道数。因此，虚拟显示记录仪表可测量、显示和记录的被测参数的个数是前述所有仪表无法比拟的。利用计算机内的数据库对采样所得的大量实时数据进行快速的运算和处理，测量结果可根据用户所选择的显示模式，在 CRT 上显示出来。

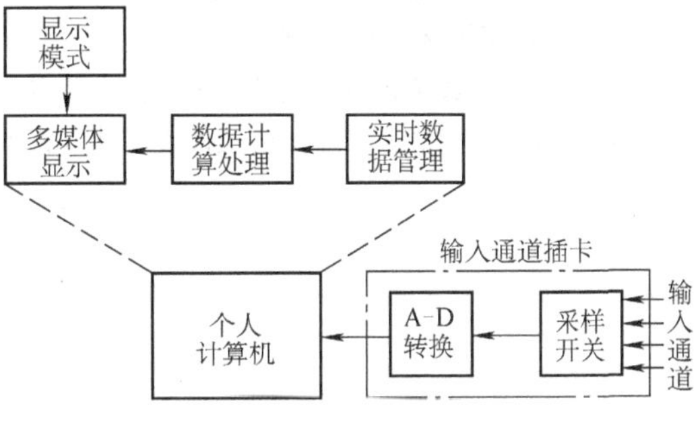

图 4-44　虚拟显示记录仪表的组成

虚拟显示仪表最显著的特点就是在 CRT 上完全模仿实际使用中的各种仪表。用户可通过键盘、鼠标或触摸屏进行各种操作，因而可完全实现传统显示记录仪表的所有功能。这是虚拟仪表得以发展和应用的一个重要原因。

由于显示记录仪表完全由微型计算机代替，除受输入通道插卡的性能限制外，其他各种性能得到了大大加强，例如频响范围、计算速度、精确度、显示记录模式、稳定性和可靠性等。而在数据处理方面，例如特性的线性化、冷端补偿、零点与增益校正、交叉灵敏度影响的消除、自检、自诊断和网络通信等，更具优势。

维护方便、使用简单是虚拟显示记录仪表的另一优点。在同一台计算机中可实现多种虚拟仪表，并集中运行和显示记录将成为可能。随着计算机的价格不断下降，将大大降低制造成本，且具有更高的性能价格比，这也是前述所有显示记录仪表无法比拟的。因此，虚拟显示记录仪表将迅速发展是必然的趋势。

思考题与习题

4-1　什么是正作用调节器和反作用调节器？如何实现调节器的正、反作用？

4-2　如何测定 DDZ-Ⅲ调节器的微分时间 T_D 和积分时间 T_I？

4-3　设 DDZ-Ⅲ基型调节器的 PID 参数的刻度值为 $\delta=0.50$，$T_I=30s$，$T_D=20s$。计算其实际值 δ^*、T_I^* 和 T_D^*。

4-4　什么叫无平衡无扰动切换？DDZ-Ⅲ基型调节器如何实现无平衡无扰动切换功能？什么叫软手动操作和硬手动操作？该调节器如何实现这两种手动操作？

4-5　数字式完全微分 PID 控制规律与不完全微分 PID 控制规律有什么区别？哪一种控制规律的应用更为普遍？

4-6　数字式调节器是如何将 PID 控制规律从连续形式进行离散化的？离散后有几种形式的算法？哪一种形式的算法应用更为普遍？为什么？

4-7　电位差计自动平衡显示记录仪表测量桥路中各个电阻有什么作用？对这些电阻有什么要求？

4-8　某电位差计式自动平衡显示记录仪表测量桥路的设计。配热电偶量程为 0 ~ 1100℃。已知 $t_D=5℃$，$t_0=25℃$，$t_G=55℃$，$E(0,t_0)=-0.142mV$，$E(t_{max},t_0)=10.612mV$，$\Delta E_n=10.754mV$，$E(t_D,0)=0.27mV$，$E(t_G,0)=0.331mV$，$E(t_0,0)=0.142mV$，$\alpha_{t_0}=3.84\times10^{-3}\Omega/℃$，$V=1000mV$，$I_1=4mA$，$I_2=2mA$，$\lambda=0.03$，试计算桥路各电阻的阻值。

4-9　已知仪表配铜电阻 Cu50Ω，量程 0 ~ 100℃，$R_{t0}=50\Omega$，$R_{t1}=71.4\Omega$，直流供桥电压 $V=1000mV$，$I_{tm}\leqslant6mA$，$I_{t0}=3mA$，$\lambda=0.03$，试计算桥路各电阻的阻值。

4-10　已知仪表配铂电阻 Pt 100，量程 0 ~ 300℃，$R_{t0}=100\Omega$，$R_{t1}=212.02\Omega$，$I_{tm}\leqslant6mA$，$V=1000mV$，$\lambda=0.03$，试计算桥路各电阻的阻值。

4-11　简述全数字式显示记录仪表有什么特点？

4-12　数字模拟混合式显示记录仪表有什么特点？

第 5 章　过程执行仪表

执行器是构成自动控制系统不可缺少的重要组成环节，它接收来自调节器的输出信号，并转换成直线位移或转角位移，以改变执行机构的控制参数，从而控制流入或流出被控过程的物料或能量，实现过程参数的自动控制。

5.1　概述

执行器安装在生产现场，直接与介质接触，通常在高温、高压、高粘度、强腐蚀、易结晶、易燃易爆、剧毒等场合下长期工作，如果选用不当，将直接影响过程控制系统的控制质量。同时，由于执行器原理比较简单，操作单一，人们常常会轻视这一重要环节，为保证控制系统处于良好的运行状态，必须加强对执行器的日常维护。

1. 执行器的组成

执行器由执行机构和调节机构（调节阀）两部分组成，其工作原理见图 5-1。执行机构首先将来自调节器的信号转变成推力或位移，对调节机构产生推动作用；调节机构（调节阀）根据执行机构的推力或位移，改变调节阀阀芯与阀座间的流通面积，以达到最终调节被控介质的目的。

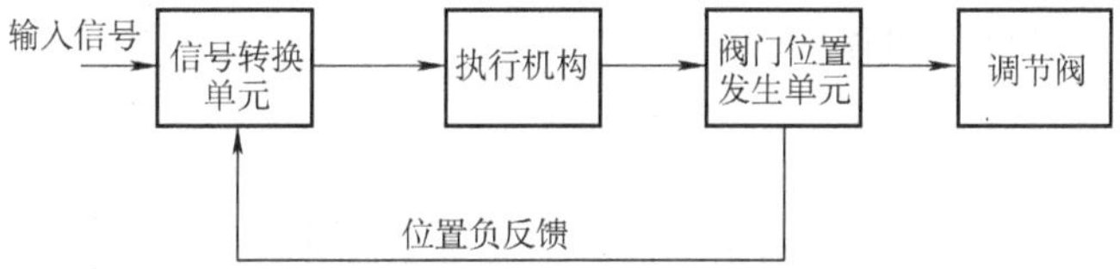

图 5-1　执行器的工作原理

由图 5-1 可见，来自调节器的信号经信号转换单元转换后，与来自执行机构的位置反馈信号比较，其差值输入到执行机构，以确定执行机构作用的方向和大小，其输出的力或位移控制调节阀的动作，改变调节阀的流通面积，从而改变被控介质的流量。当位置反馈信号与输入信号相等时，系统处于平衡状态，调节阀便处于某一开度。

2. 执行器的种类及特点

根据所使用的能源种类，执行器可分为电动执行器、气动执行器和液动执行器三种。常规情况下三种执行器的主要特性比较见表 5-1。

电动执行器的输入信号为 DC 0～10mA 或 DC 4～20mA 信号，其优点是能源采用方便，信号传输速度快，传输距离远，但其结构复杂，推力小，价格贵，仅适用于防爆要求不高的场合，其应用仅次于气动执行器。

气动执行器的输入信号是 0.02～0.1MPa 气压信号，其结构简单，维护方便，价格便宜，可用于易燃易爆场合，其应用最为广泛。

表5-1 执行器主要特性比较

主要特性	电动执行器	气动执行器	液动执行器
构造	复杂	简单	简单
体积	小	中	大
配管配线	简单	较复杂	复杂
推力	小	中	大
动作滞后	小	大	小
维护检修	复杂	简单	简单
使用场合	不适于防火防爆	适于防火防爆	要注意火花
价格	高	低	高

液动执行器的最大特点是推力大，适用于被调节压力高的场合，在实际工业中应用较少。

本节主要讨论电动执行器和气动执行器。

5.2 电动执行机构

由于用电作为动力有其他能源不可比拟的优势，因此电动型执行机构近年来发展最快，应用面较广。电动型按结构标准又可分为：组合式结构、机电一体化结构、智能控制型（带 HART、FF 协议）等。

电动执行机构包括伺服放大器及执行机构两大部分，其中执行机构又分为电动机、减速器及位置发送器三大部件（见图5-2）。

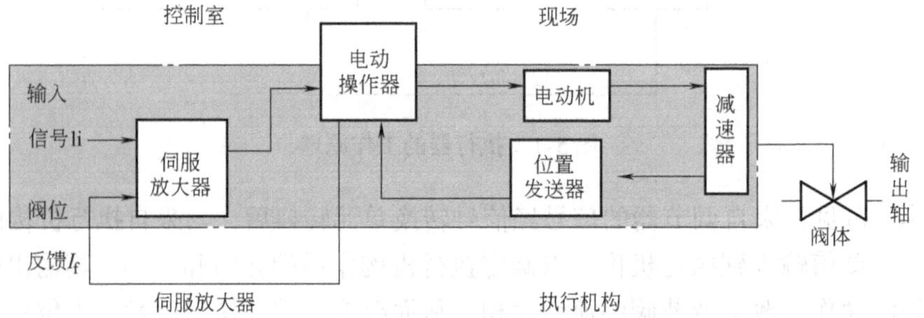

图5-2 电动执行机构系统原理示意图

来自调节器的电流信号 I_i（4~20mA）作为伺服放大器的输入，与阀的位置反馈信号 I_f 进行比较，当输入信号和反馈信号比较差值不等于零时，其差值经伺服放大器放大后，控制两相伺服电动机按相应的方向转动，再经减速器减速后使输出轴产生位移；同时，输出轴位移又经位置发送器转换成阀的反馈信号 I_f；当反馈信号与输入信号相等时，伺服放大器无输出，电动机不转动，执行机构就稳定在与输入信号相应的位置上。电动执行机构的输出轴位移和输入信号成线性关系。

电动执行机构有连续调节、远程手动控制和就地手动操作三种控制方式。

1. 电动执行机构就地调节方式

电动执行机构需就地操作时，电动操作器切换开关放在“手动”位置，把旋转切换开关拨到“手动”位置，拉出执行机构上的手轮，摇动手轮就可以实现手动操作。当不用就地操作时，千万要注意，把电动机端部的旋钮拨到“自动”位置，并把手轮推到初始位置。

2. 电动执行机构远程遥控调节方式

当电动操作器切换开关放在“手动”位置时，即处在手动远程控制状态，操作时只要将旋转切换开关分别拨到“开”或“关”的位置，带动电动机正转或反转，执行机构输出轴就可以实现上行或下行运动，在运动过程中观察电动操作器上的阀位开度表，到所需控制阀位开度时，立即松开切换开关即可。

3. 电动执行机构自动调节方式

当电动操作器切换开关放在“自动”位置时，即处在自动调节状态，其控制过程如下：

当输入信号 $I_{入1}=0$（或 DC 4mA）时，位置发送器反馈电流 $I_{反}=0$（或 DC 4mA），此时伺服放大器没有输出电压，电动机停转，执行机构输出轴稳定在预选好的零位。

当输入信号 $I_{入1}>0$（或 DC 4mA）时，此输入信号与系统本身的位置反馈电流在伺服放大器的前置级磁放大器中进行磁动势的综合比较，由于这两个信号大小不相等且极性相反就有误差磁动势出现，从而使伺服放大器有足够的输出功率驱动电动机，执行机构输出轴就朝着减少这个误差磁动势的方向运动，直到输入信号和位置反馈信号二者相等为止，此时输出轴就稳定在与输入信号相对应的位置上。

电动执行机构根据配用的调节机构不同，其输出有直行程和角行程两种，其电气原理完全相同，仅减速器不一样。

5.2.1 直行程电动执行机构

1. 机构结构

目前，电动执行机构主要有：罗托克（ROTORK）、西博斯（SIPOS）、瑞基（RAGA）、奥马（AUMA）、ABB、上仪 ROTORK、利米托克（LIMITORQUE）等各种电动执行机构。电动执行机构由伺服放大器和执行机构两个结构上相互独立的整体构成。执行机构为现场就地安装式结构，在减速器箱体上装有交流伺服电动机和位置发送器。减速器上有手动部件、输出轴、机械限位块。

它们之间的连接和调整是通过杠杆和弹簧来实现的。当减速器输出轴上下运动时，杠杆一端依靠弹簧的拉力紧压在输出轴的端面上，因而传感器心棒产生轴向位移，达到改变位置发送器输出电流大小的目的。传感器心棒移动距离而对应的位置反馈电流为 DC 4 ~ 20mA（或 DC 0 ~ 10mA）。输出轴位移的行程和位置发送器输出电流成线性关系。利用杠杆支点距离的不同来改变行程的变化。机械限位块则按行程不同进行设置。

2. 工作原理

直行程电动执行机构是一个用交流伺服电动机为原动机的位置伺服机构，其系统框图见图 5-3。

系统包括：FC—伺服放大器、SD—单相伺服电动机、WF—位置发送器、Z—减速器；DFD—电动操作器、G—调节阀等。

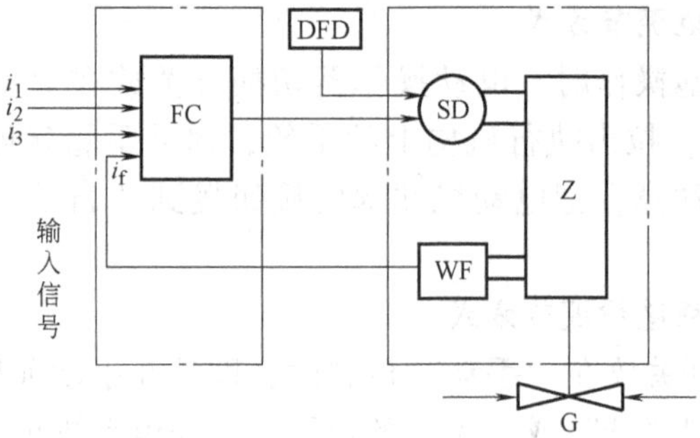

图 5-3 电动执行机构系统框图

电动执行机构处于连续调节的控制过程状态：

1）当输入信号 $I_i=0$（或 DC 4mA）时，位置发送器反馈电流 $I_f=0$（或 DC 4mA），此时伺服放大器没有输出电压，交流伺服电动机停转，执行机构输出轴稳定在预选好的零位。

2）当输入信号 $I_i>0$（或 DC 4mA）时（接入极性应与位置反馈电流极性相反），此输入信号与系统本身的位置反馈电流在伺服放大器的前置级磁放大器中进行磁动势的综合比较，由于这两个信号大小不相等且极性相反就有磁动势误差出现，从而使伺服放大器有足够的输出功率，驱动交流伺服电动机，执行机构输出轴就朝着减少这个磁动势误差的方向运动，直到输入信号和位置反馈信号两者相等为止，此时输出轴就稳定在与输入信号相对应的位置上。

3. 控制方式

电动执行机构三种控制方式：

1）当电动操作器切换开关放在“自动”位置时，即处在连续调节控制状态。

2）当电动操作器切换开关放在“手动”位置时，即处在手动远方控制状态，操作时只要将旋转切换开关分别拨到“开”或“关”的位置，执行机构输出轴就可以上行或下行，在运动过程中观察电动操作器上的阀位开度表，到所需控制阀位开度时，立即松开切换开关即可。

3）当电动操作器切换开关放置“手动”位置时，把交流伺服电动机端部旋钮放在“手动”位置，拉出执行机构上的手轮，摇动手轮就可以实现手动操作。当不用就地手动操作时，千万要注意，把交流伺服电动机端部的旋钮拨到“自动”位置，并把手轮推到初始位置。

5.2.2 角行程电动执行机构

1. 机构结构

图 5-4 为角行程电动执行机构的组成框图，它由伺服放大器和伺服电动机两部分组成。

2. 工作原理

来自调节器的 DC 0~10mA 或 DC 4~20mA 信号 I_i 与位置反馈信号 I_f 进行比较，其差值经放大后控制两相伺服电动机正转或反转，再经减速器后，改变调节阀的开度。同时，输出轴的位移经位置发生器转换成电流信号 I_f。当 $I_i=I_f$ 时，电动机停止转动，调节阀处于某一开度，即

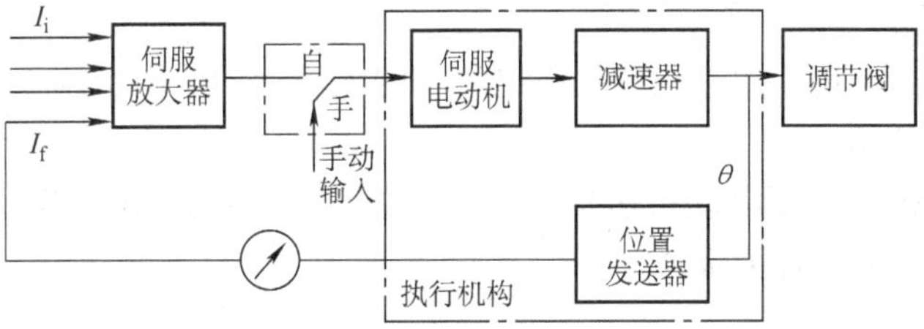

图 5-4 角行程电动执行机构组成框图

$$\theta = KI_i \tag{5-1}$$

式中，θ 为输出轴的转角；K 为比例常数。

由此可见，电动执行机构实际上相当于一个比例环节。

由图 5-4 可见，电动执行机构还提供手动操作，以便在系统掉电时提供手动控制，保证系统的调节作用。

（1）伺服放大器 图 5-5 为伺服放大器原理框图，它由前置放大器、触发器、交流晶闸管开关、校正电路和电源等环节组成。

前置放大器是一个增益很高的磁放大器，它根据输入电流 I_i，位置反馈电流 I_f 和校正电流 I_f'进行综合比较并转换成 A、B 两点的电压，根据 A、B 两点电压的极性控制晶闸管电路中的一个导通，而另一个截止。例如，若 A 点电位为正，B 点为负，触发电路 1 发出一系列脉冲，晶闸管 VT_1 导通，而 VT_2 截止。由于 VT_1 接在二极管整流桥的直流端，它的导通使 cd 两端短接，220V 交流电压加于伺服电动机绕组Ⅰ上；同时经移相电容 C_F 产生超前 90°的相移，加到绕组Ⅱ上；形成旋转磁场，使电动机朝一个方向转动。同理，若 A、B 两点电压极性与上述相反，即 A（－）、B（＋）则电动机向与上述相反的方向转动。当 A、B 两点电位同为零电平时，VT_1 和 VT_2 均截止，电动机停止转动。

（2）校正电路 图 5-6 为校正电路原理框图，它由校正变压器、相敏整流器和电源变压器组成。校正电路输出一直流信号 I_f'反馈至前置放大器输入端与 I_i、I_f 进行综合比较，当 $I_i = I_f$时，$I_f' = 0$；而 $I_i \neq I_f$ 时，I_f'的极性与 $I_i - I_f$ 的差值信号极性相反，故为负反馈。校正电流 I_f'的幅值虽然很小，但其反应迅速，比位置反馈电流 I_f 提前到达前置放大器，所以可改善

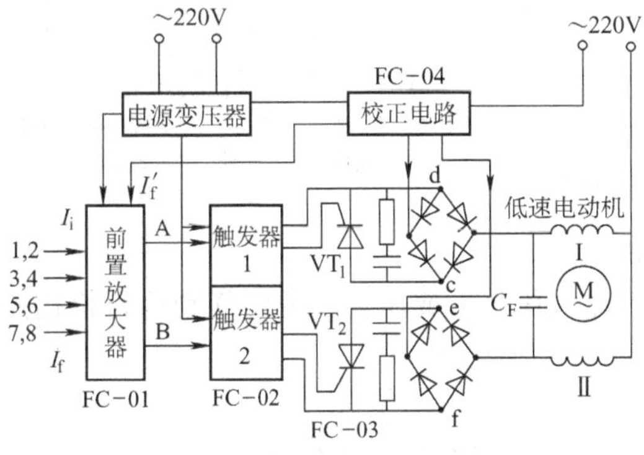

图 5-5 伺服放大器原理框图

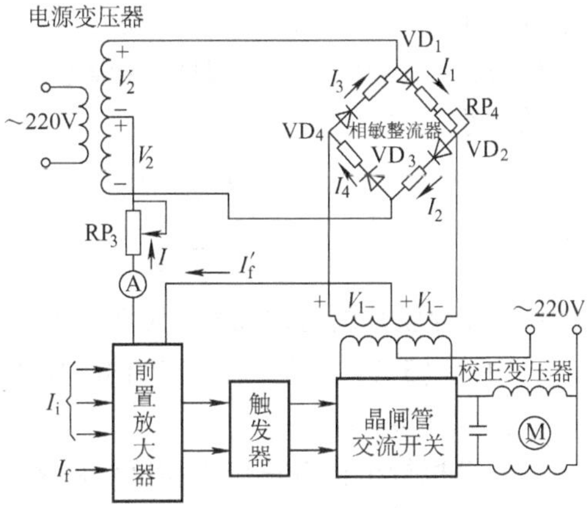

图 5-6 校正电路原理框图

执行机构的动态特性。

图5-6中，电位器RP_3用于调节校正电流I'_f的大小；RP_4用于调零，即当$I_i=I_f$时，若$I'_f\neq0$，则调整RP_4使$I'_f=0$。

（3）伺服电动机　伺服电动机包括永磁低速同步电动机、位置发送器和减速器等，由于篇幅所限相关内容参考有关资料。

5.3 气动执行机构

5.3.1 气动执行机构结构

气动执行机构接受气动控制器或阀门定位器输出的气压信号，并将其转换成相应的推杆直线位移，以推动调节阀动作。

气动执行机构主要有两种类型：薄膜式与活塞式。薄膜式执行机构简单、动作可靠、维修方便、价格低廉，是最常用的一种执行机构；活塞式执行机构允许操作压力可达500kPa，因此输出推力大，但价格较高。

气动执行机构又可分为有弹簧和无弹簧两种，有弹簧的气动执行机构较之无弹簧的气动执行机构输出推力小、价格低。

气动薄膜执行机构使用弹性膜片将输入气压转变为推杆的推力，通过推杆使阀芯产生相应的位移，改变阀的开度，气动活塞式执行机构以汽缸内的活塞输出推力，由于气缸允许压力较高，可获得较大的推力，故容易制成长行程执行机构。

气动执行器的结构较简单，它也由执行机构和调节机构（调节阀）组成，见图5-7。图中，上部分为执行机构，下部分为调节阀。

气动执行机构由膜片，推杆和平衡弹簧等组成，是气动执行器的推动装置。它接收调节器（气动）或电/气转换器或电/气阀门定位器输出的0.02～0.1MPa气压信号，经膜片转换成推力，克服弹簧的反作用力后，使推杆产生位移，同时带动阀芯动作。气动薄膜执行机构的静态特性表示平衡状态时输入信号p与阀杆位移L之间的关系，即

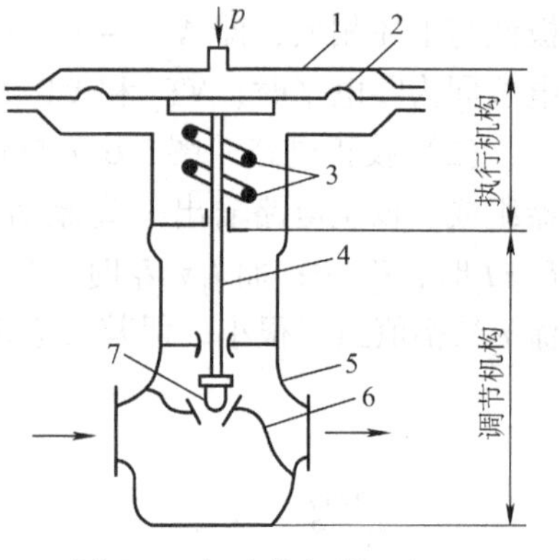

图5-7　气动执行器示意图
1—上盖　2—膜片　3—平衡弹簧　4—阀杆
5—阀体　6—阀座　7—阀芯

$$pA=KL$$

或
$$L=\frac{A}{K}p \tag{5-2}$$

式中，A为膜片的有效面积；K为弹簧的弹性系数。

由式（5-2）可见，执行机构阀杆的位移L与输入信号p成正比，说明气动执行机构是一个比例环节。

气动执行机构有正作用和反作用两种形式：

（1）正作用　当输入气压信号p增加时，阀杆向下移动的称为正作用。

（2）反作用　当输入气压信号p增加时，阀杆向上移动的称为反作用。

在工业生产中，口径较大的气动执行器通常采用正作用方式。

气动执行机构有薄膜式和活塞式两种，在工程上气动薄膜式应用最广泛。

5.3.2　气动薄膜调节阀

1. 调节阀的工作原理

图 5-7 下部的调节阀安装在流体管道上，是一个局部阻力可变的节流器件，其典型的直通单座调节阀结构见图 5-8。流体从左侧进入调节阀，从右侧流出。阀杆的上端通过螺母与执行机构的阀杆连接，带动阀杆及其下端的阀芯上下移动，使阀芯与阀座间流通面积产生变化，从而使被控介质产生变化。

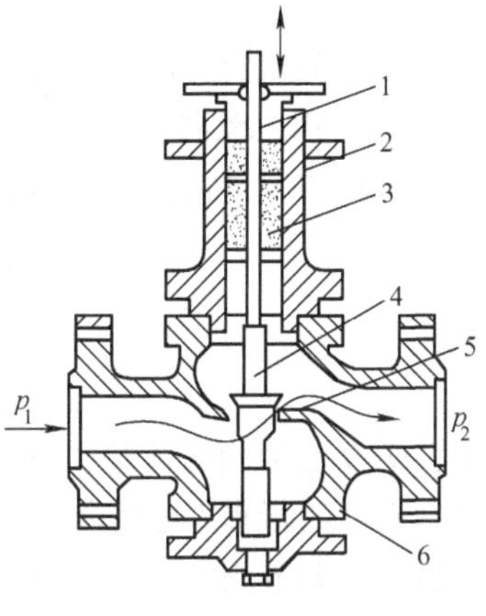

图 5-8　直通单座调节阀结构
1—阀杆　2—上阀盖　3—填料
4—阀芯　5—阀座　6—阀体

当不可压缩流体流经调节阀时，由于流通面积的缩小，会产生局部阻力，并形成压力降。设 p_1 和 p_2 分别是流体在调节阀前后的压力，ρ 为流体的密度，v 为接管处的流体平均流速，ξ 为阻力系数，在高雷诺数 *Re* 条件下，根据伯努利方程可得

$$\frac{p_1 - p_2}{\rho} = \xi \frac{v^2}{2}$$

即

$$\Delta p = p_1 - p_2 = \frac{v^2}{2}\xi\rho \tag{5-3}$$

设调节阀接管的面积为 A，则流体流过调节阀的体积流量 Q 为

$$Q = Av = A\sqrt{\frac{2\Delta p}{\xi\rho}} \tag{5-4}$$

由式（5-4）可见，由于阻力系数 ξ 与阀门的结构形式和开度有关，在调节阀截面积 A 一定时，改变调节阀的开度即可改变阻力系数 ξ，从而达到调节被控介质流量的目的。

2. 调节阀的分类

根据不同使用要求，调节阀具有不同的结构，在生产实际中应用较广的主要有直通单座阀、直通双座阀、蝶阀、三通阀、隔膜阀、角形阀等。图 5-9 为部分调节阀结构示意图。

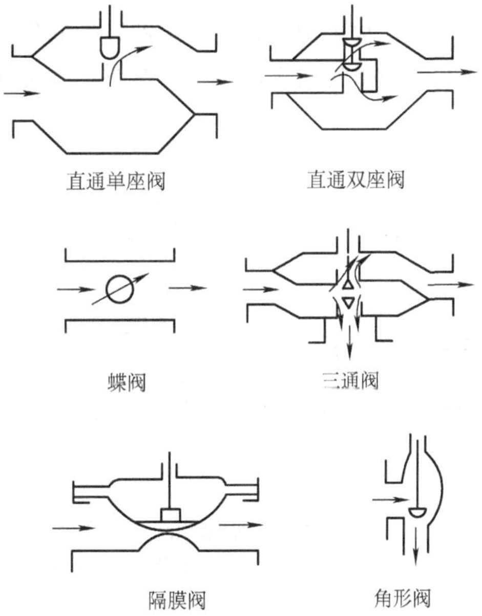

图 5-9　部分调节阀结构示意图

直通单座阀和直通双座阀在生产过程中应用较普遍。直通双座阀的阀体内有两个阀芯和两个阀座，流体对上下两个阀芯的推力方向相反，大小近似相等，故允许使用的压差 Δp 较大，流通能力也比同口径单座阀要大。由于加工的限制，上下阀不易保证同时关

闭，所以关闭时泄漏量较大。此外，由于阀内流路复杂，高压差时流体对阀体冲蚀较严重，故不适用于高粘度和含悬浮颗粒或纤维介质的流体。直通单座阀的特点是关闭时的泄漏量较小，是双座阀的1/10左右。由于压差对阀芯的作用力较大，故适用于低压差和对泄漏量要求严格的场合，而在高压差时，应采用大推力执行机构或阀门定位器，其性能稳定，便于调节。

其他类型结构的调节阀的特点和使用场合，请参阅有关文献。

3. 调节阀流量特性

调节阀的流量特性，是指被控介质流过阀门的相对流量与阀门相对开度之间的关系，即

$$\frac{Q}{Q_{\max}}=f\left(\frac{l}{L}\right) \tag{5-5}$$

式中，$Q/Q_{\max}$为相对流量，即某一开度的流量 Q 与阀全开流量 $Q_{\max}$之比；l/L 为相对开度，即某一开度的行程 l 与阀全开的行程 L 之比。

显然，调节阀的流量特性会直接影响到自动控制系统的控制质量和系统的稳定性，必须合理选择。一般地说，改变调节阀的流通面积（阻力系数 ξ），便可调节被控介质的流量。但是，当调节阀接入管道后，其实际流量特性会受到多种因素的影响。为便于分析，首先假定阀前后压差不变，考虑到实际的使用情况，调节阀的流量特性可分为理想流量特性和工作流量特性。

（1）理想流量特性　在调节阀前后压差不变条件下得到的流量特性，称为理想流量特性。显然，理想流量特性仅取决于阀芯的形状，不同阀芯曲面可得到不同的流量特性，图5-10为常用的阀芯形状。阀芯形状一旦固定，该阀便具有固定的理想流量特性。

目前，常用调节阀中有4种典型的理想流量特性：直线流量特性、对数流量特性、快开流量特性和抛物线流量特性，相对行程与相对流量变化曲线见图5-11。

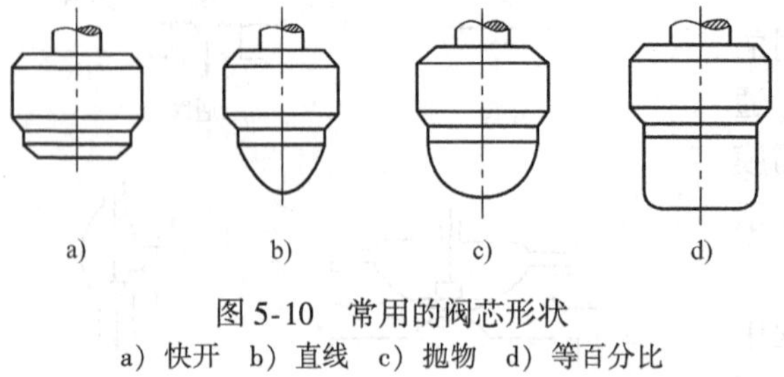

图5-10　常用的阀芯形状

a）快开　b）直线　c）抛物　d）等百分比

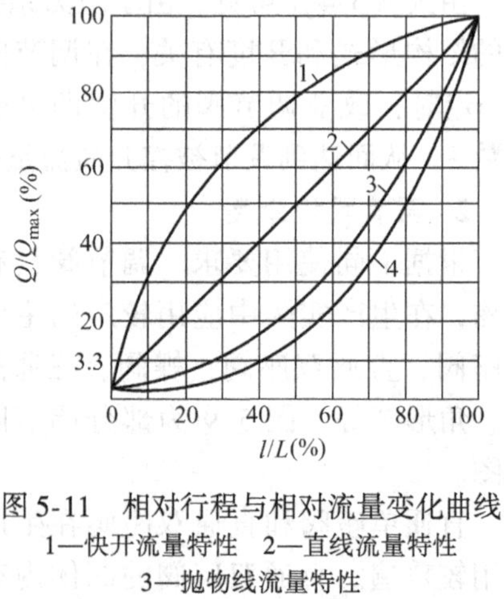

图5-11　相对行程与相对流量变化曲线

1—快开流量特性　2—直线流量特性

3—抛物线流量特性

4—对数流量特性（等百分比流量特性）

1）直线流量特性：直线流量特性是指调节阀的相对流量与相对位移成直线关系，即单位位移变化所引起的流量变化是常数，用数字式表示为

$$\frac{d\dfrac{Q}{Q_{\max}}}{d\dfrac{l}{L}}=K_{\mathrm{V}} \tag{5-6}$$

式中，K_{V} 为常数，即调节阀的放大系数。

对式（5-6）积分得

$$\frac{Q}{Q_{\max}}=K\frac{l}{L}+C \tag{5-7}$$

式中，C 为积分常数。

已知，边界条件：$l=0$ 时，$Q=Q_{\min}$；$l=L$ 时，$Q=Q_{\max}$。将边界条件代入式（5-7）求得各常数项为

$$C=\frac{Q_{\min}}{Q_{\max}}=\frac{1}{R},\quad K=1-C=1-\frac{1}{R}$$

式中，R 为可调范围。

最后可求得

$$\frac{Q}{Q_{\max}}=\frac{1}{R}\left[1+(R-1)\frac{l}{L}\right]=\frac{1}{R}+\left(1-\frac{1}{R}\right)\frac{l}{L} \tag{5-8}$$

由式（5-8）可知，$Q/Q_{\max}$与 l/L 之间呈线性关系，以不同的 l/L 代入式（5-8），求出 $Q/Q_{\max}$的对应值，在直角坐标上表示，可得到一条直线，见图 5-11 曲线 2。由图 5-11 可见，对于直线特性调节阀的放大系数 $K=$ 常数。

直线流量特性调节阀的特点是，无论工作在曲线的哪一点，只要相对位移变化量相同，相对流量变化量总是相同的。

例如，设 $R=30$，相对开度 l/L 每变化 10% 时，由式（5-8）可求得相对流量 $Q/Q_{\max}$的增量总是 9.67%，但是，当调节阀原处于某一开度，例如相对开度为 10%、50%、80% 三点。若产生相同的相对开度变化（例如 10%），而产生的流量的增量与该点原来的流量之比的百分数却不相同。由表 5-2 可见，该三点的流量相对变化量分别为

在 10% 开度时，$\dfrac{22.7-13}{13}\times100\%=75\%$

在 50% 开度时，$\dfrac{61.3-51.7}{51.7}\times100\%=19\%$

在 80% 开度时，$\dfrac{90.3-80.6}{80.6}\times100\%=11\%$

表 5-2　调节阀的相对流量与相对开度（$R=30$）

相对开度(%) / 相对流量(%)	0	10	20	30	40	50	60	70	80	90	100
直线流量特性	3.3	13.0	22.7	32.3	42.0	51.7	61.3	71.0	80.6	90.3	100
对数流量特性	3.3	4.67	6.58	9.26	13.0	18.3	25.6	36.2	50.8	71.2	100
快开流量特性	3.3	21.7	38.1	52.6	65.2	75.8	84.5	91.3	96.13	99.03	100

可见，直线流量特性调节阀在小开度工作时，其相对流量变化太大，控制作用太强，容

易引起超调，使系统产生激烈振荡；而在大开度工作时，其相对流量变化大小，控制作用太弱，造成控制不及时，系统反应迟钝，过渡过程时间长。

2）对数流量特性（等百分比流量特性）：对数流量特性指单位相对位移所引起的相对流量变化与该点的相对流量成正比关系。即调节阀的放大系数是变化的，随着对数流量的增大，K 亦增大。用数学表达式表示为

$$\frac{d\dfrac{Q}{Q_{\max}}}{d\dfrac{l}{L}}=K\frac{Q}{Q_{\max}}=K_{V}$$

式中，K_V 为调节阀的放大系数。

对上式积分得

$$\ln\frac{Q}{Q_{\max}}=K\frac{l}{L}+C \tag{5-9}$$

代入前述的边界条件，求得常数项为

$$C=-\ln R \quad K=\ln R$$

最后整理得

$$\frac{Q}{Q_{\max}}=R^{\left(\frac{l}{L}-1\right)} \tag{5-10}$$

从式（5-9）可见，相对位移 l/L 与相对流量 $Q/Q_{\max}$ 成对数关系，故称为对数流量特性。其特性曲线见图5-11曲线4。

为了与直线流量特性比较，同样以阀门开度10%、50%、80%三点为例，当开度变化10%时，这三点的相对流量的变化量为（见表5-2）

在10%开度时，$\dfrac{6.58-4.67}{4.67}\times100\%=40\%$

在50%开度时，$\dfrac{25.6-18.3}{18.3}\times100\%=40\%$

在80%开度时，$\dfrac{71.2-50.8}{50.8}\times100\%=40\%$

可见，对数流量特性调节阀，当相对开度变化相同时，其流量变化的增量与该点流量之比的百分数相同，即相对流量总是相等的，由上例可见，均是40%，故又称为等百分比阀。

从过程控制来看，利用对数流量特性调节阀，在小开度时，放大系数 K_V 较小，控制作用缓和平稳，而在大开度时，K_V 较大，控制作用及时有效。因此，对数流量特性调节阀是最常用的。

3）快开流量特性：这种流量特性调节阀，在小开度时，流量已很大，随着开度增大，流量很快达到最大值（全开流量），故称为快开流量特性。其特性曲线见图5-11曲线1。数学表达式为

$$\frac{Q}{Q_{\max}}=1-\left(1-\frac{1}{R}\right)\left(1-\frac{l}{L}\right)^{2} \tag{5-11}$$

快开特性的阀芯形状是采用平板形的（见图5-10a），其有效行程一般在 $D/4$ 以内（D 为阀座直径）。当位移开始增大时，阀的流通面积就不再增大，失去调节作用。所以快开特

性调节阀主要用于位式控制或程序控制中。

4）抛物线流量特性：抛物线流量特性是指调节阀的放大系数 K 与该点的相对流量值的平方根成正比。用数学表达式表示为

$$\frac{d\dfrac{Q}{Q_{max}}}{d\dfrac{l}{L}}=K\left(\frac{Q}{Q_{max}}\right)^{\frac{1}{2}}$$

上式经积分后，再代入上述边界条件整理可得

$$\frac{Q}{Q_{max}}=\frac{1}{R}\left[1+(\sqrt{R}-1)\frac{l}{L}\right]^2 \tag{5-12}$$

式（5-12）表明，Q/Q_{max} 与 l/L 之间成抛物线关系（见图 5-11 曲线 3），介于直线特性与对数特性之间。通常，抛物线流量特性调节阀可用对数流量特性代替，因此，工程上很少用。

（2）工作流量特性　在讨论调节阀的工作流量特性之前，首先引入一个反映调节阀特性的重要参数——可调范围。它是选择调节阀时必须考虑的参数。

1）调节阀的可调范围：其定义是指调节阀所能控制的最大流量 Q_{max} 与最小流量 Q_{min} 之比，用 R 来表示，即

$$R=\frac{Q_{max}}{Q_{min}}$$

必须指出，这里 Q_{min} 是调节阀可调流量的下限值，并不等于调节阀全关时的泄漏量。通常，最小可调流量为最大流量的 2%～4%；而泄漏量仅为最大流量的 0.1%～0.01%。

调节阀有理想流量特性和工作流量特性，因此，其可调范围也有理想可调范围和工作可调范围。

① 理想可调范围。在调节阀前后差压恒定条件下，调节阀的可调范围称为理想可调范围。从调节阀原理可知

$$Q=\frac{A}{\sqrt{\xi}}\sqrt{\frac{2\Delta p}{\rho}}$$

也可写成

$$Q=C\sqrt{\frac{\Delta p}{\rho}}$$

因此

$$R=\frac{Q_{max}}{Q_{min}}=\frac{C_{max}\sqrt{\dfrac{\Delta p}{\rho}}}{C_{min}\sqrt{\dfrac{\Delta p}{\rho}}}=\frac{C_{max}}{C_{min}} \tag{5-13}$$

可见，调节阀的理想可调范围是其最大流通能力与最小流通能力之比。它反映了调节阀调节能力的大小，希望可调范围大者为好，一般 $R=30\sim50$，我国生产的调节阀可调范围统一设计为 $R=30$。

② 工作可调范围。调节阀在实际工作时，由于管道的阻力变化，阀前后压差也随之变化的调节范围，称为工作可调范围（或实际可调范围），可分为串联管道和并联管道两种情况来讨论。

A. 串联管道：当调节阀与工艺管道串联时，见图 5-12a。此时，随着流量增加，管道阻

力损失相应增加。若系统的总压差 Δp 不变，分配到调节阀的压差 Δp_V 相应减小，见图 5-12b。引起调节阀所能通过的最大流量减少，故调节减的实际可调范围降低。设 R_S 为串联管道时调节阀的实际可调范围，根据可调范围的定义可得

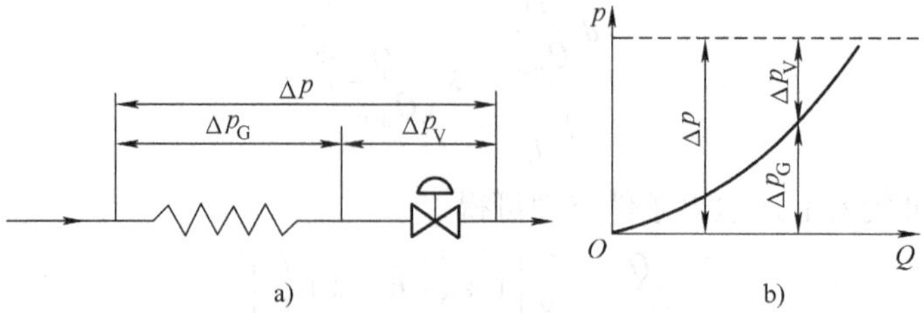

图 5-12 调节阀和管道阻力串联的情况

a）串联管道 b）压力分布

$$R_S=\frac{Q_{max}}{Q_{min}}=\frac{C_{max}\sqrt{\Delta p_{Vmin}/\rho}}{C_{min}\sqrt{\Delta p_{Vmax}/\rho}}=R\sqrt{\frac{\Delta p_{Vmin}}{\Delta p_{Vmax}}}$$

式中，Δp_{Vmin} 和 Δp_{Vmax} 分别为阀全开及接近全关时阀前后压差值。

设 S 为阀全开时阀前后压差 Δp_{Vmin} 与系统总压差 Δp 之比，即

$$S=\frac{\Delta p_{Vmin}}{\Delta p} \tag{5-14}$$

由于调节阀接近全关时的流量为 Q_{min}，其前后压差 $\Delta p_{Vmax}\approx\Delta p$，故

$$R_S=R\sqrt{S} \tag{5-15}$$

式（5-15）表明，S 值越小，调节阀实际可调范围越小，因此在实际使用时，应考虑调节阀前后压差值，使 S 值不致过低，以保证一定的可调范围。

B. 并联管道：由于调节阀的流通能力选择不合适，或者工艺生产负荷变化较大（如增加产量），有时不得不把旁路阀打开，形成并联管道，见图 5-13。

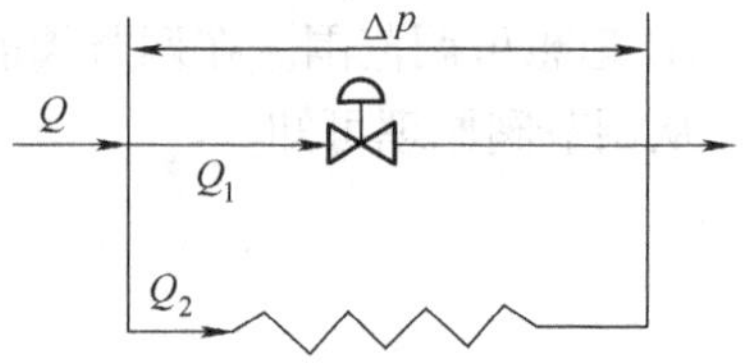

图 5-13 调节阀与并联管道工作的情况

由图 5-13 可见，总管流量 Q 分成两路：一路为调节阀控制流量 Q_1，另一路为旁路流量 Q_2。由于旁路流量 Q_2 的存在，相当于 Q_{min} 提高，致使调节阀实际可调范围下降。

设 $R_{S'}$ 为并联管道的实际可调范围，根据可调范围的定义，则

$$R_{S'}=\frac{Q_{max}}{Q_{1min}+Q_2} \tag{5-16}$$

式中，Q_{max} 为总管的最大流量；Q_{1min} 为调节阀最小流量。

令 S' 为调节阀全开时的流量 Q_{1max} 与总管最大流量 Q_{max} 之比值，即

$$S'=\frac{Q_{1max}}{Q_{max}} \tag{5-17}$$

由于 $Q_{max}=Q_{1max}+Q_2$，$R=Q_{1max}/Q_{1min}$，故

$$Q_{1min}=\frac{Q_{max}S'}{R}$$

$$Q_2 = Q_{max}(1 - S')$$

将 Q_{1min} 和 Q_2 代入式（5-16）得

$$R_{S'} = \frac{Q_{max}}{\frac{Q_{max}S'}{R} + Q_{max}(1 - S')} = \frac{1}{\frac{S'}{R} + (1 - S')} = \frac{1}{1 - \frac{R-1}{R}S'} \tag{5-18}$$

式（5-16）表明，由于调节阀的最小流量 Q_{1min} 远远小于旁路流量 Q_2，因此实际可调范围 $R_{S'}$ 近似为总管的最大流量与旁路流量的比值。由式（5-18）可见，随着 S' 的减少，实际可调范围迅速降低，比串联管道时的情况更为严重。因此，在生产实际中，应尽量避免把调节阀的旁路阀打开。

2）工作流量特性：工作流量特性是指调节阀前后压差变化时调节阀的相对流量与相对位移之间的关系，分为串联管道和并联管道两种情况进行讨论。

① 串联管道时的工作流量特性。调节阀与管道串联的工作情况见图 5-12a。当总压差 $\Delta p = \Delta p_G + \Delta p_V$ 一定时，随着流量 Q 的增加，Δp_G 增加，而 Δp_V 减小，见图 5-12b。由于 Δp_V 减小，在 l/L 相同时，流过调节阀的实际流量较理想流量特性流过的流量小，因此工作流量特性较理想流量特性发生了变化。设图 5-12a 的调节阀为直线阀，式（5-15）中，如果 $S = 1$，即管道压差 $\Delta p_G = 0$ 时，调节阀前后压差 Δp_V 等于总压差 Δp，其工作流量特性就是理想流量特性，见图 5-14a。当 $S < 1$ 时，由式（5-15）可见，调节阀的可调范围减小，而且 S 越小，其可调范围 R_S 越小，见图 5-14a。此时，直线特性变为快开特性；而对数特性趋向于直线特性，见图 5-14b。在实际使用中，一般希望 S 的最小取值范围为 0.3～0.5。

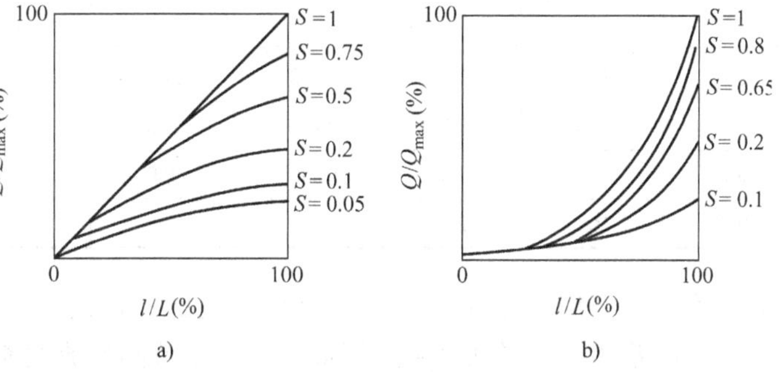

图 5-14　串联管道调节阀的工作流量特性
a）直线阀　b）等百分比阀

② 并联管道时工作流量特性。图 5-13 示出了调节阀并联管道的工作情况。当旁路阀关闭，且 Δp 一定时，由式（5-17）可见，$Q_{1max} = Q_{max}$，$S' = 1$。由式（5-18）可见，$R_{S'} = R$ 即调节阀的工作流量特性就是理想流量特性。对于理想流量特性为直线或对数的调节阀，在不同 S' 值时，其工作流量特性曲线见图 5-15。

对于 $R = 30$ 的调节阀，$S' = 0.9$ 时，由式（5-18）计算实际可调范围 $R_{S'} \approx 8$；$S' = 0.8$ 时，$R_{S'} \approx 4.5$，可见 S' 不能低于 0.8，否则调节阀操作不灵敏。

综上所述，串联管道对调节阀流量特性影响较大，而并联管道对调节阀的可调范围影响较大，在实际使用时必须认真考虑。

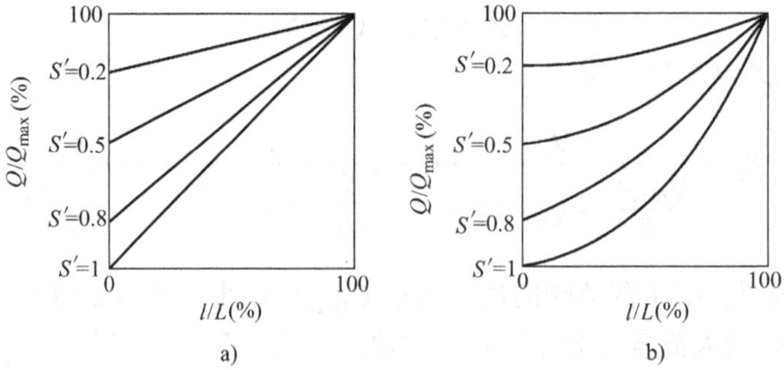

图 5-15 并联管道调节阀的工作流量特性曲线

a）直线阀 b）对数阀

4. 调节阀的选择

调节阀是过程控制系统中一个极其重要的环节，对它的选择正确与否直接影响到过程控制系统的控制质量，严重时，甚至系统不能正常运行，因此必须引起足够的重视。一般应根据被控介质的特点和生产工艺要求等来合理选择，主要应考虑以下几个问题：

（1）调节阀的尺寸选择　调节阀接管的尺寸通常用公称直径 D_g 和阀座直径 d_g 表示，D_g 和 d_g 是根据计算出来的调节阀的流通能力 C 来确定的，它们之间的关系见表 5-3。

表 5-3 调节阀流通能力 C 与其尺寸的关系

公称直径 D_g/mm		3/4						20				25	32	40	50	65
阀门直径 d_g/mm		2	4	5	6	7	8	10	12	15	20	25	32	40	50	65
流通能力 $C/m^3 \cdot h^{-1}$	单座阀	0.08	0.12	0.20	0.32	0.50	0.80	1.2	2.0	3.2	5.0	8	12	20	32	56
	双座阀											10	16	25	40	63

公称直径 D_g/mm		80	100	125	150	200	250	300
阀门直径 d_g/mm		80	100	125	150	200	250	303
流通能力 $C/m^3 \cdot h^{-1}$	单座阀	80	120	200	280	450		
	双座阀	100	160	250	400	630	1000	1600

流通能力 C 是指在阀全开时，单位时间内流过调节阀的流体的体积或重量的数值，它与流体的种类，阀前后压差和阀座尺寸有关。因此，表达调节阀的流通能力必须规定一定的条件。调节阀流通能力 C 的定义为：调节阀全开、阀前后压差为 0.1MPa、流体密度为 $1g/cm^3$ 时，每小时流过调节阀的流体流量，通常以 m^3/h 或 t/h 计。

例如一调节阀的流通能力 $C=40m^3/h$，则表示当此调节阀前后压差为 0.1MPa 时，调节阀全开每小时能够流过的水的流量为 $40m^3$。

由式（5-4）可知，对于不可压缩流体，流过调节阀的体积流量为

$$Q = A\sqrt{\frac{2\Delta p}{\xi\rho}} \tag{5-19}$$

考虑选取接管面积 A 的单位为 cm^2，Δp 的单位为 Pa，密度 ρ 的单位为 g/cm^3，故式（5-19）需修正为

$$Q = A\sqrt{1000 \times \frac{2\Delta p}{\xi\rho}} = \frac{3600}{10^6}\sqrt{2\times10^3}A\sqrt{\frac{\Delta p}{\xi\rho}} \tag{5-20}$$
$$= 0.16A\sqrt{\frac{\Delta p}{\xi\rho}} = C\sqrt{\frac{\Delta p}{\rho}}$$

式中，C 为调节阀流通能力。

$$C = 0.16\frac{A}{\sqrt{\xi}} \tag{5-21}$$

由式（5-21）可看出：

1）调节阀流通能力 C 与接管截面积 A 成正比。A 与调节阀公称直径 D_g 的关系为 $A=\frac{\pi}{4}D_g^2$。对于同类结构调节阀，D_g 越大，A 越大，C 越大。因此流通能力 C 值的大小，可作为确定调节阀公称直径 D_g 的依据。

2）调节阀阻力系数 ξ 值主要由阀体决定，对于相同口径 D_g，结构不同的阀门，其流通能力不一定相同。ξ 值还与流体的流动方向有关，生产厂提供的调节阀流通能力 C 的值，是指流体的流向与阀座上标示的箭头方向一致的 C，否则，C 值会变化。

【例】 流过某一油管的最大体积流量为 $40\text{m}^3/\text{h}$，流体密度为 0.05g/cm^3 阀前后压差 $\Delta p = 0.2\text{MPa}$，试选择调节阀的尺寸。

根据式（5-20）可得调节阀的流通能力 C 为

$$C = Q\sqrt{\frac{\rho}{\Delta p}} = 40\sqrt{\frac{0.05}{0.2}}\text{m}^3/\text{h} = 20\text{m}^3/\text{h}$$

从表 5-3 可查得，$C=20\text{m}^3/\text{h}$，$d_g=40\text{mm}$，$D_g=40\text{mm}$。若对泄漏量有严格要求，可选直通单座阀；若对泄漏量无要求，可选直流双座阀，此时 $C=25\text{m}^3/\text{h}$，留有一定余地。

（2）气开式、气关式调节阀的选择　气开阀是指输入气压信号 $p>0.02\text{MPa}$ 时，调节阀开始打开，也就是说“有气”时阀打开。

气关阀是指输入气压信号 $p>0.02\text{MPa}$ 时，调节阀开始关闭，当 $p=0.1\text{MPa}$ 时，调节阀全关闭；相反，当 $p\leqslant0.02\text{MPa}$ 时，调节阀全打开。

由于执行机构有正，反两种作用形式，调节阀也有正装和反装两种形式。因此，实现调节阀的气开、气关有 4 种组合，见图 5-16 和表 5-4。

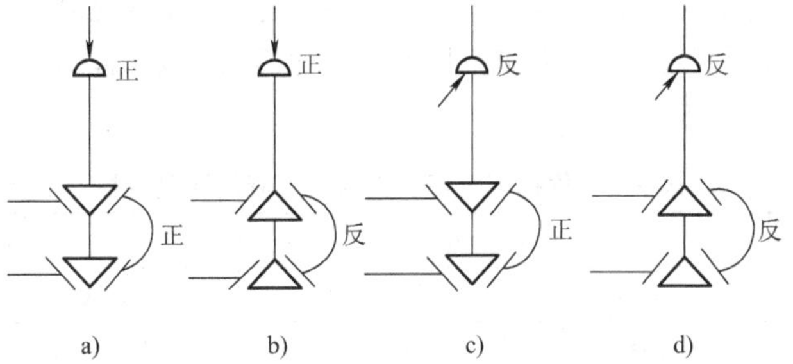

图 5-16　气开阀、气关阀示意图

组合的规律与正负数乘法运算相似，正正得正，正反得反，反反得正。

表 5-4 执行器组合方式

序号	执行机构	阀体	气动调节阀	序号	执行机构	阀体	气动调节阀
图 a	正	正	(正)气关	图 c	反	正	(反)气开
图 b	正	反	(反)气开	图 d	反	反	(正)气关

在生产过程中，调节阀的气开、气关形式的选择，主要从生产工艺的安全性来考虑。当气源一旦中断时，阀门处于全开或全关状态，应能保证生产过程的设备和人身安全。

例如，一般蒸汽加热器选择气开调节阀，一旦气源中断，阀门就处于全关位置，停止加热，保证设备不致因温度过高而发生故障或危险。锅炉进水调节阀应选择气关式，当气源中断时仍有水进入锅炉，不致产生烧干或爆炸事故。

对于小口径（$D_g<25\text{mm}$）调节阀，通常采用改变执行机构的正、反作用来实现调节阀的气开、气关形式（见图 5-16a、c）；而对于大口径（$D_g>25\text{mm}$）调节阀，通常采用改变阀体的正、反装实现调节阀的气开、气关形式（见图 5-16a、b）。实际上图 5-16d 这种形式是很少采用的。

（3）单座阀和双座阀的选择 如前所述，单座阀和双座阀各具有不同的特点和适用场合。通常，在低静压、低压差和小口径的场合，应选择单座阀；而在高静压、高压差和大口径（$D_g>25\text{mm}$）的场合，由于产生的不平衡力较大，应选用双座阀。

（4）调节阀流量特性的选择

1）根据被控过程的特性来选择：一个过程控制系统在负荷变化情况下，要使系统保持预定的控制品质，必须保证系统总的放大系数保持为常数。一般变送器、调节器（已整定好）和执行机构等的放大系数基本上是不变的，但被控过程的特性往往是非线性的，因此，必须合理选择调节阀的流量特性，以补偿被控过程的非线性，其选择原则为

$$K_0K_V=\text{常数}$$

式中，K_0 为被控过程的放大系数；K_V 为调节阀的放大系数。

当被控过程的特性为线性时，应选择直线流量特性的调节阀，否则选择对数流量特性调节阀。

2）根据配管情况选择：调节阀在使用中总是与设备和管道连接在一起，由于系统配管情况不同，调节阀的工作流量特性与理想流量特性有差异。如前所述，串联管道对流量特性的影响较大，并联管道对可调范围影响较大，必须根据配管情况合理选择调节器的流量特性。通常首先根据系统的特点选择工作流量特性，然后再考虑配管情况选择相应的理想流量特性。选择原则可参考表 5-5。

表 5-5 根据配管情况选择调节阀的流量特性

配管状况	$S=1\sim0.6$		$S=0.6\sim0.3$	
工作特性	直线	等百分比	直线	等百分比
理想特性	直线	等百分比	等百分比	等百分比

3）根据负荷变化情况选择：在负荷变化较大的场合，应选用对数流量特性调节阀。由于对数流量特性调节阀的放大系数是随着阀芯的相对位移的变化而变化的，其相对流量变化率是不变的，因此，它能适应负荷变化较激烈的情况。

当调节阀经常工作在较小负荷时，由于其开度较小，应选用对数流量特性调节阀。直线流量特性调节阀在小开度时，其相对流量变化率很大，控制作用过于强烈，不利于控制系统的稳定，不宜进行微调。

(5) 调节阀结构形式和材料的选择　调节阀的品种很多，根据上阀盖的不同结构形式可分为普通型、散热片型、长颈型和波纹管密封型等，分别适用于不同的使用场合。

根据不同的使用要求，调节阀具有不同的结构，主要包括直通单座阀、直通双座阀、角形阀、高压阀、隔膜阀、蝶阀、球阀、凸轮绕曲阀、套筒阀、三通阀和小流量调节阀等。常用调节阀的结构形式示意图见图5-9。它们各适用于不同的应用场合。

调节阀的结构形式和材料，应根据不同的工艺条件和使用要求（例如，介质的温度、介质的压力、介质的物理性质、高压差、高粘度、含悬浮物、真空、气蚀、介质的化学特性、腐蚀流体、有毒流体等）以及介质的种类（液体、气体、蒸气）等合理选择。例如，高温介质应选择带散热片的高温阀；高压情况下，选用高压阀；高压差场合应选用直通双座阀；要求很低泄漏量时，应选择直通单座阀；对腐蚀性介质应选用隔膜阀等。

5.4 电—气转换器和阀门定位器

如前所述，由于电动调节器和气动执行器具有一系列优点，大部分过程控制系统均选用电动调节器和气动执行器来组成。因此，必须利用电—气转换器或电—气阀门定位器将电动调节器输出的统一标准电流信号 DC 0 ~ 10mA 或 DC 4 ~ 20mA 转换成气动执行器能接收的 0.02 ~ 0.1MPa 统一气压信号。本节主要介绍电—气转换器和电—气阀门定位器的工作原理及其外特性。

5.4.1 电—气转换器

电—气转换器是电动单元组合仪表的一个辅助单元，它将调节器或操作器输出的电流信号转换成气压信号。它是根据力矩平衡原理工作的，见图5-17。

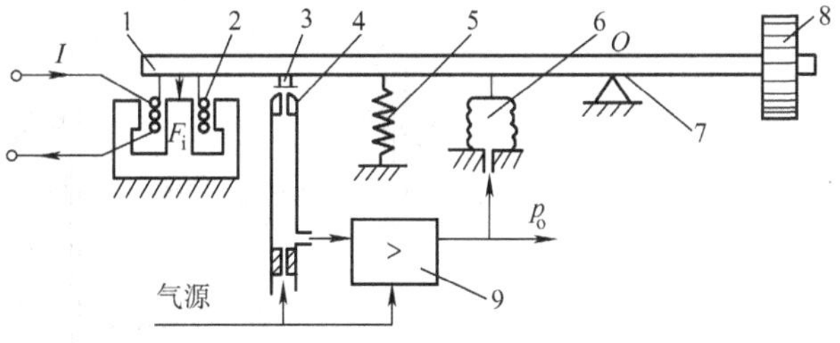

图5-17　电—气转换器原理图

1—杠杆　2—线圈　3—挡片　4—喷嘴　5—弹簧　6—波纹管　7—支承　8—重锤　9—气动放大器

当输入电流进入测量动圈时，动圈在永久磁铁的气隙中自由移动，便产生一个向下的电磁力 F_i，F_i 与输入电流成正比，使杠杆绕支点 O 做逆时针偏转，并带动安装在杠杆上的挡片3靠近喷嘴4，使喷嘴的背压增加，经气动功率放大器放大后输出气压 p_o，该气压信号一方面送入执行器控制阀门的开度做相应的变化，从而控制被控介质的流量；另一方面该气压信号送入反馈波纹管6产生一个向上的反馈力 F_f 作用于杠杆，使杠杆绕支点 O 做顺时针方向偏转。当由输入电流 I 产生的电磁力 F_i 产生的力矩与由反馈力 F_f 产生的反馈力矩相等时，整个系统处于平衡状态，于是输出的气压信号 p_o 与输入电流 I 成比例。由此可见，电—气转换器是一个具有深度负反馈的力矩平衡系统。当输入电流 I 为 DC 0 ~ 10mA 或 DC 4 ~ 20mA 时，输出 0.02 ~ 0.1MPa 的气压信号。

图5-17中，弹簧5用于调整输出气压的零点；移动波纹管的安装位置可调量程；重锤8

用来平衡杠杆的重量，使其在各个位置均能准确地工作。电—气转换器的精确可达0.5级。

5.4.2 电—气阀门定位器

电—气阀门定位器是电动单元组合仪表的一个辅助单元，也是气动执行器的一个主要附件。它与气动执行器配套使用可组成图5-18所示的闭环负反馈系统，从而改善气动执行器的外特性。

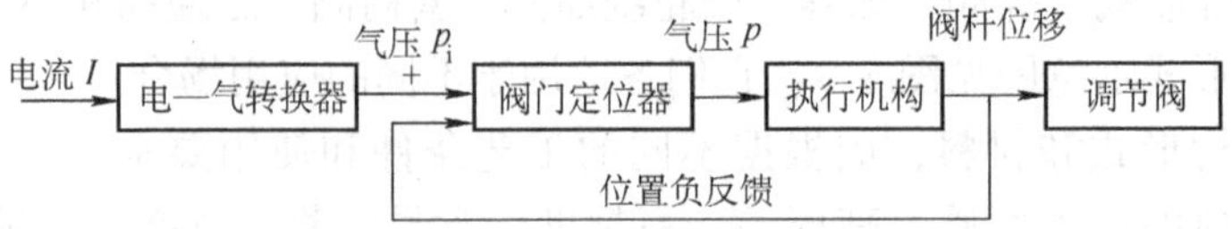

图5-18 带阀门定位器的气动执行器组成框图

输入电流I经电—气转换单元转换成气压信号p_i，与由执行机构产生的阀杆位移的位置反馈信号比较后，其差值信号经阀门定位器产生供气动执行器使用的气压信号，然后由气动执行机构按一定的规律转换成阀杆的相对位移，从而改变调节阀的开度，控制被控介质的流量。阀杆的位移经位置发生器形成位置反馈信号送入阀门定位器，从而构成深度负反馈系统。当系统处于动态平衡状态时，调节阀便处于相应的开度。

1. 电—气阀门定位器的工作原理

图5-19为电—气阀门定位器的原理图，它将电动调节器或手动操作器输出的DC 0～10mA或DC 4～20mA统一标准信号转换成0.02～0.1MPa的气压信号去控制气动执行器。它起到了电—气转换器和阀门定位器的作用。

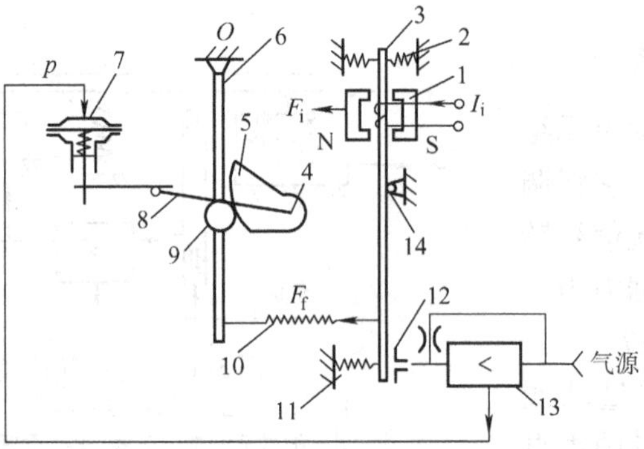

图5-19 电—气阀门定位器的原理图

1—电磁线圈 2—弹簧 3—主杠杆 4、14—支点 5—凸轮 6—副杠杆 7—薄膜气室 8—反馈杆 9—滚轮 10—反馈弹簧 11—调零弹簧 12—喷嘴 13—放大器

电—气阀门定位器是按力矩平衡原理工作的，输入电流I_i输入到由永久磁铁和线圈组成的电磁力转换机构时，转换成作用于主杠杆的输入力F_i，使主杠杆以支点14做逆时针方向偏转。因此，挡板靠近喷嘴，其背压升高，经气动功率放大器放大后，输出气压信号p作用气动执行器的膜头，使阀杆下移，并同时通过反馈杆8带动反馈凸轮绕支点4做顺时针方向转动，经滚轮9使副杠杆6绕其支点O做顺时针方向偏转，并拉伸反馈弹簧10，于是产生一个反馈力F_f作用于主杠杆，使主杠杆绕支点14做顺时针方向偏转。当输入力F_i与反

馈力 F_f 所产生的力矩达到动态平衡时，整个系统便处于平衡状态。此时，调节阀的开度与输入电流 I_i 的大小成比例。由此可见，电—气阀门定位器与调节阀配合使用，组成了一个具有深度负反馈的比例系统。

图 5-20 为电—气阀门定位器与气动执行器组成的闭环系统框图。

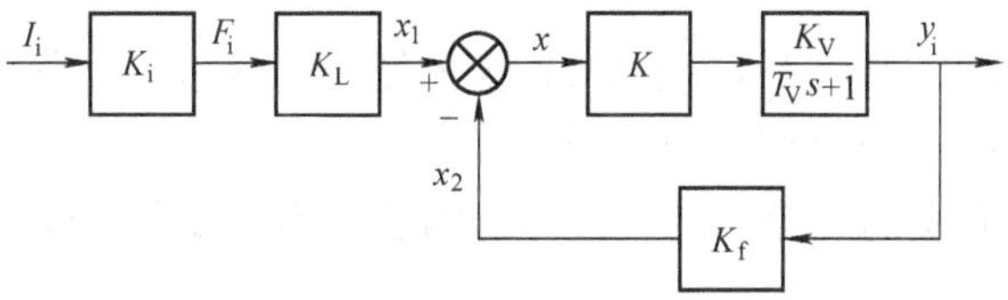

图 5-20　电—气阀门定位器与气动执行器组成的闭环系统框图

图中，K_i 为电磁力转换机构的传递系数，将电流 I_i 转换成 F_i，即

$$F_i = \pi DNBI_i = K_i I_i$$

式中，D 为线圈的平均直径；N 为线圈匝数；B 为磁感应强度。

图中，K_L 为输入信号传动杠杆比；x_1 为 F_i 作用下挡板的位移；x 为挡板的背压；K 为气动放大器的放大倍数；$K_V/(T_V s+1)$ 为气动执行器的一阶滞后环节的传递系数；K_f 为反馈信号传动杠杆比；x_2 为反馈力作用下挡板的位移。由图 5-20 所示框图可求得阀杆位移与输入电流之间的传递函数为

$$W(s) = \frac{Y(s)}{I(s)} = K_i K_L \frac{K\frac{K_V}{T_V s+1}}{1+K_f K\frac{K_V}{T_V s+1}}$$

上式中，当 $K_f K\frac{K_V}{T_V s+1} >> 1$ 时，可得

$$W(s) = \frac{Y(s)}{I(s)} = \frac{K_i K_L}{K_f} \qquad (5\text{-}22)$$

由式（5-22）可以看出，当 K_i、K_L 和 K_f 为常数时，阀杆的位移 y 与输入电流 I_i 成一一对应的比例关系。

2. 阀门定位器的主要特性

（1）提高定位精度　由式（5-22）可见，由于引入了深度负反馈，执行器的 K_V、T_V 和气动放大器的 K 的影响可以忽略不计，因而消除了执行器膜片有效面积和弹簧刚度变化、薄膜气室的气容、调节阀活动部分的干摩擦力以及不平衡力等对定位精度的影响，实现精确定位，从而提高了调节阀的控制精度。

（2）改善调节阀的动态特性　由式（5-22）可见，使用阀门定位器后，执行器由原来的一阶滞后环节变成了纯比例环节，提高了调节阀的动态特性。

（3）能方便地改变调节阀的流量特性　由式（5-22）可见，增加阀门定位后，执行器的特性取决于负反馈环节的传递系数 K_f，改变反馈凸轮的几何形状，便可改变调节阀的流量特性，例如将调节阀原来的直线特性与对数特性互换，而不必更换阀芯形状。

（4）实现分程控制　当用一个调节器的输出信号分段分别控制两个调节阀工作时，可利用两个阀门定位器分段。例如，一个在 0.02～0.06MPa 作全行程工作，而另一个在

0.06 ~0.1MPa 作全行程工作，便可实现分程控制。

3. 阀门定位器的选择

由于阀门定位器有上述主要特性，选择时通常遵循下列原则：

1）对于要求控制质量高的重要控制系统，用以提高调节阀的定位精度及工作可靠性，确保控制质量。

2）用于调节阀前后压差（Δp_V >1MPa）大的场合，通过提高气源压力，增大执行机构的输出力，以克服流体对阀芯产生的不平衡力。

3）用于控制高压介质的场合，克服流体对阀芯的不平衡力和由于填料密封紧而造成较大的阀杆摩擦力。

4）用于标称口径 D_g >100mm 以上的调节阀，增大执行机构的输出力。

5）用于控制高温或低温介质（由于阀杆与填料之间摩擦力大）的调节阀。

6）用于流体中含有固态悬浮物或粘度较高的介质场合，以克服介质对阀杆位移时产生的较大阻力。

7）用于调节阀与调节器距离较远（一般大于60m，尤其是气动调节器）的场合，以克服控制信号传递的滞后。

8）用于改善调节阀的流量特性。

9）用于分程控制。例如用一个调节器控制两个带阀门定位器的调节阀，调节器输出 DC 4 ~20mA。其中一个阀门定位器整定在 4 ~12mA，调节阀相应由全关到全开；而另一个整定为 12 ~20mA，调节阀由全关到全开便能实现分程控制。

5.5 电动执行机构和气动执行机构选择

执行机构在自动化仪器仪表中扮演着重要的角色，无论是介质的成分分析，还是流量、温度、液位、压力监测调控，都依靠执行机构来完成。执行机构按照阀门的类型不同可以分为多回转执行机构、部分回转执行机构和直行程执行机构三种。多回转执行机构是控制闸阀和截止阀的开关和调节，部分回转执行机构是控制蝶阀、球阀、风门挡板等阀门的开关和调节，直行程执行机构是控制直通类调节阀（单座阀类）的开关和调节。按照动力源的不同，执行机构可以分为电动执行机构、气动执行机构、电液执行机构、气液执行机构 4 类。

现在到处可见调节阀，正可谓“有管道的地方就可见阀门和执行机构”。阀门应用的好与坏直接影响产品质量的好坏以及工厂的安全。

下面将针对电动执行机构与气动执行机构的选择原则、优缺点的比较做一简单分析和阐述。

1. 选择执行机构主要考虑因素

执行机构选择的主要考虑因素是：①可靠性；②经济性；③动作和输出力矩；④结构和维护等。

2. 电动执行机构与气动执行机构的选择比较

（1）可靠性和维护性　智能一体化电动执行机构，产品优越性能明显，执行机构的稳定性和可靠性都非常高，甚至可以在 3 ~5 年内免维修，它的可靠性甚至远远超过了气动执行机构。

（2）驱动源　气动执行机构的最大不足就是需要设置气源站，增加了巨额费用；电动执行机构的驱动源随地可取，一般需要 380V 或 220V 电源即可。

（3）价格方面　气动执行机构必须附加阀门定位器，再加上气源，其费用将远高于电动阀的价格（进口气动阀门定位器与进口电动执行机构价格相当；国产定位器与国产电动执行器比较价格略低，但是加上气源，气动阀的价格将高于电动阀）。

（4）推力和刚度　推力上电动执行机构的推力范围略大于气动执行机构，刚度两者相当。

（5）行程时间　气动执行机构反应时间略快于电动执行机构，即行程时间略短于电动执行机构。

（6）防爆等级　“气动执行机构 + 阀门定位器”的防爆等级为本安型，最高等级为 Exdib II CT6；电动执行机构防爆等级为隔爆型，最高等级为 Exdib II CT4。

综上所述：气动执行机构的性能略高于电动执行机构。在冶金、电力、水利、建材领域多使用电动执行机构，在化工、石油石化管道领域以前用气动为主。

*5.6　安全栅

安全火花防爆是 DDZ-Ⅲ型电动单元组合仪表的重要特点之一，安全栅是保证由 DDZ-Ⅲ仪表组成的自动控制系统具有安全火花防爆性能的关键仪表。

5.6.1　安全火花防爆的一般概念

所谓“安全火花”是指其能量不足以构成其周围可燃性介质点火源的“火花”。在正常状态或事故状态下，所产生的火花均为安全火花的仪表，称为安全火花仪表。由于这类仪表在本质上是安全的，因此国外也称这类仪表为本质安全防爆仪表。在 DDZ-Ⅲ仪表中属于安全火花型防爆仪表的有：差压变送器，温度（毫伏）变送器、电/气转换器、电阀门和安全栅。

安全火花仪表主要是采取两方面措施：其一是在电路设计上，对于处于危险场所的回路，要选择适当大小的 R、L、C，借以限制火花能量，使其只产生安全火花，同时，在较大 R、L、C 回路中并联二极管以消除不安全火花；其二是指在仪表品种中增加安全单元——安全栅，其作用是对安全场所的高能量进行限制和隔离，使其不致窜到危险场所。

由此可见，前一种措施是保证危险场所的仪表不产生非安全火花；后一种措施是保证安全场所的不安全火花到不了危险场所。这两种措施的结合是达到安全火花防爆的关键。

必须指出，由安全火花型防爆仪表所构成的过程控制系统。不一定是安全火花防爆系统。图 5-21 所示为非安全火花型防爆系统。图中，分电盘只起到信号的隔离作用和防止控制室直流高压窜入危险场所，分电盘本身不具有限压、限流功能，其防爆等级达不到安全火花型防爆等级。图 5-22 是安全火花型防爆系统。

图 5-22 中，安全栅除了起到信号隔离作用和防止控制室直流高压窜入危险场所外，更主要的是安全栅具有限压、限流双重作用，能达到安全火花型防爆等级。安全栅安装在安全场所，它是安全场所仪表和危险场所仪表的关联设备，一方面传输信号，另一方面控制流入危险场所的能量在爆炸气体或混合物的点火能量以下，以确保系统的安全火花性能。安全栅

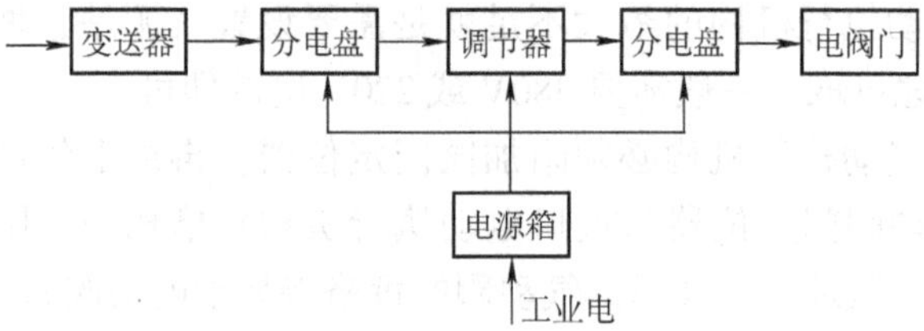

图5-21 非安全火花型防爆系统

好像栅栏一样，将安全场所与危险场所隔开，起着防爆作用，因此被形象地称为“安全栅”或“防爆栅”。安全栅的另一个名称是安全保持器。

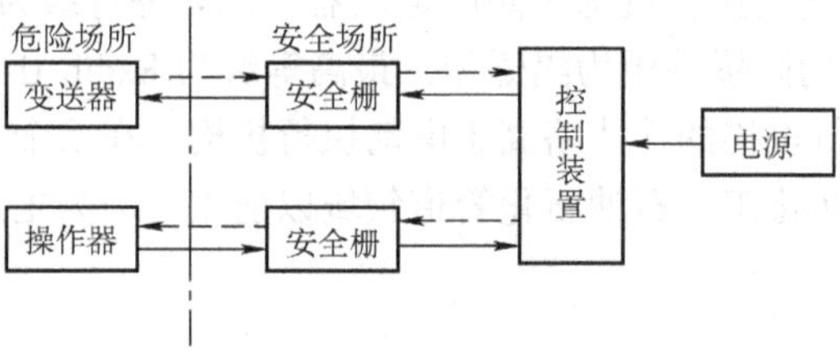

图5-22 安全火花型防爆系统

必须指出，判断一个过程控制系统是否属安全火花防爆系统的充分必要条件是：一是危险场所的仪表不产生非安全火花；二是安全场所的仪表产生的非安全火花不能流入危险场所。

DDZ-Ⅲ型仪表的防爆等级达HⅢe级，其中，“H”指安全火花型；“Ⅲ”指最小引爆电流小于70mA；“e”指自燃温度为e组，即最高为70℃，因此，DDZ-Ⅲ型仪表可用于氢气、乙炔和二硫化碳等危险场所，在石油、化工等生产过程中得到广泛应用。

5.6.2 安全栅的类型

目前，各国使用的安全栅主要有以下5种：

1. 电阻式安全栅

电阻式安全栅是利用电阻的限流作用，把流入危险场所的能量限制在临界值以下，从而达到安全火花防爆的目的，见图5-23。

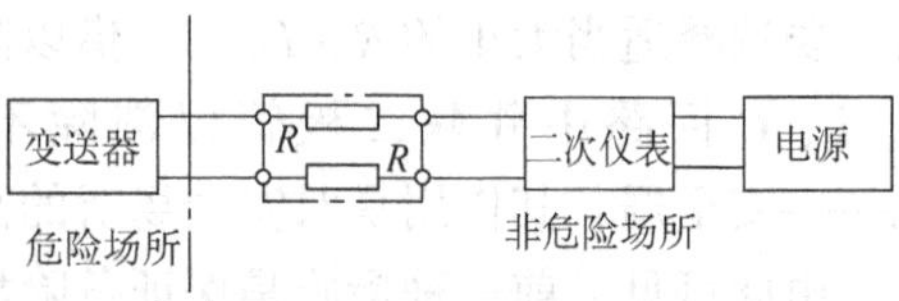

图5-23 电阻式安全栅

电阻式安全栅具有精确、可靠、小型和便宜等优点，缺点是防爆额定电压低。每一个安全栅的限流电阻要逐个计算，数值太大会影响回路原有性能，数值太小达不到安全火花防爆的要求，这种计算是很烦琐的。

2. 齐纳式安全栅

它是基于齐纳二极管反向击穿性能而工作的（见图5-24a），其工作原理简述如下：

1）当U_1正常时，电压额定为24V，最大为28V，它小于齐纳二极管的击穿电压，齐纳二极管截止。回路电流由变送器决定，在4~20mA范围之内，安全栅不影响系统正常工作。

一旦危险侧发生故障，例如，危险侧发生短路，见图5-24b。短路电流取决于电源电压

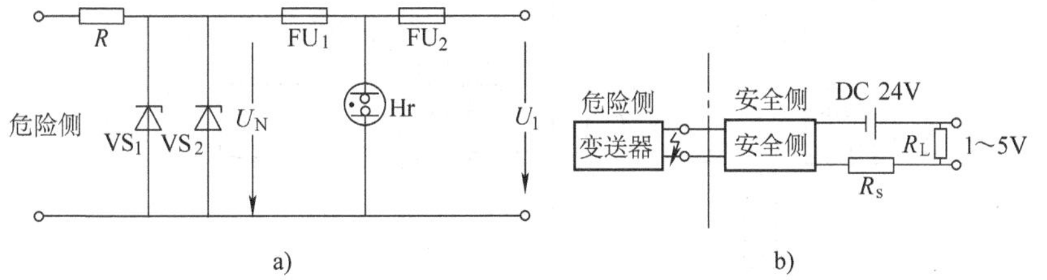

图 5-24　齐纳二极管式安全栅

R—限流电阻　FU_1—快速熔断器　Hr—氩放电管　VS_1、VS_2—齐纳二极管

FU_2—熔断器　U_1—栅端电压　U_N—额定电压

和回路电阻 R_s，可通过选取 R_s 之值，把短路电流限制在额定电流以下，从而保证危险场所的安全。

2）当安全侧电压 U_1 高于安全额定电压 U_N，而低于放电管的放电电压 U_{Hr}，即 $U_N \leqslant U_1 \leqslant U_{Hr}$时，齐纳二极管击穿，快速熔断丝 FU_1 首先熔断（μs 级），把危险场所与安全场所隔离。

3）当 $U_1 \geqslant U_{Hr}$时，放电管 Hr 立即放电，其两端电压很快降到极低的数值，见图 5-25。

齐纳式安全栅的优点是体积小，重量轻，工作可靠，通用性大，价格也比隔离式便宜，防爆定额可以做得很高；其缺点是安全防爆关键性元件的快速熔断器制作困难，工艺和材料要求都很高。

3. 中继放大器式安全栅

利用运算放大器的高输入阻抗来增大串联在输入回路的限流电阻，以实现安全火花防爆，见图 5-26。运算放大器的输入阻抗可达 10MΩ 以上，安全火花用限流电阻可提高到 10kΩ。由于输入和输出之间没有信号隔离，故其可靠性较差，信号传输精度也较差。

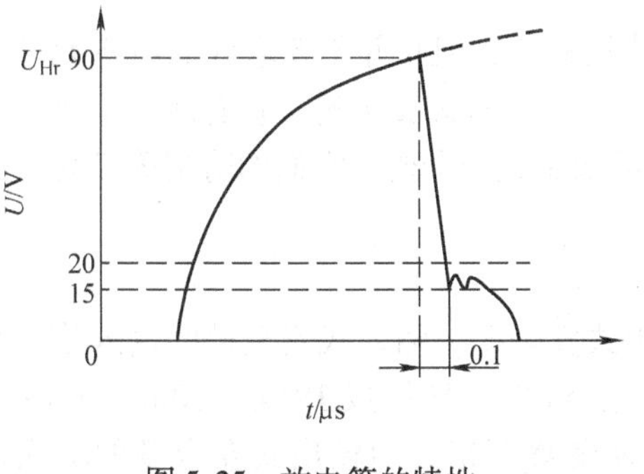

图 5-25　放电管的特性

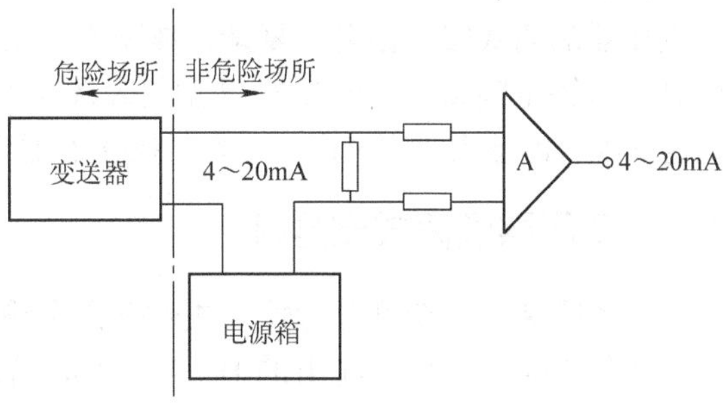

图 5-26　中继放大器式安全栅

4. 光电隔离式安全栅

光电隔离式安全栅的原理见图 5-27，它由光电耦合器件、I/f 转换器、f/I 转换器和限流、限压电路组成。光电隔离式安全栅是一台可以为安装在危险场所的二线制变送器的供电装置，供电电路带有限压、限流电路，防止了因电源电压故障可能引起的过电压、过电流的影响。

光电隔离式安全栅首先将变送器输出电流 4～20mA 转换成 1～5kHz 的频率，通过光耦合器耦合至安全场所，然后再利用 f/I 转换器转换成 4～20mA 电流。

由于光耦合器件具有数千伏以上的高隔离电压，危险场所与安全场所只有光的耦合而无

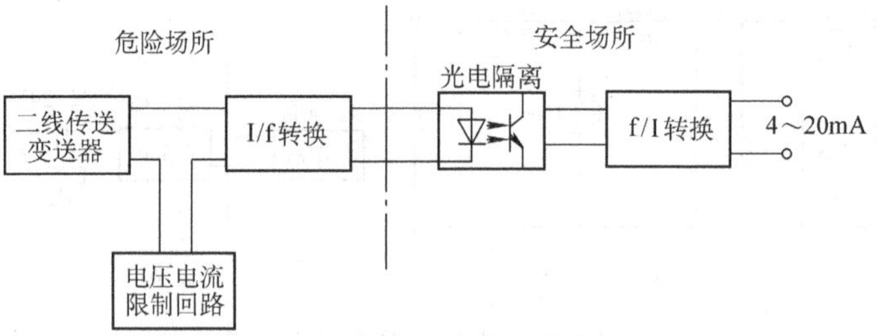

图5-27 光电隔离式安全栅的原理

电的联系，因此即使在安全侧产生高电压也不会传输到危险场所。

光电隔离式安全栅是一种理想的能应用于任何危险场所的安全栅，具有良好的重复性、高线性度和低漂移的性能，但结构较为复杂。

5. 变压器隔离式安全栅

它通过隔离、限压和限流等措施限制流入危险场所的打火能量，从而保证安全火花性能，其原理见图5-28。

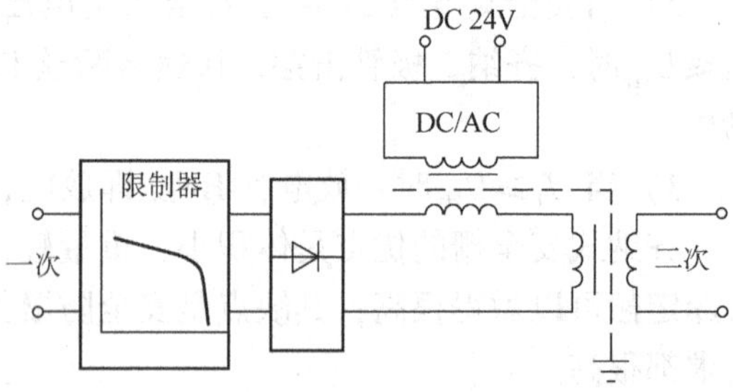

图5-28 变压器隔离式安全栅

首先，将危险场所的仪表（如变送器、操作器等）与安全场所的所有仪表（如调节器、计算机、显示记录仪、电源箱等）通过隔离变压器进行严格的电气隔离，切断安全侧的电源高压窜入危险侧的通道。危险侧与安全侧的一切联系（如供能、信号传递等）都通过电磁转换方式进行。其次，利用具有所要求的非线性电路，把危险侧的电压、电流瞬时值限制在安全火花额定值以下。从而保证安全火花性能。

变压器隔离式安全栅电路复杂，体积大，工艺较复杂，但它并不要求什么特殊元件，可靠性高，防爆定额高。国内DDZ-Ⅲ型仪表选择了变压器隔离式安全栅。它有两个品种：一是与变送器配合的输入式安全栅；二是与操作器配合的输出式安全栅。它们的防爆等级为$HⅢ_e$。

5.6.3 变压器隔离式安全栅

变压器隔离式安全栅分为输入式安全栅和输出式安全栅。输入式安全栅的输入信号来自危险场所的安全火花仪表输出的DC 4～20mA信号，线性地转换成DC 4～20mA和DC 1～5V信号，送至安全场所，并将安全场所与危险场所隔离开来。而输出式安全栅的输入信号来自安全场所的DC 4～20mA信号，线性地转换成DC 4～20mA送到危险场所的安全火花仪表，并进行隔离。由此可见，实际上它们是一个1∶1的电流变换器。本节主要介绍输入式安全栅和输出式安全栅的工作原理。

1. 输入式安全栅的工作原理

输入式安全栅一方面为危险侧的二线制变送器提供DC 24V电源；另一方面把变送器输出的4～20mA信号，成比例地转换成4～20mA和DC 1～5V的信号输出，并将输入与输出信号隔离和限制流入危险侧的火花能量。图5-29为输入式安全栅的组成框图。

安全侧的DC 24V电源首先由DC/AC变换器转换成8kHz左右的方波信号，经变压器T_1

耦合至二次侧，一方面作为调制器的开关信号，另一方面经整流滤波后作为限能器和现场变送器的电源。现场变送器输出的 DC 4 ~ 20mA 电流经限能器后由调制器调制成交流信号，由 1 : 1电流互感器隔离耦合至解调放大器进行解调，转换成 DC 4 ~ 20mA 和 DC 1 ~ 5V 送到安全侧仪表，例如调节器、显示记录仪等。变压器 T_1 二次侧另一绕组的交流电压，经整流滤波后作为解调放大器的电源。

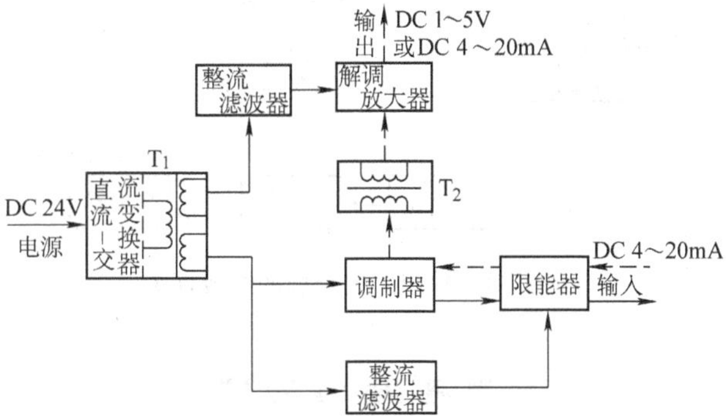

图 5-29　输入式安全栅的组成框图

由此可见，变压器 T_1 和电流互感器 T_2 完成危险侧与安全侧的电气隔离和信号的线性传递；而危险侧的限能器限制了打火能量（限压和限流），从而达到安全火花防爆目的。

安全栅的安全火花性能主要取决于限能器的限能特性。为安全可靠，安全栅设置了两套完全相同的限能器，若其中一套故障，另一套仍能保证安全栅的安全性能。限能即限制打火能量，为此必须限制打火电压和打火电流。安全栅的限压和限流特性见图 5-30。

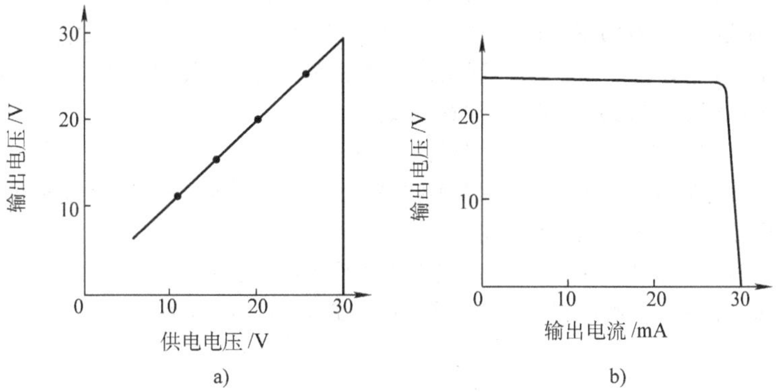

图 5-30　安全栅的限压和限流特性
a）限压特性　b）限流特性

由图可见，DDZ-Ⅲ型仪表安全栅的限能器将危险侧的打火能量限制在最大为 $P_m = 30V \times 30mA = 900mW$ 以内，从而保证安全火花性能。

2. 输出式安全栅的工作原理

图 5-31 为输出式安全栅的组成框图。DC/AC 变换器将安全侧的 DC 24V 变换成 8kHz 的方波电压，由变压器耦合至二次绕组。其中一个二次绕组的电压作为调制器的开关电压，调制器将来自安全侧仪表输出的 DC 4 ~ 20mA 电流调制成 8kHz 的交流，由 1 : 1 的电流互感器

耦合输出到解调放大器。另一个二次绕组的电压经整流整波后，一方面作为解调放大器的电源；另一方面通过限能器向危险侧仪表（如操作器）提供DC 24V电源，解调放大器将电流互感器的输出交流解调成DC 4~20mA，经限能器后输出到危险侧仪表。

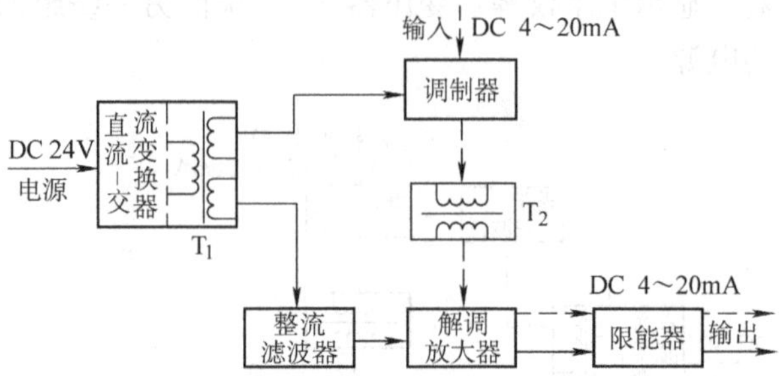

图5-31 输出式安全栅的组成框图

思考题与习题

5-1 利用执行机构的正、反作用和调节阀的正装和反装如何组成执行器的正、反作用和调节阀的气开、气关形式？

5-2 根据什么原则来选择调节阀的气开、气关形式？并举例说明其选用。

5-3 某流体的最大流量为$80m^3/h$，该流体密度为$0.16\times10^{-2}g/cm^3$，阀前后差压为0.1MPa，试选择调节阀的公称直径和阀座直径。(要求泄漏量小)

5-4 有一可调范围$R=30$的调节阀串联安装于管道中，系统总差压$\Delta p=0.36$MPa，调节阀最小差压为0.2MPa，求实际可调范围。设该阀工作时最小流量为$4m^3/h$，求工作时的最大流量。实际工作最大流量与理想($S=1$)最大流量差多少？解释工作最大流量的减少是由于什么原因造成的？

5-5 设某可调范围$R=30$的调节阀与并联管道旁路阀工作，总管最大流量$Q_{max}=100m^3/h$。若旁路阀流量Q_2占总流量的3%，求此时调节阀的可调范围。若将旁路阀开大使$Q_2=0.1Q_{max}$，此时调节阀的可调范围是多少？这提示我们在使用旁路阀时应注意什么？

5-6 简述电—气阀门定位器的主要特性及其工作原理。

5-7 为什么说在危险场所使用了安全火花型防爆仪表的控制系统不一定是安全火花防爆系统？组成安全火花防爆控制系统的充要条件是什么？

5-8 安全栅有哪几种组成形式？分别简述它们的工作原理及主要特点。

5-9 隔离式安全栅采取了哪些措施，才能使它具有安全火花型防爆性能？

第6章　单回路控制系统的设计

过程控制系统从结构形式可以分为单回路系统和多回路系统（串级）。单回路控制系统包含测量变送器、调节器、执行器和被控过程，构成闭环负反馈控制系统。其控制目标保证被控过程的被控制参数满足工艺要求。本章重点介绍单回路过程控制系统的分析、设计、整定和投运。

6.1　概述

6.1.1　一般要求

在工业过程自动化中，为了安全生产、改善劳动条件，保护环境卫生等，需在生产过程中对温度、压力、流量、液位、成分、pH、粘度、湿度等过程参数实行自动控制，构造过程控制系统，系统控制的目标是实现对过程参数的“稳定、准确、快速”的控制目标。①系统稳定：当系统受外界影响，将引起系统振荡，为了克服外界扰动，稳定生产，因此系统必须稳定，这是控制的前提；②系统精准：当系统在参数不匹配时，导致系统的输出量与给定量之间偏差增大，为使其工况最优，提高产品的质量和产量，因此系统还必须具有适当的稳定裕量，余差要小；③控制快速：当系统的输出量与输入量之间产生偏差时，为了提高劳动生产率，降低生产成本，节约能源，必须调整系统使其过渡过程时间尽量缩短，调节时间减少等。工程上这些要求往往是互相矛盾的，因此设计过程控制系统时，应根据实际情况，分清主次，以保证满足最重要的控制质量指标。

6.1.2　控制方案

由于被控过程的多样性，因此控制方案也是多种多样的。而且现代生产过程是十分复杂的连续的生产过程，在选择设计方案时，必须考虑如下几个问题。

1. 总体设计与系统布局的关系

随着现代化工业生产迅速发展，各生产工艺设备相互间紧密地联系着，各设备的生产操作也是相互联系、相互影响的，所以首先必须明确局部生产过程自动化和全局过程自动化间的关系。在进行总体设计和系统布局时，应该全面地考虑生产设备之间的相互联系，综合各个生产操作之间的相互影响，合理设计各个控制系统。要从生产过程去全面地分析问题和解决问题，从物料平衡和工艺流程去设计各个过程控制系统，即要从整个生产工艺过程的自动化考虑所设计的过程控制系统，应该包含产品质量控制、物料或能量控制、限制条件控制等，以全局的设计方法来正确处理整个系统的布局，统筹兼顾。

2. 被控过程的特性

过程控制系统的品质是由组成系统的结构和各个环节的特性所决定的。其中过程检测控制仪表的特性在设计制造时就已人为确定，调节器的特性可随意调整，以满足不同被控过程和控制的要求，而被控过程的类型及其特性比较复杂，在设计过程控制系统时必须加以深入研究。

由于过程特性不同，过程控制系统设计应适应这些不同特性，以便确定控制方案和调节器的设计或选型，以及调节器参数的整定，这些都是以过程特性为依据的。要想完全通过理论计算进行过程控制系统设计和调节器参数整定是不可能的。所以，必须深入了解生产工艺情况，结合控制要求，根据过程特性、扰动情况以及限制条件等运用控制理论和控制技术才能设计一个工艺上合理的正确控制方案。

6.1.3 基本方法

过程控制系统的设计方法很多，例如对数频率法、根轨迹法、系统参数优化设计法等。本节主要介绍系统设计方法中的一般情况。

过程控制系统包含被控制过程、测量变送器、调节器、执行器等，所以系统设计必须从整体出发进行考虑，很多情况下，先给定被控过程，然后进行系统设计。

在系统设计中，通常包括综合法和试探法，在开始进行设计阶段，首先应熟悉技术要求及性能指标，了解被控过程和过程检测控制仪表的动态性能，应用综合方法建立系统的数学模型。一旦设计问题可用数学模型表示，就可进行仿真，并应用最佳控制理论得出系统性能指标的上限。最后，对设计出来的系统在各种信号和扰动作用下进行响应测试，若系统性能指标不能令人满意，则必须进行再设计，直到获得满意的性能指标为止。这样，一个物理系统就产生了。此外，还需进行反复试探测试实验，直到获得满意的性能指标要求为止。

6.1.4 设计步骤

过程控制系统设计，从设计任务提出到系统投入运行，是一个从理论设计到实践，再从实践到理论设计的多次反复过程，很难为过程控制系统设计规定一个固定程序，只能提出一些共同的、必需的几个步骤：

（1）建立过程的数学模型　被控过程的数学模型是控制系统设计的基础，在过程控制系统设计中，首先要解决如何用恰当的数学关系式（或方程式）即所谓数学模型来描述被控过程的特性。只有掌握了过程的数学模型（或深入了解过程特性），才能深入分析过程的特性和精确设计控制器。

（2）选择控制方案　根据设计任务和技术指标要求，经过调查研究，考虑经济效益和技术实施的可行性，选择合理的控制方案。

（3）建立系统框图　根据系统的内在机理，画出系统框图。

（4）进行系统静态、动态特性分析计算　过程控制系统方案确定后，根据系统的质量指标，应用控制理论进行系统静态、动态特性分析计算，判定系统的稳定性、过渡特性等。

（5）实验和仿真　实验和仿真是检验系统设计正确与否的重要手段。有些在系统设计过程中难以考虑的因素，可以在实验中考虑，同时通过实验可以检验系统设计的正确性，以及系统的性能。

(6) 系统投运　根据设计所选定的控制器的相关参数，使整个系统投入运行，观察其运行状况。

6.1.5 主要内容

对于过程控制系统设计、实施整定和运行而言，控制方案的选择和调节器参数整定是其两个重要的内容，如果控制方案设计得不合理，仅凭调节参数的整定无法获得良好的控制质量；相反，控制方案很好，但是调节器参数整定的不合适，也不能使系统运行在最佳状态。

过程控制系统设计包括方案设计、工程设计、工程安装和仪表调校、调节器参数整定等 4 个主要内容。

(1) 方案设计　控制方案设计是系统设计的核心。若控制方案设计不正确，则无论选用何种先进的过程控制仪表，其安装如何细心，都不可能使系统在工业生产过程中发挥作用，甚至系统不能运行。

(2) 工程设计　工程设计是在控制方案正确设计的基础上进行的。它包括仪表选型、控制室和仪表盘设计、仪表供电供气系统设计、信号及联锁保护系统设计等。

(3) 工程安装　过程控制系统的正确安装是保证系统正常运行的前提。系统安装完，还要对每台仪表进行单校和每个控制回路联校。

(4) 仪表调整　在控制方案设计正确的前提下，调节器参数整定是系统运行在最佳状态的重要保证，是过程控制系统设计的重要环节之一。

6.2 系统方案设计

对于过程控制系统的设计和应用来说，控制方案的设计是核心。

单回路控制系统（控制方案）设计的基本原则，包括合理选择被控参数和控制参数、信息的获取和变送、调节阀的选择、调节器控制规律选择及其正、反作用方式的确定等。

6.2.1 被控参数的选择

根据工艺要求选择被控参数是系统设计的重要内容。被控参数的选择对于稳定生产、提高产品的产量和质量、节能、改善劳动条件、保护环境等具有决定性意义。若被控参数选择不当，则无论组成什么样的控制系统，选用多么先进的过程检测控制仪表，均不能达到预期的控制效果。

对于一个生产过程来说，影响正常操作的因素是很多的。但是，并非对所有影响因素都需加以控制。所以，必须根据工艺要求，深入分析工艺过程，找出对产品的产量和质量、安全生产、经济运行、环境保护等具有决定性作用、并且可直接测量的工艺参数作为被控参数（直接参数），构成过程控制系统。例如，可选水位作为蒸汽锅炉水位控制系统的直接参数，因为水位过高过低均会造成严重事故，直接与锅炉安全运行有关。

当选择直接参数有困难时（如缺少获取质量信息的仪表），可以选择间接参数作为被控参数。例如，精馏过程要求产品达到规定的纯度，并希望在额定生产负荷下，尽可能地节省能源。这样，塔顶馏出物（或塔底残液）的浓度应选作被控参数。因为它最直接地反映了产品的质量。但是，目前对成分的在线测量尚有一定困难，于是一般采用塔顶（或塔底）温度代替浓度作为被控参数。当选取间接参数作为被控参数时，间接参数必须与直接参数有单值函数关系；间接参数要有足够的灵敏度；同时还应考虑工艺的合理性等。

归纳起来，选取被控参数的一般原则为

1）选择对产品的产量和质量、安全生产、经济运行和环境保护具有决定性作用的、可直接测量的工艺参数作为被控参数。

2）当不能用直接参数作为被控参数时，应该选择一个与直接参数有单值函数关系的间接参数作为被控参数。

3）被控参数必须具有足够高的灵敏度。

4）被控参数的选取，必须考虑工艺过程的合理性和所用仪表的性能。

应该指出，对于一个已经运行的生产设备，其被控参数一般早已确定。

6.2.2 控制参数的选择

在正确选择被控参数后，就要决定构成一个什么样的控制回路。因此，还要正确选择控制参数、调节器调节规律和调节阀的特性。当工艺上允许有几种控制参数可供选择时，则可根据被控过程扰动通道和控制通道特性，对控制质量的影响作出合理的选择。所以，正确选择控制参数，就是正确选择控制通道的问题。

扰动作用是由扰动通道对过程的被控参数产生影响，力图使被控参数偏离给定值。控制作用是由控制通道对过程的被控参数起主导影响，抵消扰动影响，使被控参数尽力维持在给定值。在分析与设计控制回路时，要深入研究过程的特性，认真分析各种扰动，正确选择控制参数。

在个别生产过程中，控制参数是惟一确定了的参数。如锅炉水位控制系统，控制参数只有一个，即给水量。但是，在有些生产过程中，也可能有几个控制参数可供选择，这时，一般希望控制通道克服扰动的校正能力要强，动态响应应比扰动通道快。通过正确选择控制参数，构成一个控制性能良好的过程控制系统，可有效的克服扰动的影响。下面从研究过程特性对控制质量的影响入手，讨论选择控制参数的一般原则。

1. 过程静态特性分析

单回路控制系统的框图见图6-1。图6-1a中 $W(s)$ 为调节器的传递函数；$W_0(s)$ 为控制通道的传递函数；$W_f(s)$ 为扰动通道的传递函数。并设

$$\left.\begin{aligned} W_0(s) &= \frac{K_0}{T_0 s+1} \\ W_f(s) &= \frac{K_f}{T_f s+1} \\ W(s) &= K_c \end{aligned}\right\} \tag{6-1}$$

被控量 $Y(s)$ 对扰动 $F(s)$ 的闭环传递函数为

$$\frac{Y(s)}{F(s)} = \frac{(T_0 s+1)K_f}{(T_0 s+1)(T_f s+1)+K_0K_c(T_f s+1)}$$

由于系统是稳定的，故在阶跃扰动作用下，系统稳态值可应用终值定理求得

$$Y(\infty)=\lim_{t\to\infty}Y(t)=\lim_{S\to 0}S\frac{(T_0s+1)K_f}{S[(T_0s+1)(T_fs+1)+K_0K_c(T_fs+1)]}=\frac{K_f}{1+K_0K_c} \tag{6-2}$$

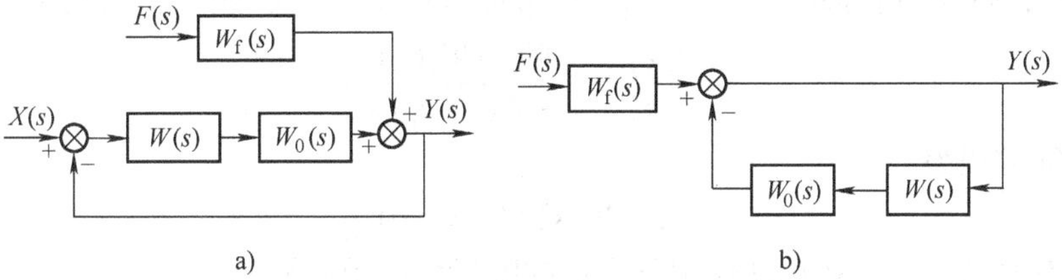

图 6-1　单回路控制系统的框图

由式（6-2）可见，过程静态特性对控制质量好坏有很大的影响，是选择控制参数的一个重要依据。扰动通道静态放大系数 K_f 越大，则系统的稳态误差也越大，这表示在相同的阶跃扰动作用下，将使被控参数偏离给定值越大，显著地降低了控制质量。若静态放大系数很小，这时即使扰动量大，其影响也较小。控制通道的静态放大系数 K_0 越大，表示控制作用越灵敏，克服扰动的能力越强，控制效果越显著。但是，最佳控制过程 K_0 与调节器的放大系数 K_c 的乘积应为一常数，而 K_c 是可调节的，所以 K_0 的大小可通过调节 K_c 来进行补偿。因此，在系统设计（即确定控制参数）时，要使控制通道的放大系数 K_0 大于扰动通道的放大系数 K_f。

2. 过程动态特性分析

（1）过程扰动通道动态特性的影响

1）时间常数 T_f 的影响：图 6-1 所示的是单回路控制系统，当 $x(s)=0$ 时（见图 6-1b），则系统的闭环传递函数为

$$\frac{Y(s)}{F(s)}=\frac{W_f(s)}{1+W(s)W_0(s)} \tag{6-3}$$

设 $W_f(s)$ 为一个单容过程，其传递函数为

$$W_f(s)=\frac{K_f}{T_fs+1}$$

则式(6-3)可写成

$$\frac{Y(s)}{F(s)}=\frac{K_f}{T_f}\frac{1}{\left(s+\frac{1}{T_f}\right)[1+W(s)W_0(s)]}$$

系统的特征方程为

$$\left(s+\frac{1}{T_f}\right)[1+W(s)W_0(s)]=0 \tag{6-4}$$

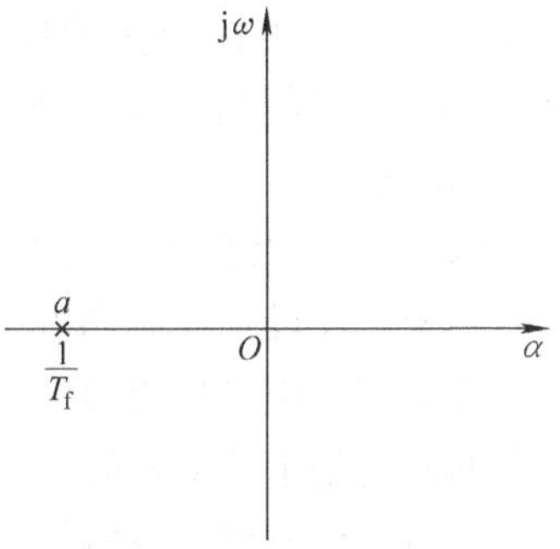

图 6-2　复平面

由式（6-4）可见，由于扰动通道为一个一阶惯性环节，使系统特征方程式中增加了一个极点 $-1/T_f$，即在图 6-2所示根平面上增加了一个 $-1/T_f$ 的附加极点 a。随着时间常数的增大，极点将向 jw 轴靠近，而且过渡过程将乘上一个 $1/T_f$ 的数值，使整个过渡过程的幅值减小 T_f 倍，从而使其超调量随着 T_f 的增大而减小，提高了系统的控制质量。这点是很容易理解的，因为 $W_f(s)$ 为一阶惯性环节，它对扰

动 $F(s)$ 起着滤波作用，可抵制扰动对被控参数的影响。所以，扰动通道的时间常数 T_f 越大，容积越多，则扰动对被控参数的影响也越小，控制质量也越好。

2）时延 τ_f 的影响：如图 6-1a 所示，在给定信号 $X(s)$ 作用下，系统闭环传递函数为

$$\frac{Y(s)}{X(s)}=\frac{W(s)W_0(s)}{1+W(s)W_0(s)}$$

闭环系统特征方程为

$$1+W(s)W_0(s)=0$$

当扰动通道有时延 τ_f 时，在扰动作用下系统的闭环传递函数为

$$\frac{Y(s)}{X(s)}=\frac{W_f(s)}{1+W(s)W_0(s)}e^{-\tau_f s} \tag{6-5}$$

可见其闭环传递函数的分母（即特征方程）与式（6-3）相同。所以说扰动通道的时延 τ_f 不影响系统的控制质量，仅使系统响应曲线 $Y(t)$ 推迟了一个时延 τ_f。

3）扰动作用点位置：扰动引入系统的位置不同，则对被控参数的影响也不同，如图 6-3 所示。图中 3 个水箱串联工作，为了实现 3# 水箱水位不变，故设计图 a 控制系统。扰动 f_1、f_2、f_3 由三处分别引入系统，为了能更清楚地看出扰动作用点位置不同，对系统控制质量的影响，根据流程图画出其框图，见图 6-3b。设三只水箱均为一阶惯性环节，由前所述，它对扰动起着滤波作用，所以当扰动引入系统的位置离被控参数越近时，则对其影响越大；相反，当扰动离被控参数越远（即离调节阀越近）时，则对其影响越小。

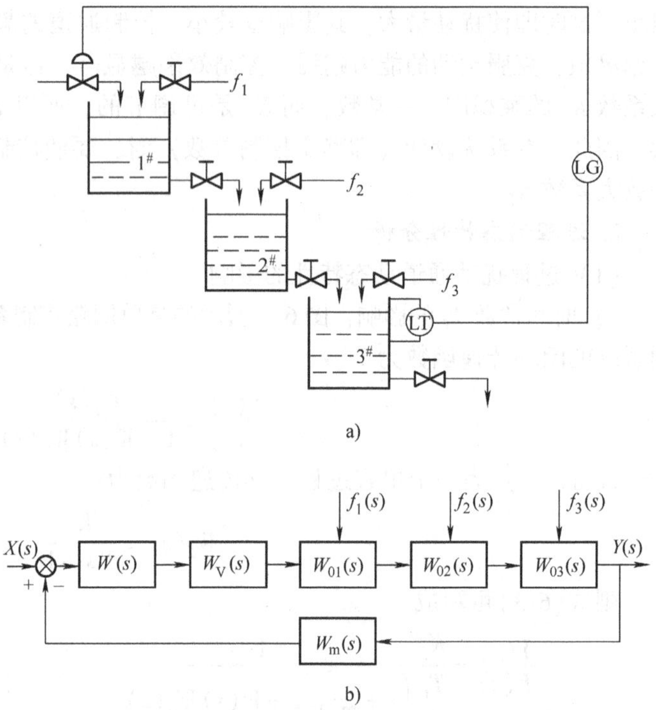

图 6-3　液位控制系统及其框图
a）系统流程图　b）系统组成框图

（2）过程控制通道动态特性的影响　在过程控制系统中，克服扰动对被控参数的影响均要通过控制通道进行。所以，分析控制通道的动态特性对控制质量的影响是十分重要的。

1）可控性指标：在设计过程控制系统时，对同一个被控参数，工艺上往往有几个可供选择的变量作为控制参数。由于选择的变量不同，构成的过程特性也不同，因而控制难易程度也不同。选择控制参数的目的是要得到一个好的控制通道。

在过程控制中有各种简单和复杂的控制方案，除了因控制精度要求不同外，还由于“过程可控性”的差异而决定不同的控制方案。

为了比较不同过程的可控性，通常采用相同模式的调节器，并分别将调节器参数整定到最佳，然后在相同扰动作用下，比较它们的过渡过程。

由式（6-2）可知，系统余差与（$1+K$）（$K=K_0K_c$）成反比。另外，一个稳定的过程控制系统的过渡过程快慢与其振荡频率成正比。因此，决定系统控制过程的因素可归结为 K 和 ω，即 K 越大，则余差越小；而 ω 越大，则过渡过程进行得越快。

对于同一个被控过程，如果采用不同类型的调节器，在最佳整定的情况下，K 和 ω 是不同的。但它们的大小主要决定于该系统的最大增益 K_{max} 和临界频率 ω_c（即在纯比例作用时，系统处于稳定边界下的增益和振荡频率）。K_{max} 和 ω_c 反映了过程的动态特性，在一定程度上代表了被控过程的控制性能。所以，K_{max}、ω_c 称为衡量对被控过程进行控制的难易程度的指标，即可控性指标。

由自动控制理论可知，产生临界振荡需要两个条件：①系统开环对数幅频特性的振幅比为 1；②系统开环对数相频特性的相角为 $-180°$。

据此，若已知广义被控过程的对数频率特性，就可求得该过程可控性的 K_{max}、ω_c 值。

2）控制通道的影响：根据被控过程的可控性指标，研究过程控制通道动态特性（即时间常数和时延）对系统控制质量的影响就很方便。只要确定过程的 K_{max}、ω_c 就可以判断它对系统的影响。现在利用对数频率特性方法，求出表 6-1 所示的不同被控过程动态特性的可控性指标。由表可见，控制通道中时间常数大、阶数高、有纯时延环节都将使过程的可控性指标大为降低。因此可得出如下结论：在选择控制参数时，选择时间常数较小、反应灵敏、纯时延小的通道作为控制通道。

表 6-1 不同过程特性的 K_{max}、ω_c 和 $K_{max}\omega_c$ 值

系统参数 \ 被控过程 $\omega_0(s)$	$\frac{1}{(s+1)^3}$	$\frac{1}{(s+1)^5}$	$\frac{1}{(5s+1)^3}$	$\frac{1}{(s+1)^3}e^{-\tau s}$
K_{max}	7.942	3.198	7.942	2.512
ω_c	1.72	0.73	0.35	0.9
$K_{max}\omega_c$	13.66	2.334	2.78	2.26

另外，如前所述，调节器的校正作用（控制作用）是通过控制通道去影响被控参数。控制通道时间常数的大小反映了控制作用的强弱，反映了调节器的校正作用克服扰动对被控参数影响的快慢。若控制通道时间常数 T_0 太大，则控制作用太弱，被控参数变化缓慢，控制不够及时，系统过渡过程时间长，控制质量下降；若时间常数 T_0 太小，则控制作用强，控制及时，克服扰动影响快，过渡过程时间短，但易引起系统振荡，使系统稳定性下降，从而不能保证控制质量。所以在系统设计时，要求控制通道时间常数适当小一点，使其校正及时，又能获得较好的控制质量。

控制通道的时延包括纯时延 τ_0 和容量时延 τ_c 两种。它们对控制质量的影响很大，尤其是 τ_0 的影响最严重。

在图 6-4 所示系统中，设 $W(s)=K_c$，$W_0(s)=K_0/(T_0s+1)$（即被控过程时延 $\tau_0=0$ 时），则系统开环传递函数为

$$W_K(s)=W(s)W_0(s)=\frac{K_cK_0}{T_0s+1}$$

根据奈氏判据，无论系统开环放大系数 K_cK_0 为多大，闭环系统总是稳定的，其频率特性如图6-5的 *ABCDO* 曲线所示。

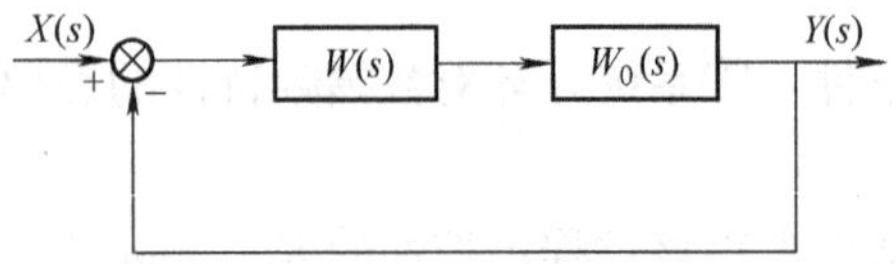

图6-4 单回路系统

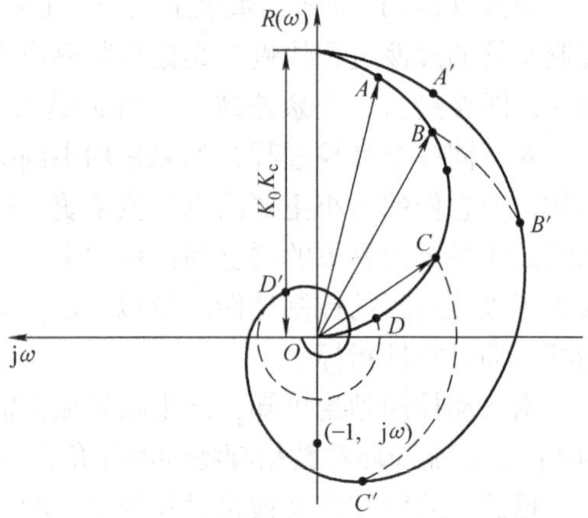

图6-5 频率特性

若上述系统中，$W(s)=K_c$，$W_0(s)=\dfrac{K_0}{T_0s+1}e^{-\tau_{0s}}$，则系统开环传递函数为

$$W_K(s)=\frac{K_0K_c}{T_0s+1}e^{-\tau_{0s}}$$

由于存在 τ_0（幅值不变），仅使相角滞后增加了 $\omega_0\tau_0$ 弧度。其频率特性求法如下：

在 $\tau_0=0$ 时的 W（jω）曲线上取 ω_1、ω_2、…各点，如点 A 处，频率为 ω_1，取 W（jω_1）的幅值，但相角滞后增加了 $\omega_1\tau_0$ 弧度，从而定出新的 W'（jω_1）点 A'。同理可得出 ω_2、ω_3、…时各相应点 B'、C'、…，将 A'，B'，C' …各点连接起来即为 W'（jω）的幅值和相位频率特性。由此曲线可见，当 $\tau_0\neq0$ 时，随着 K_cK_0 的增大，W'（jω）有可能包围（−1，j0）点。当 τ_0 值越大时，则这种可能性将越大。可见，纯时延 τ_0 的存在将降低系统的稳定性。

当控制通道存在纯时延 τ_0 时，调节器的校正作用将滞后一个纯时延 τ_0，从而使超调量增加了，使被控参数的最大偏差增大了，引起了系统动态指标下降。

控制通道的容量时延 τ_c 同样会造成控制作用不及时，使控制质量下降。但是 τ_c 的影响比纯时延 τ_0 对系统的影响缓和。此外，若引入微分作用，克服 τ_c 对控制质量的影响有显著的效果。

3）过程时间常数的匹配：在实际生产过程中，被控过程可能是由多个一阶环节串联而成的，设广义过程的传递函数为

$$W_0(s)=\frac{1}{(T_1s+1)(T_2s+1)(T_3s+1)}$$

时间常数 $T_1>T_2>T_3$。并设 $T_1=10\text{s}$，$T_2=5\text{s}$，$T_3=2\text{s}$。每次改变其中一个或两个时间常数可求得一组 K_{max}、ω_c 和 $K_{max}\omega_c$ 值，其结果见表6-2。

从表6-2中的数值变化可以看出：

① 减小过程中最大时间常数 T_1，不但无益，反而使 $K_{max}\omega_c$ 数值比原始数据小，引起控制质量下降。

② 减小 T_2 或 T_3 都能提高控制性能指标，若同时减小 T_2、T_3，则提高性能指标的效果更好，$K_{max}\omega_c$ 值达到14.2。

③ 增大最大时间常数 T_1，使 ω_c 略有下降，但 K_{max} 增大，有助于提高控制指标。

在选择控制通道时，使广义过程特性中的几个时间常数数值错开，减小中间的时间常数，可提高系统的工作频率；减小过渡过程时间和最大偏差等，可以提高可控性指标，改善控制质量。

表 6-2　不同时间常数对控制质量的影响

变化情况＼参数	T_1	T_2	T_3	K_{max}	ω_c	$K_{max}\omega_c$
原始数据	10	5	2	12.6	0.41	5.2
减小 T_1	5	5	2	9.8	0.49	4.8
减小 T_2	10	2.5	2	13.5	0.54	7.3
减小 T_3	10	5	1	19.8	0.57	11.2
增大 T_1	20	5	2	19.2	0.57	7.1
减小 T_2、T_3	10	2.5	1	19.3	0.74	14.2

在实际生产过程中，若过程存在多个时间常数，则最大的时间常数往往涉及生产工艺设备的核心，取决于产品生产规模，不能轻易改动，但是减小第二、第三个时间常数是比较容易实现的。例如在温度控制系统中，广义过程包括测温元件的时间常数，有时它处于第二、第三个时间常数之间，采用快速热电偶，可以减小这个时间常数，提高控制质量。所以，将几个时间常数错开原则可以指导选择广义过程的控制通道。

3. 根据过程特性选择控制参数的一般原则

通过上述分析，根据过程特性来分析和设计单回路控制系统时，选择控制参数的一般原则是

1）选择过程控制通道的放大系数 K_0 要适当大一些；时间常数 T_0 要适当小一些；纯时延 τ_0 越小越好，在有纯时延 τ_0 的情况下，τ_0 与 T_0 之比应小一些（小于 1），若其比值过大，则不利于控制。

2）选择过程扰动通道的放大系统 K_f 要尽可能小；时间常数 T_f 要大；扰动引入系统的位置要远离被控过程（即靠近调节阀）；容量时延越大，则越有利于控制。

3）广义过程（包括调节阀和测量变送器）由几个一阶环节组成，在选择控制参数时，应尽量设法把几个时间常数错开，使其中一个时间常数比其他时间常数大得多，同时注意减小第二、第三个时间常数。

4）注意工艺操作的合理性、经济性。

6.2.3　测量变送器的选择

在过程控制系统设计中，测量和变送是信息获取和传送的重要环节。在工程上为了提高控制精度，被控参数的测量和变送必须迅速正确地反映其实际变化情况，为系统设计提供准确的控制依据。

测量变送环节对被控参数作正确测量，并将它转换成标准统一信号（0.02～0.1MPa 或 DC0～10mA，或 DC4～20mA）输出到调节器或指示记录仪。

1. 时延 τ_m 和时间常数 T_m 对控制质量的影响

对于测量变送环节作线性处理后，通常可用一阶加时延特性来描述，即

$$W_m(s)=\frac{K_m}{T_m s+1}e^{-\tau_m s} \tag{6-6}$$

式中，K_m、T_m 和 τ_m 分别为静态放大系数、时间常数和时延。

减小式（6-6）中的 τ_m 和 T_m，均对提高系统的控制质量有利。若 T_m 较大，会使记录曲线与实际参数之间产生较大的动态误差。

图6-6a所示为被控参数 y 作阶跃变化时，测量值 z 的变化情况。图6-6b为被控参数 y 作等速变化时，测量值 z 的变化情况。图6-6c为被控参数 y 作周期性变化时，测量值 z 的变化情况。由此可见，由于测量变送器的时间常数引起的动态误差是很大的。

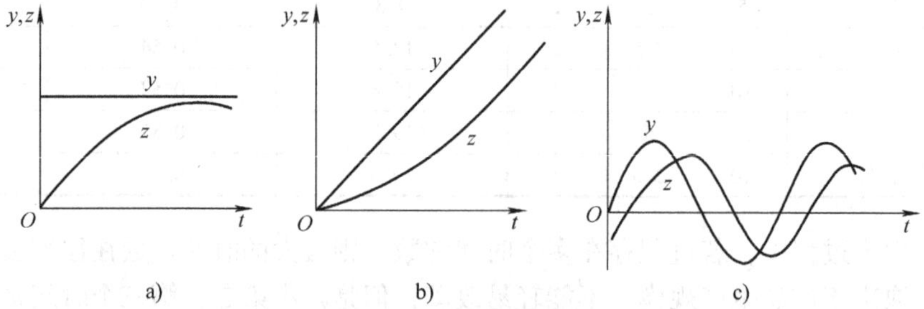

图6-6 τ_m 和 T_m 引起动态误差

a）y 为阶跃信号 b）y 为线性信号 c）y 为周期信号

若 τ_m 和 T_m 较大时，会使调节作用跟不上信号的变化，严重时会使系统失去稳定性，因此必须对 τ_m 和 T_m 引起的信号时延进行补偿。在系统设计中，可选用快速测量元件，一般，选其时间常数为控制通道时间常数的1/10以下为宜。也可在变送器的输出端串一微分环节，如图6-7所示。这时，输出与输入间的关系为

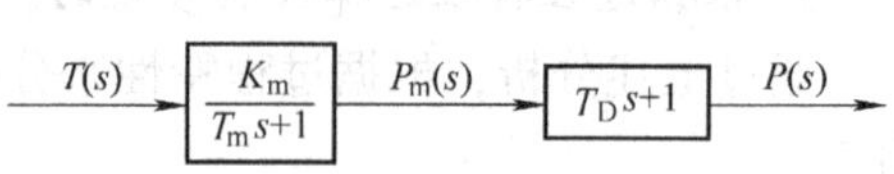

图6-7 微分单元连接示意图

$$\frac{P(s)}{T(s)}=\frac{K_m(T_D s+1)}{T_m s+1}$$

式中，K_m 为测量元件和变送器的放大系数；T_m、T_D 分别为测量元件的时间常数和微分单元的微分时间常数。

欲获得真实的测量值，可使 $T_m=T_D$，则

$$P(s)=K_m T(s)$$

从而

$$P(t)=K_m T(t)$$

可见消除了动态误差。

在工程上，有时把微分单元串联在调节器的输出端，从控制角度来看，两种情况具有相同的功能，实际上微分单元放在变送器后和放在调节器后的补偿作用是有区别的。

由图6-8a可见，微分单元置于变送器之后时，若干扰 F（s）变化，则有

$$\frac{T(s)}{F(s)}=\frac{W_f(s)}{1+W(s)W_V(s)W_0(s)W_m(s)W_D(s)} \tag{6-7}$$

由图6-8b可见，微分单元置于调节器之后时，有

$$\frac{T(s)}{F(s)}=\frac{W_f(s)}{1+W(s)W_0(s)W_m(s)W_V(s)W_D(s)} \tag{6-8}$$

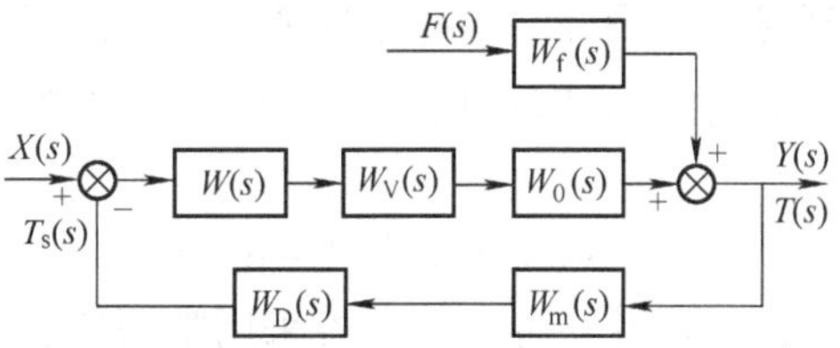

a)

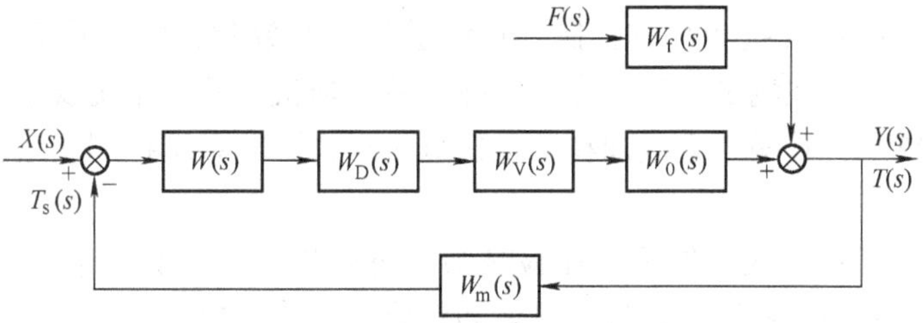

b)

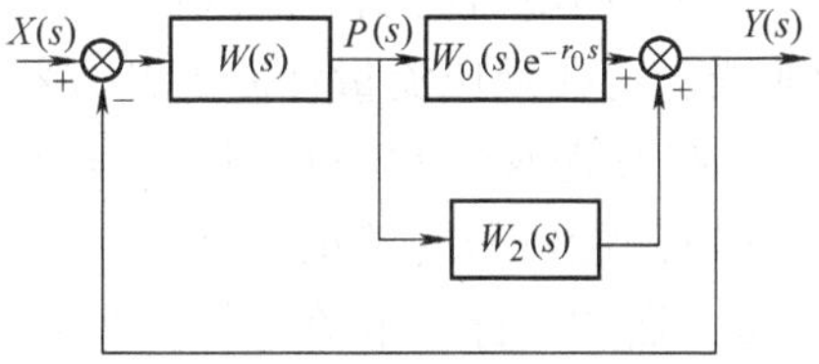

c)

图 6-8　微分单元在系统中的不同位置

a）在变送器之后　b）在调节器之后　c）纯延时的补偿

比较式（6-7）和式（6-8），可见两式完全相同。但是，当变动给定值时，由图 6-8a 和图 6-8b 分别写出算式，可看出两者是有差异的。

当微分单元置于变送器之后时，有

$$\frac{T(s)}{T_s(s)}=\frac{W(s)W_V(s)W_0(s)}{1+W(s)W_V(s)W_0(s)W_m(s)W_D(s)} \tag{6-9}$$

当微分单元置于调节器之后时，有

$$\frac{T(s)}{T_s(s)}=\frac{W(s)W_D(s)W_V(s)W_0(s)}{1+W(s)W_V(s)W_0(s)W_m(s)W_D(s)} \tag{6-10}$$

比较式（6-9）和式（6-10），其分母完全相同，而式（6-10）的分子多了一个微分环节引入的零点，起了加强其动态响应作用的效果。在工程上，把微分单元置于调节器之后，就具有变动给定值时加强其动态响应的作用，较快地达到跟踪的目的。

必须指出，微分作用对于纯时延是无能为力的。因为在纯时延时间里参数的变化速度等于零。所以，微分单元不会有输出变化。

在过程控制中，测量温度、成分等被控参数时，由于测量元件安装位置不当及测量仪表本身不可避免将产生纯时延，为消除对系统性能指标的可能影响，可专门设计某种补偿环节，以改善其控制品质，见图 6-8c 中的 $W_2(s)$。

当控制通道出现纯时延时，可设计一种补偿环节 $W_2(s)$，使之具有如下特性：

$$P(s)W_0(s)=P(s)W_0(s)\mathrm{e}^{-\tau_m s}+P(s)W_2(s)$$

所以

$$W_2(s)=W_0(s)(1-\mathrm{e}^{-\tau_m s}) \tag{6-11}$$

要实现这一纯时延补偿环节，需设计一种电路，若采用常用仪表，则只能用纯时延展开式去逼近；若采用计算机，就较为方便。

2. 检测变送仪表需要注意的问题

(1) 测量信号噪声（扰动）的抑制　在测量某些参数时，由于其物理和化学特征，常常具有随机波动特征，在测量过程中存在实际误差、随机误差、系统误差等情况，若测量元件变送器的阻尼较小，其噪声会叠加在测量信号之中，影响系统控制质量，所以应考虑对其加以抑制。

(2) 对测量信号进行线性处理　在检测某些过程参数时，测量信号与被测参数之间成非线性关系。是否要进行线性化处理，具体问题要作具体分析。

测量信号的非线性特性，一般是由测量元件所致，通常线性化措施在变送器内考虑。如热电偶测温时，热电动势与温度是非线性的。当热电偶配用 DDZ-Ⅲ型温度变送器时，其输出信号就已经线性化了，即变送器的输出电流与温度成线性关系。如前所述，差压式流量计的输出电流 I_o 与被测流量 Q 为非线，可在差压流量计后加开方器进行线性化处理。

(3) 测量信号校正　在检测某些过程参数时，其测量值往往要受到其他一些参数的影响，为了保证其测量精度，必须考虑测量信号的校正问题。

例如发电厂过热蒸汽流量测量，通常用标准节流元件。在设计参数下运行时，这种节流装置的测量精度较高，当参数偏离给定值时，测量误差较大，其主要原因是蒸汽密度受压力和温度的影响较大。为此，必须对其测量信号进行压力和温度校正（补偿）。

3. 信号传送时延问题

这主要是指气动单元组合仪表中，气压信号在管路中的传送时延。通常，测量元件、变送器、调节阀等安装在现场，为了实现集中控制，调节器则安装在控制室，彼此间有一定距离，因而有信号传送时延。

气动传输管道的特性可表示为

$$W(s)=\frac{1}{Ts+1}\mathrm{e}^{-\tau_0 s} \tag{6-12}$$

式中，T 为时间常数；τ_0 为纯时延。

在管道内径为4.8mm，气压为0.02～0.10MPa的情况下，试验测得如表6-3所列数据。信号传递时延将降低控制质量。为此，可采取以下改善措施：

表6-3　气动传输管道的特性参数

管道长度/m	纯时延 τ_0/s	时间常数 T/s	管道长度/m	纯时延 τ_0/s	时间常数 T/s
15	0.04	0.16	150	0.77	3.2
30	0.08	0.32	300	2.3	9.7
60	0.17	0.73	600	7.4	13.0

1) 若测量信号为电信号，可将电—气转换器安装在仪表盘附近，以缩短气压信号的传送

距离。

2)若调节器输出为气压信号,可在 50 ~ 60m 距离间装一气动放大器,提高气压信号的传输功率,以减少传递时间。

3)若调节器输出为电信号,应将电—气转换器安装在调节阀附近,或采用电气阀门定位器。

6.2.4　执行器的选择

调节阀是过程控制系统的一个重要组成部分,其特性好坏对控制质量的影响是很大的。由于其结构较简单又较粗糙,所以往往不被人们所重视。实践证明,在过程控制系统设计中,若调节阀特性选择不当,阀门动作不灵活,口径大小不合适,都会严重影响控制质量。所以,在系统设计时,应根据生产过程的特点、被控介质的情况(如高温、高压、剧毒、易燃易爆、易结晶、强腐蚀、高粘度等)、安全运行和推力等,选用气动执行器和电动执行器。按生产安全原则,选取气开或气关式。根据被控过程的特性、负荷变化的情况以及调节阀在管道中的安装方式等,选择适当的流量特性。在过程控制中,使用最多的是气动执行器,其次是电动执行器。

6.2.5　调节器控制规律的选择

事实上,选择什么样控制规律的调节器与具体对象相匹配,这是一个比较复杂的问题,需要综合考虑多种因素方能获得合理解决。

根据被控制过程的特性(如自衡性、容量与时延大小、负荷变化与扰动情况等)与生产工艺要求,了解调节器控制规律对控制质量的影响,合理选择调节器的控制规律,是过程控制方案设计的重要内容之一。

1. 调节器的控制规律的适用范围

(1)比例调节器　比例调节器适用于过程通道容量较大,纯延时时间较小,负荷变化不大,工艺要求不高的场合。一般情况下控制质量较高,有余差的场合都可以使用,其适用范围比较广。

(2)比例积分调节器　比例积分调节器适用于过程容量较小,负荷变化较大,工艺要求无余差的场合。过程的时延时间较大时不能选择比例积分调节器,否则容易引起系统振荡。

(3)比例微分调节器　比例微分调节器适用于过程容量较大,有时延的场合。对于过程扰动频繁的系统,微分作用可导致系统振荡。

(4)比例积分微分调节器　比例积分微分调节器是一种理想的调节器,适用于不同的过程特性。当要求控制质量较高时,可选用比例积分微分调节器。

2. 根据过程特性选择控制规律

设被控过程的特性近似为

$$W_0(s)=\frac{K\mathrm{e}^{-\tau_0 s}}{T_0 s+1} \tag{6-13}$$

则可根据对象的时延时间和对象自衡时间常数的比值 τ_0/T_0 选择调节器的控制规律:

1) $\tau_0/T_0<0.2$ 时,选择比例或比例积分调节器。

2) 当 $0.2<\tau_0/T_0\leqslant 0.1$ 时,选择比例微分或比例积分微分调节器。

3) 当 $\tau_0/T_0>1.0$ 时,采用简单控制系统往往不能满足控制要求,应选用如串级、前馈、预估控制等复杂控制系统。

3. 调节器控制规律的选择

综上所述，选择调节器动作规律时应根据对象特性、负荷变化、主要扰动和系统控制要求等具体情况，同时还应考虑系统的经济性以及系统投运方便等。

1）广义对象控制通道时间常数较大或容量迟延较大时，应引入微分动作。如工艺容许有残差，可选用比例微分控制规律；如工艺要求无残差时，则选用比例积分微分控制规律，如温度、成分、pH值控制等。

2）当广义对象控制通道时间常数较小，负荷变化也不大，而工艺要求无残差时，可选择比例积分控制规律，如管道压力和流量的控制。

3）广义对象控制通道时间常数较小，负荷变化较小，工艺要求不高时，可选择比例控制规律，如贮罐压力、液位的控制。

4）当广义对象控制通道时间常数或容量迟延很大，负荷变化亦很大时，简单控制系统已不能满足要求，应设计复杂控制系统。

6.2.6 调节器作用形式的选择

1. 广义过程的正、反作用

调节器有正作用和反作用两种形式，其作用形式取决于被控过程、执行器、变送器等相关部分的作用形式。过程控制系统中相关部分的作用形式取决于各部分的静态放大系数，如图6-9所示，过程控制系统要能够正常工作，则组成系统的各个环节的静态系数相乘必须为负，即形成负反馈。

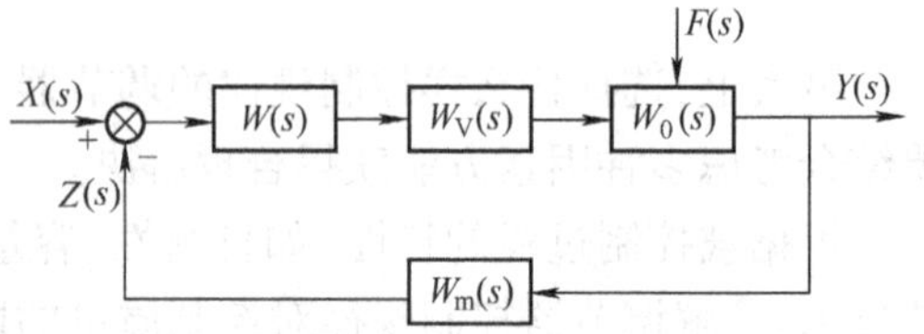

图6-9 过程控制系统框图

（1）过程的正反作用形式

过程正作用：过程的输入量增加（或减少），其输出量亦增加（或减少），$K_0>0$。

过程反作用：过程的输入量增加（或减少），其输出量减少（或增加），$K_0<0$。

（2）执行器正反作用形式

执行器正作用：执行器（调节阀）是气关式，$K_V<0$。

执行器反作用：执行器（调节阀）是气开式，$K_V>0$。

（3）调节器的正、反作用形式

调节器正作用：调节器输入值增加（或减少），其输出量亦增加（或减少），$K_c>0$。

调节器反作用：调节器输入值增加（或减少），其输出量减少（或增加），$K_c<0$。

（4）变送器的作用形式　变送器的静态放大系数通常为正，即$K_m>0$。

2. 调节器作用形式的选择

（1）确定原则　过程内部各个环节的静态系数相乘为负。即$K_mK_0K_VK_c<0$，计算K_c正反作用形式。

（2）调节器正、反作用形式确定的步骤

根据工艺安全确定执行器（调节阀）的气开、气关形式，从而确定K_V；

根据过程特性确定过程的正反形式，确定K_0；

根据确定原则确定调节器的正、反作用形式。

6.3　调节器参数的整定

过程控制系统的控制质量取决于组成该系统的各个环节的特性和系统的结构。一个单回路控制系统可以看作由广义过程和调节器所构成。当一个系统组成后，过程各通道的静态与动态特性已定，此时，系统控制过程的品质取决于调节器各个参数值的设置。

系统整定，一般是指选择调节器的比例度 δ、积分时间 T_I 和微分时间 T_D 的具体数值。系统整定的实质，就是通过改变控制参数，使调节器特性和被控过程特性配合好，以改善系统的动态和静态特性，求得最佳的控制效果。

由控制理论可知，在过程控制中，通常以瞬时响应的衰减率 $\varphi=0.75$ 作为系统性能的主要指标，以保证系统具有一定的稳定性储备。一般在满足 φ 的条件下，还要尽量减小稳态偏差（余差）、最大偏差和过渡过程时间。对于大多数过程控制系统来说，系统过渡过程曲线达到 4∶1 状态时，则为最佳的过程曲线。另外还需注意，不同的生产过程对于控制过程的品质要求也是不完全一样的。因此，也可用使系统响应的 ISE（误差平方积分）、IAE（绝对误差积分）、ITAE（时间乘绝对误差的积分）最小，来整定调节器参数。

调节器参数整定的方法很多，可分为三类：一是理论计算整定法；二是工程整定法；三是计算机仿真寻优整定法。

理论计算整定法由于过分依赖过程的数学模型，而在建立数学模型时忽略了许多次要因素，故过程模型的精确度不高，计算所得数据不可靠，而且计算烦琐，工作量很大，工程上很少用。工程整定法直接在控制系统中进行，且方法简单、实用，易于掌握，在工程实际中被广泛应用。计算机仿真寻优整定法利用误差积分最优准则，通过计算机仿真以求调节器的参数整定达到最优，该整定方法的应用越来越广泛。

6.3.1　工程整定法

工程整定法主要包括：反应曲线法、临界比例度法和衰减曲线法。

1. 反应曲线法

该法也称为动态特性参数整定法。它是在系统开环情况下进行的，利用广义过程的阶跃响应曲线对调节器的参数进行整定。图 6-10 中，在调节阀的输入端加一阶跃信号，利用快速显示记录仪在变送器的输出端记录被控参数的响应曲线，见图 6-11。图 6-11a 为无自衡能力的阶跃响应曲线；图 6-11b 为有自衡能力的阶跃响应曲线。

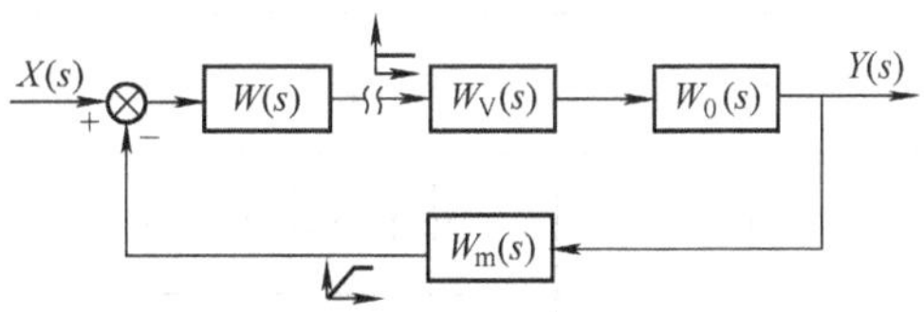

图 6-10　求广义过程阶跃响应曲线示意图

对图 6-11a 可写出无自衡能力的广义过程的传递函数为

$$W_0(s)=\frac{\varepsilon}{s}e^{-\tau s} \tag{6-14}$$

式中，ε 为响应速度；τ 为时延。

对图 6-11b 可写出有自平衡能力的广义过程的传递函数为

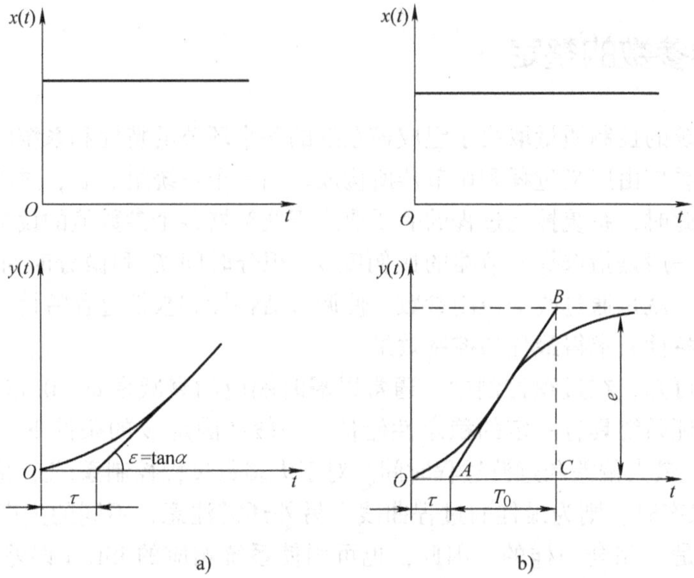

图6-11 广义过程阶跃响应曲线

a）无自衡过程 b）自衡过程

$$W_0(s)=\frac{K_0}{T_0s+1}e^{-\tau s}=\frac{\frac{1}{\rho}}{T_0s+1}e^{-\tau s} \tag{6-15}$$

式中，T_0 为过程的时间常数；τ为时延时间；ρ 为自衡度。

表6-4为 $\varphi=0.75$ 时无自平衡能力过程的整定公式。表6-5为 $\varphi=0.75$ 时有自衡能力过程的整定公式。

表6-4 $\varphi=0.75$ 时无自平衡能力过程的整定公式

调节规律	$W(s)$	δ	T_I	T_D
P	$\frac{1}{\delta}$	$\varepsilon\tau$		
PI	$\frac{1}{\delta}\left(1+\frac{1}{T_Is}\right)$	$1.1\varepsilon\tau$	3.3τ	
PID	$\frac{1}{\delta}\left(1+\frac{1}{T_Is}+T_Ds\right)$	$0.85\varepsilon\tau$	2τ	0.5τ

表6-5 $\varphi=0.75$ 时有自衡能力过程的整定公式

调节规律	$W_C(s)$	$\frac{\tau}{T_0}\leqslant 0.2$			$0.2\leqslant\frac{\tau}{T_0}\leqslant 1.5$		
		δ	T_I	T_D	δ	T_I	T_D
P	$\frac{1}{\delta}$	$\frac{1}{\rho}\frac{\tau}{T_0}$			$\frac{2.6}{\rho}\frac{\frac{\tau}{T_0}-0.08}{\frac{\tau}{T_0}+0.7}$		

（续）

调节规律	$W_C(s)$	$\frac{\tau}{T_0}\leqslant 0.2$			$0.2\leqslant\frac{\tau}{T_0}\leqslant 1.5$		
		δ	T_I	T_D	δ	T_I	T_D
PI	$\frac{\left(1+\frac{1}{T_I s}\right)}{\delta}$	$\frac{1.1}{\rho}\frac{\tau}{T_0}$	3.3τ		$\frac{2.6}{\rho}\frac{\frac{\tau}{T_0}-0.08}{\frac{\tau}{T_0}+0.6}$	$0.8T_0$	
PID	$\frac{\left(1+\frac{1}{T_I s}+T_D s\right)}{\delta}$	$\frac{0.85}{\rho}\frac{\tau}{T_0}$	2τ	0.5τ	$\frac{2.6}{\rho}\frac{\frac{\tau}{T_0}-0.15}{\frac{\tau}{T_0}+0.08}$	$0.8T_0+0.19\tau$	$0.25T_I$

表中未列入 PD 调节器的参数整定公式，它是在计算了比例（P）调节器的比例度 δ_P 后利用下式计算的：

$$\delta=0.8\delta_P$$
$$T_D=(0.25\sim0.3)\tau \tag{6-16}$$

若已知过程数学模型的曲线形式，便可利用查表计算调节器的参数值。

2. 临界比例度法

临界比例度法是在系统闭环条件下进行的，方法简便，应用广泛，其具体步骤如下：

1）调节器置于纯比例位置，且比例度 δ 置最大值，此时无积分（$T_I=\infty$）和微分（$T_D=0$）作用，使系统投入闭环运行。

2）待系统运行稳定后，对给定值施加一适当幅值的阶跃扰动，并逐步减小比例度 δ，直到出现图 6-12 所示的等幅振荡，即为临界振荡，并记录下此时的比例度 δ_K，δ_K 称为临界比例度。由图6-12 的记录曲线上可查出临界振荡周期 T_K 之值。

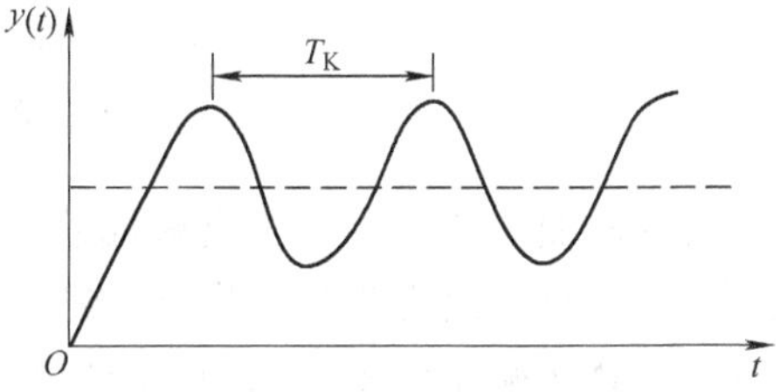

图 6-12 系统临界振荡曲线

3）根据 δ_K、T_K 按表 6-6 的公式计算调节器的参数 δ、T_I 和 T_D 之值。

表 6-6 采用临界比例度法的整定参数

调节规律 \ 整定参数	δ（%）	T_I	T_D
P	$2\delta_K$		
PI	$2.2\delta_K$	$0.85T_K$	
PID	$1.7\delta_K$	$0.5T_K$	$0.125T_K$

必须指出，有时生产过程工艺上不允许产生连续的等幅振荡，因此，该方法受到一定的限制。按此方法整定调节器的参数在实际运行中，对无自衡过程会使衰减率 $\varphi>0.75$，而对于有自衡过程会使衰减率 $\varphi<0.75$，因此调节器的参数应在实际运行中作适当的修改。

3. 衰减曲线法

该法与临界比例度法相似，也是在系统闭环运行条件下进行的。其具体步骤如下：

1）将调节器积分时间置于 $T_I=\infty$，微分时间 $T_D=0$，比例度 δ 置于最大值，将系统投入闭环运行。

2）待系统运行稳定后，对给定值作一适当幅值的阶跃扰动，并逐步减小比例度 δ，直到记录曲线出现图6-13a所示的4∶1衰减的曲线为止，记录下此时的比例度 δ_s 和衰减曲线的第一个振荡周期 T_s。然后查表6-7的计算公式，便可计算出调节器的PID参数的整定值。

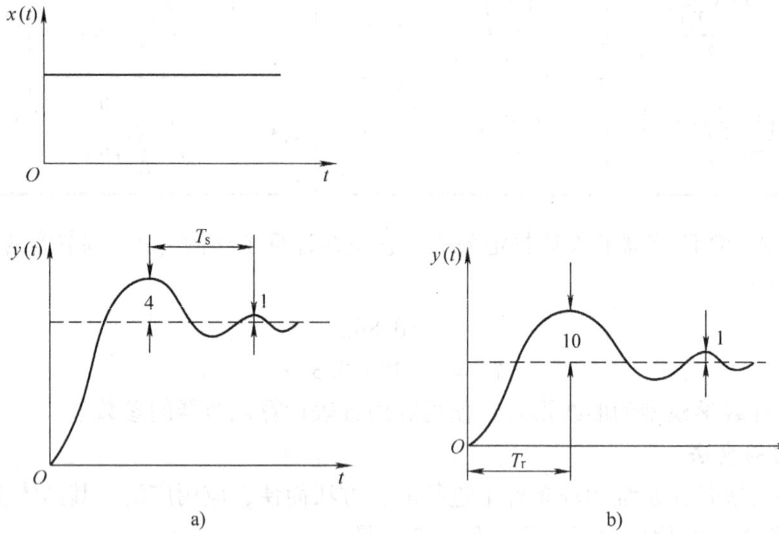

图6-13 衰减曲线法

a）4∶1衰减曲线 b）10∶1衰减曲线

在衰减曲线法中，4∶1衰减曲线法是较理想的方法，但是由于过程特性不同，并不一定得到最佳过渡过程曲线。此时，建议采用10∶1衰减曲线法。该法与4∶1衰减曲线法基本相同，逐步减小比例度 δ，直至产生如图6-13b所示的10∶1衰减过程即可，然后查表6-8计算调节器的PID参数。

表6-7 衰减法整定计算（4∶1）

调节器参数 / 控制规律	δ（%）	T_I/min	T_D/min
P	δ_s		
PI	$1.2\delta_s$	$0.5T_s$	
PID	$0.8\delta_s$	$0.3T_s$	$0.1T_s$

表6-8 10∶1衰减法整定计算

调节器参数 / 控制规律	δ（%）	T_I/min	T_D/min
P	δ_s		
PI	$1.2\delta_s$	$2T_r$	
PID	$0.8\delta_s$	$1.2T_r$	$0.4T_r$

必须指出，对于一些扰动较频繁和过程变化迅速的控制系统，不宜采用衰减曲线法。

6.3.2 计算机仿真寻优整定法

随着计算机技术的发展，人们利用计算机仿真技术进一步发展了调节器PID参数的整定方法，称为计算机仿真寻优整定法。该法根据过程的参数 K_0、T_0 和 τ 之值，利用绝对误差积分（IAE）、误差平方积分（ISE）和时间乘绝对误差积分（ITAE）之值为最小为准则，进行计算机仿真，从而整定调节器的PID参数。调节器参数整定的计算公式分别为

$$\text{对于比例(P)作用}\quad K_cK_0 = A\left(\frac{\tau}{T_0}\right)^B$$

$$\text{对于积分(I)作用}\quad \frac{T_0}{T_I} = A\left(\frac{\tau}{T_0}\right)^B \tag{6-17}$$

$$\text{对于微分(D)作用}\quad \frac{T_D}{T_0} = A\left(\frac{\tau}{T_0}\right)^B$$

式中，$K_c = 1/\delta$；A、B 的具体数值见表 6-9。

表 6-9　计算机仿真寻优整定表

判　据	调节规律	调节作用	A	B
IAE	P	P	0.902	-0.985
ISE	P	P	1.411	-0.917
ITAE	P	P	0.904	-1.084
IAE	PI	P	0.984	-0.986
		I	0.608	-0.707
ISE	PI	P	1.305	-0.959
		I	0.492	-0.739
ITAE	PI	P	0.859	-0.977
		I	0.674	-0.680
IAE	PID	P	1.435	-0.921
		I	0.878	-0.749
		D	0.482	1.137
ISE	PID	P	1.495	-0.945
		I	1.101	-0.771
		D	0.560	1.006
ITAE	PID	P	1.357	-0.947
		I	0.842	-0.738
		D	0.381	0.995

以上是对定值控制系统而言。对于随动系统，P、D 作用的计算公式仍用式（6-17），而对于表 6-10 中标有 * 号的 I 作用，其计算机公式为

$$\frac{T_0}{T_I} = A + B\left(\frac{\tau}{T_0}\right) \tag{6-18}$$

表 6-10　计算机仿真寻优整定表（随动系统适用）

判　据	调节规律	调节作用	A	B
IAE	PI	P	0.758	-0.861
		I*	1.02	-0.323
ITAE	PI	P	0.586	-0.916
		I*	1.03	-0.165

（续）

判　据	调节规律	调节作用	A	B
IAE	PID	P	1.086	-0.869
		I*	0.740	-0.130
		D	0.348	0.914
ITAE	PID	P	0.965	-0.855
		I*	0.796	-0.147
		D	0.308	0.929

例6-1　已知被控过程的传递函数为 $W_0(s)=\dfrac{1}{(s+1)(2s+1)}$；检测变送环节传递函数为 $W_m(s)=\dfrac{1}{10s+1}$；调节阀传递函数 $W_V(s)=1.0$，因此，广义对象传递函数 $W_P(s)=W_0(s)W_m(s)W_V(s)=\dfrac{1}{(5s+1)(2s+1)(10s+1)}$。设由反应曲线法求得广义过程的传递函数为 $W'_P(s)=\dfrac{1}{25s+1}e^{-3.0s}$，试用反应曲线法和临界比例度法整定调节器的参数。

解　(1) 反应曲线法　由于 $\tau/T_0=3.0/25=0.12<0.2$，根据 $\varphi=0.75$ 准则，查表6-5，取自衡度 $\rho=1$，则

P调节器：$\delta=0.12$

PI调节器：$\delta=0.132$，$T_I=3.3\times3.0=9.9$

PD调节器：$\delta=0.8\delta_P=0.8\times0.12=0.096$

$$T_D=(0.25\sim0.3)\tau=(0.75\sim0.9)$$

PID调节器：$\delta=0.102$，$T_I=6$，$T_D=1.5$

(2) 临界比例度法　设按临界比例度法作实验测试，测得 $\delta_K=0.08$，$T_K=16$。查表6-6，得

P调节器：$\delta=2\delta_K=0.16$

PI调节器：$\delta=2.2\delta_K=0.176$，$T_I=0.85T_K=13.6$

PID调节器：$\delta=1.7\delta_K=0.136$，$T_I=0.5T_K=8$，$T_D=0.125T_K=2$

由上例可见，同一过程特性采用两种不同整定方法，调节器的参数是有差别的，但差别并不大，这是由于实验整定方法的侧重点不同所致。

6.4　系统的投运

过程控制系统的方案设计、控制仪表选型和安装调试就绪后，或者经过停车检修后，将过程控制系统重新投入到生产过程中运行，称为系统投运。为使过程控制系统能顺利投入运行，投运前必须做好准备工作。

1. 准备工作

准备工作做得越充分，投运将越顺利。准备工作大体包括：在熟悉生产工艺流程和控制方案的前提下，应对检测变送器、调节器、调节阀、供电、供气、连接管线等以及其他装置

进行全面而细致的检查，它们的连接极性是否正确，仪表量程设置是否合理，仪表的相应开关是否置于规定位置上，仪表的精度是否满足设计要求等。其次，在组成系统的各台仪表进行单独调校的基础上，再对系统进行联调，观察其工作是否正常，这是保证顺利投入的重要步骤。

2. 系统投运

根据生产过程的实际情况，首先将检测变送器投入运行，观察其测量显示的参数是否正确；其次利用调节阀手动遥控，待被控参数在给定值附近稳下来后，再从手动切换至自动控制。

在调节器从手动切换到自动运行前必须做细致的检查工作，首先检查调节器的正、反作用是否正确，调节器的 PID 参数是否设置好等。检查完毕后，当测量值与给定值的偏差为零时，将调节器由手动切换到自动，于是实现了系统的投运。

系统投入自动运行后，观察系统的控制质量指标是否达到设计要求，否则，再对调节器的 PID 参数作适当的微调，以期达到较好的控制质量的设计。

6.5　系统设计举例

在生产过程自动化中，单回路过程控制系统的应用十分广泛，其设计原则亦适用于其他过程控制系统的设计。下面介绍两个实例，说明如何将设计原则用于过程控制系统的设计。

6.5.1　喷雾式干燥设备控制系统设计

1. 生产工艺概况

图 6-14 为乳化物干燥过程工艺流程图。浓缩乳液由高位槽流经过滤器 A、B 滤去凝块和杂质后经阀 1 由干燥器上部的喷嘴以雾状喷洒而出。空气由鼓风机送至由蒸汽加热的换热器加热后与旁路阀 2 来的空气混合后送入干燥器，由下而上吹出将雾状乳液干燥成奶粉。生产工艺对干燥后的奶粉质量要求很高，奶粉的水分含量是主要质量指标，对干燥温度应严格控制在 $T\pm2$℃范围内，否则产品质量不合格。

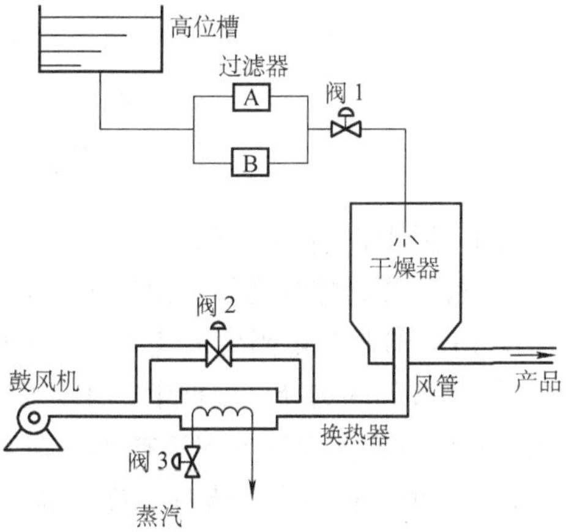

图 6-14　乳化物干燥过程工艺流程图

2. 控制方案的设计

（1）被控参数的选择　如上所述，产品中的水分含量直接影响产品的质量，是直接参数，但由于水分测量仪的精度不高，可选用间接参数作为被控参数。由于干燥温度与产品中水分含量具有单值函数关系，即温度越高，水分含量越低，因此可选择干燥温度作为被控参数。

（2）控制参数的选择　由图 6-14 可见，影响干燥温度的因素主要有三个：一是乳液的流量 $f_1(t)$；二是旁路阀 2 的空气流量 $f_2(t)$；三是加热器的蒸汽流量 $f_3(t)$。选择任一变量作为控制参数均可构成单回路温度控制系统，有三种设计方案：

1）方案一为测量干燥温度控制阀1的乳液流量构成温度控制系统。该方案时间常数小，纯时延最小，似乎为最佳控制方案。但是，由于乳液流量是生产负荷，若乳液流量太小，产量太低，工艺上是不允许的，不宜作为控制参数，因此该方案不成立。

2）方案二为测量干燥温度，控制流过阀3的蒸汽流量，构成单回路控制系统。但是，由于热交换器的时间常数很大，纯时延和容量时延较长，所以其控制灵敏度很低，不适宜作为控制参数。

3）方案三为测量干燥温度，控制流过旁路阀2的空气流量构成单回路控制系统。旁路空气量与热风量混合后经风管进入干燥器。该方案控制通道时间常数和时延都较小，有利于控制质量的提高。

综合比较上述三种控制方案，以旁路空气量为控制参数的方案为最佳。该方案组成的控制系统见图6-15a，图6-15b为其组成框图。

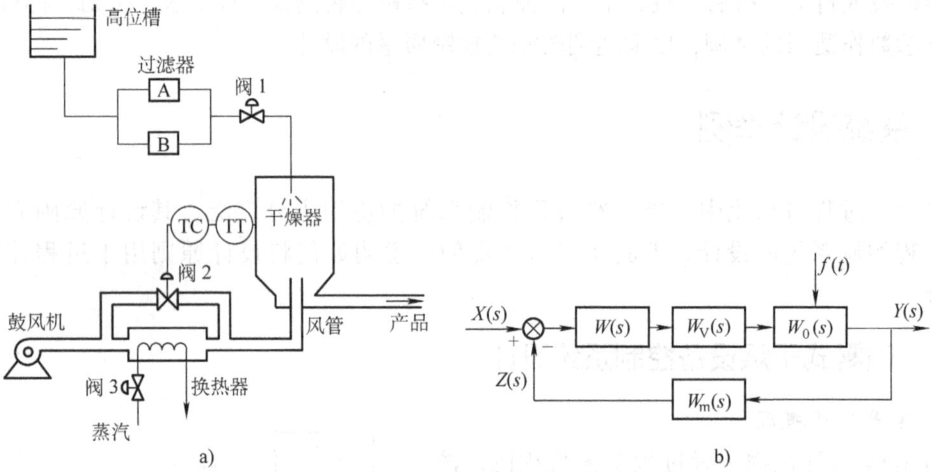

图6-15 温度控制系统及其框图

a）控制系统流程图 b）控制系统组成框图

（3）检测控制仪表的选择

1）检测变送器的选择：由于被控温度在600℃以下，故选择铂热电阻Pt100作为检测元件，配DDZ-Ⅲ型热电阻温度变送器，采用三线制接法。

2）调节阀的选择：根据生产工艺安全原则和被控介质的特点选择调节阀为气关形式。根据过程的特性和控制要求选择理想流量特性为对数流量特性调节阀。调节阀的公称尺寸D_g和d_g应根据被控介质流量计算后确定。

3）调节器的选择：由于被控过程具有一定时间常数和工艺要求温度波动在±2℃以内，应选择PI和PID控制规律的DDZ-Ⅲ调节器。

根据构成负反馈原则$K_m K_c K_V K_0 < 0$。

由于调节阀为气关形式，故K_V为负；当空气量增加时，干燥温度下降，故K_0为负，而变送器K_m为正；因此调节器K_c为负，选用反作用调节器。

3. 调节器参数整定

可利用工程整定法中任何一种整定方法对调节器的参数进行整定。

6.5.2 贮槽液位控制系统设计

1. 工艺概况

在石油、化工、食品等生产过程中有许多储液罐，用于存贮原材料、半成品、成品等或作为缓冲器，为了保证生产正常进行，进出储液罐的物料需平衡，以维持液位在某一高度，因此液位自动控制系统的应用是十分广泛的。

2. 系统控制方案的设计

（1）被控参数的选择　如前所述，生产工艺要求储液罐的液位维持在某一高度，或在很小范围内波动，以保证生产过程的正常进行。可见液位的高低是反映生产过程直接质量指标的直接参数，而且工艺上也是允许的，所以可选择液位作为被控参数。

（2）控制参数的选择　从储液罐生产过程的液位控制来看，有两种液位控制方案：一是测量储液罐的液位 H，控制进液阀的流量 Q，见图 6-16a；二是测量储液罐液位 H，控制出液阀的流量 Q_1，见图 6-16b。两种方案的被控过程的特性基本相同，均为一阶惯性环节。但是，从保证液体不溢出和如果 Q_1 是生产过程的负荷量来看，图 6-16a 方案更为合理。

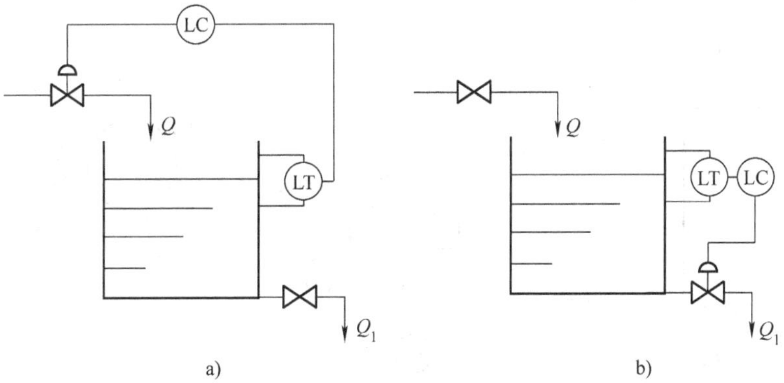

图 6-16　液位控制系统

a）进液流量 Q 为控制参数　b）出液流量 Q_1 为控制参数

（3）过程控制仪表的选择

1）选择 DDZ-Ⅲ型差压变送器作为液位测量变送器。

2）由于储液罐为一阶惯性环节，可选择对数流量特性调节阀。对图 6-16a 控制方案，为保证液体不溢出和根据生产工艺安全原则，应选择气开式调节阀。

3）若工艺要求系统无余差或余差较小，可选用 PI 控制规律调节器；否则可选择 P 控制规律调节器。

由于变送器 K_m 为正，气开阀的 K_V 为正；当输入量增加时，液位增加，为正作用，故 K_0 为正；为保证负反馈 $K_mK_cK_VK_0<0$，则 K_c 为负，即选择反作用方式调节器。

3. 调节器参数整定

由于该对象为单容过程，液位变化迅速，不宜采用临界比例度法和衰减曲线法，故可采用反应曲线法整定调节器的参数。

思考题与习题

6-1 过程控制通道的特性对控制系统的控制质量有哪些影响？简述过程控制参数的选择原则。

6-2 简述过程控制系统被控参数的选择原则。

6-3 控制通道的 τ_0/T_0 如何影响系统的控制质量？

6-4 检测变送仪表的特性参数 K_m、τ_m 和 T_m 如何影响系统的控制质量？使用中应注意解决些什么问题？

6-5 调节器的P、PI、PD和PID控制规律各有什么特点？它们各适用于什么应用场合？

6-6 一个热交换器见图6-17。用蒸汽将进入其中的冷水加热至一定温度，生产工艺要求热水温度恒定在 $T\pm1$℃。试设计一个单回路控制系统，画出控制系统的组成框图，并指出被控对象、被控参数和控制参数。

6-7 图6-18为温度控制系统原理图。加热炉对冷物料进行加热，生产工艺要求热物料温度必须恒定为某值附近。画出控制系统框图，指出被控过程、被控参数和控制参数。确定调节阀的流量特性、气开、气关形式和调节器的控制规律及其正、反作用方式。

6-8 图6-19为液位控制系统原理图，生产工艺要求气泡水位必须稳定。画出控制系统框图，指出被控过程、被控参数和控制参数。确定调节阀的流量特性、气开、气关形式和调节器的控制规律及其正、反作用方式。

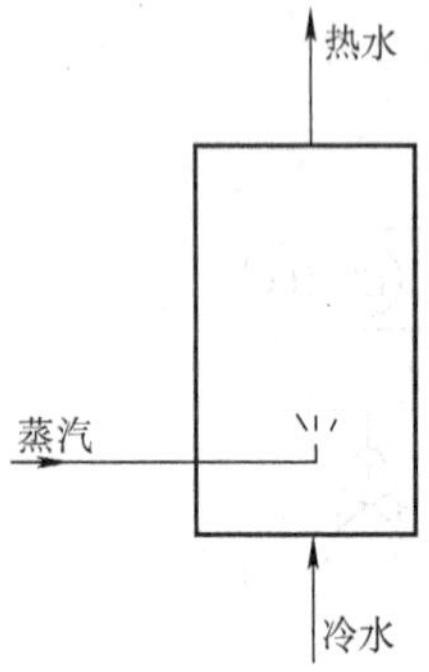

图6-17 热交换器原理图

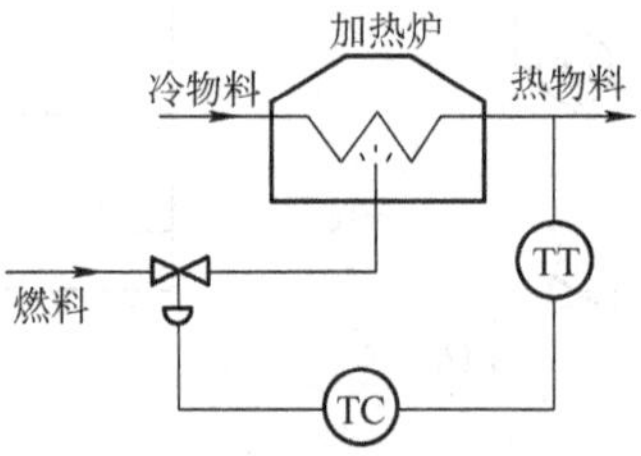

图6-18 题6-7图

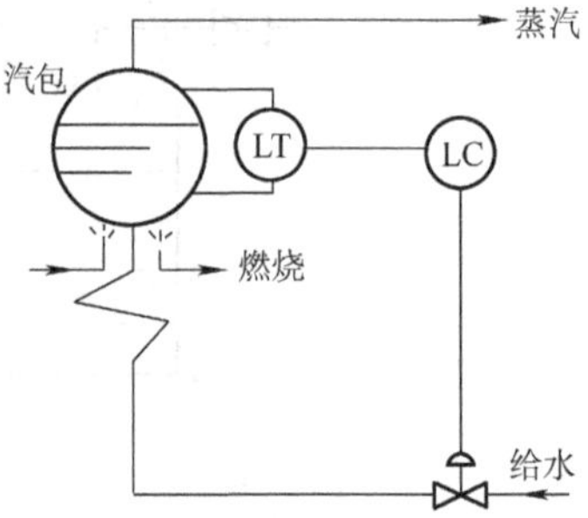

图6-19 题6-8图

6-9 某过程控制通道作阶跃试验，输入信号 $\Delta u=50$，其记录数据见表6-11。

表6-11 记录数据表

t/min	0	0.2	0.4	0.6	0.8	1.0	1.2
$y(t)$	200.1	201.1	204.0	227.0	251.0	280.0	302.5
t/min	1.4	1.6	1.8	2.0	2.2	2.4	2.6
$y(t)$	318.0	329.5	336.0	339.0	340.5	341.0	341.2

1）用一阶加纯时延近似该过程的传递函数，求 K_0、T_0 和 τ_0 值。

2）用动态响应曲线法整定调节器的PI参数(取 $\rho=1,\varphi=0.75$)。

6-10 已知过程控制通道阶跃响应数据见表6-12，输入阶跃量 $\Delta u=5$。

1）用一阶加纯时延近似该过程的数学模型，求 K_0、T_0 和 τ_0 值。

2）用响应曲线法整定调节器的PID参数 δ、T_I 和 T_D。

表 6-12　记录数据表

t/s	0	5	10	15	20	25	30	35	40	45
$y(t)$	0.650	0.651	0.652	0.668	0.735	0.817	0.881	0.979	1.075	1.115
t/s	50	55	60	65	70	75	80	85	90	
$y(t)$	1.213	1.239	1.262	1.311	1.329	1.338	1.350	1.351	1.351	

6-11　已知被控过程的传递函数 $W_0(s)=\frac{10}{(2s+1)(s+2)}$，试用临界比例度法整定 PI 调节器的参数 δ 和 T_I。

6-12　已知被控过程的传递函数 $W_0(s)=\frac{8}{T_0s+1}e^{-\tau_0 s}$，其中 $T_0=6s$，$\tau_0=3s$。试用响应曲线法整定 PI、PD 调节器的参数；再用临界比例度法整定 PI 调节器的参数（设 $T_K=10s,\delta_K=0.4$）；并将两种整定方法的 PI 参数进行比较。

6-13　某被控过程用 4∶1 衰减曲线法测得 $\delta_s=0.5$，$T_s=10s$。试整定 PID 调节器的参数。

6-14　某被控过程用 10∶1 衰减曲线法测得 $\delta_s=0.4$，$T_r=8s$，试整定 PID 调节器的参数。

第 7 章　提高控制质量的控制系统

单回路控制系统解决了工业生产过程中大量参数的定值控制问题。但是对于某些比较复杂的过程或生产工艺、经济效益、安全生产、环境保护等要求高的场所，单回路控制系统已不能满足上述要求，为了提高系统控制配置，在单回路过程控制系统的基础上，开发串级、前馈、大时延等控制系统。本章主要介绍串级、前馈和大时延控制系统的组成、特点、应用和设计原则。

7.1　串级控制系统的设计

7.1.1　概述

为了提高大时延和大时间常数过程的控制质量，在单回路控制系统的基础上增加一个控制回路，构成串级控制系统。串级控制系统是一种极为有用的控制方案，在工业生产过程控制中应用广泛。

图 7-1 所示为炼油厂管式加热炉温度控制系统。管式加热炉是石油工业生产中常用的设备之一。工艺要求被加热物料的出口温度（即炉出口温度）保持为某一定值，所以选定炉出口温度为被控参数。

影响炉出口温度的因素很多，主要有：

1）被加热物料的流量和初温 $f_1(t)$。

2）燃料油压力的波动、流量的变化、燃料热值的变化 $f_2(t)$。

3）烟囱抽力变化 $f_3(t)$。

4）配风、炉膛漏风和环境温度的影响 $f_4(t)$ 等。

若采用单回路反馈控制系统，使炉出口温度为某一定值，首先可以选取出口温度为被控制参数，燃料量为控制参数，构成单回路反馈控制系统，见图 7-1a。图7-1a 虽然将所有对炉出口温度的扰动 f_1（t）、f_2（t）、f_3（t）、f_4（t）都反映在炉出口温度对给定值的偏差上，而且都由温度调节器调节，但是由于控制通道的时间常数较大，容量滞后较大，系统的控制作用不及时，克服扰动的能力差，仍不能使管式加热炉出口温度达到工艺要求。设计图 7-1b 控制系统，以炉膛温度为被控参数，燃料量为控制参数，该系统的特点是对于扰动 f_2（t）、f_3（t）能及时克服，可以减小扰动 f_2（t）、f_3（t）对管式加热炉出口温度的影响，但是不能保证出口温度为某一定值，扰动f_1（t）、f_4（t）未包括在系统内，该方案仍然不能满足生产

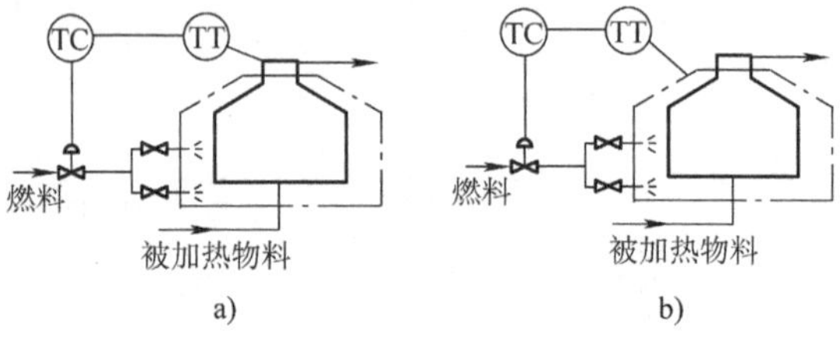

图 7-1　管式加热炉温度控制系统

要求。

为满足生产工艺要求，选择炉出口温度为主被控参数，炉膛温度为中间辅助被控参数，采取串级结构进行控制，见图 7-2。这样扰动 $f_2(t)$、$f_3(t)$ 对炉出口温度的影响，主要由炉膛温度调节器 T_2C 构成的控制回路来克服，扰动 $f_1(t)$、$f_4(t)$ 对炉出口温度的影响由炉出口温度调节器 T_1C 构成的控制回路来消除。

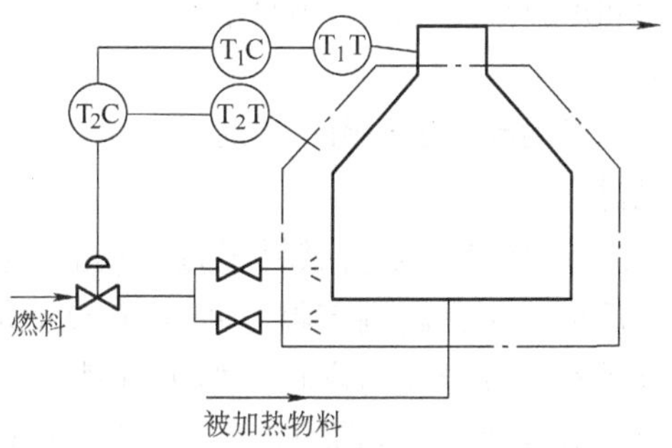

图 7-2　串级温度控制系统流程图

T_1C 和 T_2C 两个调节器串联工作，炉出口温度由调节器 T_1C 的输出作为炉膛温度调节器 T_2C 的给定值，这样的系统就称为串级控制系统。

7.1.2　系统结构

1. 结构

管式加热炉温度控制系统可以用串级控制系统框图表示。串级温度控制系统框图见图 7-3。串级系统和单回路系统有一个显著的区别，即其在结构上形成了两个闭环：一个闭环在里面，称为副环或者副回路，在控制过程中起着“粗调”的作用；一个环在外面，称为主环或主回路，用来完成“细调”任务，以最终保证被调量满足工艺要求。无论主环或副环都有各自的控制对象、测量变送元件和控制器。在主环内的控制对象、控制参数和控制器被称为主控制对象、主控参数和主控制器。在副环内则相应地被称为副控制对象、副控参数和副控制器。应该指出，系统中尽管有两个控制器，但它们的作用各不相同。主控制器具有自己独立的设定值，它的输出作为副控制器的设定值，而副控制器的输出信号则是送到调节阀去控制生产过程。作用在主被控过程下的、而不包括在副回路范围内的扰动被称为一次扰动。作用在副被控过程上，即包括在副回路范围内的扰动被称为二次扰动。

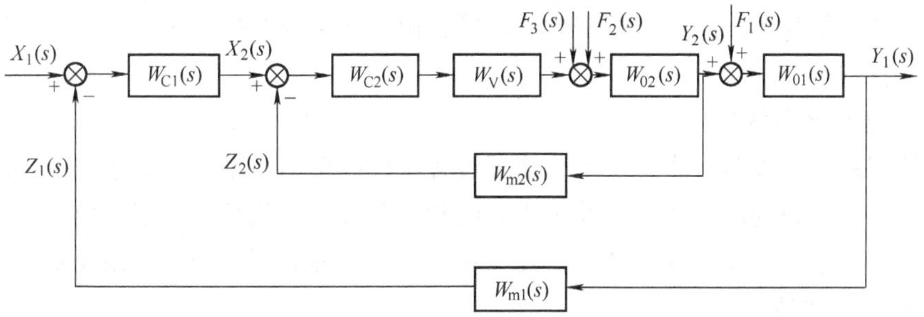

图 7-3　串级温度控制系统框图

比较串级系统和单回路系统其区别是：前者只比后者多了一个测量变送元件和一个调节器，增加的仪表投资不多，但控制效果有显著提高。

2. 工作过程

假定调节阀为气开式，调节器 $W_{C1}(s)$ 和 $W_{C2}(s)$ 均为反作用。当生产过程在稳定工况时，被加热物料的流量和温度不变，燃料的流量与热值为常数，烟囱抽力也不变，炉出口温度和炉膛温度均处于相对平衡状态，调节阀保持一定的开度，此时炉出口温度稳定在给定值上。

当扰动破坏了平衡工况时，串级控制系统便开始了其控制过程。根据不同扰动，分三种情况讨论。

1）二次扰动来自燃料压力、热值$f_2(s)$和烟囱抽力$f_3(s)$。扰动$f_2(s)$和$f_3(s)$先影响炉膛温度，于是副调节器立即发出校正信号，控制调节阀的开度，改变燃烧量，克服上述扰动对炉膛温度的影响。如果扰动量不大，经过副回路的及时控制一般不影响炉出口温度；如果扰动的幅值较大，虽然经过副回路的及时校正，但还将影响炉出口温度，此时再由主回路作进一步调节，从而完全克服上述扰动，使炉出口温度调回到给定值上来。

2）一次扰动来自被加热物料的流量和初温$f_1(s)$和环境温度$f_4(s)$。扰动$f_1(s)$和$f_4(s)$使炉出口温度变化时，主回路产生校正作用，克服$f_1(s)$和$f_4(s)$对炉出口温度的影响。由于副回路的存在加快了校正作用，使扰动对炉出口温度的影响比单回路系统时要小。

3）一次扰动和二次扰动同时存在。在该系统中，如果一、二次扰动的作用使主、副被控参数同时增大或同时减小，此时主、副调节器对调节阀的控制方式是一致的，即大幅度关小或开大阀门，加强控制作用使炉出口温度很快地调节到给定值上。如果一、二次扰动的作用使主、副被控参数一个增大（炉出口温度升高），另一个减小（燃料量减少即炉膛温度降低），此时主、副调节器控制调节阀的方向是相反的，调节阀的开度只要作较小变动即满足控制要求。

综上分析可知，串级控制系统副调节器具有“粗调”的作用，主调节器具有“细调”的作用，从而使其控制品质得到进一步提高。

7.1.3 系统特点

串级控制系统与单回路反馈控制系统比较，由于在系统结构上多了一个副回路，所以具有以下一些特点：

1. 改善过程动态特性

串级控制系统可以被看作是一个改变了过程特性的单回路系统。由于副回路的存在，相当于改善了部分过程的动态特性，使过程时间常数和放大系数都减小了，由于过程的动态特性有所改善，使系统的反应速度加快，控制更为及时，提高了系统的控制质量。

2. 克服二次扰动

串级控制系统比单回路控制系统多一个副回路。当二次扰动进入副回路，还没有等它影响到主被控参数时，副调节器就开始动作，因而对主被控参数的影响较小，从而提高了主参数的控制质量。对于进入副回路的扰动，串级控制系统比在相同条件下的单回路控制系统具有较强的抗扰动能力。另外，由于串级控制系统副回路的存在，控制作用的总放大系数提高了，抗扰动能力比单回路控制系统强，克服扰动更为迅速有效，因而控制质量较高。

3. 系统工作频率高

由于串级控制系统副回路的存在，改善了过程的动态特性，其等效过程 $W_{01}(s)W'_{02}(s)$ 中，$W'_{02}(s)$ 的时间常数 $T'_{02}(s)$ 是 $W_{02}(s)$ 的时间常数 $T_{02}(s)$ 的 $1/(1+K_2K_VK_{02}K_{m2})$，从而提高了系统的工作频率。这个工作频率可以由串级控制系统的特征方程式来求取。串级控制系统工作频率的提高，可以使振荡周期缩短，从而改善了系统的控制质量。

4. 有一定的自适应能力

串级控制系统，就其主回路来看是一定值系统，副回路则为一个随动系统。主调节器能按照负荷和操作条件的变化不断改变副调节器的给定值，使副调节器的给定值适应负荷和操作条件的变化，即具有一定的自适应能力，串级系统的控制将随着负荷的变化具有很强的适应性。

过程控制系统的调节器参数，一般是根据过程特性、按一定质量指标要求整定的。如果过程具有非线性，则随着负荷的变化，过程特性就会发生变化。此时，调节器参数必须重新整定，不然，控制质量就会下降。这个问题在单回路反馈控制系统中是难以解决的。而在串级控制系统中，由于存在着副回路，故对于过程特性因负荷变化而变化，具有一定的自适应能力。

7.1.4 系统设计

本节将根据串级系统的特点，正确合理地设计串级控制系统。在系统设计时，必须解决主、副参数的选择，副回路的设计，主、副回路之间的关系以及主、副调节器控制规律的选择及其正、反作用方式的确定等问题。

1. 主参数的选择和主回路的设计

串级控制系统由主回路和副回路组成。主回路是一个定值控制系统。对于主参数的选择和主回路的设计，基本上按照单回路控制系统的设计原则进行。凡直接或间接与生产过程运行性能密切相关并可直接测量的工艺参数，均可选作主参数。若条件许可，可以选用质量指标作为主参数，因为它最直接也最有效。否则，应选一种与产品质量有单值函数关系的参数作为主参数。另外，对于选用的主参数必须具有足够的变化灵敏度，并且符合工艺过程的合理性。

2. 副参数的选择和副回路的设计

从串级控制系统的特点分析可知，系统中由于增加副回路大大改善系统的性能，因此副回路的设计是保证串级系统性能优越的关键所在，下面介绍有关副回路的设计原则。

(1) 副参数的选择　副参数的选择应使副回路的时间常数小，时延小，控制通道短，这样可使等效过程的时间常数大大减小，从而加快系统的工作频率，提高响应速度，缩短过渡过程时间，改善系统的控制品质。例如图 7-2 管式加热炉温度控制，副参数为炉膛温度，它较炉出口温度反映快，对于燃料压力、流量以及烟囱抽力等扰动具有较强抑制作用。为了充分发挥副回路的超前、快速作用，在扰动影响主参数之前就能予以克服，必须设计选择一个可测的、反应灵敏的参数作为副参数。

(2) 副回路的设计　副回路必须包括被控过程的主要扰动　串级控制系统副回路具有调节快、抗扰动能力强的特点。在设计串级控制系统时，要充分发挥这一特点，应把主要扰动包括在副回路中，并尽可能把其他多一些扰动包括在副回路中，以提高主参数的控制精度。如图7-2所示的炉出口温度与炉膛温度的串级控制，其扰动有：冷物料的流量和初温、燃料油的流量和热值、炉膛抽力、环境温度等。由于在生产过程中燃料油流量变化是主要扰动，因此采用炉膛温度为副参数。这样，在副回路中包括了主要扰动，而且包括了冷物料流量和炉膛抽力变化等更多的扰动。当然，并不是说在副回路中包含的扰动越多越好，而应该是合理的。因为包括的扰动越多，其通道越长，时间常数也越大，副回路就不能起迅速克服扰动的作用。在实际工业生产过程中，副回路的范围大小，取决于整个过程的特性及各种扰动影响。一般应使副回路的频率比主回路高得多。当副回路的时间常数加在一起大于或者等于主回路时间常数时，系统的控制效果将受到很大的影响，甚至没有控制效果。

（3）主、副回路的时间常数适当匹配　由于主、副回路是两个相互独立又密切相关的回路，在一定条件下，如果受到某种干扰的作用，主参数的变化进入副回路时会引起副回路副参数的幅度变化增加，而副参数的变化传送到主回路后，又迫使主参数的变化幅度增加，如此循环往复，就会使主、副参数长时间大幅度地波动，这就是所谓串级系统的共振现象。一旦发生了共振，系统就失去控制作用，不仅使控制品质恶化，如不及时处理，甚至可能导致生产事故，引起严重后果。

为了保持串级控制系统的控制性能，应避免副回路进入高增益、幅度变化快的区域。为此，主、副回路的时间常数 T_{01} 和 T_{02} 应适当匹配。根据实践经验和理论分析，通常 T_{01} 与 T_{02} 之比应满足

$$\frac{T_{01}}{T_{02}}=3\sim10 \tag{7-1}$$

为了满足式（7-1），除了在副回路设计中加以考虑外，还与主、副调节器的整定参数有关。

（4）副回路设计应考虑生产工艺的合理性　过程控制系统是为生产工艺服务的，设计串级控制系统应满足生产工艺要求，所设置的系统是否会影响到工艺过程的正常运行。注意：系统的控制参数必须是先影响副参数，再去影响主参数的这种串联对应关系，然后再考虑其他方面的要求，如主、副回路时间常数匹配等。

（5）副回路设计应同时考虑经济性原则　在副回路设计时，若有几种可供选择的控制方案，则应同时把经济性原则和控制品质要求结合起来，进行分析比较，在满足系统设计要求的前提下，力求节约。

3. 串级控制系统控制参数选择

串级控制系统控制参数的选择基本上与单回路系统类似，对控制参数的选择还应考虑如下因素：

1）选择可控性良好的参数作为控制参数。

2）所选择的控制参数必须使控制通道有足够大的放大系数，并应保证大于主要扰动通道的放大系数，以实现对主要扰动进行有效控制并提高控制质量。

3）所选控制参数必须使控制通道有较高的灵敏度，即时间常数适当小一些。

4）选择控制参数应同时考虑经济性与工艺上的合理性。

4. 主、副调节器控制规律的选择

在串级控制系统中，主、副调节器所起的作用是不同的。主调节器起定值控制作用。副

调节器起随动控制作用，这是选择控制规律的基本出发点。

主参数是工艺操作的主要指标，允许波动的范围很小，一般要求无余差，因此，主调节器应选 PI 或 PID 控制规律。

副参数的设置是为了保证主参数的控制质量，可以允许在一定范围内变化，允许有余差，因此副调节器只要选 P 控制规律就可以了。一般不引入积分控制规律，因为副参数允许有余差，而且副调节器的放大系数较大，控制作用强，余差小，若采用积分规律会延长控制过程，减弱副回路的快速作用。但是，在选择流量为副被控参数时，为了保持系统稳定，比例度必须选得较大，这样，比例控制作用偏弱，为此引入积分作用，采用 PI 控制规律。此时引入积分作用的主要目的不是消除余差，而是增强控制作用。副调节器一般也不引入微分控制规律，副回路本身起着快速作用，再引入微分规律会使调节阀动作过大，对控制不利。

5. 主、副调节器正、反作用方式的确定

为了满足生产工艺指标的要求，为了确保串级控制系统的正常运行，主、副调节器正、反作用方式必须正确选择。在具体选择时，是在调节阀气开、气关形式已经确定的基础上进行的。首先根据工艺生产安全等原则选择调节阀的气开、气关形式；然后根据生产工艺条件和调节阀形式确定副调节器的正、反作用方式；最后再根据主、副参数的关系，决定主调节器的正、反作用方式。

如在单回路控制系统设计中所述，要使过程控制系统能正常工作，系统必须采用负反馈。对于串级控制系统来说，主、副调节器正、反作用方式的选择原则是使整个系统构成负反馈系统，即其主通道各环节放大系数正、负极性乘积必须为负值。各环节放大系数极性的正负是这样规定的：对于调节器的 K_c，当测量值增加，调节器的输出也增加，则 K_c 为正（即正作用调节器）；反之，K_c 为负（即反作用调节器）。调节阀为气开，则 K_V 为正，气关则 K_V 为负。过程放大系数极性是：当过程的输入增大时，即调节阀开大，其输出也增大，则 K_o 为正；反之则 K_o 为负。

现以图 7-2 所示炉出口温度与炉膛温度串级控制系统为例，说明主、副调节器正、反作用方式的确定。从生产工艺安全出发，燃料油调节阀选用气开式，即一旦调节器损坏，调节阀处于全关状态，以切断燃料油进入管式加热炉，确保其设备安全，故调节阀 K_V 为正。当调节阀开度增大，燃料油增加，炉膛温度升高，故副过程 K_{02} 为正。为了保证副回路为负反馈，则副调节器的放大系数 K_{C2} 应取负，即为反作用调节器。由于炉膛温度升高，则炉出口温度也升高，故主过程 K_{01} 为正。为保证整个回路为负反馈，则主调节器的放大系数 K_{C1} 应为负，即为反作用调节器。

串极控制系统主、副调节器正、反作用方式确定是否正确，可作如下校验：当炉出口温度升高时，主调节器输出减小，即副调节器的给定值减小，因此，副调节器输出减小，使调节阀开度减小。这样，进入管式加热炉的燃料油减小，从而使炉膛温度和炉出口温度降低。由此可见，主、副调节器正、反作用方式是正确的。

在实际生产过程中，当要求控制系统既可以进行串级控制、又可以由主调节器直接控制调节阀进行单独控制（称为主控）时，其相互切换应注意以下情况：若副调节器为反作用，则主调节器在串级和主控时的作用方向不需改变。若副调节器为正作用，则主调节器在串级和主控时的作用方向需要改变，以保证系统为负反馈。表 7-1 表明了主、副调节器的作用方向，可供设计系统时参考。

表7-1 主、副调节器作用方向

序号	主过程 K_{01}	副过程 K_{02}	调节阀 K_V	串级控制		主控
				副调节器 K_2	主调节器 K_1	主调节器 K_1
1	正	正	气开（正）	正	正	正
2	正	正	气关（负）	负	正	负
3	负	负	气开（正）	负	负	正
4	负	负	气关（负）	正	负	负
5	负	正	气开（正）	正	负	负
6	负	正	气关（负）	负	负	正
7	正	负	气开（正）	负	正	负
8	正	负	气关（负）	正	正	正

7.1.5 系统整定

串级控制系统的方案正确设计后，为使系统运行在最佳状态，根据自动控制理论，系统必须进行校正，这在过程控制中称为参数整定。其实质是通过改变调节器的PID参数，来改善系统的静态和动态特性，以获得最佳的控制质量。

在整定串级控制系统调节器参数时，首先必须明确主、副回路的作用，以及主、副参数的控制要求，然后通过调节器参数整定，才能使系统运行在最佳状态。

从整体上来看，串级控制系统主回路是一个定值控制系统，要求主参数有较高的控制精度，其品质指标与单回路定值控制系统一样。但副回路是一个随动系统，只要求副参数能快速而准确地跟随主调节器的输出变化即可。

在工程实践中，串级控制系统常用的整定方法有：逐步逼近法、一步整定法和两步整定法等。下面就此作一介绍。

1. 逐步逼近法

在串级控制系统中，当主、副过程的时间常数相差不大，主回路与副回路的动态联系密切时，则系统整定可以反复进行，逐步逼近。

具体整定步骤如下：

1）主回路断开，把副回路作为一个单回路控制系统，并按单回路控制系统的参数整定法（如衰减曲线法），求取副调节器的整定参数值 $[W_2(s)]^1$。

2）副调节器参数值置于 $[W_2(s)]^1$ 数值上，把主回路闭合，副回路作为一个等效环节，这样，主回路又成为一个单回路控制系统。按单回路衰减曲线整定方法，求取主调节器的整定参数值 $[W_1(s)]^1$。

3）主调节器参数置于 $[W_1(s)]^1$ 上，主回路闭合，按上述方法求取副调节器的整定参数值 $[W_2(s)]^2$。至此，完成了一次逼近循环。若控制质量已达到工艺要求，整定即告结束。主、副调节器的整定参数值分别为 $[W_1(s)]^1$ 和 $[W_2(s)]^2$。否则，将副调节器的参数置于 $[W_2(s)]^2$ 上，再按上述方法求取主调节器整定参数值 $[W_1(s)]^2$。如此循环下去，逐步逼近，直到满足质量指标要求为止。

对于不同的过程控制系统和不同的品质指标要求，逐步逼近法逼近的循环次数是不同的，所以，往往费时较多。

2. 两步整定法

所谓两步整定法，就是第一步整定副调节器参数，第二步整定主调节器参数。

两步整定法的整定步骤：

1）在工况稳定、主回路闭合，主、副调节器都在纯比例作用的条件下，主调节器的比例度置于100%，用单回路控制系统的衰减（如4：1）曲线法整定，求取副调节器的比例度 δ_{2s} 和操作周期 T_{2s}。

2）将副调节器的比例度置于所求得的数值 δ_{2s} 上，把副回路作为主回路中的一个环节，用同样方法整定主回路，求取主调节器的比例度 δ_{1s} 和操作周期 T_{1s}。

3）根据求得的 δ_{1s}、T_{1s}、δ_{2s}、T_{2s} 数值，按单回路系统衰减曲线法整定公式计算主、副调节器的比例度 δ、积分时间 T_1 和微分时间 T_D 的数值。

4）按先副后主、先比例后积分最后微分的程序，设置主、副调节器的参数，再观察过渡过程曲线，必要时进行适当调整，直到系统质量达到最佳为止。

3. 一步整定法

两步整定法虽然应用很广，但是，当采用两步整定法寻求两个4：1的衰减过程时，往往很花时间。经过大量实践，对两步整定法进行了简化，提出了一步整定法。实践证明，这种方法是可行的，尤其是对主参数要求高，而对副参数要求不严的串级控制系统，更为有效。

所谓一步整定法，就是根据经验先确定副调节器的参数，然后按单回路反馈控制系统的整定方法整定主调节器的参数。

一步整定法的理论根据是：串级控制系统可以等价为单回路反馈控制系统，其等效调节器总的放大系数 K_c 为主调节器放大系数 K_{c1} 与副回路等效放大系数 K_{02} 的乘积，即

$$K_c = K_{c1} K_{02} = K_s \tag{7-2}$$

式中，K_s 为纯比例作用下，产生4：1衰减比过程的总放大系数。

在确定副调节器的比例度 $\delta_2 = 1/K_{c2}$ 时，根据 $K_{c2}K_{02} \leqslant 0.5$ 这一关系式，通过副过程放大系数 K_{02}，求取副调节器比例放大系数 K_{c2}，或按经验选取。

整定步骤：

1）在生产稳定，系统为纯比例作用的情况下，由副过程 K_{02} 确定副调节器的比例度 δ_2，并将其设置在副调节器上。

2）按照单回路控制系统的整定方法，整定主调节器参数。

3）观察控制过程，根据 K_{c1} 与 K_{c2} 互相匹配的原理，适当调整调节器参数，使主参数品质指标最佳。

4）在调节器参数的整定过程中，若出现“共振”，只要加大主、副调节器中任何一个调节器的参数，便可以消除“共振”。若“共振”剧烈，可以先切换至手动控制，待生产稳定后，将调节器参数置于比产生“共振”时略大的数值上，重新整定调节器参数。

由此可见，一步整定法整定调节器参数，如同单回路控制系统整定一样简便，因此，在实际工程中被广泛应用。

4. 应用举例

例 7-1 某工厂在石油裂解气冷却系统中，通过液态丙烯的气化来吸收热量，以保持裂解气出口温度的稳定。组成以出口温度为主参数、气化压力为副参数的温度与压力串级控制系统。现在采用一步整定法整定调节器参数，其整定步骤如下：

1）在本系统中，副参数为压力，该参数反应快，滞后小，比例度可以选得大一些，根据本例的具体情况，选取副调节器的比例度为 40%。

2）将副调节器的比例度 δ_2 置于 40% 的刻度上，按 4 : 1 衰减曲线法整定主调节器参数，得到 $\delta_{1s}=30\%$，$T_{I1}=3\text{min}$。

3）按 4 : 1 衰减曲线法的经验公式计算主调节器参数，即

$$\delta_1 = 0.8\delta_{1s} = 0.8\times30\% = 24\%$$

$$T_{I1} = 0.3T_{I1s} = 0.3\times3\text{min} = 0.9\text{min}$$

$$T_{D1} = 0.1T_{I1s} = 0.1\times3\text{min} = 0.3\text{min}$$

副调节器的比例度 $\delta_2=40\%$。

4）按照“先比例后积分再微分”的程序，将主调节器的参数置于计算求得的数值上，使系统投入运行，实践证明，系统主参数稳定，完全满足工程要求。

例 7-2 在硝酸生产过程中，有一个氧化炉与氨气流量的串级控制系统，炉温为主参数，工艺要求较高，温度最大偏差范围为 ±5℃，氨气流量为副参数，允许在一定范围内变化，要求不高。系统调节器参数采用两步整定法，其过程为

1）在系统设计时，主调节器选用 PI 控制规律，副调节器选用 P 控制规律，在系统稳定运行条件下，主、副调节器均置于纯比例作用，主调节器的比例度 δ 置于 100% 上，用 4 : 1 衰减曲线法整定副调节器参数，得 $\delta_{2s}=32\%$，$T_{2s}=15\text{s}$。

2）将副调节器的比例度置于 32% 上，用相同的整定方法，将主调节器的比例度由大到小逐渐调节，求得主调节器的 $\delta_{1s}=50\%$，$T_{1s}=7\text{min}$。

3）根据上述求得的各参数，运用 4 : 1 衰减曲线法整定计算公式，计算主、副调节器的整定参数为

主调节器（温度调节器）：

比例度 $\delta_1=1.2\times\delta_{1s}=60\%$

积分时间 $T_1=0.5\times T_{1s}=3.5\text{min}$

副调节器（流量调节器）：

比例度 $\delta_2=\delta_{2s}=32\%$。

4）把上述计算的参数，按先比例后积分的次序，分别设置在主、副调节器上，并使串级控制系统在该参数下运行，经实际运行表明，氧化炉温度稳定，完全满足生产工艺要求。

7.1.6 工业应用

如前所述，串级控制适合于大时延、大时间常数、扰动频繁且幅度较大、非线性、负荷变化大和参数相关联等过程的自动控制，其适用范围广泛。但是，必须指出，串级控制系统也不是任何过程都适用，有些过程的控制效果并不理想。因此，必须综合考虑，选择一种合适的控制方案。下面对两个控制实例进行分析，以加深理解。

1. 聚合釜反应温度串级控制系统

（1）工艺要求　夹套式聚合釜是化工生产中常用设备，图 7-4 为夹套式聚合釜温度串级控制系统示意图。氯乙烯在釜内进行聚合反应生成聚氯乙烯由釜下端出料。聚合反应的速度较快，为使更好的聚合由搅拌机搅匀。聚合反应生成聚氯乙烯的同时产生大量的热量，聚合反应温度是影响产品质量指标的间接参数。为保证产品质量，要求反应温度控制在 (51 ±0.3)℃，其控制精度较高。

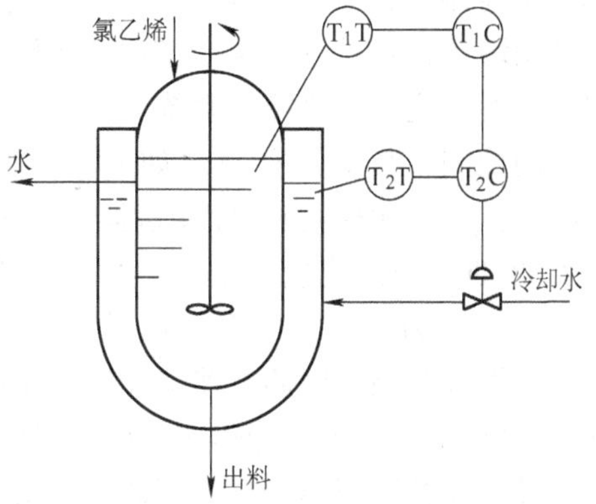

图 7-4　夹套式聚合釜温度串级控制系统示意图

（2）过程特性　若釜内反应温度偏离给定值，可以改变夹套中流动的冷却水的流量将夹套内壁的热量带走，使反应温度回到给定值附近。由于聚合釜容积大，时间常数较大。参与反应的原料的流量、初始温度、冷却水的流量和冷却水的温度变化均为聚合反应温度的干扰因素。

（3）控制系统设计　综合工艺要求和过程特性可见，单回路控制系统不能满足工艺要求，为改善过程特性，提高系统的工作频率，组成以釜内反应温度为主参数、夹套冷却水温度为副参数、冷却水流量为控制参数的聚合温度串级控制系统。

1）检测变送器的选择：由于温度不高，而控制精度高，检测元件选择铂电阻 Pt_{100}，配 DDZ-Ⅲ带线性化补偿的温度变送器，精度为 0.2 级。

2）调节阀的选择：由于过程为一阶以上的惯性环节，选择对数流量特性的调节阀。为生产安全起见，一旦气源中断应保证冷却水供应，以免反应温度过高，故选择气关阀。

3）调节器控制规律的选择：为保证副回控制迅速的特点，副调节选择比例（P）控制规律。由于过程时间常数较大，余差较小（±0.3℃），主调节器选择比例微分积分（PID）控制规律。

4）调节器正、反作用的确定：首先确定副回路调节器的正、反作用。气关阀 $K_V<0$；当冷水流量增加时，副参数 T_2 下降，$K_{02}<0$；检测变送器 $K_m>0$。根据

$$K_mK_{C2}K_VK_{02}<0$$

则 $K_{C2}<0$，副调节器选择反作用调节器。

然后确定主回路调节器的正、反作用。当副参数 T_2 增大时，主参数 T_1 增大，$K_{01}>0$，根据

$$K_{m1}K_{m2}K_{C1}K_{C2}K_VK_{01}K_{02}>0$$

确定 $K_{C1}<0$，主调节器选择反作用。

（4）调节器参数的整定　可利用工程整定法的任何一种方法整定主、副调节器的参数。

2. 精馏塔塔釜温度串级控制系统

精馏塔是石油化工生产过程的主要装置。原油是由多组分组成的混合物，利用各组分不同的挥发度，经精馏后可以将其分离成较纯组分的产品。塔釜温度是保证产品分离纯度的重要质量指标，工艺要求温度偏差仅为 ±1.5℃。

精馏塔的精馏过程图见图 7-5。由图可见，精馏塔塔釜温度是由蒸汽经再沸器提供的，

其时间常数较大。除了待精馏的物料流量和初温变化是主要干扰外，在生产过程中蒸汽压力变化激烈、频繁，而且幅度大，有时从0.5MPa突然下降到0.3MPa。对如此大的扰动作用，利用单回路控制系统显然不能满足工艺要求。为此，利用塔釜温度为主参数、蒸汽流量为副参数组成温度与流量串级控制系统。

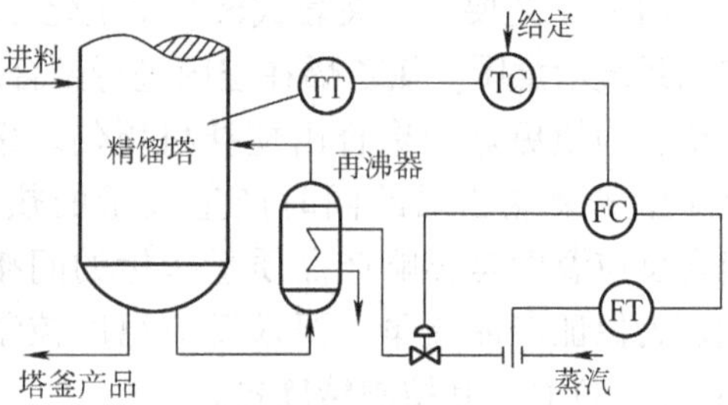

图7-5　精馏塔的精馏过程

检测控制仪表的选择简述如下：主参数检测选择Pt_{100}，配DDZ-Ⅲ温度变送器。蒸汽流量选择DDZ-Ⅲ差压式流量变送器，配开方器进行线性化处理。为了生产安全，选择气开式、对数流量特性调节阀。副调节器选择比例作用，可适当加大比例放大系数（$K_{C2}=5$），或者在K_{C2}较小时可适当引入积分作用，以增强副调节器的控制作用。副调节器选择反作用。主调节器选择PID控制规律，主调节器选择反作用。详细论述请参考聚合釜反应温度串级控制系统的分析。

7.2　前馈控制系统

过程控制要求被控过程的输出量在负荷、电源等扰动量的作用下，系统的被控参数在工艺要求值或附近不发生变动，可是当某些扰动过强时，反馈控制永远不能实现理想的控制效果。因此采用与反馈控制不同的前馈控制直接按扰动（负荷）大小进行控制，理论上前馈控制能实现完美控制。

7.2.1　概述

过程控制系统按被控参数与给定值的偏差进行控制的反馈控制系统，其特点是在被控参数出现偏差后，调节器发生控制命令，以补偿扰动对被控参数的影响，最后消除（或基本消除）偏差。若扰动已经发生，而被控参数尚未变化，则调节器将不产生校正作用。所以，反馈控制总是滞后于扰动，是一种不及时的控制，会造成调节过程的动态偏差，其控制质量较差。过程控制的被控过程通常是具有时延特性的，如容量时延和纯时延，过程的时延越大，则被控参数变化幅度也越大，偏差持续时间也越长。对于时延较大的对象，无论单回路控制系统或串级控制系统均难以满足实际工艺要求。

设计一种新型调节器，当扰动出现时，根据扰动的性质和大小进行控制，以补偿扰动的影响，使被控参数不变或基本保持不变。这种直接根据造成被控参数偏差的原因进行的控制，称为前馈控制。相对于反馈控制来说，前馈控制是及时的、完全的补偿。因此，对于时间常数或时延大、扰动大而频繁的过程有显著效果。

利用发电厂换热器出口温度控制说明反馈控制与前馈控制，见图7-6。

在生产过程中，通过发电厂换热器用蒸汽对物料进行加热，使物料在换热器出口温度为一定值。分析引起物料出口温度变化的扰动因素有物料流量与物料初温、蒸汽压力、蒸汽温度等，其中最主要的因素是冷物料流量Q。

当冷物料流量Q发生变化时，物料出口温度t就会产生偏差。若采用反馈控制（见

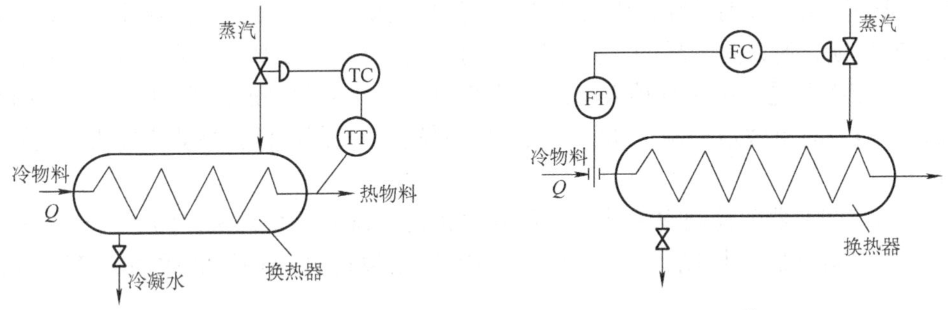

图 7-6　前馈控制与反馈控制
a) 反馈控制系统　b) 前馈控制系统

图 7-6a)，调节器根据被加热物料出口温度 t 的偏差进行控制。即当 Q 发生变化，要待 t 产生偏差后，调节器才开始动作，通过调节阀改变加热蒸汽流量克服扰动 Q 对出口温度 t 的影响，并使其稳定在给定值上。

若采用前馈控制，流量调节器 FC 直接根据冷物料流量 Q 的变化立即控制调节阀，见图 7-6b。甚至可在出口温度 t 未变化前，及时对流量 Q 主要扰动进行补偿，这就是所谓前馈控制。

7.2.2　系统结构

前馈系统结构图见图 7-7。前馈控制系统是一个开环控制系统，其传递函数为

$$\frac{T(s)}{Q(s)}=\frac{Y(s)}{F(s)}=W_f(s)+W_{FF}(s)W_0(s) \tag{7-3}$$

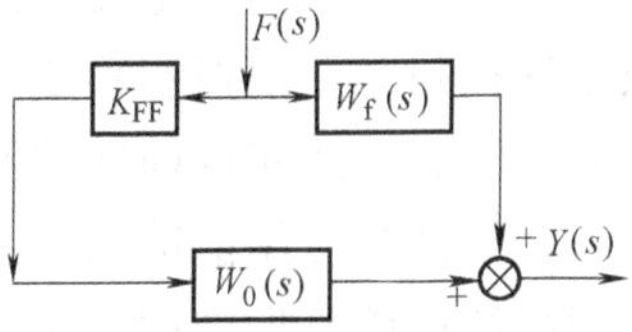

图 7-7　前馈系统结构图

式中，$W_f(s)$ 为过程扰动通道的传递函数；$W_0(s)$ 为过程控制通道的传递函数；$W_{FF}(s)$ 为前馈调节器的传递函数。

若适当选择前馈调节器的传递函数 $W_{FF}(s)$，可以使扰动 $F(s)$ 对被控参数 $Y(s)$ 不产生影响，即实现完全补偿。由式 (7-3) 可写出实现完全补偿的条件为

当 $Q(s)\neq 0$ 时，$T(s)=0$ 即

$$W_f(s)+W_{FF}(s)W_0(s)=0$$

或

$$W_{FF}(s)=-\frac{W_f(s)}{W_0(s)} \tag{7-4}$$

这就是前馈调节器的传递函数。由式 (7-4) 可知，$W_{FF}(s)$ 取决于过程扰动通道的特性 $W_f(s)$ 和过程控制通道的特性 $W_0(s)$，式中负号表示控制作用与扰动作用方向相反。

7.2.3　系统特点

(1) 前馈控制是一种开环控制　如图 7-6b 所示，当测量到物料流量产生变化后，通过前馈调节器，其输出信号直接去控制调节阀的开度，从而改变加热蒸汽流量，但加热器出口

温度并不反馈回来，即前馈控制作用的产生，是从扰动到控制参数，再到被控参数，其信息的传递没有反馈，所以是开环的。被控量是否控制在原来的数值上，是得不到检验的。

(2) 前馈控制是一种按扰动大小进行的控制 前馈控制将所测扰动通过前馈调节器和控制通道，能及时有效地抑制扰动的影响，而不像反馈控制那样要待被控参数产生偏差后再进行调节。

(3) 前馈调节器的控制规律是由过程特性和扰动通道的特性决定的 前馈调节器的控制规律与常规调节器的控制规律不同，它必须根据被控过程特性和扰动通道的特性来确定，即

$$W_{FF}(s) = -\frac{W_f(s)}{W_0(s)}$$

所以，它是一个专用调节器。可见，不同的 $W_f(s)$ 和 $W_0(s)$，其控制规律 $W_{FF}(s)$ 是不同的。

(4) 前馈控制只能抑制可测而不可控的扰动对被控参数的影响 在设计前馈控制时，首先需要分析扰动的性质。若扰动是可测可控的，则需要设计一个定值控制系统；若扰动是不可测，就不能进行前馈控制；若扰动是可测而不可控的，则可设计和应用前馈控制。因此，前馈控制只能克服可测而不可控的扰动对被控参数的影响。

前馈控制是减少被控参数动态偏差的一种最有效的方法。但是，开环前馈控制在工业生产中是无法采用的，主要原因在于系统扰动因素很多，如果对每一个扰动都设计和应用一套独立的控制，会使控制系统变得十分复杂，实际上是不可能的；其次对于有些扰动是不可测量的，因此无法实现前馈控制。

在设计和应用前馈控制系统时，为了在生产过程自动化中得到满意的控制效果，合理的控制系统应该是把前馈控制和反馈控制结合起来，即在反馈控制系统的基础上附加一个或几个主要扰动的前馈控制，组成前馈-反馈控制系统。这样，利用反馈控制系统在稳态时使被控量等于给定值；在动态时，则利用前馈控制来有效地减少被控参数的动态偏差，从而提高系统的控制质量。

7.2.4 控制方案

1. 静态前馈控制系统

所谓静态前馈控制，是指前馈调节器的输出量仅仅是其输入量的函数，与时间因子无关。即前馈调节器的控制规律具有比例特性，$W_{FF}(s) = -\frac{W_f(s)}{W_0(s)} = -K_F$，其大小可根据过程扰动通道的静态放大系数和过程控制通道的静态放大系数来决定。

静态前馈控制只考虑最终稳态时的校正，所以只能使被控参数最终的静态偏差接近或等于零，不考虑由于过程扰动通道的时间常数和控制通道的时间常数不同，在过渡过程中所产生的动态偏差。

静态前馈控制简单，一般不需专用前馈调节器，而用 DDZ 型仪表中的比例调节器或比值器就能满足使用要求。在实际工业生产过程中，尤其当过程扰动通道与控制通道的时延相差不大时，设计和应用静态前馈控制，可获得较高的控制精度。

例如，图 7-6b 所示的发电厂换热器前馈控制，若物料流量为主要扰动时，要实现静态

前馈控制，可按稳态时能量（热量）平衡关系写出其平衡方程，即

$$Q_0H_0 = Q_f c_p (T_2 - T_1) \tag{7-5}$$

式中，Q_0 为加热蒸汽量；H_0 为蒸汽汽化潜热；Q_f 为物料流量；c_p 为冷物料的比热容；T_1、T_2分别为冷物料温度和热物料温度。

由式（7-5）可得静态前馈控制算式为

$$Q_0 = \frac{Q_f c_p}{H_0}(T_2 - T_1)$$

或

$$T_2 = T_1 + \frac{Q_0 H_0}{Q_f c_p} \tag{7-6}$$

如果物料温度 T_1 不变，由式（7-6）可求得控制通道的静态放大系数

$$K_0 = \frac{dT_2}{dQ_0} = \frac{H_0}{Q_f c_p}$$

扰动通道的静态放大系数为

$$K_f = \frac{dT_2}{dQ_f} = -\frac{Q_0 H_0}{c_p} Q_f^{-2} = -\frac{Q_0 H_0}{Q_f c_p}\frac{1}{Q_f} = -\frac{(T_2 - T_1)}{Q_f}$$

所以，由式（7-4）可得前馈调节器的特性为

$$K_F = -\frac{K_f}{K_0} = \frac{c_p(T_2 - T_1)}{H_0} \tag{7-7}$$

式（7-7）就是图 7-6b 热交换器静态前馈控制系统中前馈调节器的静态特性。可见用比例调节器即可实现。

2. 动态前馈控制系统

静态前馈控制只能保证被控参数的静态偏差接近或等于零，而不能保证被控参数的动态偏差接近或等于零。当需要严格控制动态偏差时，就要采用动态前馈控制。

动态前馈控制必须根据过程扰动通道和控制通道的动态特性，采用专用的前馈调节器。由于工业过程数学模型复杂，实际上动态前馈补偿是有限的，常规仪表难以实现完全补偿。当运用计算机实现前馈控制时，可随时辨识过程数学模型，及时修正动态前馈补偿，理论上能实现完全补偿。

通常动态前馈控制与静态前馈控制是结合在一道使用的，可更好提高其控制品质。但是动态前馈控制系统的结构比较复杂，系统的运行和参数整定亦较复杂，而且需要一套专用的控制装置。所以，当工艺要求控制品质较高时，才使用动态前馈控制方案。

3. 前馈-反馈控制系统

前馈控制是减少被控量动态偏差的最有效的方法之一。根据不变性原理，前馈控制有可能得到完善的控制效果。但是，在实际生产过程中，单独使用前馈控制是很难满足生产工艺要求的。这是由于前馈控制是一种开环控制，无法检验补偿效果。其次，在实际生产过程中，一般总有各种扰动，通常不能对每一个扰动都用一个前馈调节器实行前馈控制来补偿，而只能用前馈控制来补偿其中主要扰动的影响；而且，有些扰动往往是难于测量的，对于这些扰动就无法实行前馈控制。另外，要实现式（7-4）的完全补偿是比较困难的，因为过程的数学模型只能近似获得；即使求得了过程的数学模型，也不等于能完全实现它。为了充分

发挥前馈与反馈控制的优点，在实际生产过程中采用前馈-反馈控制系统。这样，利用反馈控制使系统在稳态时能准确地使被控量等于给定值；而在动态时，则依靠前馈控制能有效地减少被控量的动态偏差，从而提高控制质量。在过程控制中这是一种较理想的控制方案。

图7-8a为换热器前馈-反馈控制系统流程图，当物料（生产负荷）发生变化时，前馈调节器及时发出控制命令，补偿冷物料量变化对换热器出口温度的影响。同时对于未引入前馈的物料的温度、蒸汽压力等扰动对出口温度的影响，则由PID反馈调节器来克服。前馈作用加反馈作用，使得换热器的出口温度较快地稳定在给定值上，获得更加理想的控制效果。图7-8b为前馈-反馈控制系统框图。由图可求得输入$X(s)$、$F(s)$对输出$Y(s)$的影响为

$$Y(s)=\frac{W(s)W_0(s)}{1+W(s)W_0(s)}X(s)+\frac{W_f(s)+W_{FF}(s)W_0(s)}{1+W(s)W_0(s)}F(s)$$

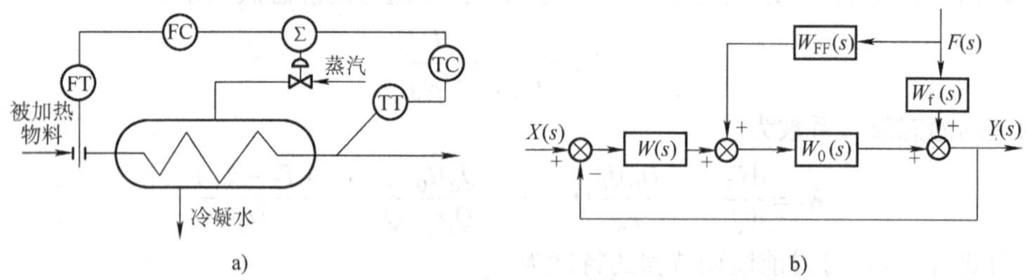

图7-8 换热器前馈-反馈控制系统
a）控制系统流程图 b）控制系统组成框图

如果要实现对扰动$F(s)$的完全补偿，则上式的第二项应等于零，即

$$W_f(s)+W_{FF}(s)W_0(s)=0$$

或

$$W_{FF}(s)=-\frac{W_f(s)}{W_0(s)}$$

可见，前馈-反馈控制系统对于扰动$F(s)$实现完全补偿的条件与开环前馈控制相同。这样，对被控参数影响最显著的主要扰动由前馈控制进行补偿，而其余次要的扰动可依靠反馈控制来克服，从而保证了被控参数最终趋向于给定值。

4. 前馈-串级控制系统

为了进一步提高前馈控制系统的精度，对于图7-8所示的前馈-反馈控制系统增加一个蒸汽流量回路。用前馈调节器的输出去改变蒸气流量回路的给定值，从而构成了前馈-串级控制系统，其组成框图见图7-9。

前馈调节器的传递函数为

$$W_{FF}(s)=\frac{W_f(s)}{\dfrac{W_{c2}(s)W_{02}(s)}{1+W_{c2}(s)W_{02}(s)}W_{01}(s)} \tag{7-8}$$

在串级控制系统中，如果副回路的工作频率高于主回路的工作频率，则可认为副回路的传递函数为

$$\frac{W_{c2}(s)W_{02}(s)}{1+W_{c2}(s)W_{02}(s)}\approx 1$$

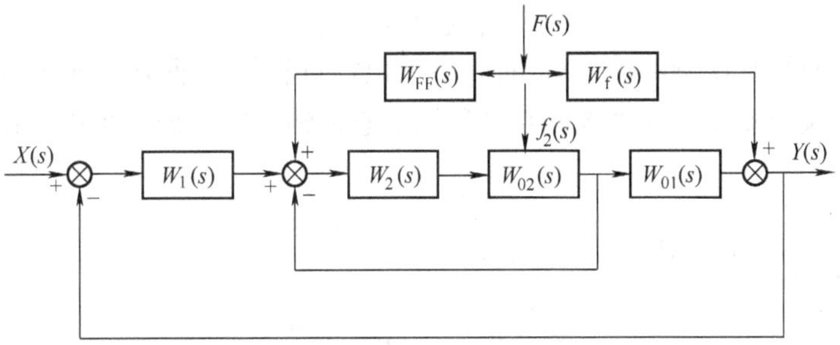

图 7-9　前馈-串级控制系统组成框图

所以式（7-8）可写成

$$W_{FF}(s) = -\frac{W_f(s)}{W_{01}(s)} \tag{7-9}$$

7.2.5　系统规律

1. 控制规律

根据不变性原理，前馈调节器的特性由过程的扰动通道和控制通道特性确定。从工业应用来看，为力求设计、运行和维修方便，使前馈调节器具有一定的通用性，多数化工过程和热工过程，其特性可用一阶或二阶加纯时延来近似描述，若过程控制通道的特性为

$$W_0(s) = \frac{K_1}{T_1 s + 1} e^{-\tau_1 s}$$

过程扰动通道的特性为

$$W_f(s) = \frac{K_2}{T_2 s + 1} e^{-\tau_2 s}$$

则前馈调节器的特性为

$$W_{FF}(s) = -\frac{W_f(s)}{W_{01}(s)} = \frac{\dfrac{K_2}{T_2 s + 1} e^{-\tau_2 s}}{\dfrac{K_1}{T_1 s + 1} e^{-\tau_1 s}} = -K_F \frac{T_1 s + 1}{T_2 s + 1} e^{-\tau s} \tag{7-10}$$

式中

$$K_F = \frac{K_2}{K_1}$$

$$\tau = \tau_2 - \tau_1$$

当 $\tau_1 = \tau_2$ 时，上式可写成

$$W_{FF}(s) = -K_F \frac{T_1 s + 1}{T_2 s + 1} \tag{7-11}$$

当 $\tau_1 = \tau_2$，$T_1 = T_2$ 时，则有

$$W_{FF}(s) = -K_F \tag{7-12}$$

由此可见，常用前馈调节器的模型有：K_F；$K_F \dfrac{T_1 s + 1}{T_2 s + 1}$；$K_F \dfrac{T_1 s + 1}{T_2 s + 1} e^{-\tau s}$三种形式。

2. 模拟仪表实施

（1）K_F 型前馈调节器

$$W_{FF}(s) = -K_F$$

这种前馈模型具有比例特性。K_F 的大小可根据过程控制通道和扰动通道的静态放大系数来决定。应用这种模型的前馈控制系统称为静态前馈控制系统。可以用比例调节器等常规仪表来实现。

(2) $K_F\dfrac{T_1s+1}{T_2s+1}$型前馈调节器

$$W_{FF}(s) = -K_F\frac{T_1s+1}{T_2s+1}$$

这是一种动态前馈模型，当 $T_1>T_2$ 时，其传递函数表现为微分特性，当 $T_1<T_2$ 时，其传递函数表现为时延特性，也称为反微分特性，见图7-10。

在这种模型中因为具有时间因数，所以可以实现动态补偿作用，能较好地实现对扰动的补偿。当然，要建立这样的模型、装置以及参数的整定相应也要复杂一些。

图7-11 所示为实现 $K_F\dfrac{T_1s+1}{T_2s+1}$型动态前馈模型的装置。

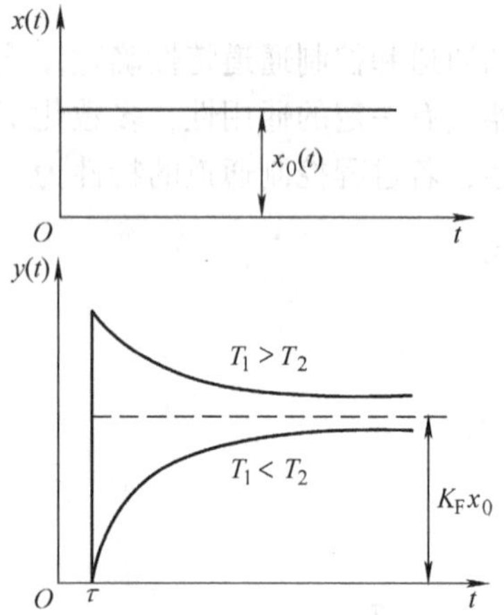

图7-10 微分时延特性曲线

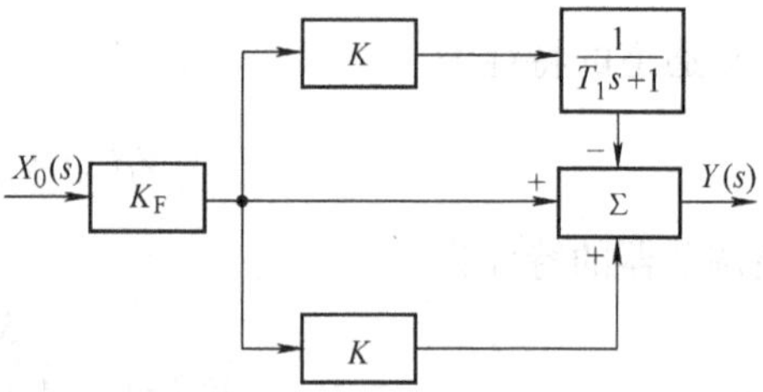

图7-11 微分时延特性实施框图

上述前馈模型也可采用常规仪表来实现。目前，我国 DDZ-Ⅲ型仪表和组装仪表具有"$K_F\dfrac{T_1s+1}{T_2s+1}$"型特性的前馈调节器，为前馈控制的广泛应用，特别是可与常规仪表配套来实现前馈-反馈控制，提供了有利条件。

(3) $K_F\dfrac{T_1s+1}{T_2s+1}e^{-\tau s}$型前馈调节器

$$W_{FF}(s) = -K_F\frac{T_1s+1}{T_2s+1}e^{-\tau s}$$

这是一种动态前馈模型。其特性实际上是比例特性、动态微分特性与纯时延特性的串联。要实现 $K_F\dfrac{T_1s+1}{T_2s+1}e^{-\tau s}$型前馈模型，只要采用在前面介绍的实现 $K_F\dfrac{T_1s+1}{T_2s+1}$型模型装置的后面串联一个能实现 $e^{-\tau s}$型模型的环节即可。

实际上，要采用常规仪表来实现“$e^{-\tau s}$”的模型是比较复杂的。所以，目前采用常规仪表实现“$K_F \frac{T_1 s+1}{T_2 s+1} e^{-\tau s}$”型的前馈模型还比较少。

3. 数字仪表实施

将式（7-10）进行离散化即可得适用于计算机控制的离散控制算式。这种前馈控制算式在有些生产过程（如化工）自动化中应用较广。

设 $F(t)$ 与 $u_f(t)$ 分别为前馈调节器的输入和输出，将式（7-10）用微分方程表示为

$$T_2 \frac{du_f(t)}{dt} + u_f(t) = -K_F\left[T_1 \frac{dF(t-\tau)}{dt} + F(t-\tau)\right] \tag{7-13}$$

当采样周期 T_s 足够短时，对微分方程的导数项用如下近似差分方程来代替，即

$$\left.\frac{du_f(t)}{dt}\right|_{t=kT_s} \approx \frac{u_f(k+1)-u_f(k)}{T_s} \tag{7-14}$$

$$\left.\frac{dF(t-\tau_f)}{dt}\right|_{t=kT_s} \approx \frac{F(k+1-d_f)-F(k-d_f)}{T_s} \tag{7-15}$$

式中，$d_f = \tau/T_s$。

将式（7-14）、式（7-15）代入式（7-13），即得

$$T_2 \frac{u_f(k+1)-u_f(k)}{T_s} + u_f(k) = -K_F\left[T_1 \frac{F(k+1-d_f)-F(k-d_f)}{T_s} + F(k-d_f)\right]$$

经整理可得前馈控制差分算式为

$$u_f(k+1) - a_2 u_f(k) = H[F(k+1-d_f) - a_1 F(k-d_f)] \tag{7-16}$$

式中，$H = -K_F \frac{T_1}{T_2}$；$a_2 = 1 - \frac{T_s}{T_2}$；$a_1 = 1 - \frac{T_s}{T_1}$

建立离散前馈控制算式，除上述方法外，还可根据被控参数的不变性原则由过程扰动通道和控制通道的离散算式综合求得。

7.2.6 选用原则

当生产过程的控制精度要求较高，而反馈控制又不能满足工艺要求时，可选用前馈控制。选用原则是

1）当系统存在着频率高、幅值大、可测而不可控的扰动时，反馈控制难以克服扰动对被控参数的显著影响，而工艺生产对被控参数的要求又十分严格，为了改善和提高系统的控制质量，可以引入前馈控制。

2）当控制系统控制通道时延较大、反馈控制又不能得到良好的控制效果时，可以选用前馈控制。

3）经济性原则。通常动态前馈控制的投资高于静态前馈控制，所以，若静态前馈能达到工艺要求时，即选用静态前馈控制。

7.2.7 前馈控制系统设计

前馈控制系统基于不变性原理，也就是说，系统的被控参数与扰动量基本独立或绝对无关。不变性是通过系统中的校正装置对控制参数实行校正来实现的。在设计中，以控制系统

的品质指标为依据。

1. 设计思路

控制方案设计的一般程序为

1）调研工艺需求。首先熟悉生产工艺过程，充分了解工艺对自动化设计的要求，了解现场工艺设备，了解生产中可能出现的各种影响因素，以便能发现问题和提出问题。

2）设计方案。要对已有的自动化方案认真地进行调查、分析比较，据此提出新的设计方案。

3）确定数学模型。

4）仿真与模拟试验。

5）修改完善方案。

6）现场安装、试车。

同时在总体方案设计时还应包括安全保护、自动检测、自动开车、停车等内容。

2. 注意因素

前馈控制方案设计包括前馈控制规律、系统稳定性。

（1）前馈控制规律　在前馈控制系统设计中，前馈调节器的控制规律完全取决于过程扰动通道与控制通道的数学模型。求取前馈调节器的控制规律，实质上就是求取过程控制通道和扰动通道的数学模型。

当求得过程和扰动通道的数学模型后，可通过分析过程扰动通道和控制通道数学模型的特性参数，即 T_0 与 T_f 的大小和纯时延时间 τ_0 与 τ_f 来合理选择。

1）当 $T_0 \geqslant T_f$ 时，由于控制通道很灵敏，克服扰动的能力强，因此，一般只要采用反馈控制就可达到满意的控制质量要求，不必采用前馈控制。

2）当 $T_0 = T_f$ 时，只要采用静态前馈-反馈控制就可以较好地改善控制质量。

3）当 $T_0 > T_f$ 时，可采用动态前馈-反馈控制来改善控制品质。

4）当 $\tau_f > \tau_0$ 时，则前馈调节器的控制规律为

$$W_{FF}(s) = -\frac{W_f(s)}{W_0(s)}e^{-(\tau_f-\tau_0)s} \tag{7-17}$$

但当 $\tau_0 > \tau_f$ 时，则前馈调节器有纯超前环节，这是做不到的。因此，不能采用前馈补偿。

（2）系统稳定性　对任一过程控制系统，能正常运行的必要条件是必须稳定。由于前馈控制是开环控制，所以确定控制方案时，必须重视稳定性问题。

对于图 7-6b 所示开环前馈控制系统，其传递函数为

$$\frac{Y(s)}{F(s)} = W_f(s) + W_{FF}(s)W_0(s)$$

将上式写成多项式形式，则

$$\frac{Y(s)}{F(s)} = \frac{b_m s^m + b_{m-1}s^{m-1} + \cdots + b_1 s + b_0}{a_n s^n + a_{n-1}s^{n-1} + \cdots + a_1 s + a_0} \tag{7-18}$$

系统的特征方程式为

$$a_n s^n + a_{n-1}s^{n-1} + \cdots + a_1 s + a_0 = 0$$

根据线性控制系统的稳定性分析，运用自动控制原理中稳定性判据，式（7-18）的所有根应位于根平面的左边部分。即当特征根为实数时，则其数值应小于零；当特征根为复数

时，则其实部应小于零。在前馈控制系统中，当过程控制通道和扰动通道均具有自衡特性时，则构成的前馈控制系统也是一个稳定的系统。对于那些具有非自平衡特性的不稳定的过程，在系统设计时，应特别注意系统的稳定性问题。

对于非自衡过程，例如非自衡化学反应器，通常不能仅用前馈控制，而应设计前馈-反馈控制系统。对此，若反馈控制系统是稳定的，则相应的前馈-反馈控制系统也是稳定的。

7.2.8 系统整定

1. 工程整定法

整定前馈-反馈控制系统时，反馈回路和前馈控制回路要分别整定，即分两步整定：

(1) 整定反馈回路　在整定反馈回路时，只考虑使反馈形成的闭合回路具有适当的稳定裕量和一定的性能，而不要考虑前馈部分。

如在图 7-7b 所示的系统中，当整定反馈回路时，对调节器 $W(s)$、控制通道 $W_0(s)$ 和测量变送 $W_m(s)$ 组成的闭合回路，按单回路反馈控制系统的整定方法（如 4∶1 衰减法），求出调节器 $W(s)$ 的整定参数值。

(2) 整定前馈调节器　当整定前馈调节器时，不考虑反馈控制所引起的稳定性问题。

在整定前馈调节器 $W_{FF}(s)$ 时，只考虑利用前馈作用来直接调节扰动 $f(t)$ 的影响，使被控参数 $y(t)$ 不变。

前馈调节器的动态特性可能很复杂，实际生产过程并不严格要求把扰动作用的影响全部抵销，仅仅要求剩余的扰动作用对被控参数的影响不要太大。在前馈-反馈控制系统中，由于存在反馈控制的作用，故引入前馈控制的目的主要是进一步减少主要扰动对被控参数动态影响。所以，前馈调节器 $W_{FF}(s)$ 的特性只需采用式（7-10）求出的粗略的近似形式，一般只用比例环节或一阶微分环节或惯性环节，这样既便于实现，又能有效地减少被控参数的动态偏差。

由于被控参数的动态偏差已由前馈控制作用而大大减小，所以，在前馈-反馈控制系统中，当整定反馈控制回路时，就可以适当提高系统的稳定裕量。例如可以采用衰减率 $\varphi > 0.9$，以减少系统过渡过程的振荡倾向。

综上所述，在前馈-反馈控制系统中，由于有反馈控制来保证被控量最终等于给定值，因此可以降低对前馈控制的要求，使前馈调节器可以选择比较简单的结构形式和动态特性；同时，由于采用前馈控制来抵消某些主要扰动，使被控参数不致出现过大的动态偏差，所以反馈控制可以以较慢动作进行。

对于具体的整定方法，现以常用前馈调节器的传递函数“$W_{FF}(s) = K_F \dfrac{T_1 s + 1}{T_2 s + 1}$”为例，介绍如何确定静态参数 K_F 和动态参数 T_1、T_2。

2. 静态参数 K_F 的整定

K_F 是前馈模型中最基本的参数，它对前馈控制系统的运行状态影响很大，其整定方法有

(1) K_F 开环整定法　开环整定法是在系统断开反馈回路的情况下，仅采用静态前馈作用，来克服扰动对被控参数影响的一种整定法。整定时，K_F 由小到大调节，观察前馈补偿的作用，直至被控参数回到给定值上，即直至完全补偿为止，此时的静态参数即为最佳的整

定参数值 K_F。实际上 K_F 值符合下式关系，即

$$K_F = \frac{K_f}{K_0} \tag{7-19}$$

式中，K_f 为扰动通道的静态放大系数；K_0 为控制通道的静态放大系数。

开环整定法适用于在系统中其他扰动占次要地位的场合，不然会有较大偏差。由于这种整定方法没有反馈回路参与，同时又容易影响生产，所以在实际系统中不常应用。

（2）K_F 闭环整定法　闭环整定法可以使系统在前馈-反馈的情况下整定 K_F 值，系统框图见图 7-12。

1）前馈-反馈系统整定法：在反馈回路整定好的基础上，先合上开关 S，使系统为前馈-反馈控制系统，然后由小到大改变静态系数 K_F 值，可得到在扰动 $f(t)$ 作用下如图 7-13 所示的一系列响应曲线。图 7-13b 表示补偿效果最好。图 7-13a 所示曲线由于 K_F 值小，产生欠补偿。如 K_F 值过大，造成过补偿，如图 7-13c 所示。

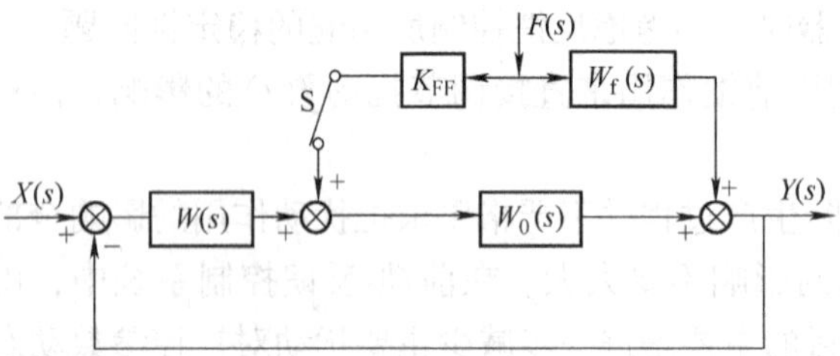

图 7-12　闭环整定法框图

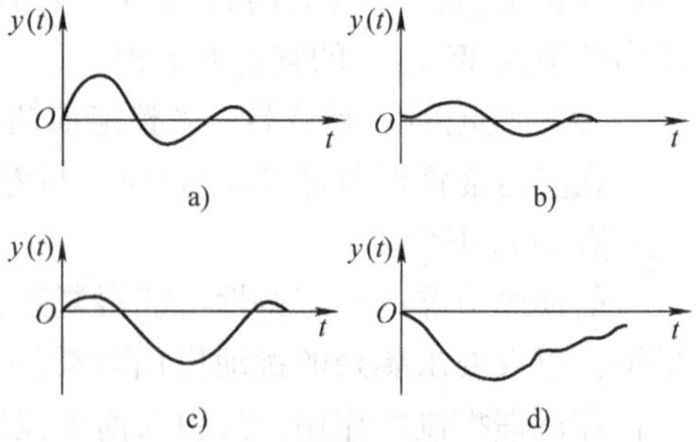

图 7-13　前馈-反馈系统 K_F 的整定过程

a）欠补偿　b）补偿合适
c）过补偿　d）严重过补偿

本方法由于系统中含有反馈回路，在整定过程中很少影响生产过程的正常进行，所以是一种较好的整定方法。

2）利用反馈系统整定 K_F 值：待图 7-12 所示系统正常运行后，打开开关 S，则系统成为反馈控制，使其继续运行。具体整定步骤：

① 系统稳定运行，被控参数等于给定值时，记录相应的扰动量 F_0 和反馈调节器 $W(s)$ 的输出量 u_0。

② 改变前馈扰动，使 F_0 变至 F_1，待系统稳定运行，被控参数等于给定值时，记录反馈调节器 $W(s)$ 的输出量 u_1。

③ 求 K_F 值：

$$K_F = \frac{u_1 - u_0}{F_1 - F_0}$$

④ 将 K_F 的计算值设置在前馈-反馈系统中，施加扰动，观察系统响应过程。如果记录曲线不够理想，再适当调整 K_F 值，直至记录曲线符合要求为止。

3. T_1、T_2 值整定

前馈调节器的动态参数 T_1、T_2 值的整定比静态参数 K_F 值的整定困难。由前馈调节器的动态模型可知，T_1、T_2 是决定动态补偿程度的。当 $T_1 > T_2$ 时，前馈调节器在动态过程中起

超前作用；反之，当 $T_1 < T_2$ 时，则起时延作用。

在工程整定时，首先应估计扰动通道和控制通道哪一个时延大（或超前大），来决定 T_1、T_2 值的大小，然后将 T_1、T_2 从零开始凑试，直到系统响应曲线满意为止。

7.2.9 工业应用

前馈控制系统已广泛应用于石油、化工、电力、原子能等各工业生产部门。随着计算技术的发展和应用，前馈控制方式已由单变量前馈控制发展到多变量前馈控制。在实际工业生产过程中，前馈控制系统得到越来越广泛的应用。

1. 葡萄糖浓度前馈-反馈控制系统

蒸发是一个借加热作用使溶液浓缩或使溶质析出的物理过程。它在轻工、化工等生产过程中得到广泛的应用，例如造纸、制糖、海水淡化、烧碱等生产过程，都必须经过蒸发操作过程。下面以葡萄糖生产过程中蒸发器浓度控制为例，介绍前馈控制在蒸发过程中的应用。

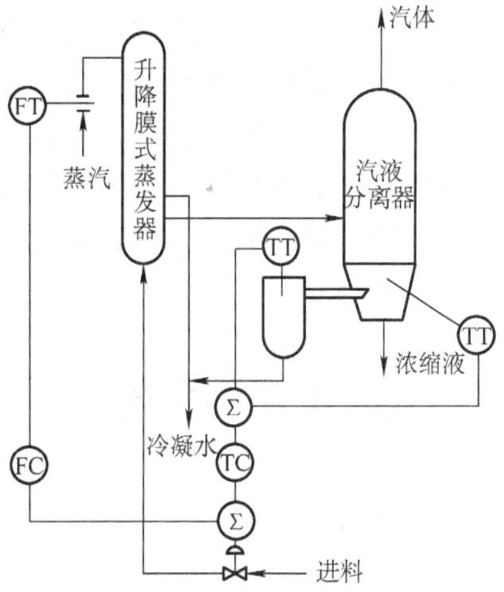

图 7-14　蒸发过程中浓度控制系统流程图

图 7-14 所示装置是将初蒸浓度为 50% 的葡萄糖液，用泵送入升降膜式蒸发器，经蒸汽加热蒸发至 73% 的葡萄糖液，然后送至后道工序结晶。由蒸发工艺可知，在给定压力作用下，溶液的浓度同溶液沸点与水的沸点之差有较好的单值对应关系，故以温差来反映葡萄糖溶液的浓度，选择温差为被控参数。

影响葡萄糖浓度的因素很多，主要有：进料溶液的浓度、温度和流量、加热蒸汽的压力和流量及溶液真空度、不凝性气体含量等。在上述各种因素中，对浓度影响最大的是进料溶液的流量和加热蒸汽的流量。为此，构成以加热蒸汽流量为前馈信号，温差为被控参数，进料溶液为控制参数的前馈-反馈控制系统。运行情况表明，系统的质量指标比较令人满意，达到了工艺要求。

2. 连续消毒塔温度前馈-反馈控制系统

在制药工业中，抗菌素的生产，目前仍然采用培养基发酵的方法进行。在培养基进入发酵罐接种之前，必须进行灭菌消毒。

目前，都是利用连续消毒塔进行消毒的，连续消毒塔的主要指标是培养基连续消毒塔的温度。若温度过低，会因培养基灭菌不彻底而增加染菌率，导致整批培养基全部报废，带来重大经济损失。反之，若温度过高，则会破坏培养基的成分，从而降低了产品的回收率。所以，培养基在连续消毒塔的出口温度是保证抗菌素质量的关键指标，为此必须对它进行控制，通常要求控制精度为（128 ±2）℃。

可选择连续消毒塔的出口温度为被控参数，选用培养基的流量作为调节参数，构成单回路控制系统。但是，当蒸汽压力波动较大时，温度波动幅度超过了工艺允许范围。

影响消毒塔出口温度的主要扰动是蒸汽压力，而蒸汽压力是一个可测而不可控的扰动，为了提高控制质量，构成图 7-15 所示的前馈-反馈控制系统。

在连续消毒塔的前馈-反馈控制系统试验中，为了防止发生培养基染菌事故，用水代替料液对连续消毒塔进行了动态测试。连续消毒塔的控制通道和扰动通道的近似传递函数为

$$W_0(s)=\frac{180}{42s+1}e^{-1.5s}$$

$$W_f(s)=\frac{208}{45s+1}e^{-1.8s}$$

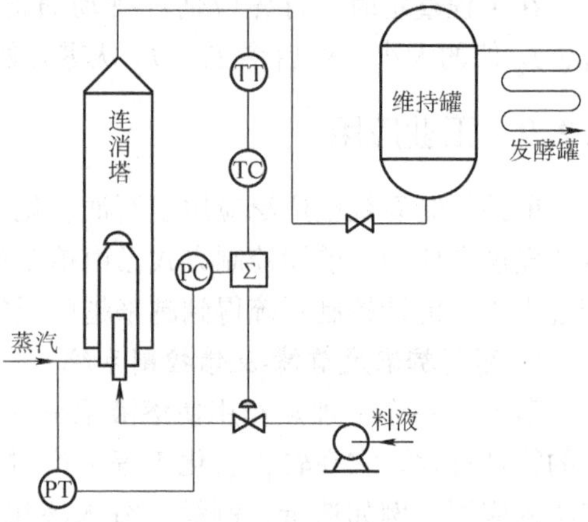

图7-15 连续消毒塔温度前馈-反馈控制系统流程图

应用了前馈-反馈控制方案后，温度控制品质大有改进，当蒸汽压力波动时，通过前馈校正作用及时校正培养基流量，以补偿压力对连续消毒塔出口温度的影响。

系统运行情况表明，系统性能良好，提高了培养基的质量，缩短了消毒时间，满足了生产工艺要求。

7.3 大时延控制系统

7.3.1 概述

工业生产过程中，某些过程特性具有较大的纯时延，其特点是当控制作用产生后，在时延τ范围内，被控参数完全没有响应。若过程控制通道或测量变送环节存在延时，将会降低系统的稳定性，并且，纯时延会导致被控参数的偏差值增加，系统动态控制精度和静态控制质量下降。对具有时延过程的控制是非常困难的，采用反馈控制和前馈控制等系统是无法克服的。因此，大时延系统一直是人们关注的焦点，成为重要的研究课题。

一般情况下，当纯时延时间τ_0与过程的时间常数T_0之比大于0.3，则该过程为具有大时延的工艺过程；当纯时延τ_0与过程的时间常数T_0之比增大，时延现象更加突出，系统越不稳定。下面将讨论如何改进和提高过程存在大时延情况下的动态质量问题和控制方案。常规控制、Smith预估、采样控制等控制系统都是解决闭环系统中存在大时延问题的系统。

7.3.2 常规控制系统

1. 微分先行控制系统

在大时延过程中，调节器若采用PI或PID控制规律时，系统的品质均会下降，纯时延越大，其问题越突出。PID控制系统中采用微分先行控制方案与普通的PID控制系统相比，其控制品质有较大提高，对减小超调量更显著，所以在PID调节器中采用微分先行控制是一种简单易行的方案，同时又能满足系统控制指标的要求。

PID调节器中，微分作用的特点是能够按被控参数变化速度的大小来校正被控参数的偏差，它对克服超调现象能起很大作用。

图7-16所示为PID控制系统框图，微分环节的输入是对偏差作了比例积分运算后的值。

因此，微分环节不能真正起到对被控参数变化速度进行校正的目的，克服动态超调的作用有限。

如果将微分环节放在反馈回路，见图 7-17，则微分作用克服超调的能力就大不相同了，这种控制系统称为微分先行控制系统。

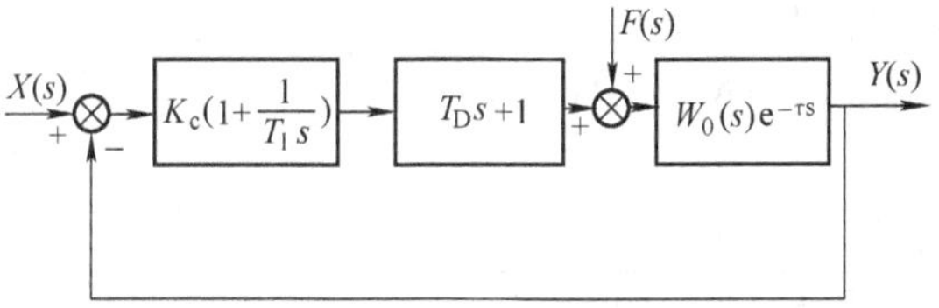

图 7-16 PID 控制系统框图

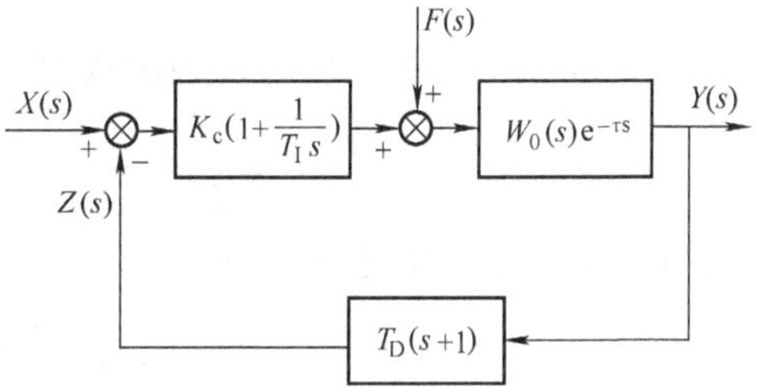

图 7-17 微分先行控制系统框图

微分先行 PID 控制系统中，微分环节的输出信号包括了被控参数及其变化速度值，将它作为反馈量与给定值比较的偏差作为 PI 调节器的输入信号，这样系统具有更强克服超调的作用。

微分先行控制系统的闭环传递函数：

在给定值作用下

$$\frac{Y(s)}{X(s)}=\frac{K_c(T_Is+1)e^{-\tau s}}{T_IsW_0^{-1}(s)+K_c(T_Is+1)(T_Ds+1)e^{-\tau s}} \tag{7-20}$$

在扰动作用下

$$\frac{Y(s)}{F(s)}=\frac{T_Ise^{-\tau s}}{T_IsW_0^{-1}(s)+K_c(T_Is+1)(T_Ds+1)e^{-\tau s}} \tag{7-21}$$

图 7-15 所示的 PID 控制系统的闭环传递函数为

$$\frac{Y(s)}{X(s)}=\frac{K_c(T_Is+1)(T_Ds+1)e^{-\tau s}}{T_IsW_0^{-1}(s)+K_c(T_Is+1)(T_Ds+1)e^{-\tau s}} \tag{7-22}$$

$$\frac{Y(s)}{F(s)}=\frac{T_Ise^{-\tau s}}{T_IsW_0^{-1}(s)+K_c(T_Is+1)(T_Ds+1)e^{-\tau s}} \tag{7-23}$$

从以上公式可见，微分先行控制系统和 PID 控制系统的特性方程完全相同。但是式（7-20）比式（7-22）少一个零点 $Z=-1/T_D$，所以微分先行控制系统比 PID 控制系统的超调量要小一些，提高了控制质量。

2. 中间微分控制系统

中间微分控制系统与微分先行控制系统相类似，将微分环节 T_Ds 放在反馈回路中，以改善系统的控制质量。

图 7-18 所示为中间微分控制系统原理，系统中的微分作用是独立的，在被控参数变化时及时根据其变化的速度大小起附加校正作用。微分校正作用与 PI 调节器的输出信号无关，仅

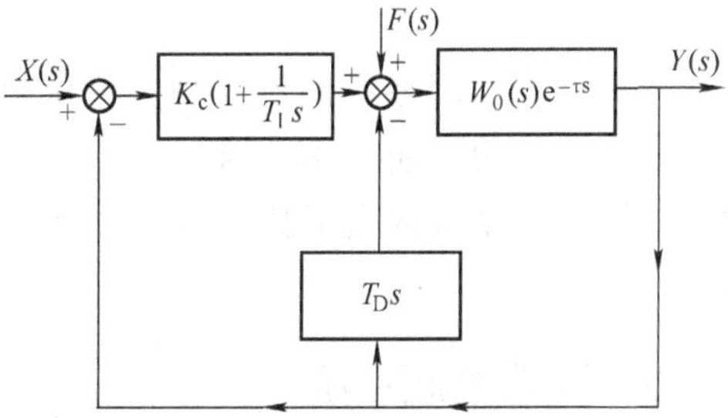

图 7-18 中间微分控制系统框图

仅在动态时起作用，而在静态时或在被控参数变化速度恒定时就失去作用。下面对中间微分控制系统的动态特性作一分析。设被控过程的传递函数为

$$W_0(s)=\frac{K_0}{T_0s+1}e^{-\tau s}$$

则图7-17所示系统的闭环传递函数为

$$\frac{Y(s)}{X(s)}=\frac{K_cK_0(T_1s+1)e^{-\tau s}}{T_Is(1+T_0s+K_0T_Dse^{-\tau s})+K_cK_0(T_Is+1)e^{-\tau s}} \tag{7-24}$$

PI控制系统闭环传递函数为

$$\frac{Y(s)}{X(s)}=\frac{K_cK_0(T_Is+1)e^{-\tau s}}{T_Is(1+T_0s)+K_cK_0(T_Is+1)e^{-\tau s}} \tag{7-25}$$

由式（7-24）、式（7-25）两式可见，其分子相同，就是说两种控制系统具有相同的零点。为了分析这两种控制系统的极点，对于纯时延，$e^{-\tau s}$用下式近似描述

$$e^{-\tau s}=\frac{1}{\left(1+\frac{\tau}{2}s\right)^2}$$

将上式代入式（7-24）、式（7-25），可得

$$\frac{Y(s)}{X(s)}=\frac{K_cK_0(T_Is+1)}{T_Is\left[(1+T_0s)\left(1+\frac{\tau}{2}s\right)^2+K_0T_Ds\right]+K_cK_0(T_Is+1)} \tag{7-26}$$

$$\frac{Y(s)}{X(s)}=\frac{K_cK_0(T_Is+1)}{T_Is(1+T_0s)\left(1+\frac{\tau}{2}s\right)^2+K_cK_0(T_Is+1)} \tag{7-27}$$

例7-3 设$K_0=2$，$T_0=4\text{min}$，$\tau=4\text{min}$，$T_I=7\text{min}$，$K_cK_0=1$代入式（7-26）、式（7-27）的特征方程中，并求得两种控制系统的特征根为

中间微分控制系统：

$$S_{1,2}=-0.199\pm j0.058$$
$$S_3=-0.643$$
$$S_4=-0.207$$

PI控制系统：

$$S_{1,2}=-0.161\pm j0.253$$
$$S_3=-0.755$$
$$S_4=-0.15$$

比较两种控制系统的特征根，中间微分控制系统的一对主要极点（复根）离$j\omega$轴较远，其衰减较快；而PI控制系统的一对主要极点（复根）离$j\omega$轴较近，其衰减较慢。所以中间微分控制系统的衰减比较大，过渡过程时间较短，这种控制系统对克服纯时延的效果较好。

7.3.3 预估控制系统

存在大时延的被控过程在实际系统中不利于控制，若单独采用PID控制，则系统品质得不

到保证。Smith 针对具有大纯时延的过程，引入预估补偿环节，使系统的控制品质大大提高。

设过程的特性为 $W_0(s)e^{-\tau s}$，其中 $W_0(s)$ 为过程不包含时延环节的传递函数；扰动通道的特性为 $W_f(s)$；调节器的特性为 $W_c(s)$，则图 7-19 所示的单回路系统闭环传递函数为

$$\frac{Y(s)}{X(s)}=\frac{W_c(s)W_0(s)e^{-\tau s}}{1+W_c(s)W_0(s)e^{-\tau s}}$$

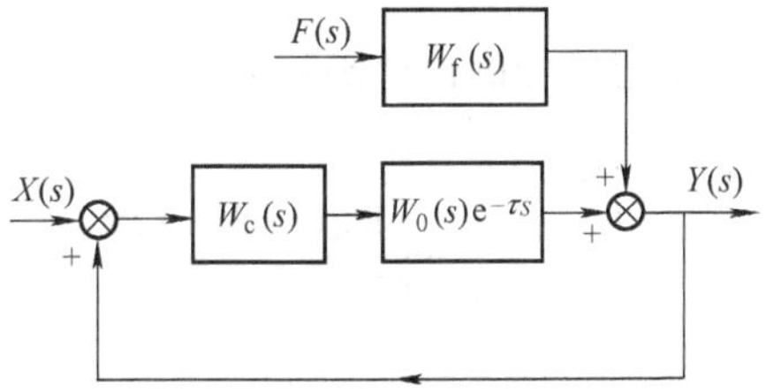

图 7-19　单回路控制系统框图

对于扰动信号的传递函数为

$$\frac{Y(s)}{F(s)}=\frac{W_f(s)}{1+W_c(s)W_0(s)e^{-\tau s}}$$

由于特征方程中引入 $e^{-\tau s}$ 项，故使闭环系统的品质大大恶化。若 $W_0(s)$ 为狭义对象，由 $W_0(s)$ 的输出信号作为反馈控制信号，则可大大改善系统控制品质。但是实际工业过程中 $W_0(s)$ 与 $e^{-\tau s}$ 是不可分割整体，所以提出图 7-20 所示的等效补偿的方案。

图 7-20b 中，$W_0(s)(1-e^{-\tau s})$ 为预估补偿装置的传递函数。图 7-20c 为经预估补偿后的等效框图。由图 7-20c 可见，它相当于将 $W_0(s)$ 为过程，并以 $W_0(s)$ 的输出信号 $Y_1(s)$ 作为反馈信号。这样，反馈信号在时间上相当于提前 τ，因此称为预估补偿控制。此时给定值为扰动时的闭环传递函数为

$$\frac{Y(s)}{F(s)}=\frac{\dfrac{W_0(s)W_c(s)e^{-\tau s}}{1+(1-e^{-\tau s})W_0(s)W_c(s)}}{1+\dfrac{W_0(s)W_c(s)}{1+(1-e^{-\tau s})W_0(s)W_c(s)}}=\frac{W_0(s)W_c(s)}{1+W_0(s)W_c(s)}e^{-\tau s}=W_1(s)e^{-\tau s} \tag{7-28}$$

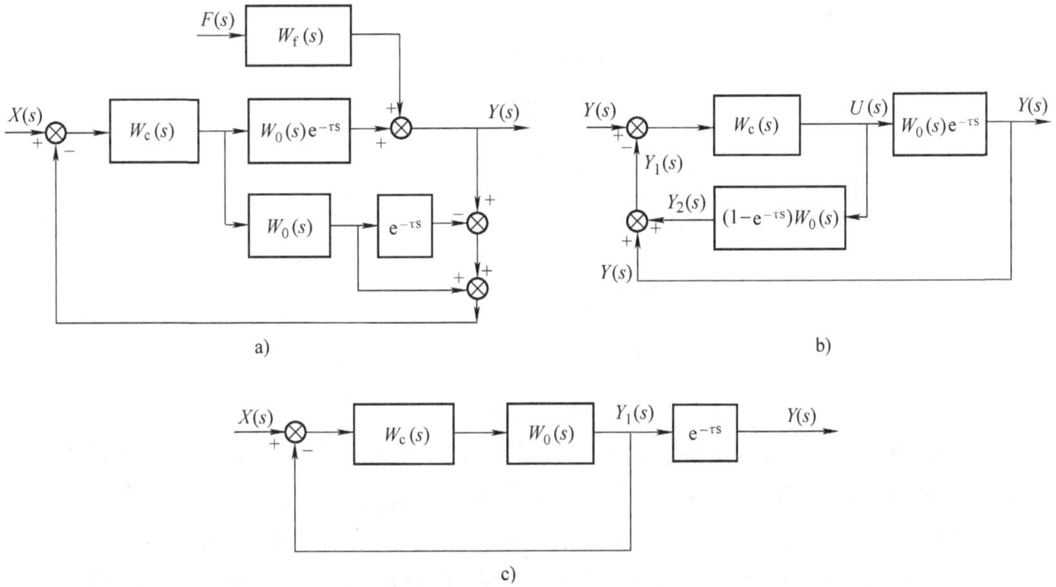

图 7-20　Smith 预估补偿控制原理框图

a）原理框图　b）Smith 预估补偿框图　c）等效框图

式中，$W_1(s)$为无时延环节时系统闭环传递函数，$W_1(s)=\dfrac{W_0(s)W_c(s)}{1+W_0(s)W_c(s)}$。

对于给定信号的传递函数为

$$\frac{Y(s)}{X(s)}=\frac{W_f(s)}{1+\dfrac{W_0(s)W_c(s)e^{-\tau s}}{1+(1-e^{-\tau s})W_0(s)W_c(s)}}=\left[\frac{1+W_0(s)W_c(s)-W_0(s)W_c(s)e^{-\tau s}}{1+W_0(s)W_c(s)}\right]W_f(s)$$
$$=W_f(s)[1-W_f(s)e^{-\tau s}] \tag{7-29}$$

由此可见，对于大时延系统经预估补偿，其特征方程中已消去了$e^{-\tau s}$项，即消除了时延对系统控制品质的影响。至于分子中的$e^{-\tau s}$仅仅将系统响应时间推迟了一个时延时间τ。所以预估补偿完全补偿了时延对系统的不利影响，系统控制品质与无时延被控过程完全相同。

对于定值控制，由式（7-29）可知，传递函数由两项组成。第一项为扰动对被控参数的影响；第二项为补偿扰动对被控参数影响的控制作用。由于第二项有时延τ，只有$t>\tau$时产生控制作用，当$t\leqslant\tau$时无控制作用。所以Smith预估补偿对系统品质有一定的改善。

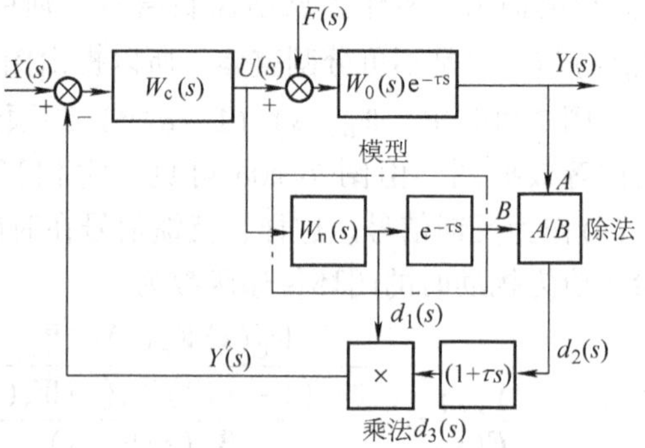

图7-21 增益自适应预估补偿控制框图

Smith预估补偿实质是PID调节器连续地向补偿器输入数据，补偿器与过程特性有关，但是对象的数学模型与实际过程特性之间有误差，这种控制方法的缺点是模型的误差会随时间累积起来，也就是对过程特性变化的灵敏度很高。为了克服这一缺点，可采用图7-21所示的增益自适应预估补偿控制。

由图7-21可见

$$\left.\begin{aligned}&U(s)=W_c(s)[X(s)-Y'(s)]\\&Y'(s)=d_1(s)d_3(s)\\&d_1(s)=W_n(s)U(s)\\&d_3(s)=(1+\tau s)d_2(s)\\&d_2(s)=\frac{A}{B}\\&A=Y(s)\\&B=W_n(s)e^{-\tau s}U(s)\end{aligned}\right\} \tag{7-30}$$

图7-20的结构与Smith预估器相似，只是系统的输出减去预估模型输出的运算被系统的输出除以模型的输出运算所取代，而对预估器输出作修正的加法运算改成了乘法运算。除法器的输出还串一个超前环节，其超前时间常数即为过程的纯时延τ，用来使时延的输出有超前作用，这些运算的结果使预估器的增益可根据预估模型和系统的输出有相应的校正值。

系统仿真表明，增益自适应补偿的过程响应一般都比Smith预估器更好，尤其是对于模型不准确的情况。但是，当模型时延比过程时延大时，增益自适应补偿效果也不佳。

7.3.4　采样控制系统

对于大时延的被控过程，为了提高系统的控制品质，还可以采用采样控制方案，其控制原理如下：

当被控过程受扰动而使被控参数偏离给定值时，采样被控参数与给定值，保持其值不变，保持的时间与纯时延大小相等或稍大一些。

当经过 τ 时间后，再按照被控参数与给定值的偏差及其变化方向与速度值来进一步加以校正，校正后又保持其值不变。

再等待一个纯时延 τ，这样重复上述动作规律，一步一步地校正被控参数的偏差值，使系统趋向一个新的稳定状态。

图 7-22 所示为一个典型的采样控制系统原理框图。图中 S_1、S_2 表示为采样开关，它们周期地同时接通或同时断开。

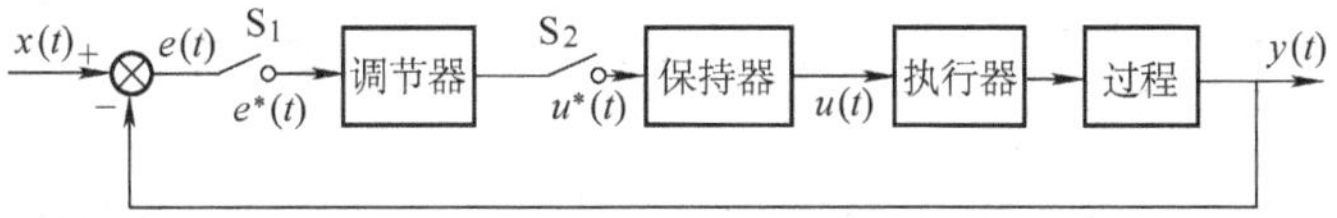

图 7-22　采样控制系统原理框图

当 S_1、S_2 接通时，数字调节器 $W_c(s)$ 在上述闭合回路中工作，此时偏差 $e(t)$ 被采样，由采样开关 S_1 送入数字调节器中，经控制规律的转换与运算，通过 S_2 输出控制信号 $u^*(t)$ 控制生产过程。

当 S_1、S_2 断开时，数字调节器 $W_c(s)$ 不工作，此时信号 $u^*(t)$ 等于零。

采样开关 S_2 的输出 $u^*(t)$ 不能直接作为过程的控制信号，而需要通过保持器 $W_h(s)$。保持器的输入 $u^*(t)$ 是时间上的离散信号，其输出 $u(t)$ 是连续信号。由于保持器的作用，在两次采样间隔期间，使执行器的位置保持不变。

7.3.5　工业应用

大时延系统随着计算机技术的开发和应用以及数学建模技术的发展，为满足生产工艺要求，对于纯时延过程的控制受到控制领域的重视，且在工业生产过程自动化中的应用也日益广泛。

图 7-23 为存在大时延储液罐液位控制系统原理图。溶液由调节阀 R_1 流入储液罐内纯时延时间为 τ。

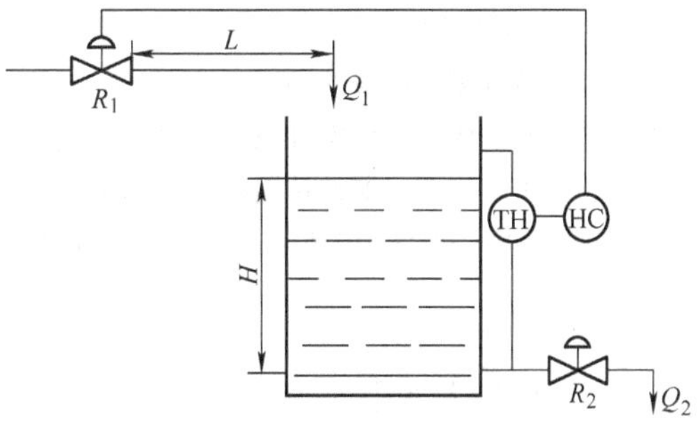

图 7-23　大时延液位控制系统流程图

设储液罐液位控制系统的广义过程传递函数为

$$W_0(s)=\frac{K_0}{T_0s+1}e^{-\tau s}$$

式中，设 $K_0=2$；$T_0=2\text{min}$；$\tau=4\text{min}$。

纯时延用一阶帕德公式表示，即

$$1-e^{-\tau s}\approx 2\left(1-\frac{1}{\frac{\tau}{2}s+1}\right)$$

上述一阶近似精度较低，只能有一定程度的补偿作用，系统结构比较简单。为提高控制质量，采用Smith预估补偿方案，图7-24为预估补偿控制系统框图。

预估补偿控制系统投运时调节器整定参数为$\delta=120\%$，$T_I=410s$；常规PI调节器时，整定参数为$\delta=200\%$，$T_I=7min$。两种方案在相同给定值变化10%情况下，系统的过渡过程曲线见图7-25。可见，预估补偿控制方案比PI常规控制方案的品质高。

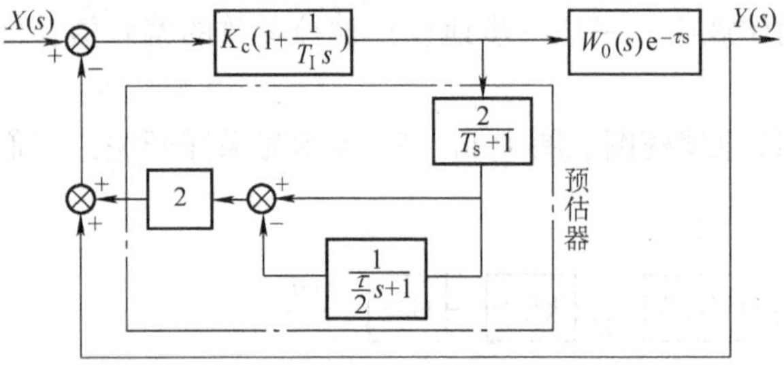

图7-24　预估补偿控制系统框图

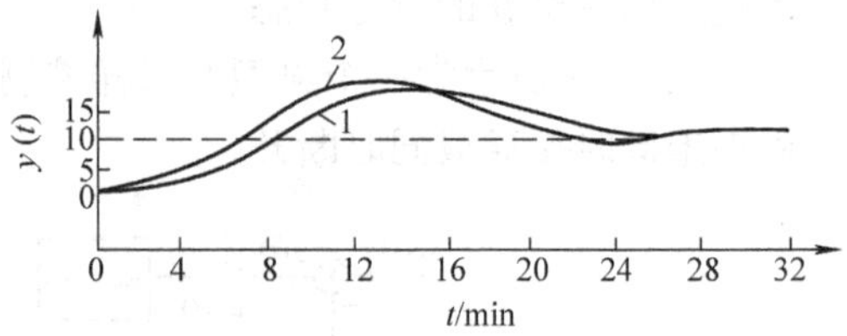

图7-25　控制系统过渡过程曲线

1—预估补偿控制　2—PI控制

思考题与习题

7-1　串级控制系统有哪些主要特点？它可适用于哪些生产过程自动化的场合？

7-2　在串级控制系统的设计中，副回路的设计和副参数的选择应考虑哪几个原则？

7-3　图7-26为加热炉出口温度与炉膛温度串级控制系统。工艺要求一旦发生重大事故，立即切断原料油的供应。

1）画出控制系统的组成框图。

2）确定调节阀的流量特性、气开、气关形式。

3）确定主、副调节器的控制规律及其正、反作用方式。

7-4　图7-27为精馏塔温度—流量串级控制系统。工艺要求塔内温度稳定在$T\pm1℃$；一旦发生重大事故应立即关闭蒸汽供应。

1）画出控制系统组成的框图。

2）选择调节阀的流量特性及确定气开、气关形式。

3）选择主、副调节器的控制规律及确定其正、反作用方式。

7-5　某温度—温度串级控制系统，主调节器采用PID控制规律，副调节器采用P控制规律。采用两步

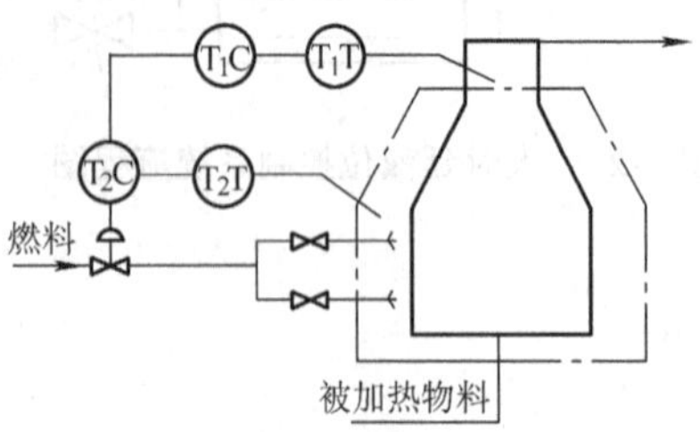

图7-26　题7-3图

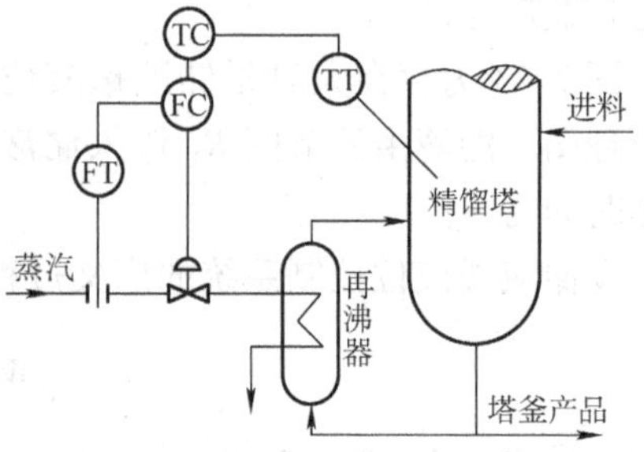

图7-27　题7-4图

整定法整定主、副调节器的参数，按 4 : 1 衰减比测得 $\delta_{1s}=0.12$，$\delta_{2s}=0.50$，$T_{1s}=140s$，$T_{2s}=12s$。求主、副调节器参数的整定值。

7-6　某串级控制系统采用两步整定法整定主、副调节器的参数，主调节器采用 PID 控制规律，副调节器采用 P 控制规律。测得 4 : 1 衰减比的参数为 $\delta_{1s}=0.8$，$T_{2s}=30s$，$\delta_{2s}=0.40$，$T_{2s}=30s$。求主、副调节器参数的整定值。

7-7　某前馈—反馈控制系统，过程通道的传递函数为

$$W_0(s)=\frac{K_0}{(T_1s+1)(T_2s+1)}e^{-\tau_0 s}$$

$$W_f(s)=\frac{K_0}{T_f s+1}e^{-\tau_f s}$$

求前馈调节器的传递函数 $W_{FF}(s)$，并分析其实现方案。

7-8　图 7-28 为用蒸汽加热的贮槽加热器，进料量 Q_1 稳定，而 Q_1 的初始温度 T_1 有较大波动，生产工艺要求槽内物料温度 T 恒定。Q_2 为下一工艺的负荷，要求 Q_2 的温度为 T。试设计一过程控制系统，并画出控制系统框图。

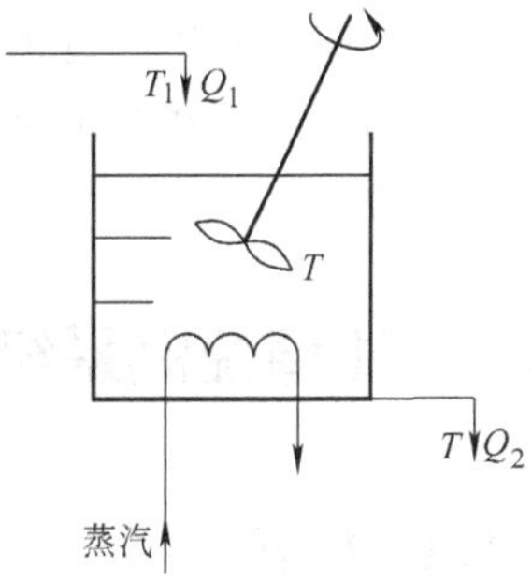

图 7-28　题 7-8 图

7-9　为什么说大时延过程是一种难以控制的过程？它对系统的控制质量有何不利影响？补偿纯时延过程的常规控制方案有哪些？

7-10　预估补偿控制方案能否改善或消除过程大时延对系统控制质量的影响？为什么？

第 8 章 满足特定要求的过程控制系统

为适应某些生产过程复杂、控制要求更高和控制任务特殊的生产工艺过程的要求，应开发和应用实现某些特定要求的过程控制系统，如比值控制、均匀控制、分程控制和选择性控制系统等。

8.1 比值控制系统

8.1.1 概述

在现代工业生产过程中，常需要保持两种物料的流量成一定比例关系，如果一旦比例失调，就会影响产品的质量，严重的甚至会造成生产事故。为此在实际生产过程中需要有自动保持两个或多个物料流量参数之间自动维持一定的比值关系的过程控制系统，统称为比值控制系统。

比值控制系统是一种物料随另一种物料而变化的系统。图 8-1 为一开环比值控制系统，图中，Q_1 为主物料流量，Q_2 为副物料流量。Q_2 以一定的比例随 Q_1 的变化而变化。在稳定状态下，$K=Q_2/Q_1$ 为工艺指标要求的体积或质量流量的比值。

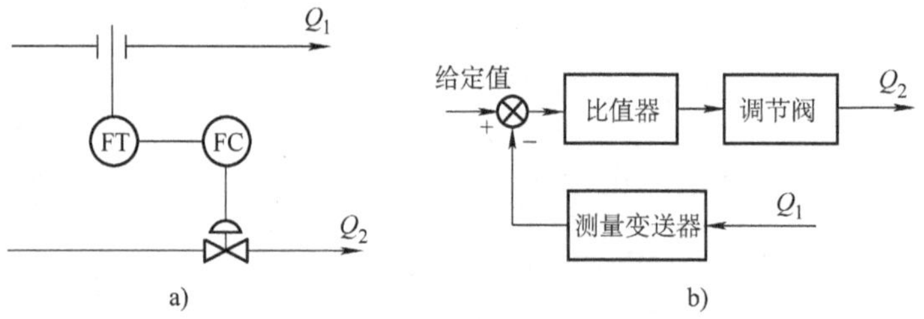

图 8-1 开环比值控制系统
a）控制系统流程图 b）控制系统框图

由图可见，由于是开环控制系统，若副流量 Q_2 的温度、压力稍有变化，副流量 Q_2 也发生变化，两物料间的实际比值很难保持不变，因此在生产实际中很少应用。

8.1.2 控制方案

根据实际生产过程的不同要求，常用的比值控制系统主要有以下几种结构类型：

1. 单闭环比值控制系统

为确保主、副物料流量间的实际比值不变，设计单闭环比值控制系统，它是在开环比值控制的基础上，增加一个副物料流量闭环控制回路，见图 8-2。

单闭环比值控制系统，在稳态时，能满足主、副流量的工艺比值要求，即 $Q_2/Q_1=K$，当主流量 Q_1 不变，而副流量 Q_2 受到扰动时，则可通过副流量的闭合回路进行定值控制。

当主流量 Q_1 受到扰动时，$W_1(s)$ 则按预先设置好的比值使其输出成比例变化，即改变 Q_2 的给定值，$W_2(s)$ 根据给定值的变化，发出控制命令，以改变调节阀 $W_V(s)$ 的开度，使副流量 Q_2 跟随主流量 Q_1 而变化，从而保证原设定的比值不变。当主、副流量同时受到扰动时，调节器 $W_2(s)$ 在克服副流量扰动的同时，又根据新的给定值，改变调节阀的开度，使主、副流量在新的流量数值的基础上，保持其原设定值的比值关系。可见，该系统能确保主、副两个流量的比值不变。同时，系统的结构又较简单，因而在工业生产过程自动化中应用较广。

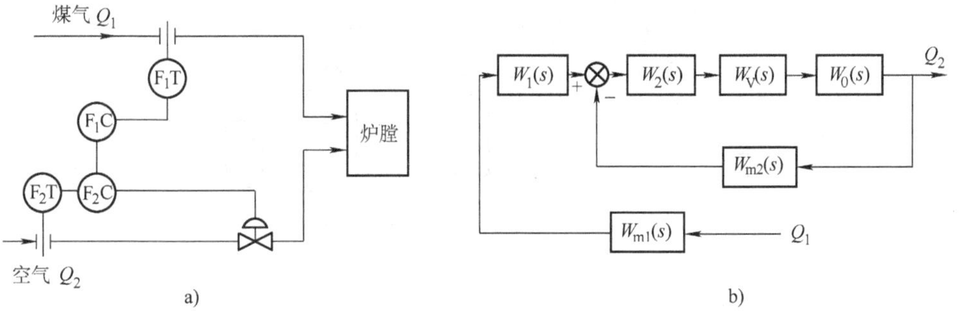

图 8-2　单闭环比值控制系统

a）系统流程图　b）系统组成框图

2. 双闭环比值控制系统

为了克服单闭环比值控制对主流量不受控制的不足，在单闭环控制的基础上，设计了双闭环比值控制系统，见图 8-3。

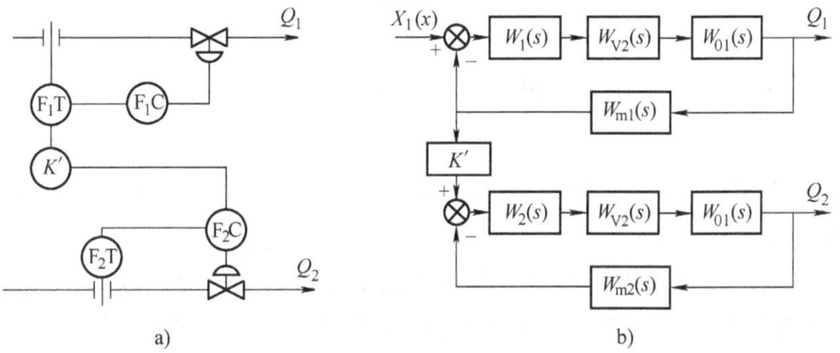

图 8-3　双闭环比值控制系统

a）系统流程图　b）系统组成框图

双闭环比值控制系统是由一个定值控制的主流量回路和一个跟随主流量变化的副流量控制回路组成。主流量控制回路能克服主流量扰动，实现其定值控制。副流量控制回路能抑制作用于副回路中的扰动。当扰动消除后，主、副流量都回复到原设定值上，其比值不变。

双闭环比值控制系统能实现主流量 Q_1 的定值控制，使主、副流量均比较稳定，从而使总物料量也比较平稳。因此，在工业生产过程自动化中，当要求负荷变化较平稳时，可以采用这种控制方案。

3. 变比值控制系统(串级比值控制系统)

单闭环比值控制和双闭环比值控制是实现两种物料流量间的定值控制，在系统运行过程中其比值系数是不变的。有些生产过程，要求两种物料流量的比值随第三个参数的需要而变化，为了满足上述生产工艺要求，采用变比值控制系统。图8-4为用除法器构成的变比值控制系统。

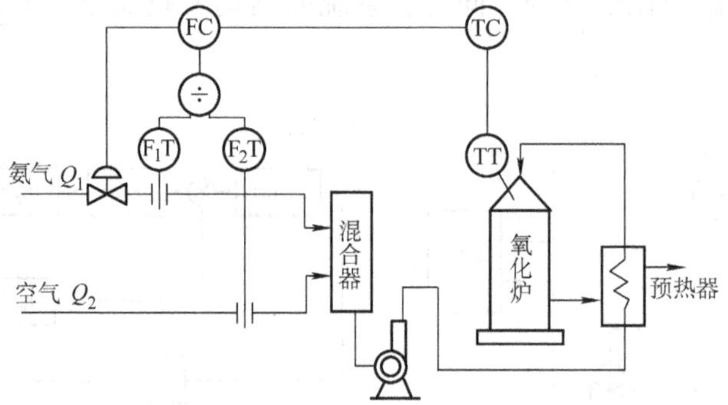

a)

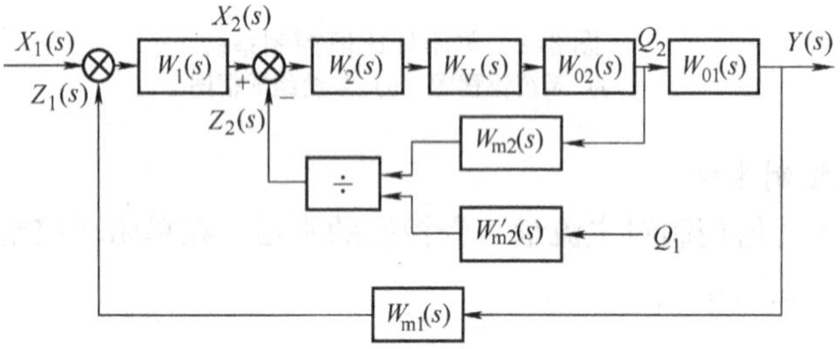

b)

图8-4 变比值控制系统

a) 系统流程图 b) 系统组成框图

该变比值控制系统是一个以第三参数或称主参数(质量指标)和以两个流量比为副参数所组成的串级控制系统。

系统在稳态时，主、副流量恒定，分别经测量变送器后送至除法器，其输出即为比值，作为 $W_2(s)$ 的测量信号，此时主参数 $Y(s)$ 也恒定。$W_1(s)$ 输出信号 $X_2(s)$ 稳定，且 $X_2(s)=Z_2(s)$，$W_2(s)$ 输出稳定，调节阀开度一定，所以主参数 $Y(s)$ 符合工艺要求，产品质量合格。

当 Q_1、Q_2 出现扰动时，通过比值控制回路，保证比值一定，从而不影响(扰动幅值不大时)主参数，或大大减小扰动对主参数 $Y(s)$ 的影响。

对于某些物料流量(如气体等)，当出现除流量扰动外如温度、压力、成分等变化时，虽然它们的流量比值不变，由于真实流量与原来流量不同，所以使 $Y(s)$ 偏离了设定值，$W_1(s)$ 的输出 $X_2(s)$ 产生变化，从而修正了 $W_2(s)$ 的给定值，即修正了两流量的比值，使系统在新的比值上稳定。

应该注意，在变比值控制系统中，流量比值只是一种控制手段，不是最终目的，而第三参数 $Y(s)$ 往往是产品质量指标。

8.1.3　系统设计

比值控制系统的设计包括：控制方案选择、主物料流量和副物料流量确定、控制规律确定、选择正确的变送器和测量元件、计算比值系数等。

1. 控制方案选择

比值控制系统有单闭环比值控制系统、双闭环比值控制系统、变比值控制系统等多种方案。在具体选用时应分析各种方案的特点，根据不同的生产工艺、负荷变化、扰动性质、控制要求等情况选择合适的比值控制方案。

1）单闭环比值控制能使两种物料间的比值较精确，方案实现起来方便，仅用一只比值器或比例调节器即可。但是主流量变化会导致副流量的变化。如果工艺上仅要求两流量之比值一定，负荷变化不大，而对总流量变化无要求，则可选用此控制方案。

2）在生产过程中，主、副流量的扰动频繁，负荷变化较大，同时要保证主、副物料总量恒定，则可选用双闭环比值控制方案。

3）当生产要求两种物料流量的比值能灵活地随第三参数的需要进行调节时，则可选用变比值控制方案。

总之，控制方案选择应根据不同的生产要求进行具体分析而定，同时还需考虑经济性原则。

2. 主、副物料流量的确定

比值控制系统按比值性质可分为定比值控制和变比值控制两种。在工业生产过程中，维持两流量比值不变，有时不一定是生产上的最终目的，而仅仅是保证产品产量、质量或安全的一种手段。在设计比值控制系统时，需要先确定主、副物料流量，其原则是：

1）在生产中起主导作用的物料流量，一般选为主流量，其余的物料流量以它为准，跟随其变化而变化，称为副流量。

2）在生产过程中不可控的物料流量，一般选为主流量，而可控物料量作为副流量。

3）在可能的情况下，选择流量较小的物料作为副流量，这样，调节阀可以选得小一些，控制较灵活。

4）在生产过程中较昂贵的物料流量可选为主流量，或者工艺上不允许控制的物料流量作为主流量，这样不仅不会造成浪费而且可以提高产量。

5）当生产工艺有特殊要求时，主、副物料流量的确定应服从工艺需要。

3. 调节器控制规律的确定

比值控制系统调节器控制规律是由不同的控制方案和控制要求而定的。

1）单闭环比值控制系统中，$W_1(s)$仅接收主流量的测量信号，仅起比值计算作用，故选 P 控制规律或用一个比值器；$W_2(s)$起比值控制作用和使副流量相对稳定，故应选 PI 控制规律。

2）双闭环比值控制系统，两流量不仅要保持恒定的比值，而且主流量要实现定值控制，其结果作为副流量的设定值也是恒定的，所以两个调节器均应选 PI 控制规律。

3）变比值控制系统，又可称为串级比值控制系统，它具有串级控制系统的一些特点，仿效串级控制系统调节器控制规律的选择原则，主调节器选 PI 或 PID 控制规律，副调节器选用 P 控制规律。

4. 变送器及其量程选择

流量测量是比值控制的基础，各种流量计都有一定的适用范围(一般正常流量选在满量程的70%左右)，必须正确选择和使用。变送器的零点及量程的调整都是十分重要的，请参考第3章有关内容。

5. 比值系数计算

在工业生产中，比值控制是解决两种物料流量之间的比例关系问题，工艺物料流量的比值K，是指两流量的体积流量或质量流量之比。比值系统K'是流量比值K的函数，一般情况下两者并不相等。当控制方案确定后，必须把工艺上的比值K折算成仪表上的比值系数K'，并正确设定在相应的控制仪表上，这是保证系统正常运行的前提。

比值控制系统由过程和检测变送、控制仪表组成。当使用DDZ-Ⅲ仪表时，仪表输出DC 4～20mA或DC 1～5V标准统一信号。比值系数计算就是将流量比值K折算成相应仪表的标准统一信号。

(1) 流量与测量信号成线性关系 设工艺要求$Q_2/Q_1=K$，测量流量Q_1和Q_2的变送器的测量范围分别为$0\sim Q_{1\max}$和$0\sim Q_{2\max}$，则折算成仪表的比值系数为

$$K' = K\frac{Q_{1\max}}{Q_{2\max}} \tag{8-1}$$

若采用比值器来实现比值控制时，由式(8-1)计算出的仪表比值系数K'，即为比值器的比值系数。

(2) 流量与其测量信号成非线性关系 利用差压式流量计时，流量与压差的关系为

$$Q = c\sqrt{\Delta p}$$

式中，c为差压式流量计的比例系数。

由于流量变送器的输出为DC 4～20mA，正比于差压Δp，即输出电流与Q^2成正比。

同理可折算成上述仪表的比值系数为

$$K' = K^2\frac{Q_{1\max}^2}{Q_{2\max}^2} \tag{8-2}$$

式中，$Q_{1\max}$为测量主流量Q_1所用流量变送器的满刻度值；$Q_{2\max}$为测量副流量Q_2所用流量变送器的满刻度值；K为工艺要求的流量比值，$K=Q_2/Q_1$。

例8-1 在氨合成时，氮、氢须按一定比例进行反应。采用DDZ-Ⅲ仪表组成了以氮气为主流量，以氢气为副流量构成比值控制系统。用差压式流量计测量氢和氮的流量，未经开方处理。

已知氢流量变送器满度值为

$$Q_{1\max}=6.5\text{m}^3/\text{h}$$

氮气流量变送器的满度值为

$$Q_{2\max}=10\text{m}^3/\text{h}$$

生产工艺要求：$Q_2/Q_1=K=3$

试求采用比值器实现比值控制时仪表的比值系统K'。

解 根据题意，采用差压式流量计测量流量时，实际流量与其测量信号成非线性关系，

故采用式(8-2)计算仪表的比值系数 K'，即

$$K' = K^2 = \frac{Q_{1\max}^2}{Q_{2\max}^2} = (3)^2 \times (6.5/10)^2 = 3.8$$

将求出的比值系数 K' 设置在比值器，比值控制系统就能按工艺要求正常运行。

8.1.4　系统实施

比值控制系统能实现对 $Q_2/Q_1 = K$ 或 $Q_2 = KQ_1$ 的自动控制。其实施方案基本上有两大类。一是把两个流量 Q_2 与 Q_1 都测量出来，并将两个测量信号相除，除法器的输出作为比值调节器的测量值，称为相除控制方案，见图 8-5a。二是把流量 Q_1 测量出来，把测量信号乘以某一系数，作为流量 Q_2 调节器的给定值，控制流量 Q_2，称为相乘方案，见图 8-5b。

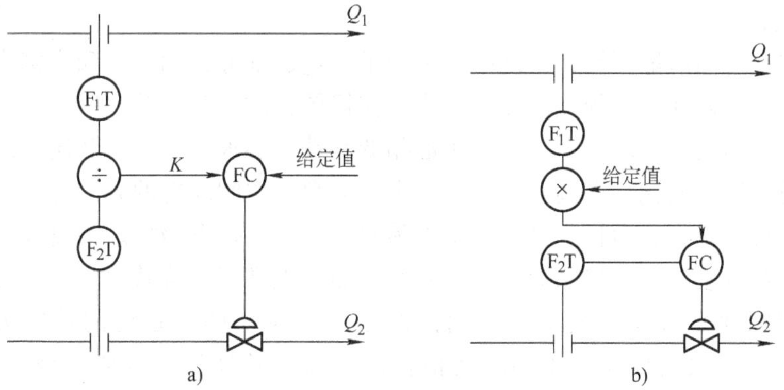

图 8-5　比值控制系统的实施方案
a）相除方案　b）相乘方案

在工程上，具体实施比值控制，通常可采用比值器、乘法器、除法器等仪表来完成两个流量的配比控制。

8.1.5　系统整定

单回路比值系统的动态整定比较简单，只要注意比值控制系统的闭环实际上是一个流量随动系统，即要求被控量按一定比例随主流量作相应的变化。同时副流量能快速、正确跟随主流量变化，而且不宜有过调，应以整定在振荡与不振荡的边界为最佳，整定步骤如下：

1）根据计算的比值系数 K'，在满足工艺生产主、副流量的流量比的条件下，将比值系统投入自动运行。

2）将积分时间置于最大，由大到小逐渐调节比例度，使系统响应迅速，并处于振荡与不振荡的临界过程。

3）若有积分作用，则适当放宽比例度，投入积分作用，并减少积分时间，直到系统出现振荡与不振荡的临界过程。

图 8-6 表明物料 A 的流量按某个比例跟踪物料 B 的流量变化。显然，要求控制回路跟

踪得越快越好，且不希望它在控制过程中流量上下波动。因此，在整定时应把系统的衰减率 φ 调整得较大，使调节过程处于临界振荡。此时，调节过程既无波动而又动作迅速，满足生产要求。在整定过程中，一般先把调节器的积分时间 T_I 放在最大，然后从大到小逐渐减小比例度 δ，直到被调流量在主流量阶跃扰动下的过渡过程处于临界振荡，如图 8-6 中曲线 b。图 8-6 中曲线 a 代表较大比例度时的过渡过程，显然它的调节过程太慢。在确定好比例度以后，逐步减小 T_I，直到调节过程中被调量稍有一点超调，见图 8-6 中曲线 c。

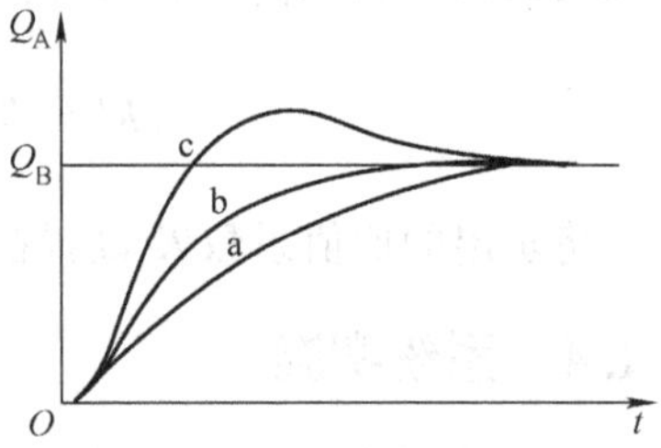

图 8-6 比值控制系统的整定

8.1.6 工业应用

1. 应用实例

管道调和是石油冶炼厂储运系统中的一个重要组成部分，油品调和直接决定着油品的质量，影响销售的价格和工厂的经济效益。为了获得较大的经济效益，一般对产品质量要求较严，不仅对组分油质量要求稳定，同时对油品调和精度要求也高，调和比控制严格，而且根据不同产品需要经常变化。在调和工艺操作中，多数采用间断性的罐内混合搅拌法，这不仅耗能大，油品损耗量大，而且产品合格率不易保证，设备投资增加。为克服以上问题，多采用管道自动调合方法。这不仅缩短了调和时间，而且提高了经济效益。

根据调和精度要求和工艺工况不同，油品管道自动调和系统的控制方案多种多样。图 8-7所示为 DDZ 仪表组成的单闭环比值控制系统。长期运行表明，该系统满足调和精度要求。

2. 应用中注意的问题

（1）流量测量中的温度、压力补偿　用差压式流量计测量可压缩流体的流量时，若流体实际工作压力 p 和热力学温度 T 与设计时的压力 p_0 和温度 T_0 不同，将会引起较大误差，因此，必须进行压力、温度补偿，其补偿公式为

$$Q_0 = Q\sqrt{\frac{pT_0}{p_0 T}} \tag{8-3}$$

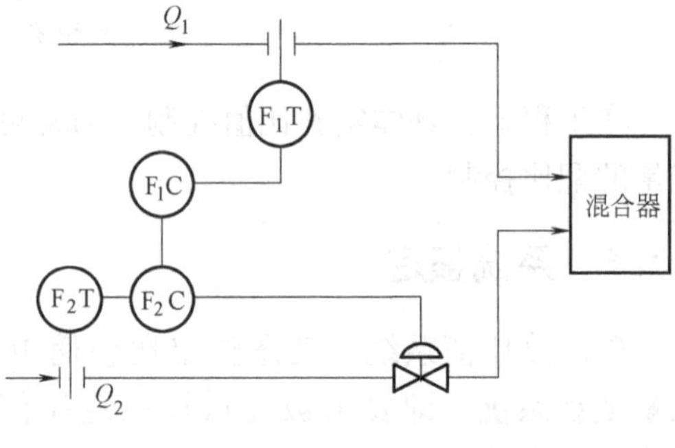

图 8-7 单闭环比值控制系统

（2）比值控制系统的非线性特性　比值控制系统的非线性特性是指系统的增益随负荷的变化而变化的特性。主要是由于流量变送器的非线性引起的。若流量变送器的特性是线性的，当负荷变化时，仪表的比值系数 K 保持常数，否则 K 是负荷变化的函数。因此，若采用差压式流量变送器，由于$Q = C\sqrt{\Delta p}$，而差压变送器的输出电流 I_o 正比于差压 Δp，为保证系统增益 K_p 为常数，必须利用开方器对差压变送器的输出进行开平方处理，这样系统增益与主流量的关系为

$$K_p = \frac{4}{Q_{1\max}} \tag{8-4}$$

8.2　均匀控制系统

8.2.1　概述

均匀控制系统具有使控制量与被控量缓慢地在一定范围内变化的特殊功能。在定值控制系统中，为了保持被控量为恒值，控制量幅度可以较大地变化，而在均匀控制系统中，控制量与被控量常常是同样重要的。控制的目的，是使两者在扰动作用下，都有一个缓慢而均匀的变化。

对于一套控制装置，它借助贮槽的缓冲，将一个变化剧烈的设备变换成一个变化平稳或缓慢的流量，这样的控制规律叫均匀控制系统。均匀控制系统从系统结构上无法看出它与简单控制系统和串级控制系统的区别。其控制思想体现在调节器的参数整定中。

1. 均匀控制原理

在工业生产过程中，生产的连续性是其特点之一，前一个装置或设备的出料量一般就是后一个装置或设备的进料量，而后一装置或设备的出料量又输送给其他装置或设备。所以，各个装置或设备是互相联系而又互相影响的，为了保证生产的正常运行，要求生产的各个环节必须保持稳定。为此，必须采用均匀控制系统。

均匀控制的目的不同于定值控制，所以其控制的品质指标也不相同。在均匀控制中，只要两个参数在工艺允许的范围内作均匀缓慢变化，生产就能正常运行，控制质量就较高，见图 8-8 所示的液位 H、流量 Q 均匀变化曲线。

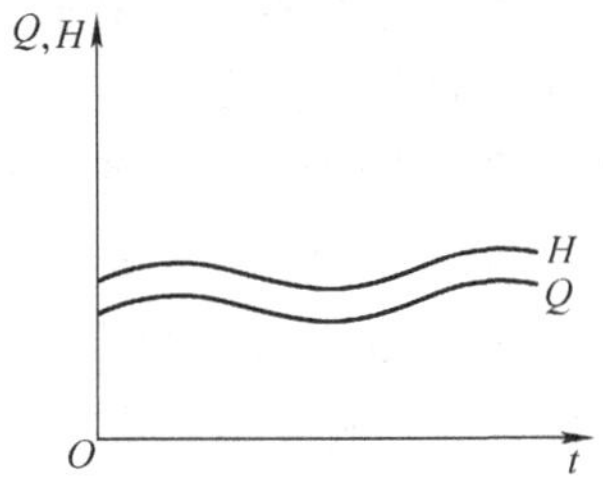

图 8-8　液位与流量均匀变化曲线

2. 均匀控制系统的特点

1）表征前后供求矛盾，相互联系的两个参数都应该是变化的，而且是缓慢的。①一个平稳必然引起另一个波动，每个都应变化；②缓慢变化有利于平稳。

2）前后相互联系，相互矛盾的两个参数应保持在允许波动范围内。①液体贮槽液位变化应在上下限之内；②流量波动应在上下限之内。

3）均匀并不意味平均，有时根据实际情况以一个参数为主，一个波动小一些，另一个波动大一些。

8.2.2　控制方案

目前，实现液位-流量均匀控制系统有三种方案。

1. 简单均匀控制方案

图 8-9 为两个精馏塔液位和流量简单均匀控制系统的实例。

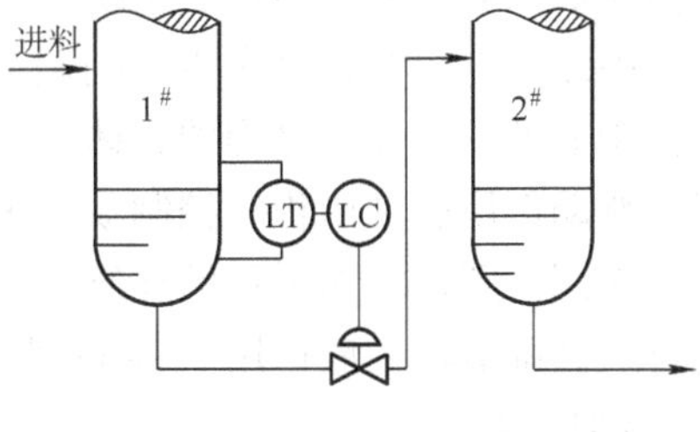

图 8-9　简单均匀控制系统的实例

由图可见，均匀控制系统与液位定值控制系统的结构和所使用的仪表完全是一样的。但是，系统设计的目的不同，在均匀控制系统中，1#塔液位和 2#塔进料量这两个参数只需控制在工艺规定的范围内，并呈缓慢变化即可。为此，调节器比例度应整定得大一些，使系统过渡过程缓慢而无振荡地变化，可见，关键在于调节器整定参数。若按照一般的液位定值系统来整定调节器参数，当液位受到扰动后，将使液位较快地回到给定值，但1#塔釜流出量必然波动很大。可见，均匀控制系统的结构虽然和定值控制相同，但不能按定值控制系统要求来整定调节器参数。

在简单均匀控制系统中，调节器一般选用比例作用，有时为了防止连续出现同向扰动时被控参数超出工艺规定的上下限范围，可适当引入积分作用。

简单均匀控制系统的最大优点是结构简单，操作方便，成本低，但控制质量较差，适用于扰动小，控制要求较低的场合。

2. 串级均匀控制方案

由于1#塔通过塔釜流过调节阀的流量要受1#塔的液位影响，同时还与前后两个塔的压力有关，若生产上对2#塔的进料量要求比较平稳时，上述简单均匀控制系统就不能满足要求。为了消除压力扰动的影响，设计以流量为副参数的副回路，构成精馏塔塔釜液位和流量串级均匀控制系统，见图8-10。

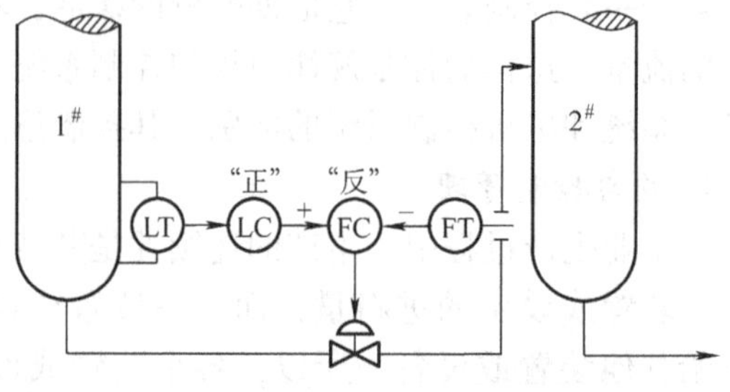

图8-10 串级均匀控制系统

图8-10中液位调节器LC的输出作为流量调节器FC的给定值。若入料量增加使1#塔的液位升高，液位调节器(正作用)的输出信号增大，通过反作用的流量调节器使调节阀缓慢地开大，反映在液位上却不是快速下降，而是缓慢地升高。同时，2#塔的进料量也是缓慢地增大。这样，液位与流量均为缓慢地变化，实现了均匀协调的控制目的。假如2#塔因扰动使其入料量发生变化时，首先通过副回路进行控制，同时会使1#塔液位受到影响，此时再通过液位调节器来改变流量调节器的给定值，使液位与流量都在规定变化范围内作均匀缓慢地变化，达到了均匀控制的目的。

串级均匀控制系统在结构上与前述的串级控制系统完全一样，但它不是用于提高塔釜液位的控制质量，而是使塔釜液位与流出流量均匀协调。串级均匀控制系统副回路的作用与前述串级系统的副回路相同，当二塔压力波动时，副回路将迅速动作，以有效地克服塔压力对流量的干扰，尽快地将流量调回到给定值，使1#塔的液位不致受到压力波动的影响。

可见，串级均匀控制系统副调节器的参数整定原则与一般定值流量控制系统相同，主调节器参数则应按照均匀控制系统整定方法进行整定。

串级均匀控制系统中主、副调节器控制规律的选择是十分重要的，要根据系统所要达到的控制要求以及控制过程的具体情况来决定。主调节器一般采用PI控制规律，这主要是为了在扰动作用后利用积分控制规律消除余差，使液位在给定值上下的容许范围内变化。若无积分作用，则在同向干扰的连续作用下，液位有可能超越给定值的上下限，影响生产的正常运行。副调节器一般选用P控制规律。若为了满足副参数的较高要求，副调节器也可选用PI控制规律。

串级均匀控制系统能克服较大的扰动，使主、副参数变化均匀缓慢平稳，提高控制质量。所以，尽管该系统结构较复杂，使用的自动化仪表较多，但是，在生产过程自动化中仍然得到较多的应用。

3. 双冲量均匀控制方案

双冲量均匀控制系统是串级均匀控制系统的变形，它用一个加法器来代替串级控制系统中的主调节器，把液位和流量的两个测量信号通过加法运算后作为调节器的测量值。

图 8-11 所示为双冲量均匀控制系统的一个实例。以塔釜液位与输出流量信号之差为被控参数，通过均匀控制使二者能均匀缓慢变化。若该系统采用 DDZ-Ⅲ仪表构成，则加法器的输出

$$I_O = I_H - I_Q \tag{8-5}$$

式中，I_O 为加法器的输出信号；I_H 为液位测量值；I_Q为流量测量值。

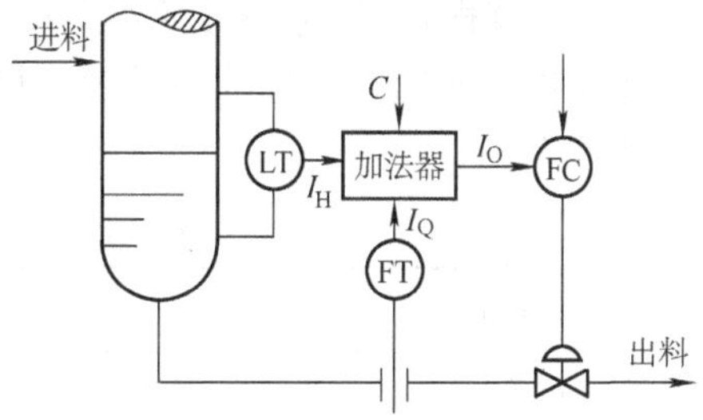

图 8-11　双冲量均匀控制系统

在正常情况下，调节加法器的零点迁移，使 I_O 为 12mA 左右，调节阀处于适当开度。当流量正常而液位受到扰动上升时，I_O 增大，使流量调节器的输出信号增加，从而开大阀门的开度，使流量增大，以使液位恢复正常。当液位正常，而流量受到扰动而增加时，I_O 减小，流量调节器的输出减小，因而使流量慢慢减小。

双冲量均匀控制系统具有串级控制系统的特点，但其参数整定应按简单均匀控制系统的整定方法处理。

8.2.3 调节器选型

均匀控制系统的调节器一般选择纯比例控制器，当液面有严重噪声时，或要求给定值时，除在扰动去除后，希望液位回复到给定值的情况下，尽可能不使用比例积分控制器；在比例均匀控制系统中不用微分控制器。

针对串级均匀控制系统控制器的选择：串级均匀控制系统的副调节器，应选择比例调节器，按单回路工程整定法确定其比例参数；主调节器一般应选择比例积分控制器，通过调整增益 K_c 和 T_i 使出料尽可能平缓，同时，确保液位不超出允许范围。当液位测量噪声较大时，为避免出料流量的同频率波动，可对液位测量信号进行低通滤波。

8.2.4 系统整定

均匀控制系统的整定方法与定值控制系统基本相同，但由于均匀控制系统所要完成的控制功能与一般定值控制系统不同，因此，其调节器参数整定值也有所不同，调节器比例度 δ 和积分时间 T_I 值都比定值控制系统大得多。

下面介绍串级均匀控制系统的整定方法。

1. 经验法

所谓经验法就是根据经验，按照“先副后主”的原则，把主、副调节器的比例度 δ 调到某一适当值；然后由大到小进行调节，使系统的过渡过程呈缓慢的非周期衰减变化；最后，根据过程的具体情况，可给主调节器加上积分环节，调整积分时间到较大值。

2. 停留时间法

停留时间 τ 是指介质在被控过程的被控参数允许变化范围内流过所需的时间。过程时间常数 T_0 等于停留时间的两倍，对图 8-12过程，根据物料平衡关系可得

$$\tau = \frac{V}{Q} = \frac{\pi D^2}{4Q}H \tag{8-6}$$

式中，V 为过程容积；Q 为正常生产时介质流量。

根据停留时间整定调节器参数，调节器参数与停留时间的关系见表 8-1。

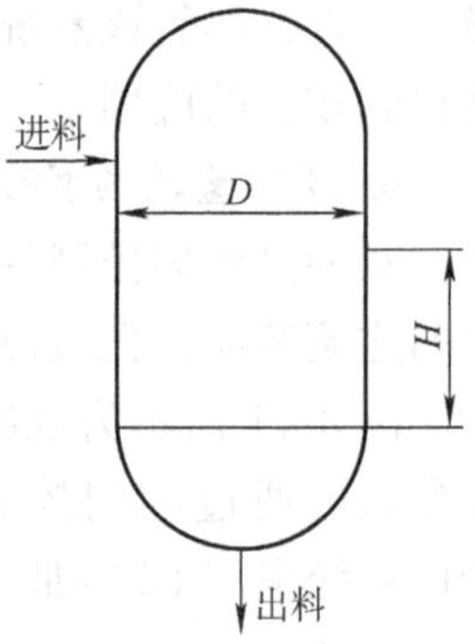

图 8-12 立式液位过程

表 8-1 调节器参数与停留时间 τ 的关系

<table>
<tr><td>τ/min</td><td colspan="2"><20</td><td colspan="2">20～40</td><td colspan="2">>40</td></tr>
<tr><td>δ(%)</td><td>100</td><td colspan="2">150</td><td colspan="2">200</td><td>250</td></tr>
<tr><td>T_I/min</td><td colspan="2">5</td><td colspan="2">10</td><td colspan="2">15</td></tr>
</table>

具体整定方法：

1）副调节器按经验法整定。

2）算出停留时间 τ，然后根据表 8-1 找出两组调节器参数。

若只考虑流量，应采用较大的一组参数；若只考虑液位，则应采用较小的一组参数；若两者都要兼顾，为了满足生产要求，则需在这两级参数的范围内认真调整。

8.2.5 工业应用

在如图 8-13 所示的双塔系统中，甲塔的液位需要稳定，乙塔的进料亦需要稳定，这两个要求是相互矛盾的。甲塔的液位控制系统，用来稳定甲塔的液位，其调节参数是甲塔的底部出料，显然，稳定了甲塔液位，甲塔底部出料必然要波动。但甲塔底部出料又是乙塔的进料，乙塔进料流量的控制系统，为了稳定进料流量，需要经常改变阀门的开度，使流量保持不变。因此，要使这两个控制系统均正常工作是不可能的。

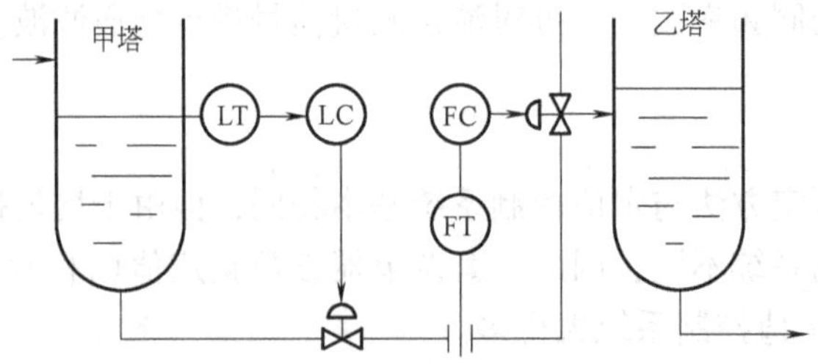

图 8-13 相互冲突的控制系统

要彻底解决这个矛盾，只有在甲、乙两个塔之间增加一个中间贮罐。但增加设备就增加了流程的复杂性，加大了投资。另外，有些生产过程连续性要求高，不宜增设中间贮罐。在理想状态不能实现的情况下，只有冲突的双方各自降低要求，以求共存。

通过分析，可以看到这类系统的液位和流量都不是要求很高的被控变量，可以在一定范围内波动，这也是可以采用均匀控制的前提条件，即控制目标发生了变化。图 8-14a 为无法实现的两个控制目标，图 b 为调整后体现均匀控制思想的可实现的控制目标。在图 8-14b 中，由于干扰使液位升高时，不能迅速有力地调整，使液位几乎不变，而是允许有一定幅度的上升。同时，流量也相应地增加一些，分担液位受到的干扰；同理，流量受到干扰而变化时，液位也分担流量受到的干扰。如此“均匀”地互帮互助，相互共存。

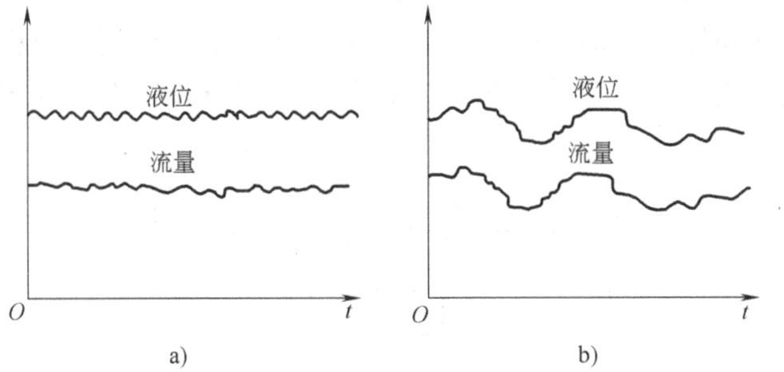

图 8-14　控制目标的调整

*8.3　分程控制系统

在前述过程控制系统中，调节器输出仅控制一个调节阀作全行程运作。但在某些工业生产中，根据工艺要求，一个调节器的输出信号分段，分别控制两个或两个以上调节阀工作，即每个调节阀在调节器输出的某段信号范围内作全行程动作，这种过程控制系统就叫分程控制系统。

8.3.1　概述

通常，在一个控制系统中，一个调节器的输出信号只控制一个执行器或调节阀（以下均以气动执行器为例），其结构与特性见图 8-15。

图 8-15 中的阀门为气开阀，即控制信号 p 为最小（0.02MPa）时，阀门全关闭；p 为最大（0.1MPa）时，阀门全打开。图 c 是调节阀的特性图，图 b 是阀门结构图。

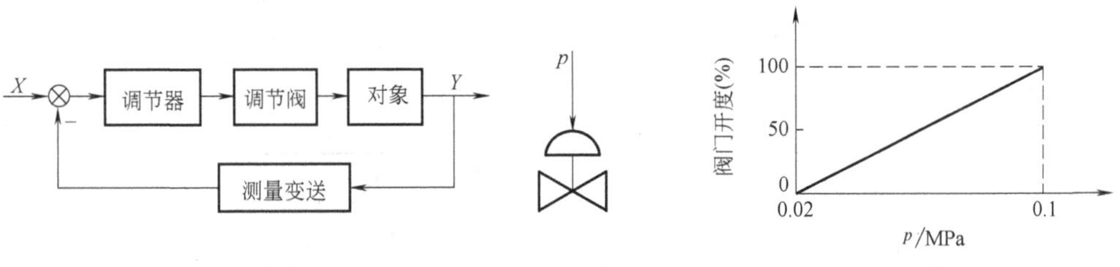

图 8-15　采用一个调节阀特性示意图

如果一个调节器的输出信号同时送给两个调节阀，构成如图 8-16 所示的系统，这就是一种分程控制系统。这里两个阀门并联使用，它们都是气开阀，其工作特性如图 8-16b 所示。阀门 A：控制信号 p 为 0.02MPa 时，全关；随着 p 增加，开度增加，当 p 增至 0.06MPa 时，阀门全部打开；p 继续增加，阀门保持全开状态，直至 p 达最大。阀门 B：在控制信号 p 从 0.02 增加到 0.06MPa 之间一直保持全关状态。从 0.06MPa 起，阀门逐步打开；至 0.1MPa 处，阀门全开。可见，两个阀门在控制信号的不同区间从全关到全开，走完整个行程。由于阀门有气开和气关两种特性，两个阀门就有 4 种组合特性，如图 8-17 所示。图 a 和 b 是两个阀门同方向运动，图 c 和 d 表明两个阀门作用方向相异。理论上讲，分程控制可以是两个以上阀门共同控制，但实际上，一般采用的都是两个阀门分程。

综上所述，从结构上看，简单控制系统只有一个调节阀，而分程控制有两个调节阀。

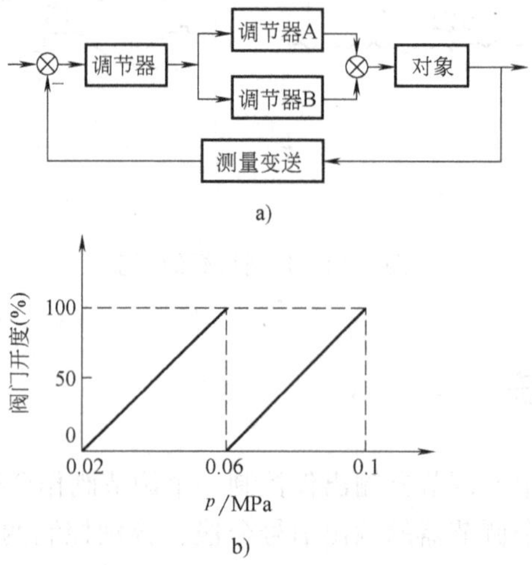

图 8-16　分程控制系统示意图

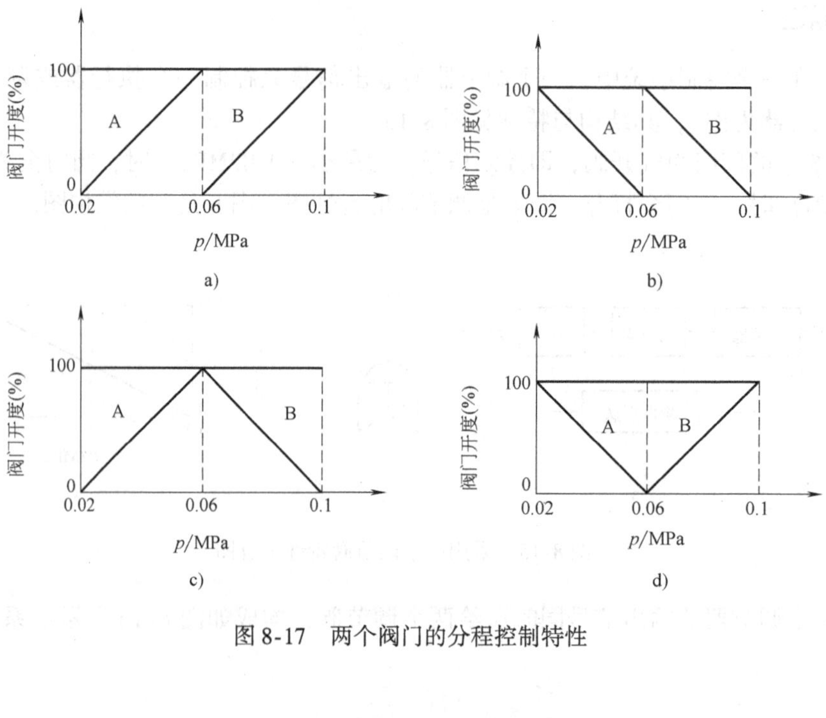

图 8-17　两个阀门的分程控制特性

8.3.2　控制方案

根据调节阀的气关、气开形式和分程信号区段不同，分程控制系统可分为以下两种类型：

1. 调节阀同向动作的分程控制系统

图 8-18 所示为调节阀同向动作的分程控制系统。图 8-18a 表示两个调节阀均选气开型。当调节器输出信号从 0.02MPa 增大时，A 阀打开；信号增大到 0.06MPa，A 阀全开，同时 B 阀开始打开；当信号达到 0.1MPa 时，B 阀也全开。图 8-18b 表示为两只调节阀均选气关型。当调节器输出信号从 0.02MPa 增大时，A 阀由全开状态开始关闭；信号达到 0.06MPa 时，A 阀全关，而 B 阀开始启动；当信号到 0.1MPa 时，B 阀也全关。

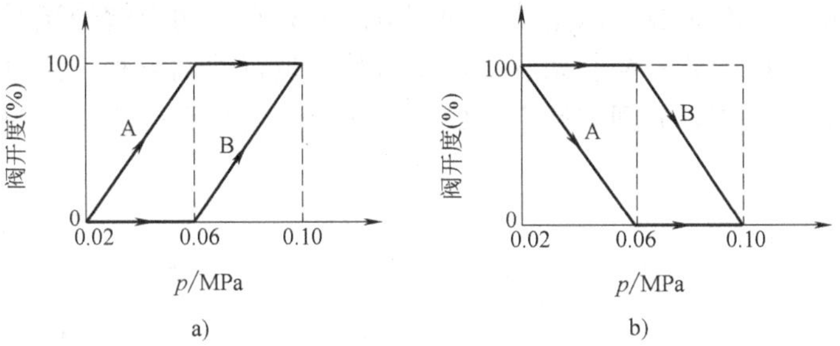

图 8-18　调节阀同向动作分程系统输入输出关系
a）气开阀输入输出关系　b）气关阀输入输出关系

2. 调节阀异向动作的分程控制系统

图 8-19 所示为调节阀异向动作的分程控制系统。图 8-19a 为调节阀 A 选用气开型、调节阀 B 选用气关型。当调节器输出信号大于 0.02MPa 时，A 阀开启；信号到 0.06MPa 时，A 阀全开，同时 B 阀启动；当信号到 0.1MPa 时，B 阀全关。图 8-19b 为调节阀 A、B 分别选气关、气开型的情况，其调节阀动作情况与图 8-19a 相反。

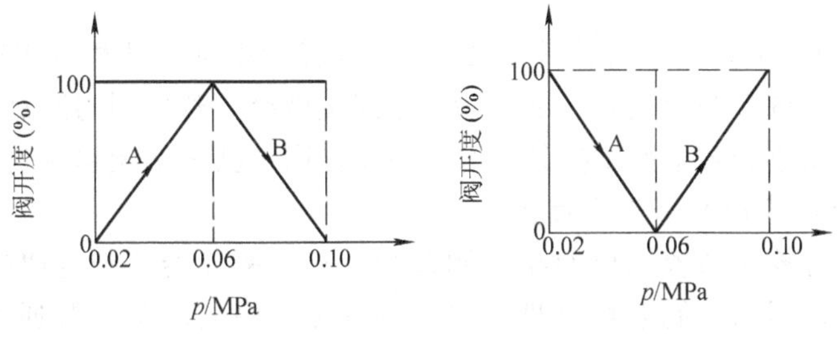

图 8-19　调节阀异向动作分程控制系统
a）阀 A 为气开阀、阀 B 为气关阀输入输出关系
b）阀 A 为气关、B 为气开阀输入输出关系

8.3.3　系统设计

分程控制系统本质上是属单回路控制系统。因此，单回路控制系统的设计原则全适用于分程控制系统的设计。但是，与单回路控制系统相比，分程控制系统的主要特点是分程调节

阀多，所以，在系统设计方面亦有一些不同之处，现就此作一介绍。

1. 分程信号的确定

在分程控制中，调节器输出信号分段是由生产工艺要求决定的。调节器输出信号需要分成几个区段，哪一区段信号控制哪一个调节阀工作等，完全取决于工艺要求。

2. 调节阀特性的选择

1）根据工艺需要选择同向工作或异向工作的调节阀。

2）流量特性的选择。在第4章中曾介绍过，调节阀流量特性的选择原则是调节阀的特性与过程的特性乘积为一常数，从而使过程控制系统具有线性特性。该原则亦适合分程控制系统。但分程控制系统把两个调节阀作为一个调节阀使用时，要求从一个调节阀向另一个调节阀过渡时，其流量变化要平滑。由于两个调节阀的增益不同，存在着流量特性的突变，对此必须采取相应措施。对于线性流量特性的调节阀，只有当两个阀的流通能力很接近时，两阀衔接成直线，才能用于分程控制系统。对于对数流量特性调节阀，需通过两个调节阀分程信号部分重叠的方法，使调节阀特性衔接成线性化，达到平滑过渡，见图8-20。

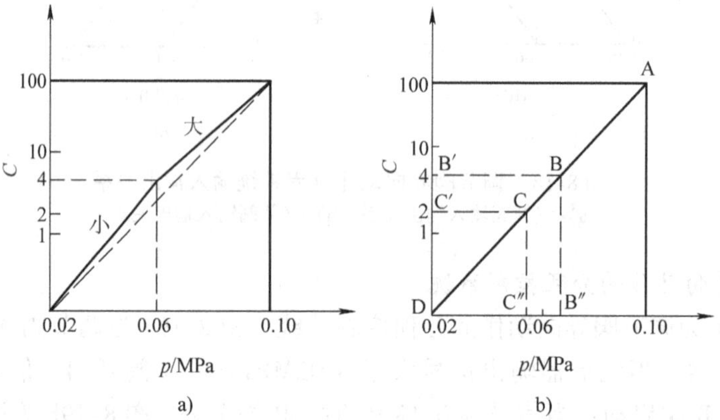

图8-20 确定分程信号的重叠部分

3）调节阀的泄漏量。调节阀泄漏量大小是分程控制系统设计和应用中的一个十分重要的问题，必须保证在调节阀全关时，不泄漏或泄漏量极小。若大阀的泄漏量接近或大于小阀的正常调节量时，则小阀就不能发挥其应有的控制作用，甚至不能起控制作用。

3. 调节器控制规律的选择与参数整定

由上所述，分程控制系统属单回路控制系统，有关调节器控制规律的选择及其参数整定，可以参照前述单回路控制系统处理。但是分程控制中的两个控制通道特性不会完全相同。所以，在系统运行中只能采用互相兼顾的办法，选取一组较为合适的整定参数值。

8.3.4 工业应用

1. 分程控制的实现

分程控制是通过调节阀的附件，即阀门定位器(气动阀门定位器或电－气阀门定位器)或其他仪表来实现的。它根据调节器输出的不同区段信号，通过改变阀门定位器的弹簧或零点，相应控制调节阀作全行程动作。例如一个阀门定位器的输入信号为0.02～0.06MPa时，通过改变调节弹簧或零点，使其输出为0.02～0.06MPa，从而使一个调节阀从全开到全关，或从全关到全开作全行程动作；另一个阀门定位器的输入信号为 0.06～0.1MPa 信号时，采取同样方法使其输出信号为 0.02～0.1MPa，从而使另一个调节阀作全行程动作。

2. 分程控制的工业应用及示例

设计分程控制系统的目的，归纳起来有两个方面。一是满足某些生产工艺的特殊要求；二是扩大调节阀的可调范围，提高系统品质。分程控制的工业应用很广，大致有以下几个方面：

(1) 用于节能控制　设计和应用过程控制系统，必须充分注意提高工业生产的经济技术指标。也就是说，通过自动控制手段来减少能量消耗，以提高经济效益。

例 8-2　在某生产过程中，冷物料通过热交换用热水(工业废水)和蒸汽对其进行加热，当用热水加热不能满足出口温度要求时，则再同时使用蒸汽加热，为此，设计图 8-21 所示的温度分程控制系统，其中图 8-21a 为控制系统原理图，图 8-21b 为该系统组成框图。

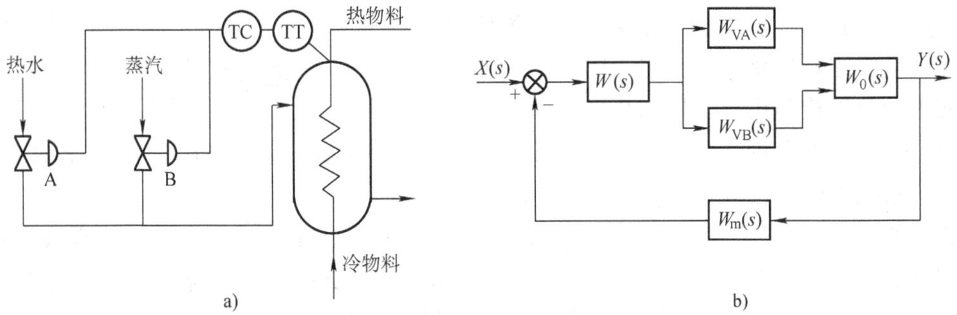

图 8-21　温度分程控制系统
a) 控制系统流程图　b) 控制系统框图

在本系统中，蒸汽阀和热水阀均选气开式，调节器为反作用，在正常情况下，热水阀全开仍不能满足出口温度要求时，调节器输出信号同时使蒸汽阀打开，以满足出口温度的工艺要求。采用分程控制，可节省能源，降低能耗。

(2) 用于扩大调节阀的可调范围，改善调节阀的工作特性　在有些工业生产中，要求调节阀工作时其可调范围要大，但是国产统一设计的调节阀，其可调范围 $R=30$。因此，有时满足了大流量就不能满足小流量，反之亦然。为此，可设计和应用分程控制，将两个调节阀当作一个调节阀使用，从而可扩大其调节范围，改善其特性，提高控制质量。

设分程控制中使用的大小两只调节阀，其最大流通能力分别为

$$C_{1\max}=4，C_{2\max}=100$$

其可调范围为

$$R_1=R_2=30$$

故调节阀的最小流通能力为

$$C_{1\min}=\frac{C_{1\max}}{R_1}=\frac{4}{30}=0.134$$

$$C_{2\min}=\frac{C_{2\max}}{R_2}=\frac{100}{30}=3.333$$

分程控制把两个调节阀当作一个调节阀使用，其最小流通能力为 0.134，其最大流通能

力为100，可调范围为

$$R_{分}=\frac{C_{2\max}+C_{1\max}}{C_{1\min}}=\frac{104}{0.134}=776$$

可见，分程控制后调节阀的可调范围为单个调节阀的近25倍，这样，既能满足生产上的要求，又能改善调节阀的工作特性，提高了控制质量。

(3) 用于环境保护　在工业生产中，例如在印染、造纸、醋酸乙烯等生产过程中，会产生很多废液，如果将其随意排入江河湖泊，对环境将会造成严重污染，并破坏生态平衡。为此，必须对排污的废水进行处理，根据废液的酸碱度，决定加酸或碱。通常，废液的酸碱度都用pH值的大小来表示，当pH值小于7时，则废液为酸性；当pH值大于7时，则废液为碱性；当pH值等于7时，则为中性。废液中和过程的控制任务就是要维持废液pH值在7附近。为此设计废液中和分程控制系统，见图8-22。

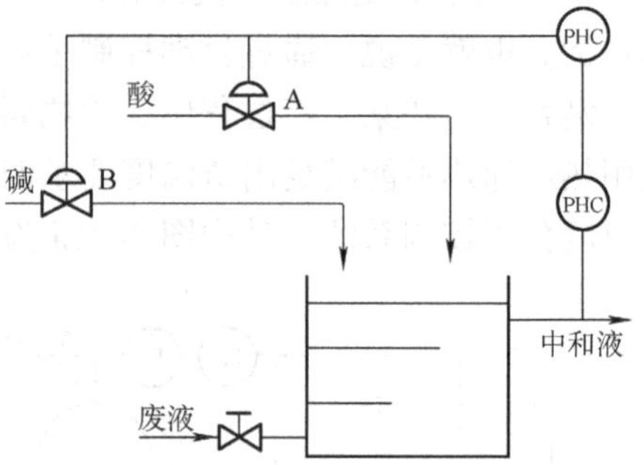

图8-22　废液中和过程的分程控制系统

设pH值等于7时，pH计输出电流为I_H^*。当pH计的输出电流$I_H>I_H^*$时，则废液呈碱性，于是分程控制pH调节器的输出信号应该使调节阀A打开，加入适量酸液，使废液中和，此时调节阀B关闭。相反，当$I_H<I_H^*$时，则废液呈酸性，此时，调节器输出信号控制调节阀B工作，加入适量的碱液，使废液呈中性，此时调节阀A关闭。

(4) 用于多种调节手段，维持生产稳定　在生产过程中，为了维持某一参数稳定，通常需要用多种手段进行控制，为此，可采用分程控制。高炉热风压力分程控制系统是该类应用的典型实例。

*8.4　选择控制系统

8.4.1　概述

在工业生产中，生产限制条件多而且复杂，尤其在开车、停车过程中更容易发生误操作。由于生产的速度太快，操作人员跟不上生产变化速度，所以无法进行控制。为了有效地防止生产事故的发生，减少开车、停车的次数，设计和应用了一种能适应短期内生产异常、改善控制品质的控制方案即选择性控制。

选择性控制是把工业生产过程中的限制条件所构成的逻辑关系，叠加到正常的自动控制系统上去的一种组合控制方法。即在一个过程控制系统中，设有两个调节器(或两个以上变送器)，通过高、低值选择器选出能适应生产安全状况的控制信号，实现对生产过程的自动控制。这种选择性控制系统又被称为自动保护系统。

选择性控制系统在结构上的最大特点是有一个选择器，通常是两个输入信号，一个输出信号，见图8-23。对于高选器，输出信号Y等于X_1和X_2中数值较大的一个，如$X_1=5\text{mA}$，$X_2=4\text{mA}$，$Y=5\text{mA}$。对于低选器，输出信号Y等于X_1和X_2中数值较小的一个。

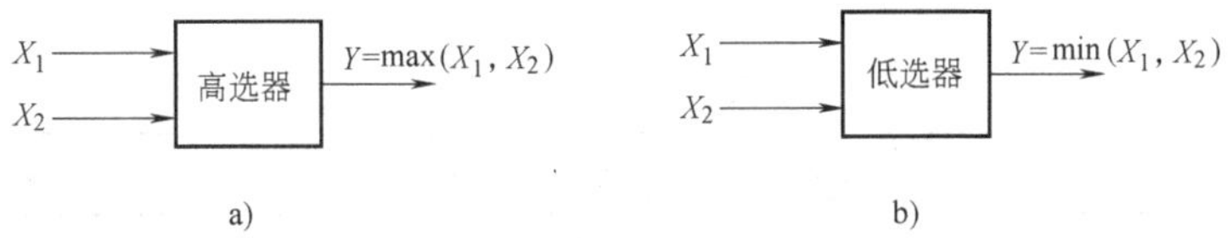

图 8-23 高选器和低选器

用高选器时，正常工艺情况下参加控制的信号应该比较强，如设为 X_1，则 X_1 应明显大于 X_2。出现不正常工艺时，X_2 变得大于 X_1，高选器输出 Y 转而等于 X_2；待工艺恢复正常后，X_2 又下降到小于 X_1，Y 又恢复为选择 X_1。这就是选择性控制原理；同理，低选器工作与高选器类似，不同之处在于它是选择比较弱的信号。

8.4.2 控制方案

1. 控制方案

选择性控制系统的特点是采用了选择器。选择器可以接在两个或多个调节器的输出端，对控制信号进行选择；也可以接在几个变送器的输出端，对测量信号进行选择，以适应不同生产过程的需要。根据选择器在系统结构中的位置不同，选择性控制系统可分为以下 3 种：

（1）开关型选择性控制系统　如图 8-24 所示是一个丙烯冷却器温度控制系统，目的是使裂解气的温度下降并稳定在一定的温度上。测量裂解气出口温度 T，如 T 偏高，使液丙烯流量加大，冷却器中的液丙烯液面升高，载有裂解气的列管与液丙烯的接触面积增大，换热加快，T 下降，达到控制的目的。

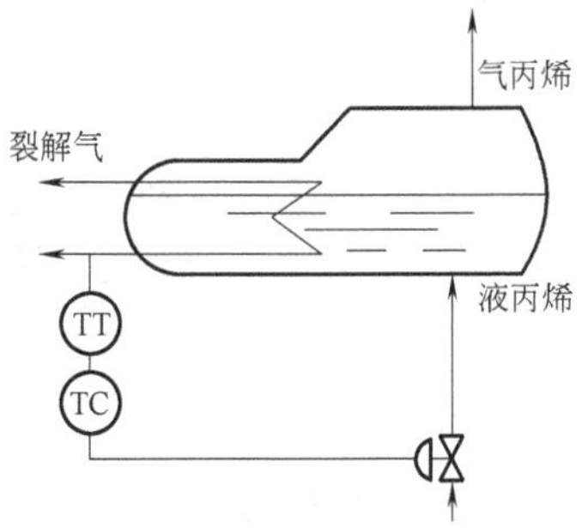

图 8-24 丙烯冷却器简单控制系统

如果干扰很大，裂解气进口温度很高，液面上升到全部列管均已浸在液丙烯中，仍然不能将 T 降下来，控制系统势必要继续加大液丙烯的流量。但这时，继续加大液丙烯流量不能进一步增加列管与液丙烯的换热面积，而且，由于液面很高，液丙烯的蒸发空间太小，使换热效率下降。更为严重的问题是，出口气丙烯中可能带有液体，即带液现象，带液气丙烯送入压缩机会损坏压缩机，这时不允许的。因此，在非正常工况时，无法用图 8-24 所示的简单控制系统解决。

根据选择性控制思想，设计一个开关型选择性控制系统见图 8-25。比简单控制系统增加了液位变送器和电磁三通阀。正常工况时，电磁三通阀将温度调节器来的控制信号 P 送至气动调节器室，系统与简单控制系统相同。当液位上升到一定位置时，液位变送器的上限节点接通，电磁三通阀通电，切断控制信号 P 的通路，将大气（即表压为 0）通入气室，阀门关闭。液位回降至一定位置时，液位变送器上的上限节点断开，电磁三通阀失电，系统恢复为简单温度控制系统。这

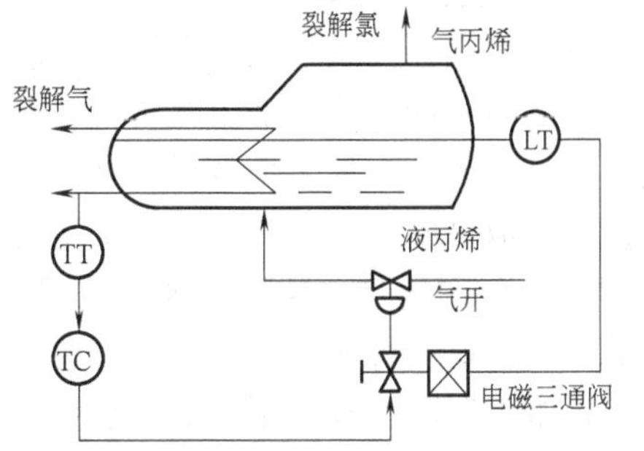

图 8-25 丙烯冷却器开关型选择性控制系统

个系统的框图见图8-26。

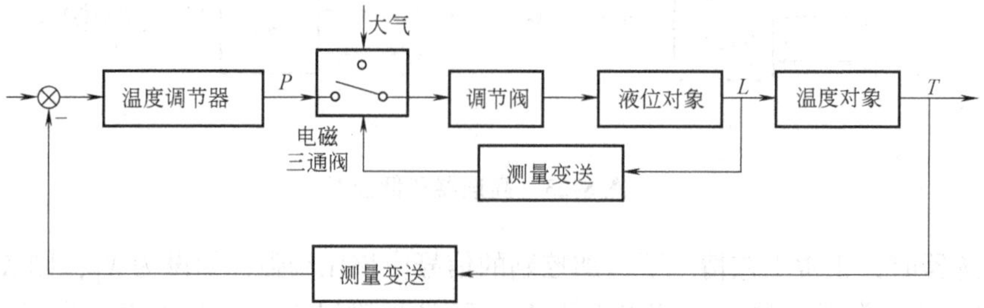

图8-26 丙烯冷却器开关型选择性控制系统框图

（2）连续型选择性控制系统 开关型选择性控制系统中的调节阀，在正常工况向非正常工况切换时不是全开就是全关，而连续型选择性控制系统则是切换到另一个连续控制系统。如图8-27是压缩机连续型选择控制系统。

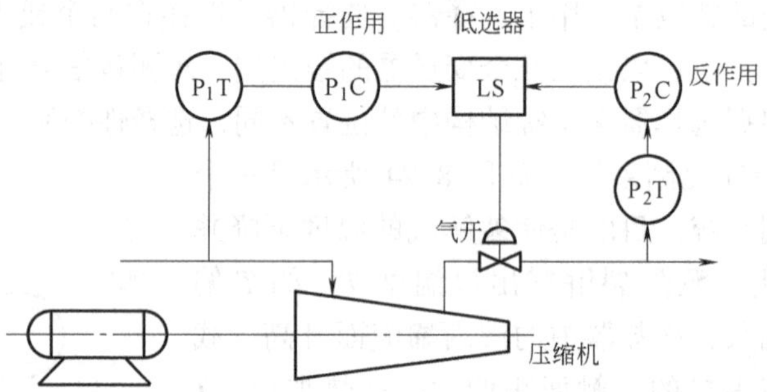

图8-27 压缩机连续型选择性控制系统

正常工况时，P_2C 的输出信号小于 P_1C 的输出信号，LS 选 P_2C 的输出信号，系统维持压缩机的出口压力 P_2 稳定不变。当压缩机进口压力 P_1 下降至一定程度时，压缩机会产生喘振。由于采用了低选器 LS，当 P_1 降至一定数值时，P_1C 的输出信号会低于 P_2C 的输出信号，LS 选择 P_1C 的输出信号为输出，系统切换为进口压力控制系统，将阀门关小，以维持 P_1 不低于安全限；当进口压力 P_1 回升，P_1C 使阀门开大，P_2 回升，待 P_2 回升到一定程度时，P_2C 的输出变得小于 P_1C 的输出，低选器动作，系统恢复正常。

（3）混合型选择性控制系统 同时在一个控制系统中使用开关型与连续型选择性控制，就是混合型选择控制系统。在锅炉的燃烧系统中，正常情况下，燃料气量根据蒸汽出口压力来调整。但有两种非正常工况可能出现：一是燃料气压力过高，产生“脱火”现象，燃烧室中火焰熄灭，大量未燃烧的燃料气积存在燃烧室内，烟囱冒黑烟，并有爆炸的危险，因此，应采取措施，使燃料气压力不致过高；二是燃料气压力也不能过低，太低的燃料气压力有“回火”的危险，导致燃料气贮罐燃烧和爆炸，因此，也需要采取措施，防止燃料压力过低。结合这两种非正常工况的需要，设计混合型选择性系统，见图8-28。

正常工况时，蒸汽压力 P_1 上升，a 下降，d 下降，阀门关小，燃料气流量减小，使 P_1 下降，实现控制。

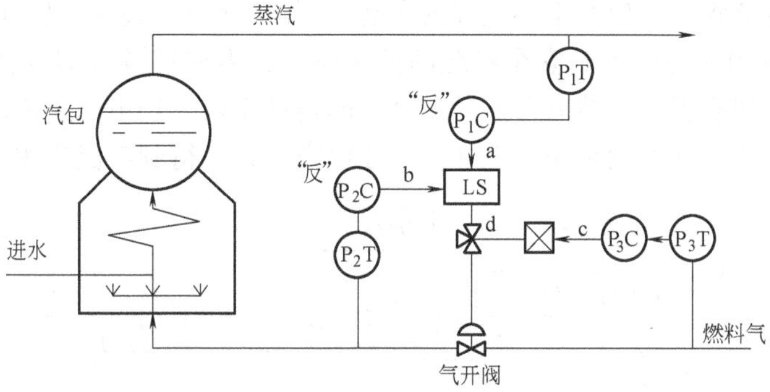

图 8-28　锅炉燃烧系统混合型选择性控制系统

如 P_2 上升至有“脱火”危险时，b 小于 a，$d=b$，阀门关小，使 P_2 下降，起防“脱火”作用。P_2 降至正常后，系统恢复蒸汽压力控制系统，是连续型选择性控制。

如 P_3 下降至有“回火”危险时，P_3C 的下限节点接通，使三通电磁阀通电，电磁阀动作，气动调节阀膜头气室通大气，气动调节阀关闭。起防止“回火”作用。P_3 回升后，系统恢复为蒸汽压力控制系统，是开关型选择性控制。

选择器的使用，还可以构成其他类型的复杂控制系统，有时也可以说，凡是应用选择器的控制系统就是选择性控制系统。

2. 积分饱和问题

（1）积分饱和现象　在选择性控制系统中，由于采用了选择器，未被选用的调节器就处于开环状态，如调节器有积分作用，偏差又长期存在，则调节器的输出就会持续地朝一个方向变化，直至极限状态。超出气动调节阀的正常输入信号范围（0.02～0.1MPa），这时就进入了积分饱和状态。如果在这种状态下，该调节器重新被选用，它不能迅速地从极限状态（即饱和状态）的 0.14MPa 或 0MPa 进入气动调节阀的正常输入信号范围 0.02～0.1MPa 之内。控制系统不能及时地进行控制，系统质量和安全等性能都受到影响，甚至造成事故。积分饱和现象并不是选择性控制系统所特有的，只要符合产生积分饱和的三个条件，即：①调节器具有积分作用；②调节器处于开环状况；③调节器的偏差长期存在，系统都会发生积分饱和现象。

（2）抗积分饱和的措施

1）限幅法：采用技术措施，将调节器输出信号限值在工作信息范围之内。DDZ-Ⅲ型调节器系列有限幅型调节器，可以克服积分饱和。

2）积分切除法：当调节器处于开环状态时，自动切除其积分作用，就不会出现积分饱和。如 DDZ-Ⅲ型调节器系列中有 PI-P 调节器，它在闭环中是 PI 作用；处于开环时，调节器为纯比例作用 P。

8.4.3　方案选择

1. 选择器位于调节器的输出端，对调节器输出信号进行选择

图 8-29 为选择性控制系统框图，其主要特点是：几个调节器共用一个调节阀，通常是两个调节器共用一个调节阀。其中正常调节器在生产正常情况下工作，取代调节器处于备用状态。在生产正常情况下，两个调节器的输出信号同时送至选择器，选出适应生产安全状况

的控制信号送给调节阀，实现对生产过程的自动控制。当生产工艺情况不正常时，通过选择器(低值或高值)选出能适应生产安全状况的控制信号，由取代调节器取代正常调节器的工作，直到生产情况恢复正常，然后再通过选择器的自动切换，仍由原正常调节器来控制生产的正常进行。这种选择性控制系统，在现代工业生产过程中得到广泛应用。

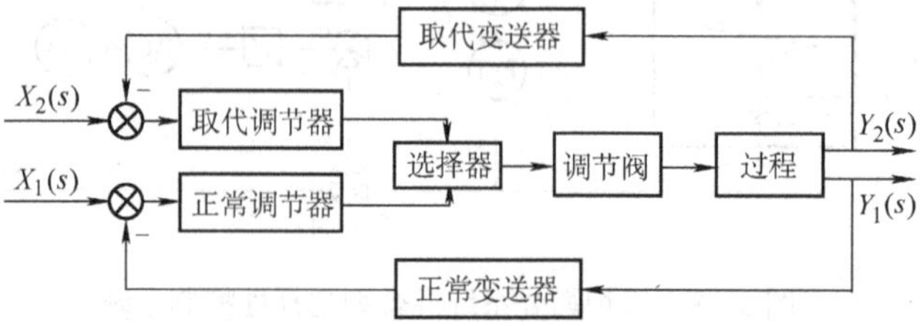

图 8-29　对调节器输出信号进行选择的选择性控制系统框图

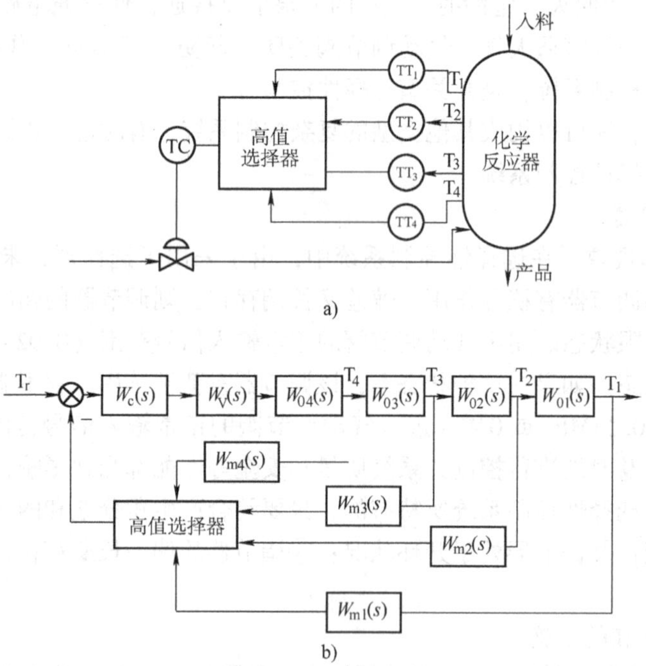

图 8-30　反应器最高温度选择性控制系统

a）控制系统流程图　b）控制系统框图

2. 选择器位于调节器之前，对变送器输出信号进行选择

图 8-30 所示选择性控制系统的特点是：几个变送器合用一个调节器。通常选择的目的有两个：

（1）选出最高或最低测量值　图 8-30a 为反应器最高温度选择性控制系统流程图。氢气和氮气在触媒的作用下合成为氨。合成塔内的反应温度是反映氨合成率的间接指标。热点温度过高会烧坏触媒，在触媒层的不同位置上插入热电偶，将其测量温度所得的信号均送至高值选择器，通过选择器选取最高温度信号进行控制，以保证触媒不被烧坏。图 8-30b 为该控制系统框图。

（2）选出可靠测量值　为防止仪器故障对装置可能造成的危害，对于关键性的检测点可同时安装三个变送器，通过选择器，选出可靠的测量信号进行自动控制，以提高系统运行的可靠程度。

图 8-31 为反应器成分信号中值选择性控制系统流程图。在某些化学反应器，如果变送器的可靠性不够，控制失败时将有爆炸的危险，为此配置三个变送器，选取它们输出中的中间值，若这三个变送器不同时失灵，通常中间值是最可靠的。采用高值选择器 HS 和低值选择器 LS，则可在 A、B、C 三者中任选 A、B 或 A、C 分别通过高值选择器，而后再把两个高值选择器的输出信号通过低值选择器，则低值选择器的输出即为中间值。

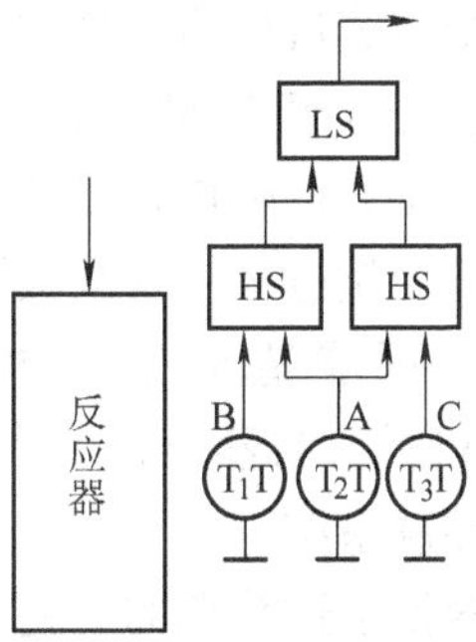

图 8-31　反应器成分信号中值选择性控制系统流程图

8.4.4　系统设计

选择性控制系统设计包括调节阀气开、气关形式的选择，调节器控制规律及其正、反作用方式的确定，选择器造型以及系统整定等内容。

1. 调节阀气开、气关形式的选择

在设计选择性控制系统时，调节阀气开、气关形式的选择原则与前述单回路过程控制系统设计中调节阀的选择原则相同。即根据生产工艺安全原则来选择调节阀的气开、气关形式。

2. 调节器控制规律的选择及其正、反作用方式的选择

在选择性控制系统中，有两个调节器即正常调节器和取代调节器。对于正常调节器，由于有较高的控制精度要求，同时要保证产品的质量，所以应选用 PI 控制规律，如果过程的容量时延较大，可以选用 PID 控制规律。对于取代调节器，由于在正常生产中开环备用，仅要求其在生产将出问题时，能迅速及时采取措施，以防事故发生，故一般选用 P 控制规律即可。对于上述两个调节器的正、反作用方式，可完全按照单回路控制系统设计原则来确定。

3. 选择器的选型

选择器是选择性控制系统中的一个重要组成环节。正常与取代调节器的输出信号同时在选择器中进行比较，其被选取的信号作用于调节阀，以实现对生产过程的自动控制。选择器有高值选择器和低值选择器两种。前者选出高值信号通过，后者选出低值信号通过。在选择器选型时，首先根据调节阀的选用原则，确定调节阀的气开、气关形式；然后确定调节器的正、反作用方式；最后确定选择器的类型。在具体选型时，是根据生产处于不正常情况下，取代调节器的输出信号为高值或为低值来确定选择器的类型。如果取代调节器输出信号为高值时，则选用高值选择器；如果取代调节器输出信号为低值时，则选用低值选择器。

4. 调节器参数整定

在选择性控制系统中，整定调节器参数时，由于系统中两个调节器是轮换进行工作的，因此，可按单回路控制系统的整定方法进行整定。但是，取代调节器投入工作时，其必须发出较强的控制信号，产生及时的自动保护作用，所以其比例度 δ 应整定得小一些。如果有积分作用时，积分作用也应整定得弱一点。

8.4.5 工业应用

在锅炉的运行中，蒸汽负荷随用户需要而经常波动。在正常情况下，用控制燃料量的方法来维持蒸汽压力的稳定。当蒸汽用量增加时，蒸汽总管压力将下降，此时正常调节器输出信号去开大调节阀，以增加燃料量。同时，燃料气压力也随燃料量的增加而升高。当燃料气压力超过某一安全极限时，会产生脱火现象，可能造成生产事故。为此，设计图8-32所示的蒸汽压力与燃料气压力的选择性控制系统。

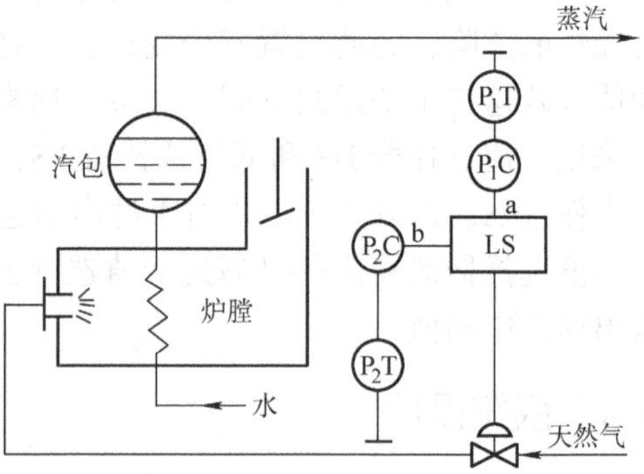

图8-32 蒸汽压力与燃料压力选择性控制系统

根据上述简单的工艺过程介绍，运用系统设计原则来设计压力选择性控制系统。

(1) 选择调节阀 从生产安全考虑，当气源发生故障或调节器损坏时，调节阀应当切断天然气，故应选气开式调节阀。

(2) 调节器正、反作用方式的确定 对于正常调节器来说，蒸汽压力升高，天然气流量应减小，调节阀应关小。由于调节阀为气开式，因此调节器输出信号应减小，故应选择反作用方式。对于取代调节器，当天然气压力升高到一定程度时，应使其输出压力减小，以便被选取其去关小调节阀，故应选为反作用方式。

(3) 选择器选型 当生产处于不正常时，取代调节器的输出信号应减小，故选用低值选择器。

至此，选择性控制方案已完成设计任务，为使系统能运行在最佳状态，还必须按上述整定要求进行系统调节器参数整定。

前面介绍了单输入、单输出过程控制系统的设计、参数整定和工程应用问题，这类系统虽然结构很简单，但都是最基本的过程控制系统。在高水平的自动控制方案中，这类系统目前仍占控制回路的绝大多数(约占工业控制系统的85%以上)。可见，单输入、单输出过程控制系统是应用最广泛和最普遍的控制系统。

随着现代工业生产的发展，工业生产过程也越来越复杂。一些过程的输入、输出变量至少有两个或两个以上，它们之间存在着相互耦合和相互影响，这类过程被称为多输入、多输出或多变量过程；而有些过程的放大系数、时间常数和时延时间等随时间不断变化，称这类过程为时变过程；有些过程的主要扰动量甚至输出量难以用仪器仪表测量甚至无法测量，有些过程的工作机理复杂，至今尚未被人们所认识，其数学模型难以得到，只能以阶跃响应曲线或脉冲响应曲线来表征其输入、输出关系。所有这些复杂的过程，用前面所述的单输入、单输出控制策略和方法是很难实现控制的。为了解决上述复杂对象的过程控制问题，人们研究了基于输入、输出变量相互耦合的解耦控制系统、基于过程特性时变的自适应控制系统、基于非参数模型的推理控制系统和预测控制系统等。由于篇幅所限，对于这类复杂控制系统，这里不作介绍，请读者参考有关文献。

思考题与习题

8-1　图 8-33 为采用 DDZ-Ⅲ仪表的比值控制系统，乘法器的输出 $I=\frac{(I_1-4)(I_0-4)}{16}+4$，其中 I_1 和 I_0 为乘法器的两个输入信号。Q_1 和 Q_2 均采用孔板配差压变送器测量，未加开方器，已知 $Q_{1max}=3600m^3/h$，$Q_{2max}=2000m^3/h$，试求：

1）画出该控制系统的组成框图。

2）若要求 $Q_1:Q_2=2:1$，应该如何设置乘法器的设置值 I_0？

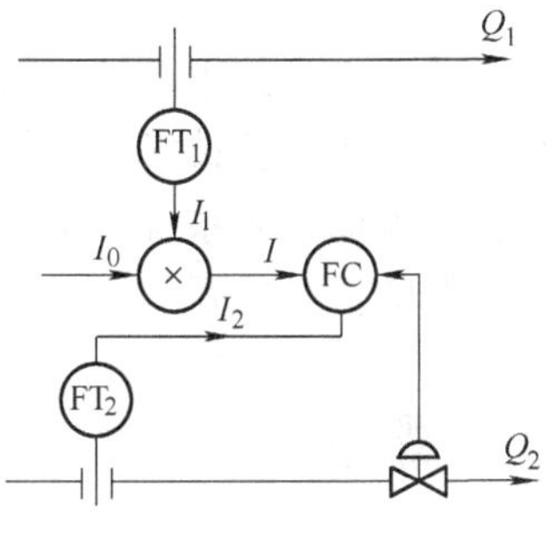

图 8-33　题 8-1 图

8-2　某氧化工序用氨和氧氧化成一氧化氮。已知氨的最大流量 $Q_{1max}=9000m^3/h$，氧最大流量 $Q_{2max}=4000m^3/h$；工艺要求 $Q_2/Q_1=0.5$，用 DDZ-Ⅲ差压式流量变送器测量 Q_1 和 Q_2，并分别经开平方处理。试求比值系统 K'。

8-3　某化学反应过程要求参加反应的两种气体 A、B 的比例为 $Q_A:Q_B=4:2.5$。用 DDZ-Ⅲ差压流量计测量 A、B 两种气体，并经开方器线性化，已知 $Q_{Amax}=625m^3/h$，$Q_{Bmax}=290m^3/h$，且 A、B 两气体的压力 P_A，P_B 和温度 T_A、T_B 经常变化。

根据上述情况，要求：

1）设计一个比较合适的比值控制系统。

2）计算比值系数 K'。

3）确定调节阀的气开、气关形式和调节器的正、反作用。

8-4　图 8-34 为一水槽，其液位 H，进水量为 Q，设计一个入口流量与液位的双冲量均匀控制系统。

1）画出控制系统组成框图。

2）确定调节阀的气开、气关形式和调节器的正、反作用。

3）分析加法器各信号所取的符号。

8-5　什么是均匀控制系统参数整定的停留时间法？参数整定是如何进行的？

8-6　用于分程控制系统的两只调节阀的可调范围 $R_1=R_2=30$。第一个阀的 $C_{1max}=6$；第二个阀的 $C_{2max}=160$。求该控制系统调节阀可调范围。

8-7　图 8-35 为管式热加炉原油出口温度分程控制系统，工艺要求尽量采用天然气供热，只有当天然气流量不足以提供所需热量时，才打开燃料油调节阀 B 作补充。设用 DDZ-Ⅲ仪表，分程点为 12mA。

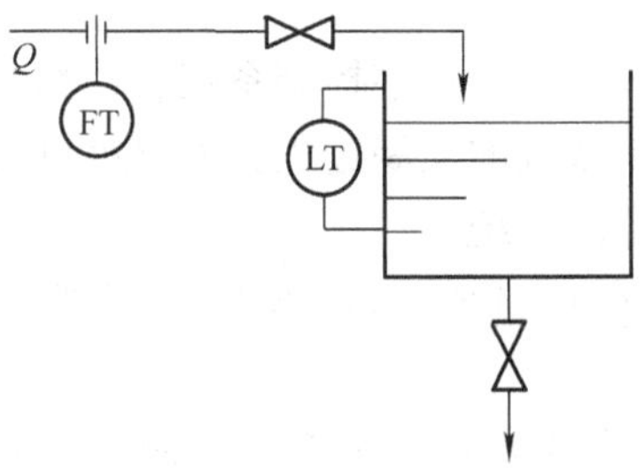

图 8-34　题 8-4 图

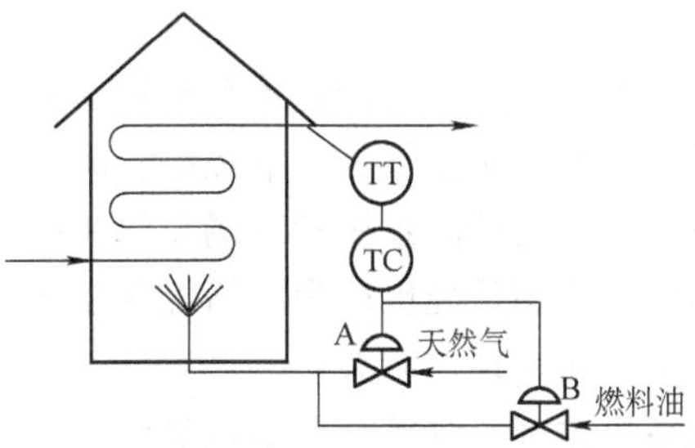

图 8-35　题 8-7 图

1）画出该系统框图，并简述其工作原理。

2）确定 A、B 两调节阀的气开、气关形式和每个阀的工作信号段。

3）确定调节器的正、反作用。

8-8　什么是选择性控制？简述其常用的系统分类及应用。

第 9 章　先进控制系统

随着微电子技术、计算机技术和通信技术的发展，自动控制技术已成为融微电子技术、计算机技术和通信技术为一体的交叉学科。已产生了许多新的控制算法、控制技术和控制系统，例如模糊控制系统、集散控制系统和现场总线控制系统等，以适应更为复杂的生过程对过程控制的更高的要求。

9.1　概述

将计算机技术运用于过程控制系统，就称为计算机过程控制系统，它由被控制对象、变送器、执行器和计算机组成，见图 9-1，其中控制器的核心可以是微处理器、单片机、PLC 或微型计算机等。

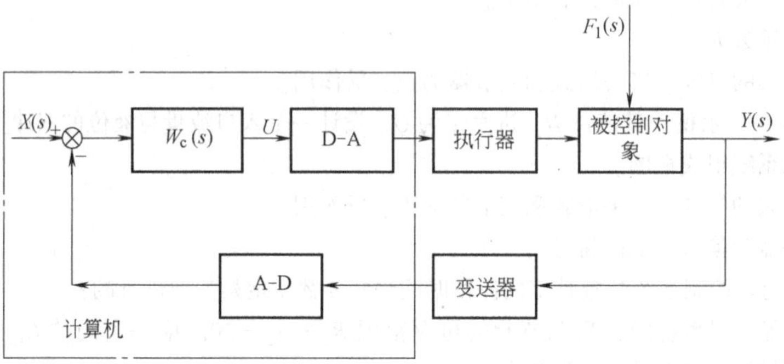

图 9-1　计算机过程控制系统基本结构图

计算机生产过程的控制系统经历了从数据处理系统、直接数字控制系统、计算机监督控制系统、多级控制系统、集散控制系统、现场总线控制系统的发展过程，本章重点论述模糊控制系统、集散控制系统和现场总线控制系统等先进控制系统。

网络化控制系统也称为网络控制系统（Networked Control System，NCS），主要是指在网络环境下如何实现控制系统。

网络化控制系统的一般结构见图 9-2。在网络化控制系统中，分布在不同区域的各系统部件（如控制器、执行器、变送器、被控对象和监视计算机等）之间都是通过共同的通信网络实现信息交换和控制信号的传递，使整个系统通过通信网络实现闭环控制。

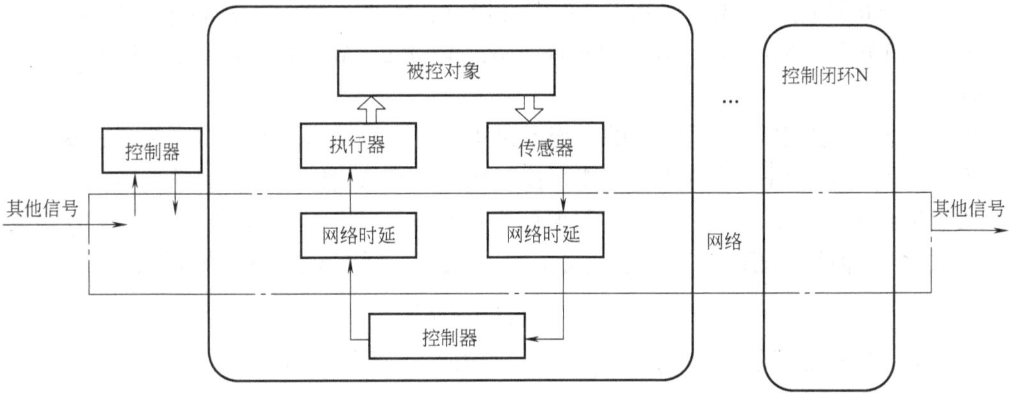

图 9-2　网络化控制系统结构示意图

*9.2　模糊控制系统

9.2.1　概述

由于被控过程的多样性、复杂性、时变性与非线性等因素，要建立精确的数学模型仍是困难的。1974 年英国 E. H. Mamdani 根据 1965 年由美国自动控制理论专家 L. A. Zadeh 首次提出的模糊集合（Fuzzy Sets）理论，用 Fuzzy 控制语句级制成 Fuzzy 控制器，用于锅炉和蒸汽机自动控制，并在实验室获得了成功。随着模糊数学与计算机控制技术的发展，模糊控制在工业生产和日常生活的各个领域，得到了越来越多的成功应用和发展。

所谓模糊控制就是在控制方法上应用模糊集合论，运用模糊语言变量及模糊逻辑实现系统的智能控制。这种方法摆脱了控制对象输入、输出物理量的精确描述，用自然语言描述专家控制策略，以机器模拟人的模糊思维对系统实现有效控制。在实际控制过程中，将计算机采样的输入量（精确量）模糊化，经模糊推理确定控制量的模糊值，最后进行反模糊处理获得控制量的实际输出，对被控对象进行控制。

9.2.2　系统结构

模糊控制是以模糊集合论、模糊语言变量和模糊逻辑推理为基础的一种计算机数字控制。通常对于缺乏精确数学模型的被控过程，采用模糊集合理论，总结人们对系统的操作和控制经验，用模糊条件语句写出控制规律，再用算法语言来编写程序，按此程序对生产过程进行自动控制。模糊控制同常规控制方案相比，主要特点有：

1）以现场人员或有关专家的经验、知识或操作数据作为基础用于控制。

2）模糊控制是语言变量控制，其控制规则只用语言变量的形式定性地表达。

3）根据不同的目标函数，设计模糊控制器进行控制，其语言控制规则分别独立。

4）系统的鲁棒性强，尤其适用于时变、非线性和时延系统的控制。

模糊控制理论的基础是模糊集合理论。模糊集合是一种介于严格定量与定性间的数学表达形式。

例如变量的数值分为正大（PL）、正中（PM）、正小（PS）、零（0）、负小（NS）、负中（NM）和负大（NB）等。其中 P = Postive，B = Big，M = Medium，S = Small，0 = Zero，N = Negative。

模糊集合理论的核心是对复杂的系统或过程建立一种语言分析的数学模式，提供严格的数学框架，使日常生活中的自然语言能直接转化为计算机所能接受的算法语言。

模糊集合理论的基本概念是隶属程度函数或称隶属度。它表示某一个元素 u_i 与模糊子集 $\underset{\sim}{A}$ 的关系（即隶属程度），并用$\mu_{i\underset{\sim}{A}}$或$\mu_{\underset{\sim}{A}}(u_i)$表示。所有隶属度均满足下式要求，即

$$0 \leqslant \mu_{\underset{\sim}{A}}(u_i) \leqslant 1$$

$\mu_{\underset{\sim}{A}}(u_i)=1$，表示 u_i 隶属于 $\underset{\sim}{A}$；$\mu_{\underset{\sim}{A}}(u_i)=0$，则表示 u_i 不属于 $\underset{\sim}{A}$。

模糊子集可表示成

$$\underset{\sim}{A}=\frac{\mu_{1\underset{\sim}{A}}}{u_1}+\frac{\mu_{2\underset{\sim}{A}}}{u_2}+\cdots+\frac{\mu_{m\underset{\sim}{A}}}{u_m}=\sum_{i=1}^{m}\frac{\mu_{i\underset{\sim}{A}}}{u_i} \quad (u_i \in U) \tag{9-1}$$

式中，U 为论域（指被考虑过程的所有元素的全体）；“+”号表示列举，并不是加号；作用每项中的分式也不表示相除，分母表示元素名称，分子表示该元素的隶属度。

模糊子集 $\underset{\sim}{A}$ 不仅可用隶属度$\mu_{\underset{\sim}{A}}(u_i)$来描述，也可用模糊向量（即隶属度向量）来表示，即

$$\underset{\sim}{A}=[\mu_{1\underset{\sim}{A}},\mu_{2\underset{\sim}{A}},\cdots,\mu_{m\underset{\sim}{A}}] \tag{9-2}$$

关于模糊数学基本知识可见有关书籍。

图 9-3 所示为模糊控制系统原理框图。它由模糊控制器（实际上是一台微机）、I/O 接口装置（包含 A-D、D-A 转换器及电平转换电路）、广义被控过程和传感器组成。

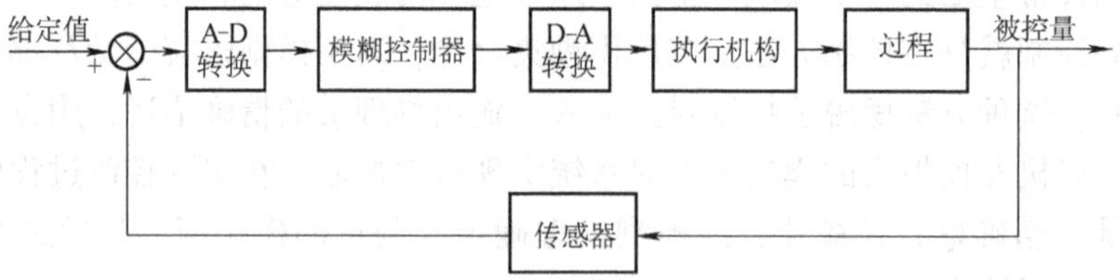

图 9-3 模糊控制系统原理框图

9.2.3 控制器设计

对于缺乏精确数学模型的被控过程，可以通过对系统的操作和控制经验，总结出一套控制规则，应用模糊集合理论把这些规则写成一连串模糊语言，事实上便构成一个模糊模型，利用这个模型可以设计出较理想的模糊控制器，实现语言控制。图 9-4 所示为模糊控制器的示意图。

图 9-4 模糊控制器的示意图

设计模糊控制器必须解决三个方面的问题：

1）精确量的 Fuzzy 化，就是将精确量偏差 E 及偏差变化率 C 模糊化成模糊变量 $\underset{\sim}{E}$ 和 $\underset{\sim}{C}$。

2）Fuzzy 控制规则的构成（Fuzzy 算法器），就是由 $\underset{\sim}{E}$ 及 $\underset{\sim}{C}$ 构成模糊变量 $\underset{\sim}{U}$。

3）输出信息的 Fuzzy 判决，就是将模糊变量 $\underset{\sim}{U}$ 决策判断成精确的控制量 U。

1. 精确量的 Fuzzy 化

系统中的偏差 E 及其变化率 C 的实际范围称为这些变量的基本论域。由于对被控过程了解不够，开始只能大致估定它们的范围。设偏差的基本论域为 $[-x, x]$，偏差所取的 Fuzzy集的论域为 $[-n, -(n+1), \cdots, 0, \cdots, (n-1), n]$，即可给出精确量的模糊化的量化因子 K 为

$$K = \frac{n}{x} \tag{9-3}$$

具体做法是：首先把观察到的偏差 E 的变化范围（即论域）定为 $[-6, +6]$ 之间的连续量，然后将这连续的精确量离散化，即将其分成 n 档，第一档对应一个 Fuzzy 集，而后进行Fuzzy化处理。如果精确量的变化范围不是在 $[-6, +6]$ 之间，而是在 $[a, b]$ 之间，则可按下式将 $[a, b]$ 间变化的变量 x 转化为 $[-6, +6]$ 之间的变量 y 为

$$y = \frac{12}{b-a}\left[x - \frac{a+b}{2}\right] \tag{9-4}$$

习惯上把 $[-6, +6]$ 之间变化的连续量分为 8 档。

正大（PL）——多数在 +6 附近；正中（PM）——多数取在 +4 附近；正小（PS）——多数取在 +2附近；正零（P0）——多数取比零稍大一点附近；负零（N0）——取比零稍小一点附近；负小（NS）——取 −2 附近；负中（NM）——取 −4 附近；负大（NL）——取 −6 附近。

上述 8 档对应 8 个 Fuzzy 子集，PL、PM、PS、P0、N0、NS、NM、NL，见表 9-1。

表 9-1　隶属度表

隶属档 / 隶属度 / 元素	负大（NL）	负中（NM）	负小（NS）	负零（N0）	正零（P0）	正小（PS）	正中（PM）	正大（PL）
−6	1.0	0.2	0	0	0	0	0	0
−5	0.8	0.7	0	0	0	0	0	0
−4	0.4	1.0	0.1	0	0	0	0	0
−3	0.1	0.7	0.5	0	0	0	0	0
−2	0	0.2	1.0	0.1	0	0	0	0
−1	0	0	0.8	0.6	0	0	0	0
−0	0	0	0.3	1.0	0	0	0	0
+0	0	0	0	0	1.0	0.3	0	0

（续）

隶属档 / 隶属度 / 元素	负大（NL）	负中（NM）	负小（NS）	负零（N0）	正零（P0）	正小（PS）	正中（PM）	正大（PL）
1	0	0	0	0	0.6	0.8	0	0
2	0	0	0	0	0.1	1.0	0.2	0
3	0	0	0	0	0	0.5	0.7	0.1
4	0	0	0	0	0	0.1	1.0	0.4
5	0	0	0	0	0	0	0.7	0.8
6	0	0	0	0	0	0	0.2	1.0

表9-1中的数字表示［-6，+6］之间13个元素的隶属度。例如数值6属于PL，隶属度为1，由于存在不精确性，6也可能属于PM，隶属度为0.2。又如-5，这个精确量没有在档次上，从表9-1中隶属度上选择，由于$\mu_{NM}(-5)=0.7$，$\mu_{NL}(-5)=0.8$，$\mu_{NL}>\mu_{NM}$所以-5用NL表示。在实际工作中，Fuzzy集中各元素的隶属度可根据实际问题来确定，所以表9-1是一个参考性表格。

2. Fuzzy控制规则的构成

Fuzzy控制器有多种模式。图9-5所示为两种常用工作模式。

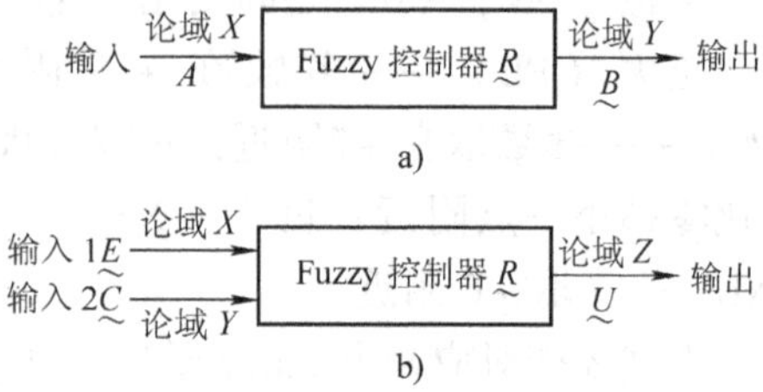

图9-5 Fuzzy控制器的常用工作模式
a）单输入、单输出工作模式
b）双输入、单输出工作模式

（1）输入—输出均为一维 用模糊语言形式表示，则有“若$\underset{\sim}{A}$则$\underset{\sim}{B}$”（即if $\underset{\sim}{A}$ then $\underset{\sim}{B}$），$\underset{\sim}{A}$、$\underset{\sim}{B}$是模糊变量，是相应论域中的模糊子集。

例如，“若水温偏低则加大热水流量”。

对于这种类型的Fuzzy控制器，其推理规则是，已知输入为$\underset{\sim}{A}$时，则输出为$\underset{\sim}{B}$，若已知输入为$\underset{\sim}{A}_1$，则输出$\underset{\sim}{B}_1$，可用下式求得

$$\underset{\sim}{B}_1=\underset{\sim}{A}_1\circ\underset{\sim}{R}$$

其中Fuzzy关系$\underset{\sim}{R}=\underset{\sim}{A}\times\underset{\sim}{B}$，是一个二维Fuzzy集，被定义为

$$\mu_{\underset{\sim}{R}}(x,y)=\min[\mu_{\underset{\sim}{A}}(x),\mu_{\underset{\sim}{B}}(y)]$$

式中，运算符号“。”、“×”分别表示模糊运算中的“合成”与“笛卡尔乘积”。

（2）输入的是二维、输出的是一维 见图9-5b，用模糊语言形式表示，则有

“若$\underset{\sim}{E}$且$\underset{\sim}{C}$则$\underset{\sim}{U}$”（即if $\underset{\sim}{E}$and $\underset{\sim}{C}$then$\underset{\sim}{U}$），$\underset{\sim}{E}$、$\underset{\sim}{C}$、$\underset{\sim}{U}$是模糊变量，是相应论域中的模糊子域。

例如，若水温偏低且温度继续下降，则加大热水流量。

对于这种类型Fuzzy控制器，其推理规则可写成下列形式：

$$\text{if } E = \underset{\sim}{E}_i \text{ and } C = \underset{\sim}{C}_j \text{ then } U = \underset{\sim}{U}_{ij},$$

$$i = 1,\ 2,\ \cdots,\ m;\ j = 1,\ 2,\ \cdots,\ n$$

式中，$\underset{\sim}{E}_i$、$\underset{\sim}{C}_j$、$\underset{\sim}{U}_{ij}$分别是定义 X、Y、Z 上的模糊集。这些 Fuzzy 条件语句可归结为一个 Fuzzy 关系 $\underset{\sim}{R}$，即

$$\underset{\sim}{R} = \underset{\sim}{U}_{ij}(\underset{\sim}{E}_i \times \underset{\sim}{C}_j) \times \underset{\sim}{U}_{ij}$$

若偏差、偏差变化率分别为 $\underset{\sim}{E}$、$\underset{\sim}{C}$，根据 Fuzzy 推理合成规则，输出的控制量是模糊集 $\underset{\sim}{U}$

$$\underset{\sim}{U} = (\underset{\sim}{E} \times \underset{\sim}{C}) \circ \underset{\sim}{R}$$

即

$$\mu_{\underset{\sim}{u}}(Z) = \vee \mu_{\underset{\sim}{R}}(X,Y,Z) \wedge [\mu_{\underset{\sim}{E}}(x) \wedge \mu_{\underset{\sim}{C}}(y)]$$

根据上式，如果已知输入 $\underset{\sim}{E}$、$\underset{\sim}{C}$ 与输出控制量 $\underset{\sim}{U}$，则可求出相应的 Fuzzy 关系 $\underset{\sim}{R}$。相反，若已知系统的 Fuzzy 关系 $\underset{\sim}{R}$，则可根据输入 $\underset{\sim}{E}$ 和 $\underset{\sim}{C}$ 求出输出控制量 $\underset{\sim}{U}$。

利用上述方法设计出来的模糊控制器，有时称之为极大极小 Fuzzy 控制器，它是目前常用的一种 Fuzzy 控制器。在模糊控制中，不仅要把系统输出的偏差作为反馈信息，同时也要考虑输出偏差变化率，这样有利于系统的控制和稳定性，同时可减少超调量和振荡。

实践证明，对于一个工业过程的控制经验是可以总结出很多条规律的，相对应地必然有很多条语言推理语句。例如

$$\text{if } \underset{\sim}{E}_1 \text{ and } \underset{\sim}{C}_1 \text{ then } \underset{\sim}{U}_1$$

$$\text{if } \underset{\sim}{E}_2 \text{ and } \underset{\sim}{C}_2 \text{ then } \underset{\sim}{U}_2$$

……

$$\text{if } \underset{\sim}{E}_n \text{ and } \underset{\sim}{C}_n \text{ then } \underset{\sim}{U}_n$$

根据每一条语句可以推出相应的关系，例如$\underset{\sim}{R}_1$，$\underset{\sim}{R}_2$，…，$\underset{\sim}{R}_n$。所以整个系统的总控制规则所对应的模糊关系 $\underset{\sim}{R}$ 为

$$\underset{\sim}{R} = \underset{\sim}{R}_1 \vee \underset{\sim}{R}_2 \vee \cdots \vee \underset{\sim}{R}_n = \bigvee_{i=1}^{n} R_i$$

模糊控制规则构成了描述众多控制过程的模糊算法，即模糊模型。这种模型可以描述一类过程的控制规律，如锅炉的蒸汽压力和加热的关系等。

模糊控制器的输入偏差 E 及偏差的变化率 C 和输出控制量 U 的模糊子集及其论域。现定义如下：

C 和 U 的模糊子集均为

{NL，NM，NS，0，PS，PM，PL}

E 的模糊子集为

{NL，NM，NS，N0，P0，PS，PM，PL}

其中的“－0”（N0）表示偏差从小于0 方向变为0，“＋0”（P0）表示偏差从大于0 方向变为0。

C 和 E 的论域均为

$$\{-6,\ -5,\ -4,\ -3,\ -2,\ -1,\ 0,\ 1,\ 2,\ 3,\ 4,\ 5,\ 6\}$$

U 的论域为

$$\{-7,\ -6,\ -5,\ -4,\ -3,\ -2,\ -1,\ 0,\ 1,\ 2,\ 3,\ 4,\ 5,\ 6,\ 7\}$$

对于模糊变量$\underset{\sim}{E}$、$\underset{\sim}{C}$、$\underset{\sim}{U}$赋值，就是对模糊语言变量确定隶属度，如 $PB_E=\frac{0.1}{3}+\frac{0.4}{4}+\frac{0.8}{5}+\frac{1.0}{6}$。模糊变量$\underset{\sim}{E}$、$\underset{\sim}{C}$及$\underset{\sim}{U}$的赋值表是根据实际情况具体确定的。表 9-2、表 9-3 和表 9-4 分别为$\underset{\sim}{E}$、$\underset{\sim}{C}$及$\underset{\sim}{U}$的赋值表。应用模糊集合的运算规则，先由实际测量到的 E 算出 C，再由控制规则计算$\underset{\sim}{U}_1$的大小：

$$\underset{\sim}{U}_1=\underset{\sim}{E}\circ[(NL_E+NM_E)\times PL_U]\cdot\underset{\sim}{C}\circ[(NL_C+NM_C)\times PL_U]$$

式中，运算符号“∘”、“+”、“×”、“·”分别表示“合成”、“并”、“笛卡尔乘积”和“交”等的模糊集运算。

表 9-2　模糊变量$\underset{\sim}{E}$的赋值表

$\underset{\sim}{C}$ / $\underset{\sim}{U}$ / $\underset{\sim}{E}$	-6	-5	-4	-3	-2	-1	-0	+0	+1	+2	+3	+4	+5	+6
PL	0	0	0	0	0	0	0	0	0	0	0.1	0.4	0.8	1.0
PM	0	0	0	0	0	0	0	0	0	0.2	0.7	1.0	0.7	0.2
PS	0	0	0	0	0	0	0	0.3	0.8	1.0	0.5	0.1	0	0
P0	0	0	0	0	0	0	0	1.0	0.6	0.1	0	0	0	0
N0	0	0	0	0	0.1	0.6	1.0	0	0	0	0	0	0	0
NS	0	0	0.1	0.5	1.0	0.8	0.3	0	0	0	0	0	0	0
NM	0.2	0.7	1.0	0.7	0.2	0	0	0	0	0	0	0	0	0
NL	1.0	0.8	0.4	0.1	0	0	0	0	0	0	0	0	0	0

表 9-3　模糊变量$\underset{\sim}{C}$的赋值表

$\underset{\sim}{E}$ / $\underset{\sim}{U}$ / $\underset{\sim}{C}$	-6	-5	-4	-3	-2	-1	0	+1	+2	+3	+4	+5	+6
PL	0	0	0	0	0	0	0	0	0	0.1	0.4	0.8	1.0
PM	0	0	0	0	0	0	0	0	0.2	0.7	1.0	0.7	0.2
PS	0	0	0	0	0	0	0	0.9	1.0	0.7	0.2	0	0
0	0	0	0	0	0	0.5	1.0	0.5	0	0.6	0.1	0	0
NS	0	0	0.2	0.7	1.0	0.9	0	0	0	0	0	0	0
NM	0.2	0.7	1.0	0.7	0.2	0	0	0	0	0	0	0	0
NL	1.0	0.8	0.4	0.1	0	0	0	0	0	0	0	0	0

表 9-4　模糊变量 $\underset{\sim}{U}$ 的赋值表

$\underset{\sim}{E}$ / U / $\underset{\sim}{U}$	-7	-6	-5	-4	-3	-2	-1	0	+1	+2	+3	+4	+5	+6	+7
PL	0	0	0	0	0	0	0	0	0	0	0	0.1	0.4	0.8	1.0
PM	0	0	0	0	0	0	0	0	0	0.2	0.7	1.0	0.7	0.2	0
PS	0	0	0	0	0	0	0	0.4	1.0	0.8	0.4	0.1	0	0	0
0	0	0	0	0	0	0	0.5	1.0	0.5	0	0	0	0	0	0
NS	0	0	0	0.1	0.4	0.8	1.0	0.4	0	0	0	0	0	0	0
NM	0	0.2	0.7	1.0	0.7	0.2	0	0	0	0	0	0	0	0	0
NL	1.0	0.8	0.4	0.1	0	0	0	0	0	0	0	0	0	0	0

在计算机控制系统中，E、C 均为实际测量到的确定数值，而不是模糊的，对于它们的隶属度值除了对应于所测量到的等级是 1 以外，其余均取为零值，这样上式可简化为

$$\underset{\sim}{U}_1 = \min_x\{\max[\mu_{NL_E}(i);\mu_{NM_E}(i)];\max[\mu_{NL_C}(j);\mu_{NM_C}(j)];\mu_{PL_U}(x)\} \tag{9-5}$$

式中，$\mu_{NL_E}(i)$、$\mu_{NM_E}(i)$是模糊集合 NL_E 与 NM_E 第 i 个元素（即令测量得到的误差为第 i 等级）的隶属度，而$\mu_{NL_C}(j)$、$\mu_{NM_C}(j)$是模糊集合 NL_C 与 NM_C 第 j 个元素（令测量得到的误差变化率为第 j 等级）的隶属度。

同理，由其余各条条件语句可分别求出控制量$\underset{\sim}{U}_2$，…，$\underset{\sim}{U}_{21}$，则控制变量 $\underset{\sim}{U}$ 为

$$\underset{\sim}{U} = \underset{\sim}{U}_1 + \underset{\sim}{U}_2 + \cdots + \underset{\sim}{U}_{21} \tag{9-6}$$

3. 输出信息的 Fuzzy 判决

模糊算法器的输出是一个模糊量 $\underset{\sim}{U}$，这个模糊量不能直接控制被控过程，还需将它转换为一个精确量 U。这个转换过程称为非模糊化，也称其为判决。

非模糊化有三种判决方法：

1）最大隶属度法：根据模糊变量的赋值表，按控制规则运算可求出各相应输出控制量。若对应的模糊判决的 Fuzzy 子集为$\underset{\sim}{U}_1$，则取该 Fuzzy 子集中隶属度最大的那个元素 U_{max} 作为控制量，即应满足

$$\mu_{\underset{\sim}{U}}(U_{max}) \geqslant \mu_{\underset{\sim}{U}}(u) \quad u \in U \tag{9-7}$$

这种方法简单易行，算法实时性好，但是只考虑隶属度最大点的控制作用。对于隶属程度较小的点的控制作用没有考虑，利用的信息量少。为了避免在模糊控制器输出中出现隶属度曲线为双峰，要求控制器的算法应保证其结果是正规的凸 Fuzzy 集。

例 9-1　设 $\underset{\sim}{U} = \frac{0.1}{2} + \frac{0.4}{3} + \frac{0.7}{4} + \frac{1.0}{5} + \frac{0.7}{6} + \frac{0.3}{7}$，试按最大隶属度方法确定控制量 u。

解　在 u 中，元素 5 的隶属度最大，即为 1.0，应选取 $u_{max}=5$ 作为控制量。

2）取中位数方法：为了充分利用模糊子集所有的信息量，可以求出隶属函数曲线与横坐标之间的面积平分为两部分的数，以此数作为判决的结果。

3）加权平均判决法：这种方法是依照普通加权平均法的计算公式，其控制量由下式决定

$$u_{\max}=\frac{\sum\limits_{i=1}^{n}\mu(u_i)u_i}{\sum\limits_{i=1}^{n}\mu(u_i)} \tag{9-8}$$

例 9-2　设 $\underset{\sim}{U}=\frac{0.1}{2}+\frac{0.8}{3}+\frac{1.0}{4}+\frac{0.8}{5}+\frac{0.1}{6}$，试利用加权平均判决法确定控制量 u。

解　利用公式（9-8）则得

$$u_{\max}=\frac{2\times0.1+3\times0.8+4\times1.0+5\times0.8+6\times0.1}{0.1+0.8+1.0+0.8+0.1}=4$$

对于权系数加权平均法，其控制量由下式求得

$$u_{\max}=\frac{\sum\limits_{i=1}^{n}k_iu_i}{\sum\limits_{i=1}^{n}k_i} \tag{9-9}$$

权系数 k_i 的选择应根据实际情况来决定。当选择 $k_i=\mu_u(u_i)$时，式（9-8）与式（9-9）相同。对于模糊控制来说，选择加权将直接影响系统的响应特性。所以为改善系统的响应特性，选择和调整有关的权系数是十分重要的。

在模糊控制系统中，当得到系统模糊关系 $\underset{\sim}{R}$ 后，根据 $\underset{\sim}{E}$ 与 $\underset{\sim}{C}$ 各项模糊子集的各元素隶属度表，按控制规则求出相应的控制决策 U 后，再按取隶属度最大值原则即可得到相应的控制量。经过这样大量计算就得到如表 9-5 所示的模糊控制表。

在模糊控制系统中，模糊控制表是系统模糊控制算法的结果。在实际控制时，只要将此表存放到计算机的存储器中，查询这个控制表就可以了。应该指出，实用的模糊控制表必须经过严格的实践检验和反复修改才成。

表 9-5　模糊控制表

E \ U \ C	−6	−5	−4	−3	−2	−1	0	+1	+2	+3	+4	+5	+6
−6	7	6	7	6	7	7	7	4	4	2	0	0	0
−5	6	6	6	6	6	6	6	4	4	2	0	0	0
−4	7	6	7	6	7	7	7	4	4	2	0	0	0
−3	7	6	6	6	6	6	6	3	2	0	−1	−1	−1
−2	4	4	4	5	4	4	4	1	0	0	−1	−1	−1
−1	4	4	4	5	4	4	1	0	0	0	−3	−2	−1
−0	4	4	4	5	1	1	0	−1	−1	−1	−4	−4	−4
+0	4	4	4	5	1	1	0	−1	−1	−1	−4	−4	−4
+1	2	2	2	2	0	0	−1	−4	−4	−3	−4	−4	−4

(续)

C / U / E	-6	-5	-4	-3	-2	-1	0	+1	+2	+3	+4	+5	+6
+2	1	2	1	2	0	-3	-4	-4	-4	-3	-4	-4	-4
+3	0	0	0	0	-3	-3	-6	-6	-6	-6	-6	-6	-6
+4	0	0	0	-2	-4	-4	-7	-7	-7	-6	-7	-6	-7
+5	0	0	0	-2	-4	-4	-6	-6	-6	-6	-6	-6	-6
+6	0	0	0	-2	-4	-4	-7	-7	-7	-6	-7	-6	-7

9.2.4 控制方案

1. 基本 Fuzzy 模糊控制系统

在工业过程中，由于一系列原因（例如被控对象和过程是非线性、时变性、多参数间的强耦合、较大的随机干扰、过程机理错综复杂以及现场测量仪表条件的不足等），不可能建立被控对象的精确数学模型，而通常只能测得其参数间模糊的关系估计。因此，采用传统的控制方法，包括基于现代控制理论的控制方法，往往不如一个有实践经验的操作人员所进行的手动控制效果好。

所谓模糊控制，就是在控制方法上应用模糊集合论、模糊语言变量及模糊逻辑推理的知识来模拟人的模糊逻辑思维方法，用计算机实现与操作者相同的控制。基本 Fuzzy 控制系统框图见图 9-6。

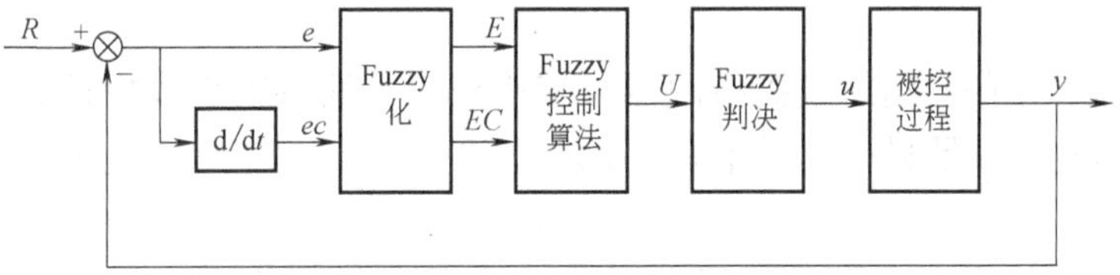

图 9-6 基本 Fuzzy 控制系统框图

设计一个模糊控制器以实现语言控制的步骤：

1）精确量的模糊化，把语言量的语言值化为某适当区域上的模糊子集。

2）模糊控制算法的设计，通过一组模糊条件语句构成模糊控制规则，并计算模糊控制规则决定的模糊关系。

3）输出信息的模糊判决，并完成由模糊量到精确量的转化。

现用一简单的模糊控制器图 9-6 来说明 Fuzzy 控制的实现步骤。图中 R 是系统设定值（精确量）；e、ec 分别是系统误差和误差变化（精确量）；E 和 EC 分别为反映系统误差与误差变化的语言变量的模糊集合（模糊量）；u 为模糊控制器输出的控制作用（精确量）；y 为输出量（精确量）。

2. Fuzzy-PID 复合控制系统

Fuzzy-PID 复合控制指的是模糊技术与常规的 PID 控制算法相结合的一种控制算法。这种控制方法常见的一种是模糊控制与PI调节器相结合应用的Fuzzy-PI双模控制形式。

这种改进的控制方法的出发点主要是因为一般模糊控制器消除系统稳态误差的性能比较差，难以达到较高的控制精度。尤其是在离散有限论域设计时，更为明显。而PI调节器的积分作用从理论上可使系统的稳态误差控制为零，有着很好的消除误差作用。因此，有人提出了模糊控制和PI控制相结合的一种方案，以增加稳态控制性能。当误差在一个阈值以外时，则采用模糊控制以获得更好的瞬态性能；当误差落到阈值以内的范围时，则采用PI控制，以获得更好的稳态性能。这种复合控制器的结构框图见图9-7。

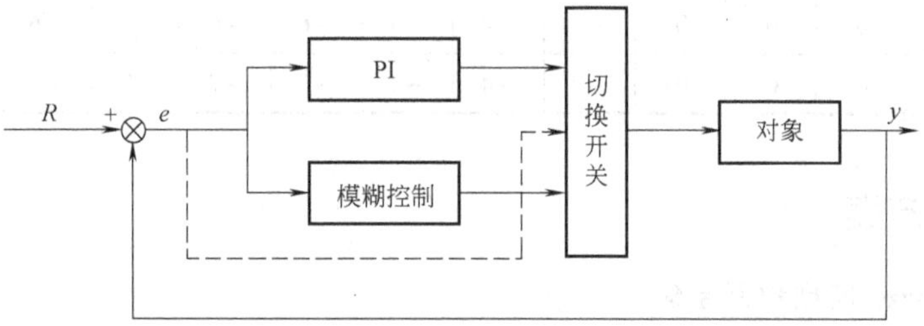

图9-7 Fuzzy-PI复合串级控制系统

3. 自组织模糊控制系统

模糊控制器具有良好控制效果的关键是有一个完善的控制规则。但对于高阶、非线性、大时滞、时变以及随机干扰严重的复杂被控过程，仅靠对操作者实践经验的总结或模糊信息的归纳，很难设计出适合被控过程的所有不同运行状态的控制规则。为解决这类设计问题，人们设计了一种可以在运动过程中自动对本身或控制规则进行调整的模糊控制器，即自组织模糊控制器。它可使系统的性能不断完善，适应不断变化的情况。目前主要有以下两种自组织模糊控制器。

（1）带修正因子的自组织模糊控制器 带修正因子的自组织模糊控制器在采用公式法的常规模糊控制器中，是利用以下计算控制量U的：

$$U = ax + (1 - a)y \tag{9-10}$$

式中，x、y分别为模糊控制量偏差及偏差变化率的论域元素；a为介于［0，1］之间的实数。

a值的大小，直接反应了对偏差e及偏差变化率Δe的加权程度。因此通过调整单一因子a的值，就可以方便地修改控制规则，以改善系统的控制效果。但这种单因子自调整方法存在一些不足，就是其控制规则只依赖一个a值，a值一旦确定，则偏差e及偏差变化率Δe的权重就确定了。这在实际系统中，显然不能满足系统状态发生变化的需要。为了克服单因子的缺点，后来又有人提出带两个因子及带4个因子的自组织模糊控制器，但其结果从理论上还是会存在稳态误差的。最近又有人提出对多因子进行寻优的模糊控制器，即采用ITAE积分性能指标：

$$J(ITAE) = \int^{\infty} t \mid e(t) \mid \mathrm{d}t = \min$$

式中，J（$ITAE$）表示误差函数加权时间之后的积分面积的大小，括号中I表示积分，T表示时间，A表示绝对值，E表示误差。

该指标能够综合评价控制系统的动态和静态性能，从理论上来讲，具有良好的品质，但在实际工程中，采用寻优的方法很难达到理想的控制效果。

尽管如此，带修正因子的自组织模糊控制器可以抛开控制表，把模糊控制规则综合成一个简单算式，直接求出控制器，并可以根据系统的运行状态，通过调整 a 值，很方便地进行在线调整控制规则，以改善系统的控制性能。因此这是一种既方便又有效的自组织模糊控制器，特别适合于工程应用。

（2）参数自整定模糊控制器　模糊控制系统的性能不但与控制规则有关，模糊化和精确化的两个过程也直接影响被控过程动态特性的优劣，这主要反映在量化因子 K_1、K_2 和比例因子 K_3 的选取上。通常这三个因子都是一次确定的，这样做往往不能全面适应被控对象变化的情况。借鉴 PID 参数自整定的思想，又提出了在线自整定模糊控制器的概念，其控制系统见图 9-8。

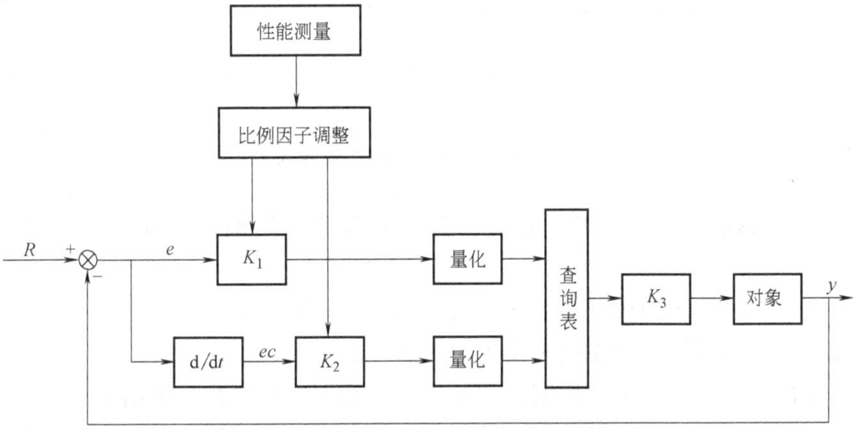

图 9-8　参数自整定模糊控制系统

图中，典型的单变量二维模糊控制器代数模型可用下式表示：

$$U = K_3 f\ (K_1 e,\ K_2 ec) \tag{9-11}$$

式中，比例因子 K_1 和 K_2 分别相当于模糊控制的比例作用和微分作用的系数，K_3 则相当于总的放大系数。K_1、K_2 增大，相当于控制器的比例作用和微分作用增强；而 K_3 增大，相当于控制器总的放大倍数增大。因此，若要加快系统的响应速度，减少稳态误差与误差变化率，就必须增大 K_1、K_2，但可能引起系统较大的超调，调节时间增长，严重时还会产生振荡乃至系统不稳定。K_3 过大，会导致系统输出上升速率过大，从而产生过大超调乃至振荡或发散。

系统参数自调整的思想是：当偏差较大时，缩小 K_1 和 K_2，放大 K_3，降低对 e 和 ec 的分辨率；而当偏差和偏差变化率较小时，参数整定思想与上述相反。

参数自整定模糊控制器的提出和实现，无疑为提高控制器的性能提供了一种有益的方法。但通常对三个因子的自整定过程中，K_1、K_2、K_3 变化不大，因而仍然不能保证对任何系统都有优良的品质。

4. 自适应模糊控制器

假如一个控制过程，如果不能完全预知其环境和控制对象，但能够在其运行过程中，利用输入和输出观察到的信息，逐步减少对系统进行有效控制的不确定性，以逐步达到最优或次优，则称其为一个自适应模糊控制过程。采用模糊信息处理技术，具有自适应功能的控制系统称为自适应模糊控制系统。

自适应模糊控制器是在基本模糊控制器的基础上，增加了三个功能模块构成的，其结构见图9-9。

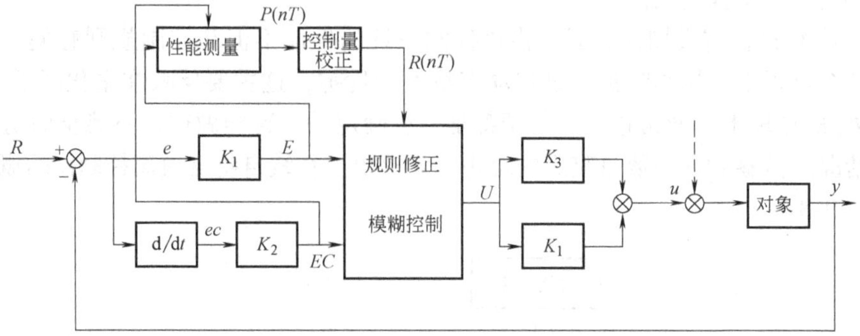

图9-9 自适应模糊控制系统

性能测量：根据测量出的实际输出特性与希望特性的偏差，确定输出响应的校正量 $P(nT)$。

控制量校正：将输出的校正量变换为对控制量的校正量 $R(nT)$。

规则修正：通过修正控制规则来实现对控制量的校正。

模糊控制过程对每一个采样周期过程的每一个输出进行校验，给出关于该输出的性能测量，然后算出每一个采样周期的输出特性的校正量 $P(nT)$，通过控制量校正求出控制量的校正量 $R(nT)$，进而修正控制规则。

9.2.5 工业应用

模糊控制有许多突出的优点。因此，在工业生产各个领域得到广泛的应用。这里以Fuzzy-PID无刷直流电动机交流伺服系统为例，说明模糊控制系统设计原则的应用。

1. 系统的组成

基于Fuzzy-PID控制的无刷直流电动机（Brushless DC Montor-BDCM）交流伺服系统主要由主电路、控制电路和伺服电动机组成，见图9-10。

主电路包括桥式整流、滤波电路、IGBT逆变器及其驱动电路和过电压、欠电压保护电路。为了提高逆变器的工作频率，减小谐波损耗和降低电动机转矩波动，本系统采用了IGBT逆变器，其驱动电路采用了EXB841驱动模块。

图9-4中除了主电路及伺服电动机外，余下部分为控制电路，它是以单片机8098为核心的Fuzzy-PID控制系统，由图可见，该系统是位置、速度和电流三闭环控制系统。为了保证系统的实时性和快速性，电流环采用模拟PI调节器，这相当于前述串级控制系统的副回路。速度环和位置环由软件实现，其中位置环采用软件PI调节，而速度环采用Fuzzy-PID调节器。由于采用了光电编码数字传感器作为转子位置检测和转速检测传感器，因此省却了

A-D 转换器。代表电动机转子位置和速度的数字信号分别经过 PI 运算和 Fuzzy-PID 运算后的控制量，经 DAC1210 转换成模拟量后作为电流调节器的给定值。位置环的数字 PI 控制和电流环（副回路）的控制原理在前面已作介绍，本系统的关键技术是如何实现速度环的 Fuzzy-PID 控制算法。

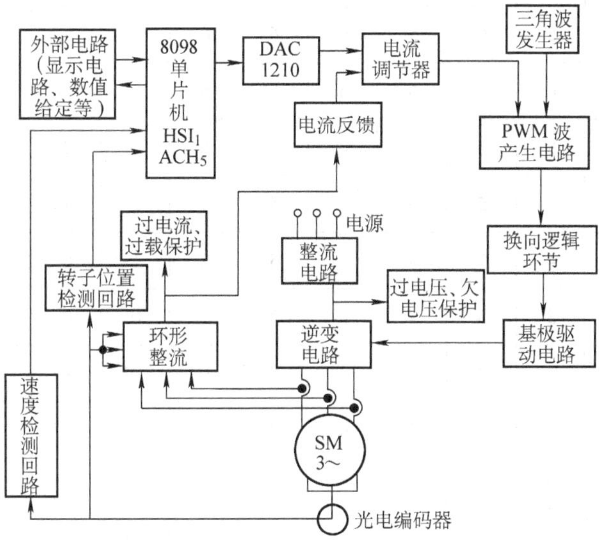

图 9-10 BDCM 交流伺服控制系统框图

2. 速度环 Fuzzy-PID 控制算法

该控制器的输入量为偏差 $e=n_i-n_s$ 和偏差变化率 de/dt，其输出量为 u，因此，应选用二维 Fuzzy 控制器。为把 e、de/dt 和 u 用对应的语言变量 E、EC 和 U 表示成模糊变量，可把其论域划分为 13 个等级，形成 7 个模糊子集来反映其大小。

在无刷直流电动机速度（r/min）控制中应考虑偏差 e，偏差变化率 de/dt 和控制量 u 三个论域。其中偏差 e 论域的等级可分为（单位：r/min）

$$-2500\leqslant e<-2000 \qquad -2000\leqslant e<-1200$$
$$-1200\leqslant e<-1000 \qquad -1000\leqslant e<-500$$
$$-500\leqslant e<-200 \qquad -200\leqslant e<0$$
$$e=0$$
$$0\leqslant e<200 \qquad 200\leqslant e<500$$
$$500\leqslant e<1000 \qquad 1000\leqslant e<1200$$
$$1200\leqslant e<2000 \qquad 2000\leqslant e<2500$$

共 13 个等级。对 e 论域的 13 个等级执行模糊化，将其离散为 [-6，-5，-4，-3，-2，-1，0，1，2，3，4，5，6]，并将 [-6，6] 分为负大（NB）、负中（NM）、负小（NS）、零（ZO）、正小（PS）、正中（PM）和正大（PB）7 个语言变量。同理，可将偏差变化率 de/dt 对应的语言变量 EC 及模糊判决语言变量 U 划分为 13 个等级，形成相应的模糊子集。因此，根据 Fuzzy 合成规则，可得表 9-6 模糊控制表。表中，输出变量 U 的模糊判决采用加权平均法，见式（9-5），然后根据在线实验修正获得。

表 9-6　模糊控制表

U (E \ EC)	-6	-5	-4	-3	-2	-1	0	+1	+2	+3	+4	+5	+6
-6	6	5	6	5	6	6	6	3	3	2	1	0	0
-5	5	6	5	6	5	5	5	3	2	2	1	0	0
-4	6	5	6	5	6	6	6	3	2	1	0	-1	-1
-3	6	5	5	6	5	5	5	3	1	0	-1	-1	-1
-2	5	4	3	4	3	3	2	1	0	-2	-1	-2	-2
-1	4	3	3	4	3	3	1	0	0	-2	-2	-2	-2
0	3	3	3	4	2	1	0	-1	-2	-4	-3	-3	-4
+1	2	2	2	2	0	0	-1	-3	-3	-4	-3	-3	-4
+2	2	2	1	2	0	-1	-2	-3	-3	-4	-3	-4	-5
+3	1	2	1	0	-1	-3	-5	-5	-5	-6	-5	-5	-6
+4	1	1	0	-1	-2	-3	-6	-6	-6	-5	-6	-5	-6
+5	0	0	-1	-2	-3	-3	-5	-5	-5	-6	-6	-5	-5
+6	0	0	-1	-2	-3	-4	-6	-6	-6	-6	-5	-6	-6

速度调节器框图见图 9-11。Fuzzy 控制和 PID 控制之间的切换通过软件开关 S 来实现，切除条件的选择以实际运行时，系统的技术指标为依据，当系统误差为 η（通常 η 可取为给定值的 2%）时，切换两种控制规律。这种切换条件知识存储于智能协调器中，系统运行时，软件不断监视系统的输出特性，并进行在线切换。此外，系统还采取了限幅措施，以保证两种控制规律的连续性和无平衡无扰动切换。

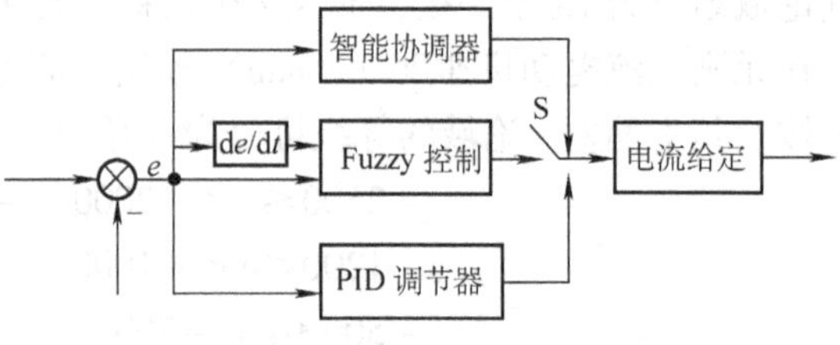

图 9-11　速度调节器组成框图

9.3　集散控制系统

9.3.1　概述

集散控制系统（Distributed Control System，DCS）是以微处理器为基础的集中分散型控制系统的简称，也称为分布式控制系统。集散控制系统是由多台计算机分别控制生产过程中的多个控制回路，同时又可集中获得和集中管理的自动控制系统。集散控制系统综合了计算机技术、通信技术、图形显示技术和过程控制技术，采用了多层次分级的结构形式，以适应现代工业企业的生产控制和实时管理的需要。

自 20 世纪 70 年代中期，美国 Honeywell 公司推出 TDC－2000 集散控制系统以来，它继承和发展了常规仪表控制系统和计算机集中控制系统的优点，同时弥补了各自的不足，以崭新的结构体系、技术面貌、信息处理能力、系统控制能力获得广大客户的赞誉，并已在石油、化工、冶金、炼油、建材、纺织和制药等各行业获得广泛应用。典型的 DCS 产品类型有：Honeywell 公司的 TDC－3000；Taylor 公司的 MOD300；Bailey 公司的 NETWORK－90；西屋公司的 WDPF；ABB 公司的 MASTER；Leeds&Northrop 公司的 MAX—1；西门子公司的 TELEPERM M；英国肯特公司的 P4000 等。

集散控制系统标志着计算机过程控制系统已进入了一个新的历史时期，研究与开发、推广与应用更先进集散控制系统已经成为整个工业控制界的重要任务。集散控制系统在各种工业生产过程控制领域占有极其重要的地位，对于它未来的发展趋势的确值得关注，尤其在控制和管理集成化、仪表和装置的网络化、控制规律的智能化、控制系统的扁平化等方面。

9.3.2　系统架构

集散控制系统通常具有两层结构模式、三层结构模式、四层架构模式，它使整个控制系统出现了扁平化，将会给过程控制系统带来许多显而易见的优势。见图 9-12。

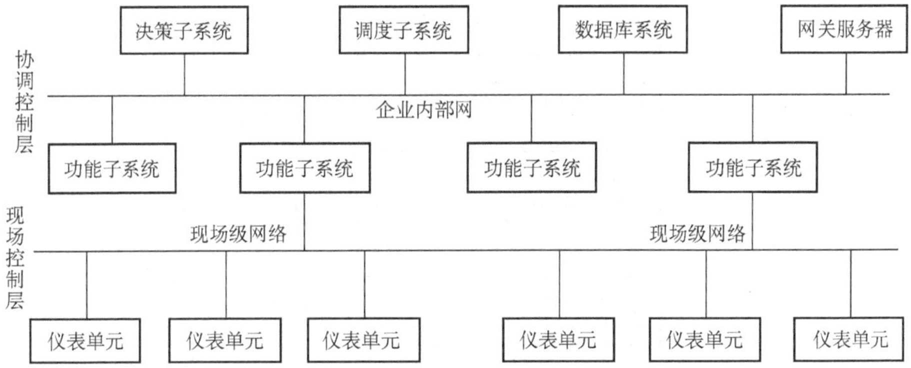

图 9-12　两层网络结构的过程控制系统

由图可见，上层负责完成高层管理功能，包括各种控制功能之间的协调、系统的优化调度、信息的综合管理和组织以及总体任务的规划等，相当于集散控制系统的生产管理级和经营管理级。底层负责完成所有具体任务，例如各种被控参数的控制、生产过程各种数据的采集、处理和显示、现场控制的监视以及故障诊断和处理等，相当于集散控制系统的过程控制级和控制管理级。

集散控制系统与传统的仪表控制系统和一般计算机控制系统比较，具有如下突出的优点：实现分散控制与集中管理、采用局域网通信技术、采用模块化和开放性结构、具备完善的控制功能、系统扩展方便、安全可靠性高。集散控制系统功能齐全，技术先进，安全可靠。大规模集散控制系统的投资与规模相当的传统的仪表控制系统相比价格更低廉。

9.3.3 系统硬件结构

集散控制系统采用分层结构模式。图9-13a可分为过程控制级、控制管理级、生产管理级和经营管理级，各级功能见图9-13b。

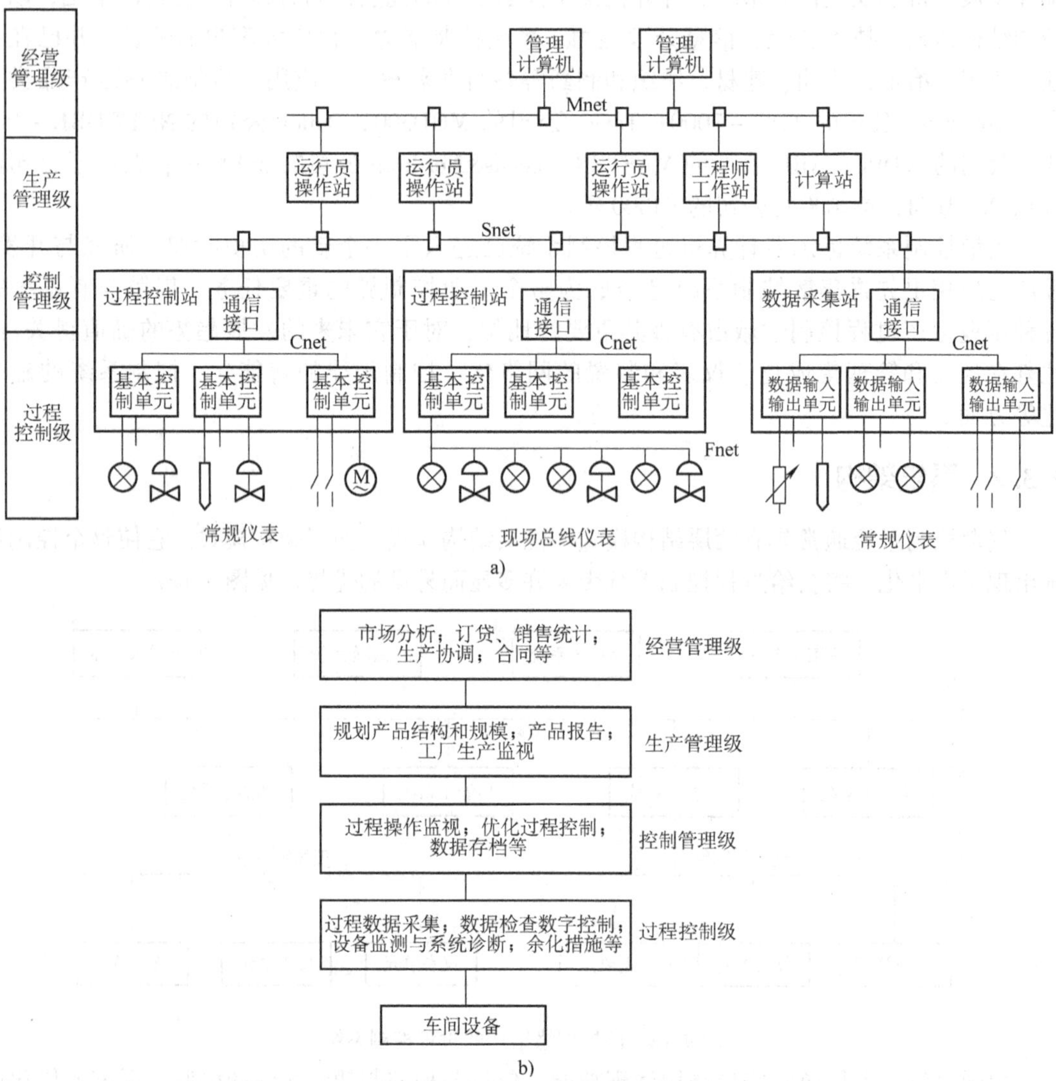

图9-13 集散控制系统的结构框图
a）原理框图 b）功能框图

1. 过程控制级

过程控制级是集散控制系统的基础，是实现生产过程分散控制的关键。它与生产过程直接联系，完成生产过程实时信号采集、变换、处理、输入、输出、运算和控制。其主要硬件有过程控制单元、过程输入、输出单元、信号处理与变换单元和备用盘装仪表等。其主要任务是进行数据采集、直接数字控制；对设备进行监测和自诊断；以及实施安全化、冗余化措施等。

*(1) 过程控制单元（PCU）　过程控制单元的硬件结构主要由过程控制单元的硬件插卡和过程输入单元硬件插卡两部分组成。

在不同的集散控制系统中，采用的硬件插卡的结构不同。

1）微机硬件结构：其构成简图见图 9-14。由图可见，共有 9 种插卡，所有插卡统称为“文件夹”，每一块插卡相当一个“文件”。美国的 TDCS-3000 系统采用这种结构。

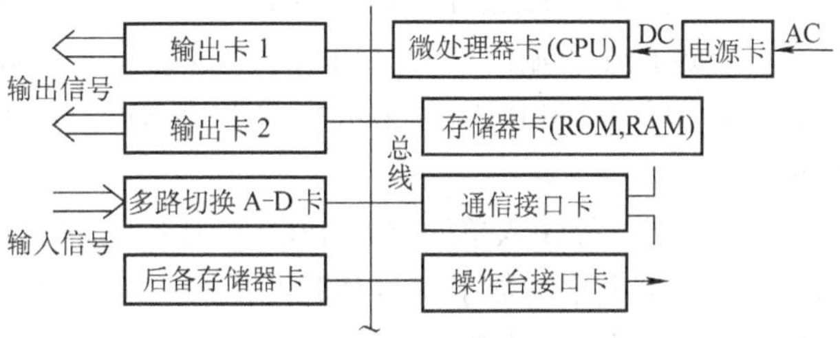

图 9-14　微机结构 PCU

2）I/O 口与通用卡硬件结构：该类硬件结构的 PCU 见图 9-15。主要由 I/O 系列卡、通用卡和内部总线构成。美国西屋公司 WDPF 系统和日本横河公司 CENTUM 系统用此结构。

3）串行通信总线加模件结构：该类硬件结构的 PCU 由在串行通信模件总线上再挂接模件方式构成，见图 9-16。美国 N-90 系统采用这种结构。

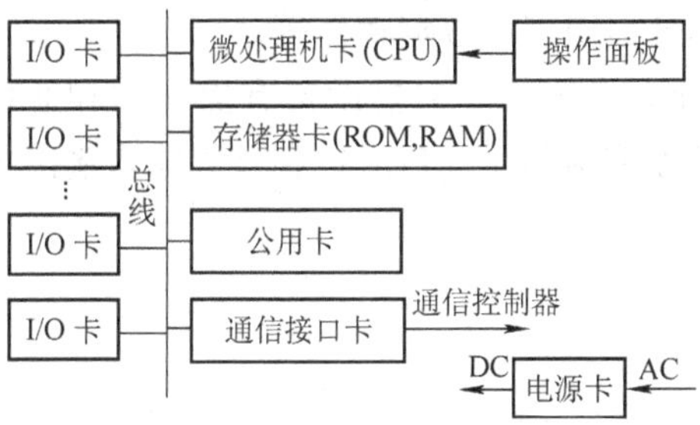

图 9-15　I/O 口与通用卡硬件结构 PCU

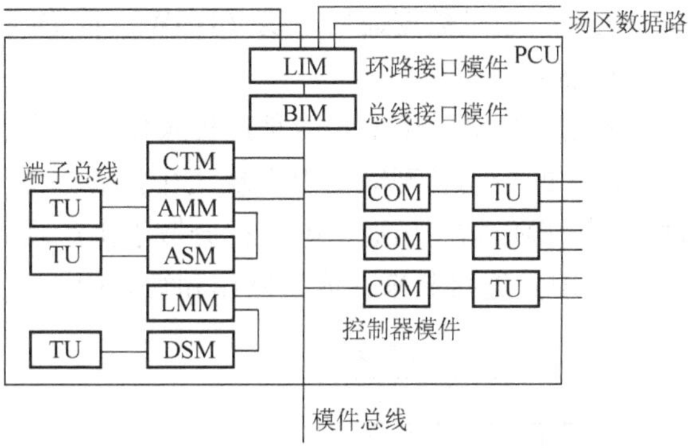

图 9-16　串行通信总线加模件 PCU

4）节点工作站结构：现代集散控制系统大多数采用这种“节点”结构 PCU，见图 9-17。例如福克斯波罗公司 I/AS 集散控制系统就是采用这种结构的 PCU。该类节点工作站结构在技术上是一种全新的功能密集化装置。

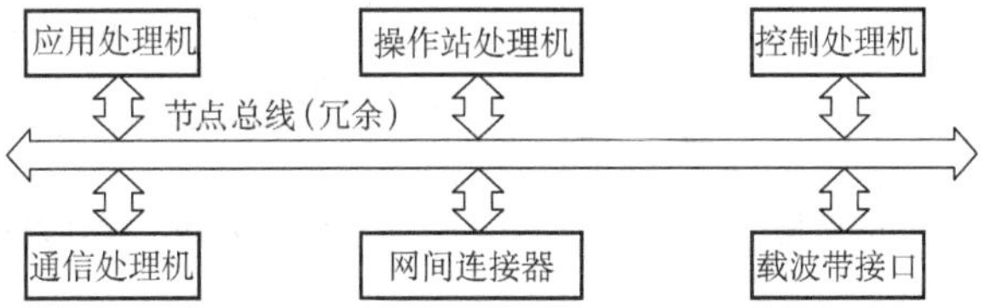

图 9-17　节点工作站结构

在不同的 DCS 中，过程控制单元（PCU）的差别较大，控制回路从几个回路到上百个回路，固有算法为 7～212 种，有 PID、非线性增益、选择性控制、函数计算、Smith 预估控制等。

集散控制系统的 PCU 的功能主要有如下 6 种：①反馈控制；②顺序控制；③批量控制；④数据采集与处理；⑤本地操作与监视；⑥与 CRT 操作站或上位机进行数据通信功能。

反馈控制和顺序控制是 PCU 的最主要功能。它能完成各种控制算法，与 CPU 有机结合能进行各种复杂的高级过程控制，能实现传统仪表不能完成或难以完成的高级控制方案。

*（2）过程输入输出单元（PIOU） 过程输入输出单元的输入信号种类有三种：①高电平过程输入单元（HLPIU）；②低电平过程输入单元（LLPIU）；③低能量过程输入单元（LEPIU）。

1）高电平过程输入单元（HLPIU）：其输入是来自过程的高电平信号（DC 4～20mA 和 DC 1～5V）、高电平的数字信号和脉冲信号（TTL 电平）。

2）低电平过程输入单元（LLPIU）：其输入是来自热电偶、热电阻和其他传感器的直流毫伏信号（DCmV），该类低电平信号可经程控可变增益放大器放大到与 A-D 转换器输入电平相匹配的电平。

3）低能量过程输入单元（LEPIU）：该单元的输入端装有齐纳二极管，用于安全防爆。

过程输入输出单元由一只公共模板箱（CCFA）和 4 只测点模板箱（PCFA）组成，见图 9-18。上述三种电平信号首先输入到 PCFA 进行隔离与放大，然后经过 CCFA 进行数据采集与处理，通过数据通信总线（DHW）传输到操作站和上位机。

2. 控制管理级

控制管理级的主要功能是过程操作、监视、优化过程控制和数据存档等。

DCS 的控制管理级是为实现集中操作和统一管理而设置的。主要设备有操作站和通信设备等。操作站利用通信电缆把分散于生产现场的过程控制单元（PCU）和过程输入输出单元（PIOU）连接起来，成为操作和管理中心，见图 9-19。

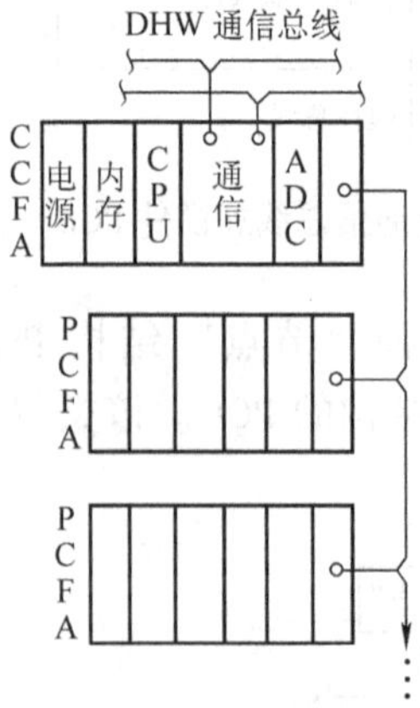

图 9-18 过程输入输出单元的结构

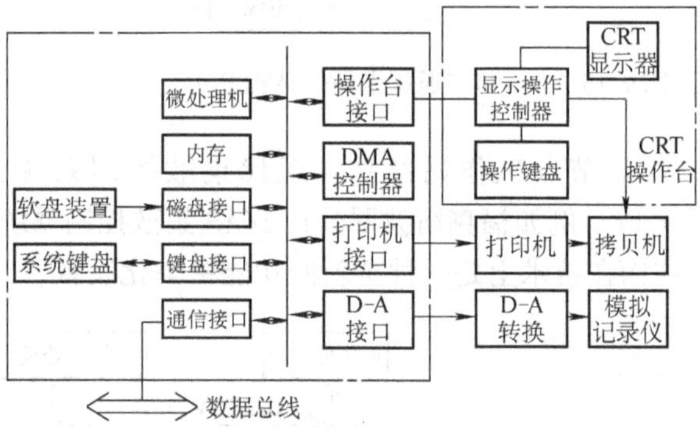

图 9-19 操作站结构框图

操作站放在控制室内，利用 CRT 和键盘可对生产过程进行集中操作和监视，实现信息集中和统一管理。打印机可进行操作打印、报警打印和报表打印等。当操作员按下某一键时，CRT 上便会形成相应的画面。

图 9-20 为 MXL 系统的 CRT 画面调用示例。图中，共有 9 种画面，每种画面具有各自的功能，简述如下：

1）总貌画面用来了解所有内部仪表的工作状态。

2）组画面或点画面用来显示改变传统仪表系统的给定值、控制参数和控制方式等。

3）流程画面用来模拟生产工艺流程及其运行的动态过程，并以鲜艳的颜色显示图形和数字。采用触摸式按键，在画面上直接进行显示画面的改变。

4）趋势画面显示记录各种过程参数的变化曲线，掌握各种工艺参数变化趋势，供操作员进行合理的操作。

5）操作指导画面是指导操作员进行准确、及时的操作，并记录众多的操作项目。

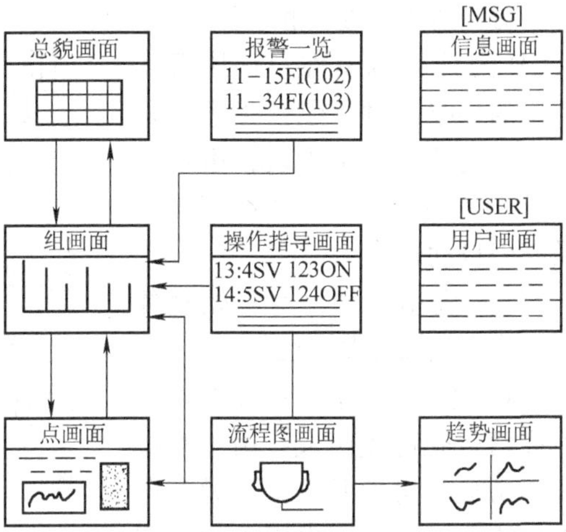

图 9-20　MXL 系统的 CRT 画面调用示例

6）报警画面及时记录各种参数上、下限和异常事件报警的时间和地点，以便操作员及时采取相应的措施。

此外，还有信息画面和用户画面，信息画面用于显示重要的信息；而用户画面是供用户使用的。

操作站有操作人员键盘和工程师键盘。操作人员利用操作键盘对过程控制单元进行遥控和监视。工程师可通过相应的操作对系统进行组态和编程、根据生产过程的要求，实现对生产过程的优化控制、自适应控制等，同时使各装置协调工作，对系统的故障进行检测和存档，并对历史数据进行存档等。

控制管理级一般采用总线通信方式构成通信网络，进行信息的自动交换，从而实现控制分散，显示、操作和管理集中的功能。

3. 生产管理级

生产管理级和经营管理级是为对全厂或公司的生产和经营实现最优化管理而设置的。有些中小型集散控制系统没有经营管理级，因此生产管理级为最高一级管理。

生产管理级可根据订货、库存和能源等情况来规划产品结构和生产规模，并可根据市场情况重新规划和随机更改产品结构。此外，还可对全厂状况进行观察、产品监视以及对产品质量和产品报告，并能与经营管理级互相传递数据、报表等。

4. 经营管理级

经营管理级的管理范围包括：工程技术、商业事务、人事管理及其他方面，这些功能都集成在软件系统中。在经营管理级中，通过与公司的经理部、市场部、规划部和人事部等进行对市场的分析、用户信息收集、订货统计分析、合同、接收订货与期限监督、产品制造协调、价格计算、生产与交货期限监督等，以便实现整个制造系统的最优良管理。

图 9-21 为利用 TDCS-3000 系统组成的集散控制系统框图，该系统为典型的 4 层结构集散控制系统，应用较为广泛。图中：

US 为通用操作站，通常由多台 CRT 和键盘组成，用于集中操作和显示，编制最优的控制程序，对生产进行最佳的管理和调度，对设备进行诊断和维护等。

CM为计算机模件，它执行多个工厂的信息处理，包括生产计划与调度，物质、设备管理，市场预测分析，销售情况，生产经营决策以及办公自动化等。

AM为应用模件，用于处理复杂的操作和高级控制算法。

HM为历史模件，一台HM由一台或两台硬磁盘组成。用于存储过程的历史，可按月、天、时打印数据报表等。此外，也用于存储报警、自诊断等和信息存储、软件图像装载等。

由此可见，该系统具有控制与管理相结合以及信息集中处理的功能，从而实现了工厂的生产自动化和办公自动化。

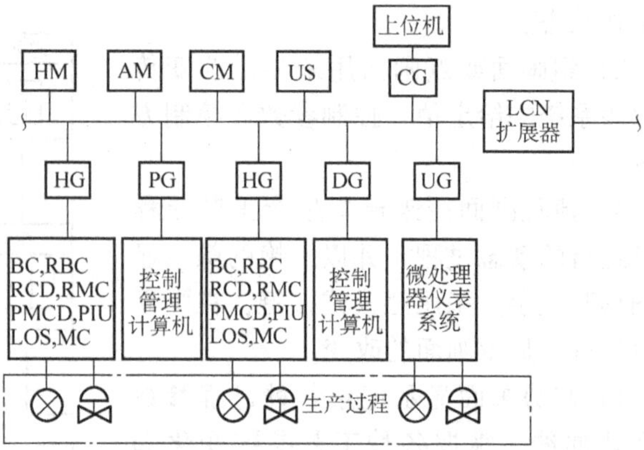

图9-21 利用TDCS-3000系统组成的集散控制系统框图
LCN—局部控制网络 US—通用操作站
CG、HG、PG、DG、UG—通信网络连接器 CM—计算模件
BC—基本控制器 RBC—备用基本控制器 RCD—备用控制器指挥器 AM—应用模件 MC—多功能控制器 HM—历史模件 RMC—备用多功能控制器 RMCD—备用多功能控制指挥器 PIU—过程接口单元 LOS—局部操作站

9.3.4 软件及组态

1. 集散控制系统的软件

集散控制系统融计算机技术、通信网络技术和自动控制技术于一体，因此其软件配置也与硬件结构相对应，包括三部分软件。

（1）主计算机电路软件　由前述可知，该部分的硬件电路包括存储设备、各类显示器、外设接口和通信接口等。因此，应根据该部分的主要功能开发出各类相应的软件包，例如计算机辅助绘图软件包、文本软件包、逻辑软件包、组态工作图表软件包、工具软件包、数据表格软件包和打印软件包等。

（2）通信网络软件　该部分硬件配置主要有：计算机通信接口、控制设备通信接口、网络匹配器及通信线路等，其主要功能是数据通信，因此主要配置网络软件。

（3）控制软件　该部分的硬件配置主要有：可编程控制器、PID调节器、多路模拟量输入接口、多路数字量输入输出接口电路等，其主要完成的功能是对信号采集、处理、变换和对各被控参数的控制。因此，该部分主要是配置了控制软件。通常，集散控制系统供应商将这部分软件以模块方式编制好，并存储在机内ROM区域，以便随时调用。用户只要根据控制系统的控制功能对ROM区的各模块程序进行“组装连接”，便可实现各种运算以及控制算法。这种对各模块的“组装连接”称为软件组态。

所谓“组态”可分为硬件组态和软件组态两种。硬件组态主要包括工程师站、操作站和现场控制站的选择和配置等。软件组态的内容更加丰富，包括系统组态、过程控制组态、画面组态和打印报表组态等，这是集散控制系统的关键部分。

2. 控制算法组态

控制算法组态是指对集散控制系统中控制器的功能模块进行连接组合。常用的方法为填表法，该法简单、易懂。下面仅以 TDCS-3000 为例介绍其软件组态方法。

（1）组态字的构成　组态字是指为使功能模块执行所需的控制规律而赋予它的一组特殊命令。实际上是一系列操作代码，图 9-22 为组态字的功能图。由图可见，组态字实际上是八进制的代码，共 16 位，分为 4 组，每组 4 位，每一位（或两位）表示了参数性质、操作要求或功能选择。

例如，第一组数据 CONF 的第一位，若填 0，表示无跟踪，填 1，表示 PV 跟踪；又如第三组 CONF + LD 中的第三位可填入 0 ~ 7 共 8 个字，若填 1，表示输入为 S 热电偶；若填入 6，则表示输入为铂电阻。

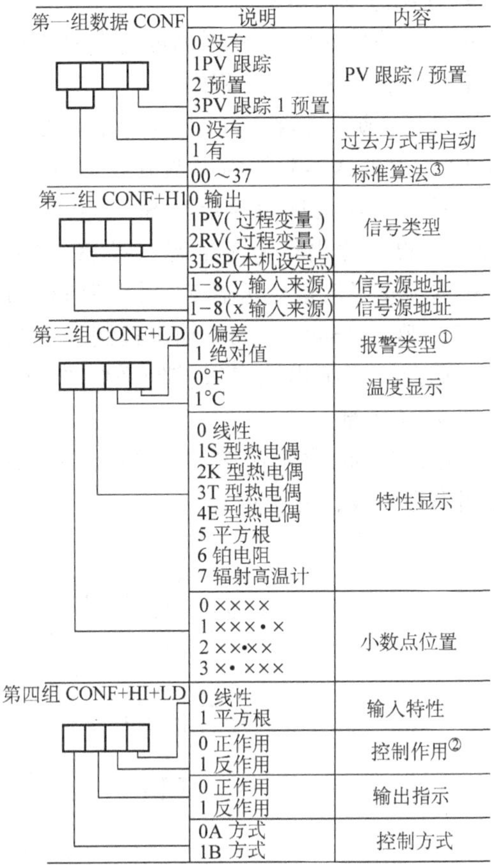

图 9-22　组态字的功能图

注：① 无报警要求填 0，绝对值报警即 PV 报警填 1。
② PV 增加，输出增加为正作用；PV 增加，输出减小为反作用。
③ 00：数据采集；01 ~ 20：13 种控制算法；21 ~ 34：14 种辅助算法。

（2）组态步骤

1）画出控制系统框图：根据过程控制的实际需要，画出控制系统框图。必须把图中的每一个方块简化成只有两个输入和一个输出的槽路（Slot）结构。Slot 也称为计算模块。

2）确定各槽路（Slot）的特征：包括如下几项内容：

①要执行的标准算法；②x、y 输入所对应的 Slot 存储块号和 Slot 之间的相互关系；③输入数据盘（DEP）的显示特性；④选择 PV 跟踪与预置功能；⑤报警类型及其高、低值；⑥控制作用及其他控制要求。

注意：①微机扫描次序与系统的信息传输方向一致，微处理器在 $\frac{1}{3}$s 内对 8 个 Slot 的扫描次序为 Slot8—Slot1；②由于基本控制器之间用软线连接，所以必须选用相同的基本控制器的 Slot 来组成控制系统，否则无法实现预置功能；③对于同一个串级系统来说，选主回路的 Slot 序号一定要比副回路大。

3）填写组态字：可按如下次序进行操作：

①按下 Slot 选择器上的保持键（Hold）；②按下准备组态的 Slot 键；③将输入数据盘（DEP）上的键锁转向“数据输入”；④组态字以 4 个字为一组依次按下各键，利用“增加”“减少”键将组态字逐一填写（输入）。

4）Slot 组态完毕后，键锁置正常位置，按下 Hold 键即可投入运行。

必须指出：组态字输入的具体操作，由于每一种 PCU 都有其特定方法，无一般性可言，需视具体 DCS 的情况，具体解决。

3. 软件组态应用示例

图 9-23 为加热炉出口物料温度与燃料流量组成的串级控制系统控制流程图。

由图可见，炉子物料出口温度为主被控参数，经 TT 温度变送器后作为主调节器 TC 的输入量，其另一个输入量为给定值 SP。定义 TC 为 Slot2，Slot2 的输出作为流量调节器 FC 的给定值，燃料流量经流量变送器 FT 后作为 FC 的输入；定义 FC 为 Slot1，Slot1 输出控制调节阀的开度。据此，可画出该串级控制系统的 Slot 图，见图 9-24 上部。

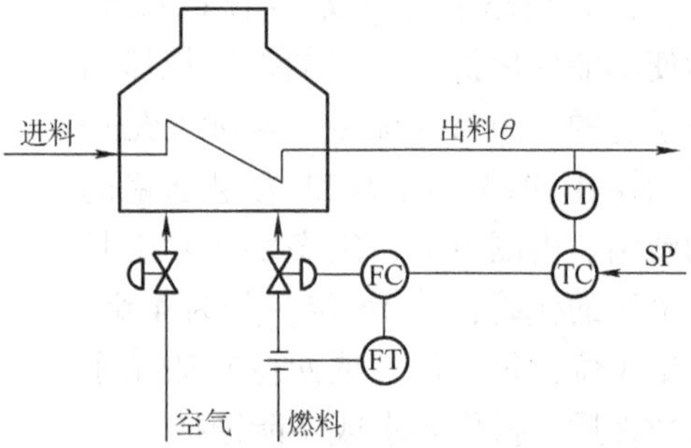

图 9-23 温度–燃料流量串级控制系统流程图

根据系统的 Slot 图和有关控制要求，画出组态字功能图，见图 9-24。然后根据组态功能图列出组态数据表，见表 9-7。

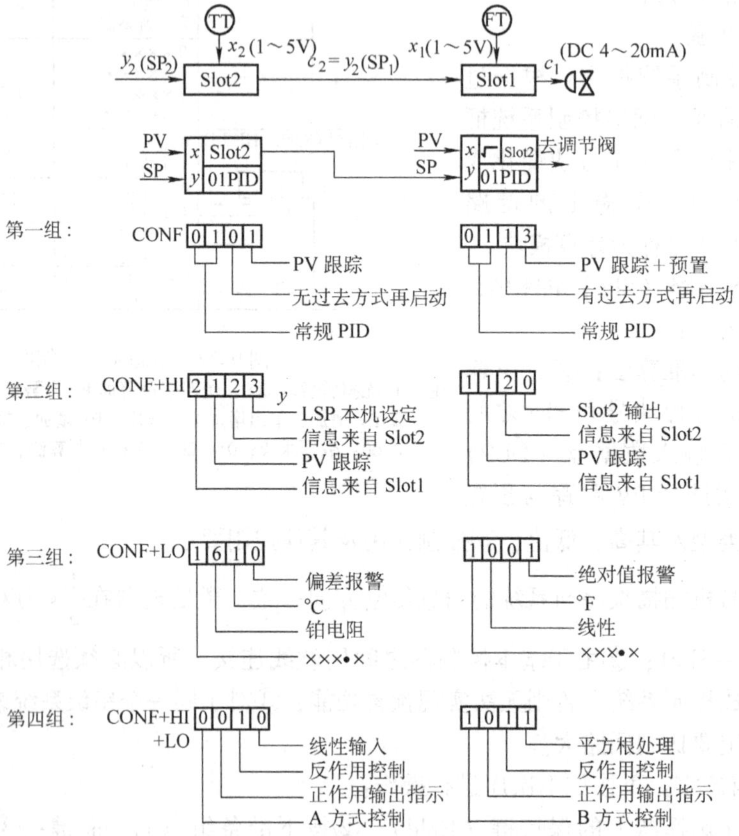

图 9-24 串级控制系统的 Slot 图和组态字功能图

表 9-7　串级系统组态数据表

Slot 编号		1	2
控制器		FC	TC
CONF		0113	0101
CONF + HI		1120	2123
CONF + LO		1001	1610
CONF + HI + LO		1011	0010
量程	0% FS	0kg/h	0℃
	100% FS	1000kg/h	200℃
阀位极限	LO	-6.9%	20%
	HI	+106.9%	80%
积分极限	LO	-5.00% FS	30% FS
	HI	+105.00% FS	70% FS
报警极限	LO	600kg/h	-10% FS
	HI	800kg/h	+5% FS
设定值	(SP)	Slot2 输出	120℃
比率	(Ratio)	100%	100%
偏置	(Bias)	0	0
调整常数、增量	(K_d)	按需要调整	按需要调整
	T_1 (K_1)		
	T_2 (K_2)		
	T_D		
正常操作方式		串级	自动

注：1. 由于控制器之间是用软件连接的，所以必须选用相同控制器的 Slot 来组成控制系统，否则无法实现预置功能。
2. 表中的阀位极限、报警极限、给定值、比率、偏差调整常数、正常操作方式的确定与常规仪表系统相同，惟有积分极限不同。在这里，积分极限是为了防止积分饱和。当 Slot 输出达到积分高（低）限时，积分作用将被自动解除，而比例微分运算结果仍正常输出。因此，一般积分高（低）限比输出上限（或下限）要低（高）。

开始启动时，首先将 Slot1（FC）置于手动方式，利用操作键盘调节其输出，待炉出口物料温度达到给定值时，将 Slot1 切换至串级运行，于是系统便实施串级控制。

必须指出，当 Slot 由手动切换至串级运行时，必须保证是无扰动的。对串级控制系统，主回路的 Slot 序号一定要比副回路的大。

9.3.5　通信网络

集散控制系统的主要功能是分散控制、集中操作、集中监视和集中管理。分布于现场的各个过程控制单元、设备必须与 CRT 操作站以及上层微机系统相互进行数据通信，实际上集散控制系统的设备分布在一个局部区域，所以其通信网络是一个局域网 LAN。与一般的办公自动化的局域网不同，集散控制系统通信网络应满足实时响应能力快、可靠性高、能适应恶劣的工业现场环境、通信网络实行分层结构等要求。

DCS 系统的通信网络的局域网络技术涉及的内容很广，例如，网络结构、信道访问、通信协议、信号发送技术、传输介质和网络接口等。由于篇幅所限，仅介绍网络结构和通信协议等。

1. LAN 的拓扑结构

网络的拓扑结构是指在网络中各节点与各工作站的连接方式，它决定了网络的总体结构，大致可分为如下4种。

（1）星形网络结构　图9-25为星形网络结构，网络中各主、从工作站之间的链路专用，传输效率高，通信简单，便于软件集中研制与资源共享。但是，各从站之间的数据通信必须首先将信息发送到主站，再由主站发送到相应的从站，因此主站必须承担全部信息的协调与传输，负荷量大，若主站发生故障，整个系统的通信随即中断。

（2）总线型网络结构　图9-26为总线型网络结构，由图可见，所有接点通过接口连接到一条总线上，每个工作站发送数据可以同时被所有工作站接收，但每一工作站只接收本站目的地址的数据，每次只允许一台设备发送数据，这样就需要按一定介质（常有双绞线、同轴电缆、光纤等）、访问方法来确定哪一个站应占有网络。

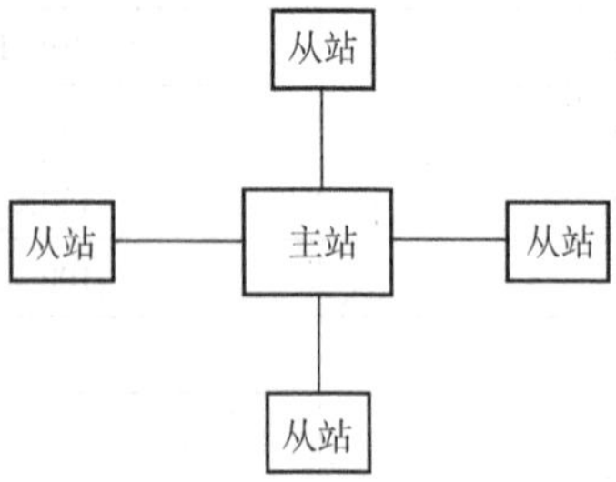

图9-25　星形网络结构

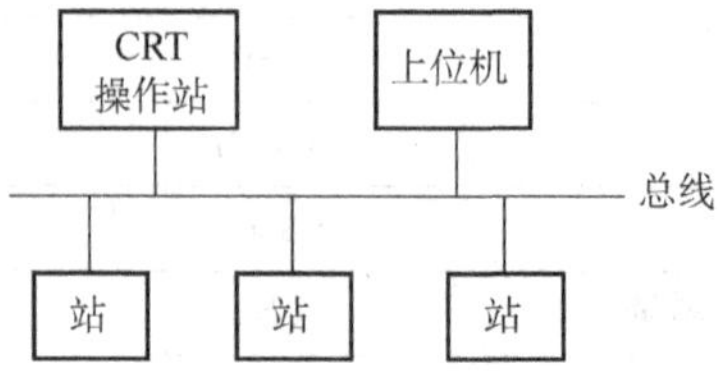

图9-26　总线型网络结构

总线型网络结构简单，系统可大可小，易于扩展。若某一设备发生故障，不会影响整个系统运行，是目前广泛应用的一种形式。

（3）环形网络结构　图9-27为环形网络结构，网络首尾连成环形。信息的传送由始发站开始，经过其余各站，最后又回到始发站。既可单向传输数据，又可双向传输数据。该结构简单，增加或减少站点容易、方便。但是，若节点处理器或数据通道故障，会影响整个系统。

（4）复合型网络结构　该结构适用于大规模DCS，以提高其实用性，便于将几种网络结合起来用于一个DCS。图9-28a为环形网络与总线形网络的复合。图9-28b为总线型与星形网络的复合。

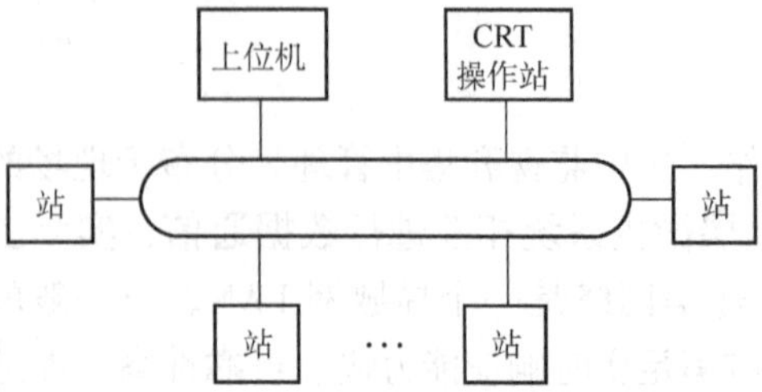

图9-27　环形网络结构

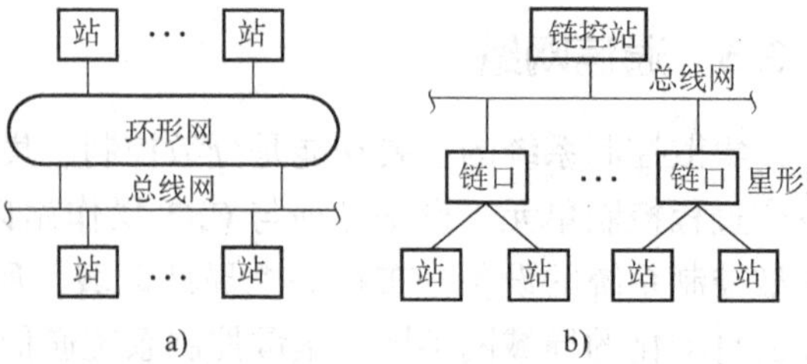

图9-28　复合型网络结构

a）环形与总线型复合　b）总线型与星形复合

2. 通信协议

协议通信各方对信道使用权的方法称为通信协议。在集散控制系统中，常采用下列两种通信协议。

（1）冲突检测式载波侦听多路访问协议（CSMA/CD）　当某个工作站需要发送信息时，首先侦听信道情况，若信道空闲则开始发送信息，若发现有多个工作站同时发送信息而发生冲突时，则停止发送，经过适当延时后再发送。

（2）令牌协议　在令牌协议中，只有得到令牌的工作站才能发送信息。令牌代表了工作站使用信道的特许权，工作站只有得到令牌时，才有权控制和使用网络。当信息已发送完毕或无信息发送或持有令牌的时间已到的工作站，必须把令牌交给下一个工作站。没有令牌的工作站只能接收信道上的信息或响应发送工作站的询问。

令牌是一组特定的二进制代码，网络上的工作站若按图 9-29 所示逻辑次序排列，则令牌传送次序为 ACEBD。

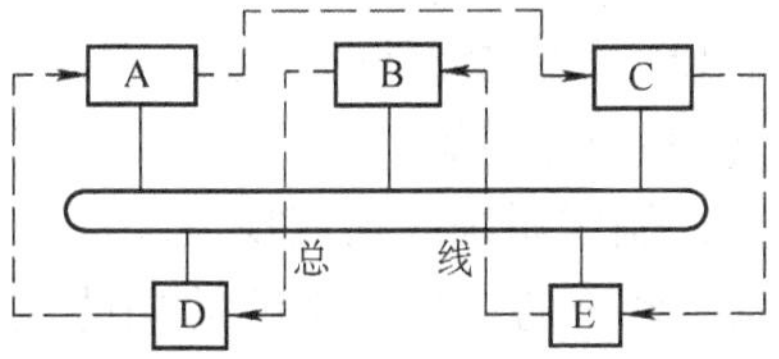

图 9-29　令牌传递次序

令牌通信协议可以有效地提高利用网络的能力，防止信息冲突，且可规定各工作站具有不同的优先级，具有信息吞吐量大和实时响应性好的特点，在集散控制系统中应用最广泛。

3. 数据分类和分类通信

在集散控制系统的局域网（LAN）中的数据通信与自动化管理中的数据通信有很大差别。主要体现为 DCS 中要求信息的安全性和实时响应性都很高，因此必须将信息分类，然后按信息类别进行分类通信。

（1）数据分类　根据系统对数据响应速度不同要求，可将数据分为如下几类：

1）实时类数据：要求实时传送的而且变化很快的（约为毫秒级）数据，称为实时性数据。例如，各类参数测量值、部分计算值、输出值及报警信号等均为实时数据。

2）操作员需要的数据：这类数据的变化较为缓慢，要求实时性较第一类数据稍低，例如一些选择性命令、修改给定值等。

3）操作站的组态数据和算法数据等均属变化较缓慢的数据。

4）管理层的数据报表、事故记录等，这类数据变化更缓慢，可以定时发送。

上述第一、二类数据的数量巨大，占用信道的时间较长，是系统通信量的主体。

（2）分类通信　在集散控制系统通信网络上传输着各类信息，但这些信息总有轻重缓急，按上述的数据分类，实时性很强的数据应首先发送，而第四类数据应在信道空闲时才发送。按上述分类进行数据发送，不仅可充分利用信道，而且提高了通信效率。

根据数据分类可以采用不同的通信方式，对于哪些组态时能确定的数据，例如控制器要接收的和要发送的数据，可以制成发送表和接收表，通常采用广播式通信。此时发送工作站只要将待发送数据送到发送表而无须给出目的站地址，接收工作站只需从接收表中取走所需数据。对于组态时仍未能确定的数据，例如，操作站对某控制器重新组态或要求发出操作、选择命令等，可用点对点的方式进行数据通信。

*9.3.6 工程设计与实施

集散控制系统从小型系统发展到功能齐全、性能优越的大型产品，发展十分迅速，其产品繁多，琳琅满目。工程化设计是指如何根据生产过程的要求（如系统功能、规模、软硬件要求及经费等），选择厂商提供的DCS产品，去设计既满足生产实际需要又性能优越和经济的集散控制系统。对集散控制系统性能技术指标的评价，主要内容应包括系统的先进性、适应性、可靠性、可操作性、可维护性和经济性等，其内容既广泛又复杂。由于篇幅限制，本节仅就系统的工程化设计的一般步骤及工程应用问题作扼要介绍。

1. DCS工程化设计的步骤

DCS工程化设计的一般步骤为

（1）方案论证

1）制定系统的功能规范　这是系统设计的基础，主要有

① 系统的功能。系统的功能应包括信号处理功能，例如模拟量、数字量与开关量输入、输出通道数；显示功能（显示内容与形式）；操作功能；报警功能；控制功能（如控制回路的组成、被控参数、控制参数和控制质量等）；打印功能；管理功能和可扩展功能等。

② 系统的性能指标。包括信号处理指标；控制质量指标；通信功能指标以及可靠性指标等。

③ 环境要求。主要包括：温度、湿度、粉尘、抗振动、抗冲击以及电源等。由于不同的工作环境对DCS系统的结构及模件的选择有差别，故其价格也千差万别。

2）硬件配置　对生产过程进行深入细致的分析后，拟订出几种硬件配置方案，以供选择。

3）DCS产品的选型　一定要从生产实际需要出发，避免盲目追高、追新，选出合理的DCS产品。

（2）DCS方案设计　在方案论证正确的基础上进行方案设计。方案设计主要是确定系统的硬件配置，例如，操作站；工程师站；监测站；通信系统；打印机等外围设备以及端子柜、安全栅、UPS电源等，并注意结构配置的冗余性，对控制回路或检测点应留有一定的扩展空间和备件。最后制订一份详细的订货清单。

（3）工程设计及系统文件设计

1）应用技术文件、文档及图样：主要包括：回路名称及说明、工艺流程图、特殊回路说明书、网络组态数据文件（如：操作站、工程师站、过程站的站号和I/O卡件号等）、I/O卡地址分配、组态数据表（包括：输入处理、算法、量程、工程单位及内部仪表参数等）、联锁设计文件、流程图画面设计书、操作（或编程）设计书、硬件连接电缆表、系统硬件的平面布置图、硬件及备件清单、系统操作手册等。

2）系统应用软件的设计：在系统的硬件（设备）配置好的基础上，系统的所有功能及其优劣均由系统的应用软件来实现。这是工程设计的关键。如前所述，DCS厂商提供了许多各种应用功能的软件包。在掌握了这些系统软件功能及其用法后，结合生产工艺过程设计应用软件，例如，画面组态，控制回路组态，数据库组态，各种运算组态，历史记录组态以及报表生成组态等。然后到系统上去运行检查、修改，直至运行正确。

3）机房及控制室房间的配置、照明要求、供电电源及接地要求、消防要求以及安全要求等，所有这些都要符合技术规范。

2. 工程实施

集散控制系统的工程设计与应用是一个大课题，内容丰富，涉及的内容繁多，需多个部门和多专业人员通力合作。下面推荐一种工作流程图，供工程设计人员参考。

图 9-30 为 DCS 工程应用流程图，图中的某些工作针对不同工程可作增减，设计人员可按次序进行工作。由图可见，有些工作在某时期是可以并行进行的。

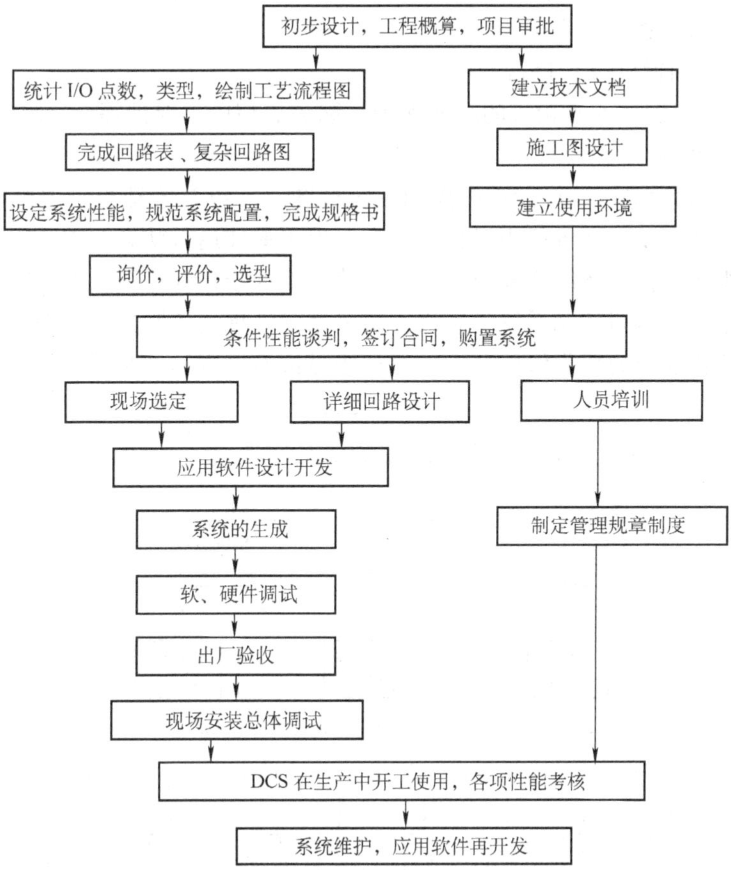

图 9-30　DCS 工程应用流程图

9.3.7　工业应用

集散控制系统已广泛应用于国民经济的各个工业领域，现介绍 DCS 的两个工业应用实例。

1. 火力发电厂概述

火力发电是结构庞大、复杂、时变的过程，其过程控制系统和管理系统也相当复杂，利用常规仪表已很难实现。由于集散控制系统采用了先进的通信技术，分散控制，集中操作和集中管理，能保证各子功能系统与控制中心保持密切的联系，保证各部分协调运行，故它是一种较理想的控制方案。

火力发电厂主要由热力和电气两部分组成，锅炉、汽轮机和发电机是其中的三大设备。从能量转换来看，火力发电厂的生产过程是：锅炉燃烧燃料产生过热蒸汽，蒸汽进入汽轮机后，以高速汽流作用于汽轮机叶片，推动叶轮旋转带动汽轮机转动，汽轮机带动发电机的转子转动，从而发出电能。

热电厂需检测和控制的参数主要有

1）自动检测反映生产过程及生产设备的各种过程参数和工作状态参数。

2）对锅炉、汽轮机、发电机等热力发电设备及辅助设备（除氧器、凝汽器、减温器、加热器等）进行自动控制。

3）对设备（如辅机等）进行顺序控制。

4）实现自动保护，如汽轮机的超速保护、锅炉的超压力保护等。

2. 系统设计方案

图9-31所示为发电厂四级计算机控制系统框图。厂级是管理级，主要根据电网负荷要求、各机组运行状态，协调各机组运行，使全厂处于最佳运行状态。单元机组级根据厂级指令对本单元机组各个控制系统实现协调控制，使机组处于最佳运行状态。功能群控制级包括机组局部控制系统或辅机控制系统，本级主要采用微处理器控制或仪表控制，既能独立完成控制功能，又能接受单元机组级的监控。执行级是被控过程的控制系统。

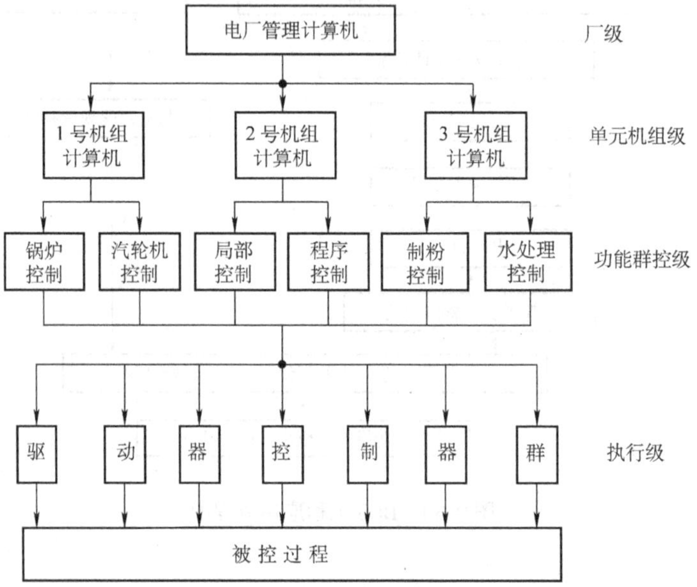

图9-31 发电厂四级DCS控制系统框图

由此可见，火力发电机组是一个典型的多变量被控过程，同时又是复杂、时变和非线性过程，其可靠性要求很高，采用DCS是最为合适的。

3. DCS系统结构

图9-32为采用HIDCS-3000集散控制系统的系统总体结构图。它是由双层通信网络连接起来的四级控制系统。

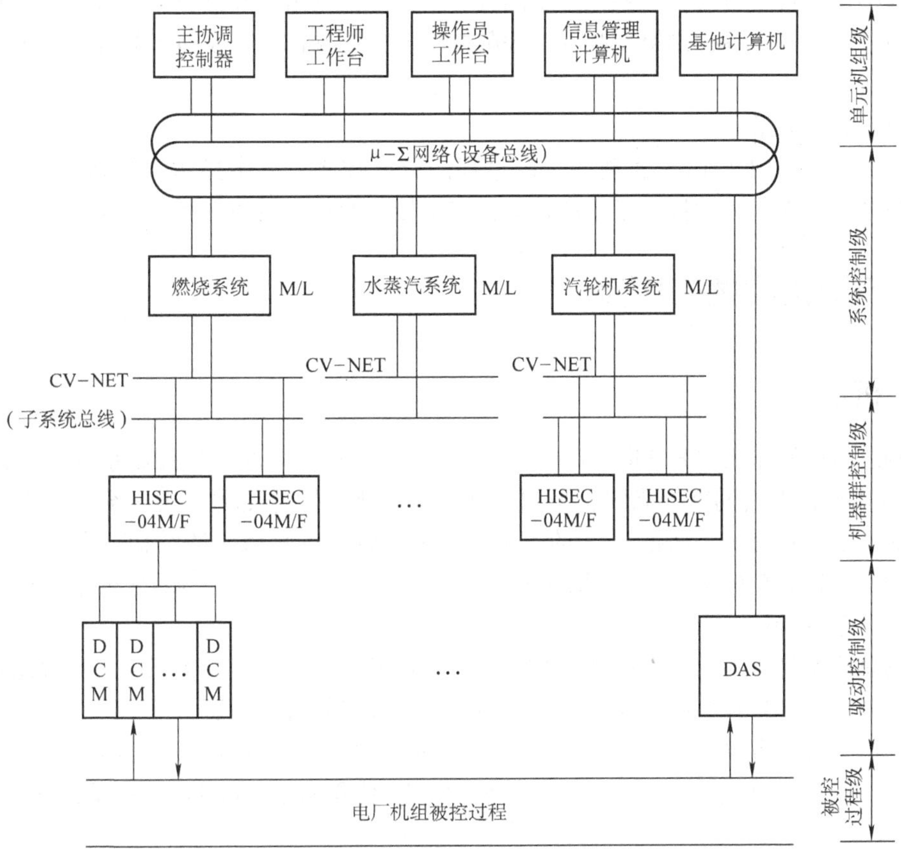

图 9-32　采用 HIDCS-3000 集散控制系统的总体结构图

（1）单元机组级　该级主要由协调控制器、工程师操作台、操作员操作台和信息管理计算机组成。完成对机组的协调控制与人—机界面的通信。主要是对设备数据进行测定、分类和信息处理，然后由相应的计算机显示或打印，以供操作员使用。工程师可对设备的运行方式进行控制操作，监视控制器的工作状态，维护应用软件，修改程序和控制参数等。

（2）系统控制级　由三台 M/L 控制器分别对锅炉燃烧系统、水蒸汽系统、汽轮机—发电机组系统进行控制，并连接到总线上。M/L 完成对系统内的协调控制、运算，并与 CV-Net和 $\mu-\Sigma$ 网络进行通信，此外，与 PI/O 单元连接进行数据采集。

（3）机器群控制级　主要由多台 HISEC-0.4M/F 单元组成，每一个台 HISEC-04M/F 可有若干个子系统，一个子系统又可控制若干个被控装置，并由一台 M/L 控制器进行控制与管理。同一个 M/L 控制器内可有若干个 HISEC 单元接到 CV-Net 上进行通信。HISEC 向上通过 CV-Net 与 M/L 连接，向下与驱动控制级连接。一台 HISEC 可驱动若干台 DCM。

（4）驱动控制级　一台 HISEC 通过 DCM 模块完成对若干执行器的控制，可对一台被控装置的若干闭环回路进行控制，从而实现分散控制。

HIDCS-3000 的软件包有：数据采集、数据记录、运算、控制、报警、模拟显示、控制趋势显示、图表显示、报警显示、操作命令信息显示等。

工程师操作台上可对全厂各机组中的各个子系统进行组态和操作，同时过程控制级的反馈信号通过局域网及各控制级反映到工程师操作台，使操作人员及时了解现场各控制系统的工作情况。

4. DCS 实施效果

火力发电厂采用了 DCS 实现了生产过程的分散控制，集中操作和管理，达到可靠性、经济性极高的要求，大大提高了生产效率，产生较好的经济效益和社会效益。

*9.4 现场总线控制系统

9.4.1 概述

现场总线控制系统（Fieldbus Control System，FCS）作为新一代控制系统，一方面突破了 DCS 采用通信专用网络的局限，采用了基于公开化、标准化的解决方案，克服了封闭系统所造成的缺陷；另一方面把 DCS 的集中与分散相结合的集散系统结构，变成了新型全分布式结构，把控制功能彻底下放到现场。可以说，开放性、分散性与数字通信是现场总线控制系统最显著的特征。

现场总线是将自动化最底层的现场控制器和现场智能仪表、设备互连的实时控制通信网络，遵循 ISO 的 OSI 开放系统互连参考模型的全部或部分通信协议。

目前已开发出有 40 多种现场总线，如 Interbus、Bitbus、DeviceNet、Modbus、Arcnet、P-Net、FIP、ISP 等，其中最具影响力的有 5 种，分别是 FF、Profitbus、HART、CAN 和 Lon Works 等。

现场总线控制系统既是一个开放通信网络，又是一种全分布控制系统。它作为智能设备联系的纽带，把挂接在总线上，作为网络节点的智能设备连接为网络系统，并进一步构成自动化系统，实现基本控制、补偿计算、参数修改、报警、显示、监控、优化及控管一体化的综合自动化功能，这是一项以智能传感器、控制、计算机、数字通信、网络为主要内容的综合技术。

现场总线控制系统已成为工业自动化领域广为关注的焦点，国际上现场总线技术的研究、开发，使过程控制系统冲破了长期封闭系统的禁锢，走上全开放性发展的征程。

9.4.2 系统结构

1. 结构模型

国际电工协会（IEC）的 SP50 委员会对现场总线有以下三点要求：

1）同一数据链路上过程控制单元（PCU）、PLC 等与数字 I/O 设备互连。

2）现场总线控制器可对总线上的多个操作站、传感器、变送器及执行机构等进行数据存取。

3）通信媒体安装费用较低。

SP50 委员会提出的两种现场总线结构模型是

1）星型现场总线用短距离、廉价、低速率电缆取代模拟信号传输线，见图 9-33a。

2）总线型现场总线数据传输距离长、速率高，采用点—点、点—多点和广播式通信方式，见图 9-33b。

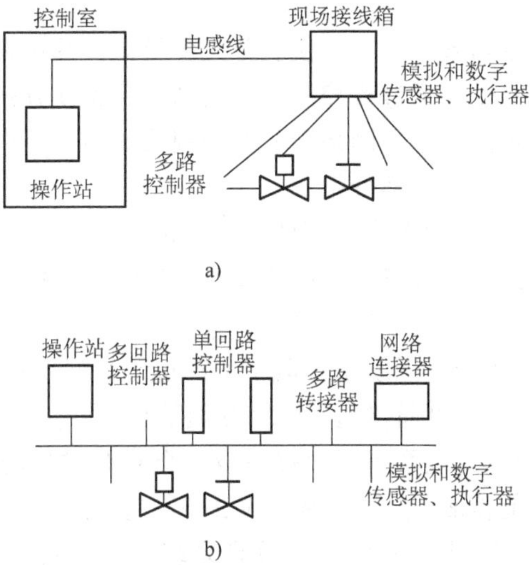

图 9-33　现场总线结构模型

a）星形结构现场总线　b）广播式现场总线

由图可见，最底层的 Infranet 控制网即 FCS，各控制器节点分散到现场，构成一种彻底的分布式控制体系结构。

现场总线控制系统的拓扑结构主要有：总线（Bus）结构、分支（Branch）结构、星形（Star）结构和环形（Ring）结构。

2. 现场总线控制系统组成

（1）系统结构　现场总线控制系统基于现场总线构建过程控制系统，实现了控制系统的网络化和扁平化，尤其是控制系统扁平化的实现，保证了各种控制系统的开放性和互联性，使得控制系统的组织重构和工作协调成为可能。控制系统的组织重构是指用于实现各种控制作用的子系统或者单元，能够根据不同的工作需要，进行重新组织和调整，以适应实际生产的需要。在传统的计算机控制系统中，若系统的结构已经固定，欲根据新的控制任务对系统进行重新组织和重构是比较困难的。但是，现场总线系统由于只有两层结构，各功能子系统通过总线连接在网络上，其连接灵活，便于实现子功能系统和仪表单元的重组，只要改变回路控制系统的配置文件，根据新的控制任务，重新定义构成回路控制系统的有关仪表单元，便能方便地实现功能子系统和仪表单元的组织重构。

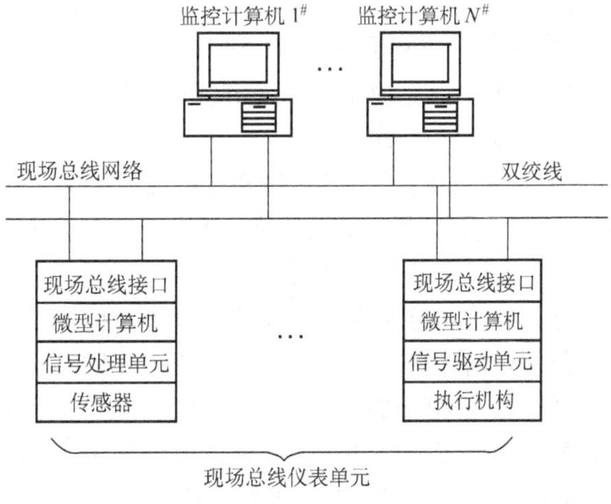

图 9-34　现场总线控制系统的一般结构

现场总线控制系统利用现场总线将网络上的监控计算机和现场总线单元设备连接起来便组成了现场总线控制系统，图 9－34 为现场总线控制系统的一般结构。采用不同的现场总线，其结构形式略有差异，但是该结构形式不失为一般性结构。

由图可见，现场总线控制系统将传统仪表单元微机化，并用现场网络方式代替了点对点的传统连接方式，从根本上改变了过程控制系统的结构和关联方式。

现场总线控制系统主要包括基层网络和分布控制系统两个层次，现场总线控制系统由测量系统、控制系统、管理系统三个部分组成。

1）现场测量系统　其特点为多变量高性能的测量，使测量仪表具有计算能力等更多功能，由于采用数字信号，具有高分辨率、精确度高、抗干扰、抗畸变能力强，同时还具有仪表设备的状态信息，可以对处理过程进行调整。

2）现场控制系统　现场控制系统由分散于生产过程最底层的各自独立的过程控制单元（PCU）组成。各控制单元之间可通过通信网络互通信息。

3）设备管理系统　现场总线系统可以提供设备自身及过程的诊断信息、管理信息、设备运行状态信息（包括智能仪表）、厂商提供的设备制造信息。

例如 Fisher-Rosemoune 公司，推出 AMS 管理系统，它安装在主计算机内，由它完成管理功能，可以构成一个现场设备的综合管理系统信息库，在此基础上实现设备的可靠性分析以及预测性维护。将被动的管理模式改变为可预测性的管理维护模式，AMS 软件是以现场服务器为平台的 T 形结构，在现场服务器上支撑模块化，功能丰富的应用软件为用户提供一个图形化界面。

（2）系统硬件　现场总线将现场变送器、控制器、执行器及其他设备以节点设备形式连接起来，便组成现场总线控制系统，其基本设备有如下几类：

1）检测、变送器：常用现场总线变送器有温度、压力、流量、物位和成分分析等变送器，它具有检测、变换、零点和增益校正和非线性补偿等功能，同时还常嵌有 PID 控制和各种运算功能。现场总线变送器是一种智能变送器，具有模拟量（DC4～20mA）和数字量输出以及符合总线要求的通信协议。

2）执行器：常用现场总线执行器有电动和气动两大类，除具有驱动和执行两种基本功能外，还内含有调节阀输出特性补偿、嵌有 PID 控制和运算功能以及对阀门的特性进行自检和自诊断等。

3）服务器和网桥：例如利用 FF 现场总线组成控制系统，必须在服务器下连接 H1 和 H2 总线系统，而网桥用于 H1 和 H2 之间的连通。

4）辅助设备：为使现场总线系统正常工作，还必须有各种转换器、总线电源、安全栅和便携式编程器等辅助设备。

5）监控设备：除供工程师对各种现场总线控制系统进行硬件和软件组态的设备和供操作人员对生产工艺进行操作的设备外，还必须有用于过程建模、控制和优化调度的计算机工作站等。

所有上述设备与常规仪表控制系统不同，它必是数字化、智能化仪表，具有支持现场总线系统的接口和符合现场总线控制系统通信协议的运行程序。

必须指出，在现场总线控制系统中分散到变送器和执行器中的 PID 控制，通过硬件组态同样可以方便地组成诸如串级、比值和前馈－反馈控制等多回路控制系统。当然，若控制系统需要采用更复杂的 PID 控制规律或者采用非 PID 控制规律时，例如自适应控制、推理控制和 Smith 预估控制等，嵌入式 PID 单元是难以胜任的，通常这些由位于现场总线网络上的监控计算机完成。

此外，传统的显示仪表、显示记录仪表和显示打印仪表在现场总线控制系统中均由相应的软件由网络上的监控计算机来完成。只有在特殊要求的情况下，现场总线显示仪表、显示记录仪表和显示打印仪表才被使用。

(3) 系统软件　图 9-35 为基于 FCS 的现代控制管理系统结构图。由图可见，底层单元组合仪表或数字仪表、变送器、执行器、分析监测、DCS 系统和组态 PC 等与中层开放式标准化生产管理系统通过现场总线将所有信息集成和管理起来；而中层则通过局域网（LAN）将上层全开放式面向用户服务的一体化信息管理系统连接起来，以实现更高层次的信息共享。同时还可根据需要连接到 Internet 和广域网上。

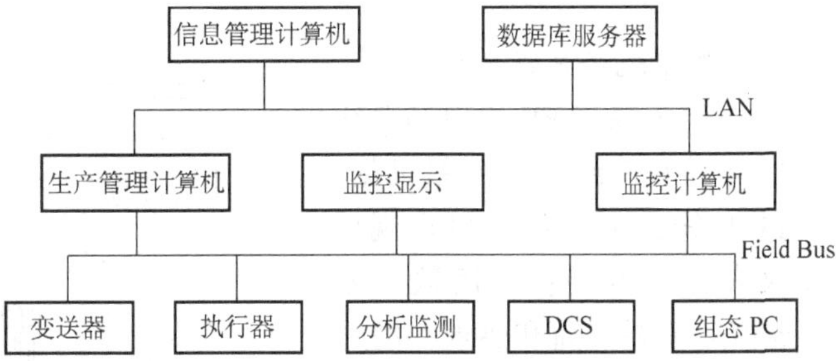

图 9-35　基于 FCS 的现代控制管理系统结构图

(4) 集成与扩展　将传感器、变送器、调节器和执行器等利用现场总线系统连接起来，实现一定控制功能系统，称为现场总线控制系统的集成。

图 9-36 为现场仪表、设备集成系统结构图。由图可见，该系统除了将现有的 DCS 和 PLC 等控制装置以及检测、变送、控制、计算、执行和显示等现场总线仪表集成到系统中外，还将 I/O 接口、测量仪表、执行机构和监控显示器等传统仪表集成到系统中，此外，为了实时监视系统的运行状态和分析故障，还集成了分析检测、组态维护、数控装置和手动操作等专用或特殊设备。

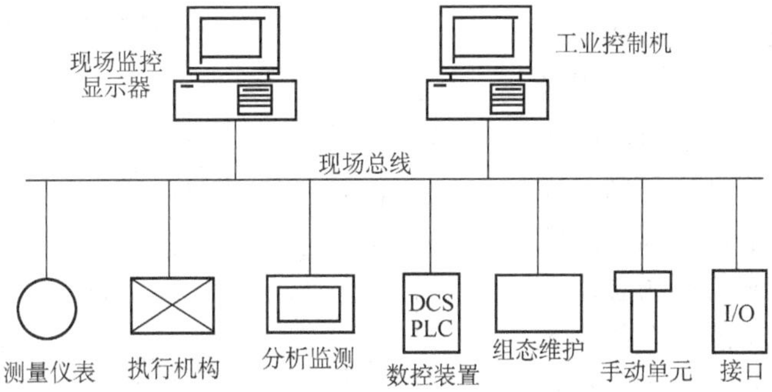

图 9-36　现场仪表、设备集成系统结构图

随着现代生产过程规模的不断扩大，现场总线控制系统的规模也不断增大，控制任务也在扩展，除了完成常规的过程控制任务外，还需进行企业生产管理的自动化和协调化，实现企业综合自动化。因此，现场总线控制系统与上层管理、控制系统有机地结合起来实现系统的扩展是必然的。

9.4.3　控制方案

现场总线控制系统是诸多现场总线互联与控制室内人机界面所组成的系统，它是一个全分散、全数字化、全开放和可互操作的新一代生产过程自动控制系统。

在FCS里，现场总线不仅取代了DC4~20mA传输方式，而且还取代了分散控制系统的结构体系。控制、报警、运算、信号选择和累加等各种功能也完全由现场仪表自身的微处理器实现。

1. 典型单现场总线结构

图9-37为基于FF的现场总线实现的典型FCS结构。由图可见，基于FF总线的FCS结构可把现场总线仪表分为两类：通信数据较多，通信速率要求高和要求实时性强的现场总线仪表直接连接在H2总线系统上；而其他要求数据通信速率较慢、实时性要求不高的现场总线仪表，则全部连接在H1总线上。由于每一条总线只能连接32台现场总线仪表，因而多条H1总线可通过网桥连接到H2总线上，以提高通信速率，保证整个系统的实时性要求和控制需要。多条H1和H2总线通过服务器和局域网（LAN）与监控计算机或操作站进行数据通信。

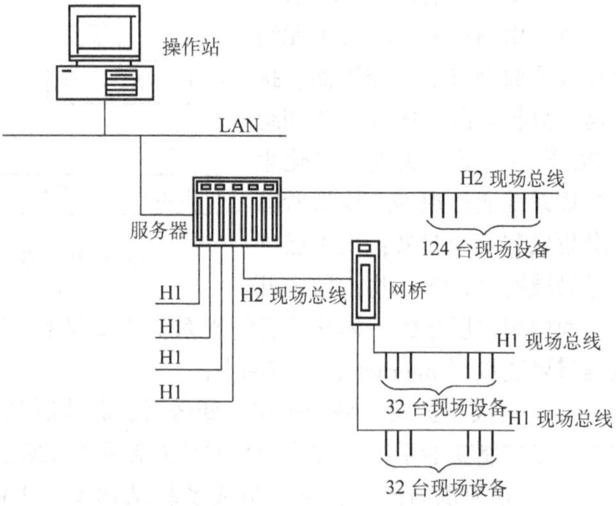

图9-37 基于FF现场总线实现的典型FCS结构

2. 典型混合现场总线结构

图9-38为基于LonWorks现场总线组成的典型FCS结构。由于LonWorks总线的网络功能较强，能支持多种现场总线系统和底层总线系统，因此由其组成的现场总线系统结构较为复杂、功能较全面。凡是符合LonWorks总线系统自身规范的现场总线仪表，均可通过路由器连接到LonWorks总线网络上。而其他现场总线，例如ProfiBus、DeviceNet等，则可通过网关连接到LonWorks总线网络上。由于不同现场总线系统的通信速率各异，由此组成的控制系统实际上是一个混合网络系统。在该混合系统中，多种网络共存于一体，而在每一网段的通信速率是不同的。

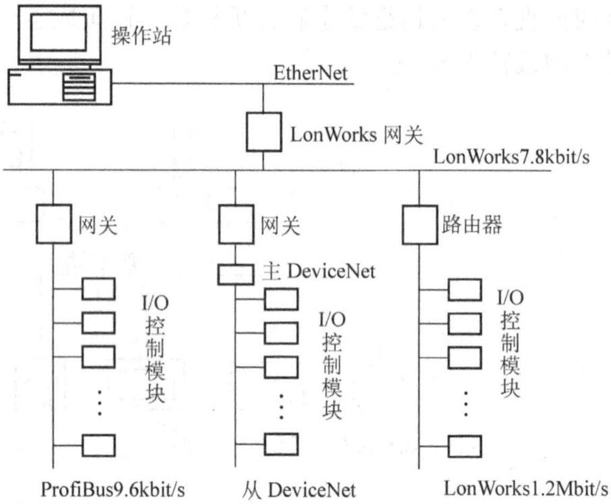

图9-38 基于LonWorks现场总线组成的典型FCS结构

9.4.4 系统特点

与集散控制系统相比，现场总线控制系统具有如下特点：

1. 结构网络化

现场总线控制系统最显著的特点体现在网络化的体系结构上，它支持总线型、星型、树型等拓扑结构，与集散控制系统的递阶结构相比，显得更加扁平和稳定。

2. 节点智能化

带有 CPU 的智能化节点之间通过网络实现信息传输和功能协调，每个节点都是组成网络控制系统的一个细胞，且具有各自相对独立的功能。系统将传感测量、补偿计算、工程量处理与控制等功能分散到智能化节点中完成，仅靠智能化节点即可完成自动控制的基本功能，并可随时诊断设备的运行状态。

3. 控制现场化

由于现场设备本身可完成自动控制的基本功能，使得原先由中央控制器实现的任务下放到现场智能化设备上执行，这使系统控制功能分散，从而提高了系统的可靠性和安全性。

4. 系统开放化

现场总线控制系统是在遵循一定标准的公开通讯协议基础上进行开发的，是一个开放性的系统，它可以与任何遵守相同标准的其它设备或系统实现集成和互联互通。

5. 系统实时性强

现场总线控制系统的通信协议一般为物理层、链路层和应用层。将基本控制功能下放到分散于现场、直接面对过程的具有智能的芯片或功能模块中，同时具有测量、变送、控制和相互通信功能。因此，在网络通信过程中，能在线实时采集过程参数，实时对系统信息进行加工处理，并迅速反馈给系统完成过程控制，提高了信息传递的实时性。

6. 环境适应性强

工作在现场设备前端，作为工厂网络底层的现场总线，是专为在现场环境工作而设计的，它可支持双绞线、同轴电缆、光缆、射频、红外线、电力线等，具有较强的抗干扰能力，能采用两线制实现送电与通信，并可满足本质安全防爆要求等。

7. 节省投资

由于现场总线系统中分散在设备前端的智能设备能直接执行多种传感、变送控制、报警和计算功能，因而可减少变送器的数量，不再需要单独的控制器、计算单元等，也不再需要 DCS 系统的信号调理、转换、隔离技术等功能单元及其复杂接线，还可以用工控 PC 机作为操作站，从而节省了一大笔硬件投资，由于控制设备的减少，还可减少控制室的占地面积。

现场总线系统的接线十分简单，由于一对双绞线或一条电缆上通常可挂接多个设备，因而电缆、端子、槽盒、桥架的用量大大减少，连线设计与接头校对的工作量也大大减少。当需要增加现场控制设备时，无需增设新的电缆，可就近连接在原有的电缆上，既节省了投资，也减少了设计、安装的工作量。据有关典型试验工程的测算资料，可节约安装费用 60% 以上。

8. 精确度高

由于现场总线设备的智能化、数字化，与模拟信号相比，它从根本上提高了测量与控制的精确度，减少了传送误差。

现场总线控制系统各个过程控制站具有各自独立的局部数据库，并通过现场总线通信网络互联互通，具有较强的抗干扰能力。此外，系统还采用了多级本质安全防爆措施、容错技术和冗余技术等，从而大大提高了系统的可靠性。

9.4.5 工业应用

目前，现场总线控制系统已广泛应用于石油、化工、电力、食品、轻工、冶金、机械等行业中，实现生产过程的自动化。本节介绍三个应用实例，以求达到举一反三的目的。

1. 基于SMAR现场总线控制系统

图9-39为基于SMAR现场总线某化工厂的FCS框图。该系统采用SMAR现场总线系统，选用符合SMAR协议的现场变送器、执行器等组成具有本质安全防爆的现场总线控制系统，该系统共含有23个控制回路。图中：

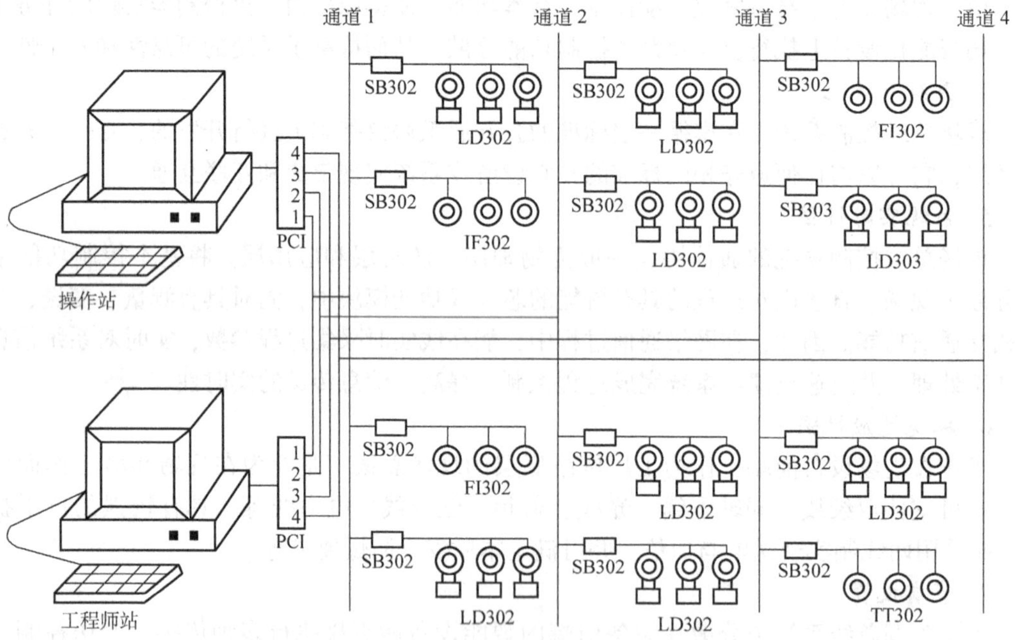

图9-39 基于SMAR现场总线的某化工厂FCS框图

1）PCI为过程控制接口，所有现场总线仪表通过现场总线和该接口与操作人员操作站和工程师站连接。

2）SB302为总线安全栅。该系统采用总线形网络与星形网络混合型总线结构，每一底层总线系统均经SB302安全栅与各通道现场总线隔离，以便组成本质安全防爆系统。

3）TT 302为现场总线温度变送器，内嵌PID控制规律，安装于现场，就地实现温度的自动控制，并把温度信号通过现场总线传送给操作站和工程师站。

4）LD302为现场总线压力（差压）变送器，安装于现场，就地实现压力、差压、绝对压力、液位和流量等参数的自动控制，并通过现场总线接于计算机操作站、工程师站进行数据通信。

5）FI302为现场总线数字-模拟转换器，它将总线传输的数字信号转换成DC4～20mA标准统一信号供执行器进行自动控制。

6）IF302为现场总线模拟-数字转换器，它将DC4～20mA信号转换成比例的数字量，通过符合 SMAR 协议的接口和现场总线进行数据通信。

FI302 和 IF302 可将现场总线控制系统与传统的 DDZ-Ⅲ仪表控制系统相互兼容。

7）操作站采用普通工业控制机，具有友好的人机界面。

8）工程师站用于对各个现场总线仪表进行软件组态以及进行零点、量程、设定值、控制和补偿等参数的设定和调整。

2. 基于 Profibus 的现场总线控制系统

某化工厂有石灰车间、重碱车间、煅烧车间、盐硝车间、热电车间和压缩车间。有温度、压力、流量、液位、物位、成分分析等热工参数和数字量、开关量检测点 800 多个和数百个控制回路，且各车间分布地域较广阔。显然，利用传统的仪表控制系统进行检测、控制和集中管理是很难实现的。这里介绍基于现场总线的控制系统是符合低成本、高效益的理想控制方案。

如前所述，目前国际已开发的现场总线达 40 多种，各有其优缺点。由于 Profibus 传输速率高、应用范围广，是最有发展前途的现场总线，因此该系统选择 Profibus 现场总线组成。Profibus 有 Profibus-DP、Profibus-FMS 和 Profibus-PA 三种兼容品种，而 Profibus-DP 是一种高速和便宜的通信连接，它专门设计为自动控制系统和设备级分散的 I/O 之间进行通信用的产品，故该系统选用 Profibus-DP 组成，其原理框图见图 9-40。由图可见，各车间的网络布置是基本相同的，仅是检测变送器、仪表和控制回路多少的区别，均由现场过程控制级、车间监控级和集团公司管理级（总调度室）组成。

（1）现场过程控制级　由图可见，ET200M 为 I/O 接口模块，生产过程的各被测量和控制回路，即各种变送器、调节器、执行器等均挂接于 ET200M 上。然后 ET200M 通过 Profibus-DP 现场总线挂接到中央微处理单元模块 CPU315-2DP。在 ET200M 上挂接的模块有：模拟输入和输出模块 SM331 和 SM332；数字量、开关量输入和输出模块 SM321 和 SM322；热电阻模块 SM331-RT；热电偶模块 SM331-TC；称重模块 SIWAREX-U 等。每一个 ET200M 接口可扩展 8 个 I/O 模块，其与车间监控站的通信速率为 12Mbit/s。

由此可见，生产过程的各种工艺参数的采集、控制均由现场控制级完成，并通过 Profibus-DP 与车间监控级进行通信。

（2）车间监控级　该级主要设备有西门子 SIMATIC S7-300 系列 PLC、中央微处理单元 CPU315-2DP 和工业控制计算机。主要功能有：硬件和软件组态、优化现场级的控制、数据采集和与现场级及集团公司管理级的数据通信等。

CPU315-2DP 适用于中到大规模分布式自动控制系统和通过 Profibus-DP 连接的控制设备，具有 Profibus-DP 标准接口，使系统简单、可靠。CPU315-2DP 有安全的数据库、可进行自检和在线故障诊断及故障报警等功能。

（3）集团公司管理级　主要设备为 Wincc 服务器和打印机等。Wincc 通过 Profibus-DP 总线与现场通信。Wincc 具有真正开放的软件，使用简单、组态方便、性能可靠、功能齐全等特点。被广泛应用于邮电、市政、电力、化工和石油等工业过程控制和企业管理中。

本系统的数据通信使用两种速率，各车间内部通信速率为 1.5Mbit/s；而各车间到集团公司管理级的通信速率为 187.5kbit/s。该系统的 Profibus 总线长度超过 1500m，为加强信号强度，中间增加一个中断器。

本系统经过两年多运行证明，操作简单、工作可靠、性能稳定、控制精度高，已产生显著的经济效益和社会效益。

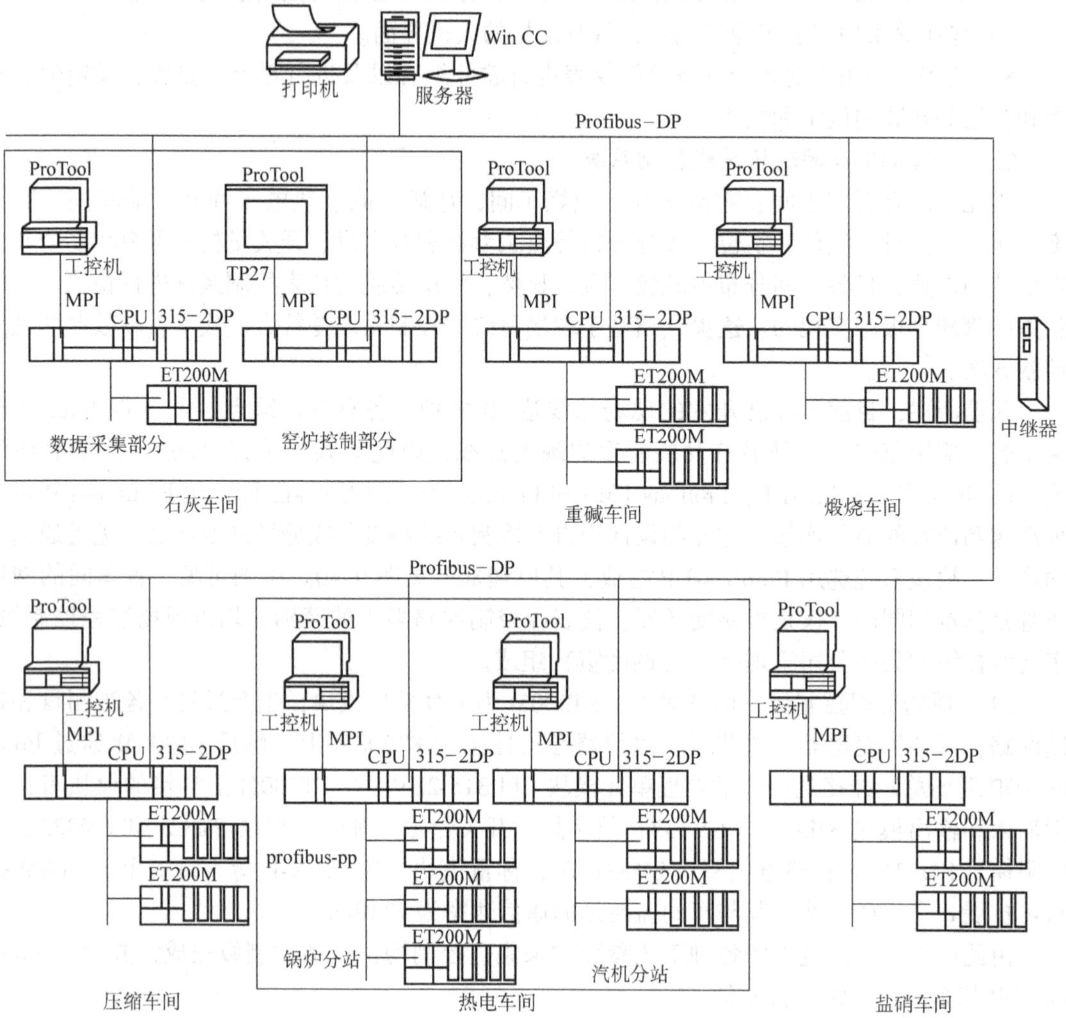

图9-40 基于Profibus-DP现场总线的某化工厂FCS原理框图

3. 基于企业网（混合总线）的现场总线控制系统

基于企业网的FCS框图见图9-41。由图可见，它由多种计算机仪表控制系统组成，并存于一个企业网中。通过企业网将各种不同的现场总线控制系统连接起来。

1）水位控制系统采用FF现场总线，对水位进行自动控制。

2）电动机控制系统采用传统结构组成的电动机控制系统。

3）运动、力学方面的控制采用了Profibus现场总线组成控制系统。

4）热工参数（如温度、压力、流量、PH和成分等）的控制采用ASI（Actuator-Sensor Interface）执行器/控制器、传感器接口总线，该总线可通过其主站的网关与多种现场总线（如FF、Profibus和CAN等）连接。

在该系统中，上层设备或系统则通过企业网与各现场总线控制系统间进行协调和信息交换，而各种具体的控制策略则由基于现场总线的底层控制系统完成。

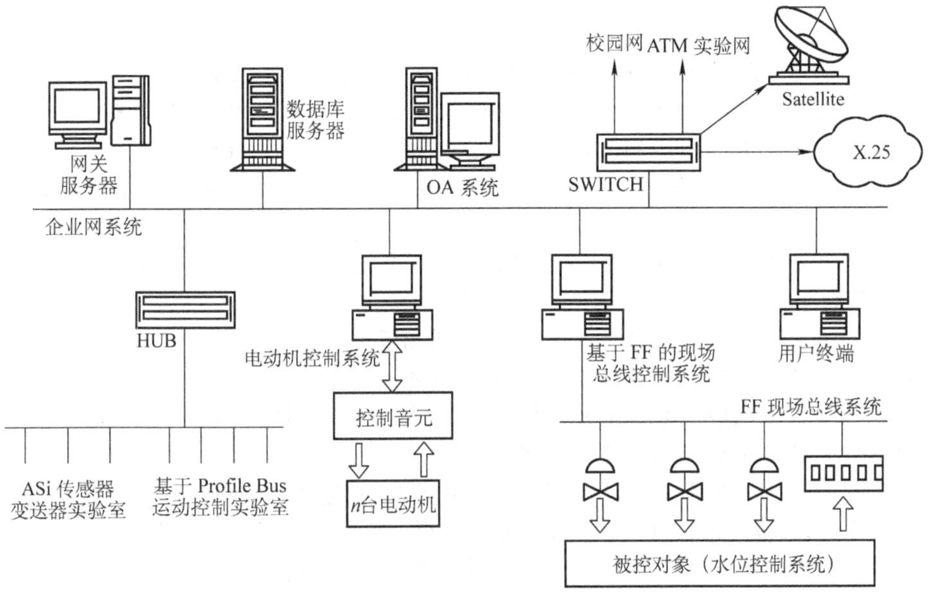

图 9-41　基于企业网的 FCS 框图

思考题与习题

9-1　什么是模糊控制？它与常规控制方案比较具有什么主要特点？

9-2　什么叫精确量的模糊化？为什么要进行模糊化处理？

9-3　当 $\underset{\sim}{U}=\frac{0.1}{3}+\frac{0.3}{4}+\frac{0.8}{5}+\frac{1.0}{6}+\frac{0.4}{7}$，试利用最大隶属度方法确定控制量 u_{max}。

9-4　什么是集散控制系统？它有什么主要特点？

9-5　简述 DCS 的过程控制级、控制管理级、生产管理级和经营管理级的主要功能及其相互关系。

9-6　DCS 控制系统控制算法的组态的具体步骤有哪些？在进行具体组态时应注意哪些问题？

9-7　DCS 的通信网络的拓扑结构有哪几种？各有什么优缺点？

9-8　现场总线控制系统与 DCS 控制系统在结构上有哪些主要区别？

9-9　目前主要有哪些现场总线？各自有什么特点？它们主要应用于哪些场合？

9-10　现场总线控制系统有哪几类基本设备？它们主要功能是什么？

9-11　现场总线控制系统有哪些常规结构？

参 考 文 献

[1] 刘君华. 智能传感器系统 [M]. 西安：西安电子科技大学出版社，2000.

[2] 张宝芬，等. 自动检测技术及仪表控制系统 [M]. 北京：化学工业出版社，2000.

[3] 于海生，等. 微型计算机控制技术 [M]. 北京：清华大学出版社，1999.

[4] 重庆工业自动化仪表研究所. 电动单元组合仪表的设计分析和应用 [M]. 重庆：重庆出版社，1993.

[5] 石油化学工业部化工进口项目建设指挥部. DDZ-Ⅲ型电动单元组合仪表 [M]. 北京：石油化学工业出版社，1997.

[6] 范玉久. 化工测量及仪表 [M]. 北京：化学工业出版社，1981.

[7] 夏焕彬. 气动调节仪表 [M]. 北京：化学工业出版社，1980.

[8] 刘君华. 现代检测技术与测试系统设计 [M]. 西安：西安交通大学出版社，1999.

[9] 吴勤勤. 电动控制仪表及装置 [M]. 北京：化学工业出版社，2002.

[10] 丁镇生. 传感器及传感技术应用 [M]. 北京：电子工业出版社，1998.

[11] 涂时亮，张友德. 单片微机控制技术 [M]. 上海：复旦大学出版社，1994.

[12] 杜维，等. 过程检测技术及仪表 [M]. 北京：化学工业出版社，1999.

[13] 俞金寿，何衍庆. 集散控制系统原理及应用 [M]. 北京：化学工业出版社，1995.

[14] 白焰，吴鸿，杨国田. 分散控制系统与现场总线控制系统——基础、评选、设计和应用 [M]. 北京：中国电力出版社，2001.

[15] 顾红军. 工业企业网与现场总线 [M]. 北京：人民邮电出版社，2002.

[16] 吴秋峰. 自动化系统计算机网络 [M]. 北京：机械工业出版社，2001.

[17] 李士勇，等. 模糊控制和智能控制理论与应用 [M]. 哈尔滨：哈尔滨工业大学出版社，1990.

[18] 王永初. 滞后过程的预估与控制 [M]. 北京：机械工业出版社，1987.

[19] 陶永华. 自新型 PID 控制及其应用 [M]. 北京：机械工业出版社，2003.

[20] 金以慧. 过程控制 [M]. 北京：清华大学出版社，1993.

[21] 顾兴源. 计算机控制系统 [M]. 北京：冶金工业出版社，1985.

[22] 陈伯时. 自动化系统电力拖动控制 [M]. 北京：中央广播电视大学出版社，1983.

[23] 欧金成. 基于 Porfibus 总线数据采集与监控系统的研究 [D]. 广州：广东工业大学，2003.

[24] 赵负图. 传感器集成电路手册 [M]. 北京：化学工业出版社，2002.

[25] 侯志林. 过程控制及自动化仪表 [M]. 北京：机械工业出版社，2005.

[26] 朱麟章. 过程控制系统及设计 [M]. 北京：机械工业出版社，2010.

[27] 李国勇，等. 过程控制系统 [M]. 2 版. 北京：电子工业出版社，2013.

[28] 高志宏，等. 过程控制与自动化仪表 [M]. 杭州：浙江大学出版社，2006.

[29] 厉玉鸣. 化工仪表及自动化 [M]. 5 版. 北京：化学工业出版社，2011.

[30] 厉玉鸣. 化工仪表及自动化例题习题集 [M]. 北京：化学工业出版社，2006.

[31] 谢剑英，等. 微型计算机控制技术 [M]. 北京：国防工业出版社，2001.

[32] 龙之强，等. 现场总线控制网络技术 [M]. 北京：机械工业出版社，2011.

[33] 阳宪惠. 现场总线技术及应用 [M]. 北京：清华大学出版社，2008.